果蔬贮藏与加工技术实务

主　编　周兴本（辽宁生态工程职业学院）
　　　　提伟钢（辽宁生态工程职业学院）
副主编　马思文（辽宁生态工程职业学院）
　　　　刘　洋（辽宁生态工程职业学院）
参　编　邵士凤（辽宁生态工程职业学院）
　　　　高红治（沈阳市农业科学院）

U0234424

北京理工大学出版社
BEIJING INSTITUTE OF TECHNOLOGY PRESS

内 容 提 要

本书以果蔬的保鲜、加工、生产过程为导向搭建结构；以学生为主体，以教师为主导编写内容，根据循序渐进的认知规律将全部内容按生产顺序分为八个项目，共四十个任务。每个项目都以学生为中心，按照任务引入、学习目标、任务分析、知识准备、项目小结、复习思考题的模式编排。

本书的编写人员中包括生产一线技术骨干、行业技术能手，力求使内容切近生产实际，突出教学中的实践环节，注重对学生动手能力的培养。

图书在版编目（CIP）数据

果蔬贮藏与加工技术实务 / 周兴本，提伟钢主编.
北京：北京理工大学出版社，2024.6.
ISBN 978-7-5763-4314-4

Ⅰ. TS255.3

中国国家版本馆CIP数据核字第202418F4B1号

责任编辑：封　雪		文案编辑：毛慧佳	
责任校对：刘亚男		责任印制：王美丽	

出版发行 / 北京理工大学出版社有限责任公司

社　　址 / 北京市丰台区四合庄路6号

邮　　编 / 100070

电　　话 / （010）68914026（教材售后服务热线）

　　　　　　（010）63726648（课件资源服务热线）

网　　址 / http://www.bitpress.com.cn

版印次 / 2024年6月第1版第1次印刷

印　　刷 / 河北鑫彩博图印刷有限公司

开　　本 / 787 mm×1092 mm　1/16

印　　张 / 19

字　　数 / 390千字

定　　价 / 79.00元

前言

Foreword

为顺应当前高等教育教学发展的新趋势，编者结合高职教育特点及农林、食品类专业的人才培养目标，围绕培养技术技能型人才要求编写了本教材。本教材密切结合国内外果蔬贮藏保鲜与加工领域发展的前沿动态及果蔬贮藏加工企业的实际情况，依据企业对人才知识、能力、素质的要求，贯彻职业需求导向的原则编写。本教材的内容以真实的工作任务为驱动，按照工作任务流程引导学生完成任务。围绕果蔬贮藏与加工实际生产流程设立实训任务，还加入了实际案例、技术路线、操作技能，融合了职业培训、赛证融通等相关内容。同时，本教材还配有二维码，既方便学生学习相关知识，又可强化岗位的实际操作，还能提高学生的职业技能水平。

本教材分为2个模块，共8个项目。第一模块（项目一至项目五）为果蔬贮藏基础知识及技术控制，介绍了果蔬品质分析、采后生理变化和采后处理技术对其贮藏性的影响，注重果蔬重要贮藏技术，突出了对于贮藏过程中主要问题的控制，还着重强化常见果蔬的贮藏保鲜技术。第二模块（项目六至项目八）为果蔬加工品的基础知识及技术，介绍了果蔬加工制品生产中技术要点、工艺流程、主要问题控制等，对各类果蔬加工制品进行危害分析并指出关键控制点。本教材的八个项目依次为：项目一果蔬的品质分析，项目二果蔬的采后生理分析，项目三果蔬采收及商品化处理，项目四果蔬的贮藏方式及管理，项目五常见果蔬的贮藏保鲜技术，项目六果蔬罐制品加工，项目七果蔬干制品加工，项目八果汁、果酒及果醋制品加工。

本教材由周兴本、提伟钢任主编，由马思文、刘洋任副主编，全书由周兴本统稿。本教材的编写分工如下：项目一、项目五的任务五、任务六、任务七由辽宁生态工程职业学院周兴本编写；项目五的任务一、任务二由沈阳市农业科学院高红治研究员编写；项目六、项目七由辽宁生态工程职业学院提伟钢编写；项目二、项目五的任务三、任务四由辽宁生态工程职业学院刘洋编写；项目三、项目四的任务三、任务四由辽宁生态工程职业学院马思文编写；项目四的任务一、任务二、项目八由辽宁生态工程职业学院邵士凤编写。

编者在编写过程中参考了本专业相关教材和其他文献，并在企业工作岗位需求、工作任务设置、企业生产标准编写等方面得到了沈阳市农业科学院高红治研究员的大力支持，在此一并表示感谢。

由于编者水平有限，加之时间仓促，教材中的疏漏之处在所难免，敬请广大读者批评指正。

编　者

目录

Contents

第一模块　果蔬贮藏基础知识及技术控制

第二模块　果蔬加工制品生产技术

第一模块

果蔬贮藏基础知识及技术控制

项目一　果蔬的品质分析

项目引入

　　果蔬是指可食用的水果和蔬菜。果蔬中含有的各种矿物质是人体营养的重要来源，它们以硫酸盐、碳酸盐或与有机物结合的盐类形式存在。其实，果蔬除了对人体健康有利外，还含有各种有机酸、芳香物质及各种色素，对调节食物的口味有重要的作用。在饮食中适当地搭配果蔬，有助于烹调出色香味俱佳的菜肴。随着人们生活水平的不断提高，果蔬消费也持续攀升，大家越来越注重生活品质和饮食健康，对健康的产品需求越来越大，对果蔬的品质也更加关注，从而使优质果蔬供不应求，因此，果蔬市场的前景一片大好。

　　果蔬的品质高低是衡量产品优劣的指标，是满足人们食用、消费果蔬产品全部特征的总和。果蔬的品质主要是指食用时果蔬外观、风味和营养价值的优越程度，是其重要的经济性状之一。果蔬品质的优劣将直接关系到果蔬的市场价格和果农的经济收入。在进行果蔬主产区规划、育种、砧木选择、施肥和土壤管理等工作时，需要测定果蔬的品质；在果蔬营养诊断和施肥的研究中，也需要研究果蔬的品质。

学习目标

知识目标

　　了解果蔬一般物理性状的组成及其意义，掌握不同果蔬的种类和品种特点。了解果蔬品质各指标测定的实验原理；掌握各指标测定的实验步骤及操作要点。了解各项指标对鉴定果蔬品质及进行合理加工的重要作用。

技能目标

　　能够正确配制各指标测定所需的试剂。能够正确进行样品的各种前处理，并能正确进行滴定分析操作。能够根据各指标的测定结果对果蔬生长发育状况、成熟程度、新鲜程度及品质优劣程度进行判断。

素质目标

　　果蔬业是农业中的一个重要领域，在我国的经济发展中起着不可忽视的作用。随着人们生活水平的提高，对果蔬品质的要求也越来越高。通过对果蔬品质的检测，熟悉果蔬产品及其加工品在生产过程中存在的安全隐患及解决方法。同时，还要在操作过程中培养严谨的科学态度。

职业岗位

　　果蔬保鲜工、食品检验员。

任务一　果蔬一般物理性状的测定

📖 任务分析

果蔬一般物理性状的确定是进行化学测定和品质分析的基础，进而判断果蔬的化学性状。判断果蔬品质的特性也是确定采收成熟度、识别品种特性、实现产品标准化的必要措施。对作为加工原料的果蔬进行物理性状的测定是了解其加工适应性与确定加工技术条件的重要依据。

一、目的与要求

掌握果蔬一般物理性状的分析测定方法。

二、任务原理

果蔬的一般物理性状包括质量、大小、密度、容重、硬度等，在果实成熟、采收、运输、贮藏及加工期间，果蔬组织内部会发生一系列复杂的生理生化变化，进而导致物理性状发生变化。通过对物理性状的分析测定，可以确定果蔬的采收成熟度，识别品种特性，进行产品标准化生产。

三、材料、仪器

1. 材料

苹果、梨、桃、柑橘、香蕉、番茄、茄子、辣椒等。

2. 仪器

游标卡尺、电子天平或托盘台秤、果实硬度计、榨汁机/匀浆机、比色卡片、排水筒、量筒等。

四、方法步骤

1. 平均果重

取果实10个，分别放在电子天平或托盘台秤上称重，先记录单果重，再求出平均果重(g/个)。

2. 果形指数

果形指数＝纵径/横径。取果实10个，用游标卡尺测量果实的最大横径(cm)和纵径(cm)，多次测量求平均值，计算果形指数。果形指数在0.8～0.9的果实，其果形通常视为圆形或近圆形，在0.6～0.8的为扁圆形，在0.9～1.0的为椭圆形，在1.0以上的为长圆形。

3. 果面特征

取果实 10 个进行总体观察，记录果皮粗细、底色和面色(若没有底色和面色之分则记录单一颜色)等。果实底色可分为深绿色、绿色、浅绿色、黄绿色、浅黄色、黄色、乳白色等。也可用特制的比色卡片(如香蕉成熟度比色卡、苹果成熟度比色卡)进行比较，将其分成若干等级。果实因种类不同，其面色也有差别，如紫色、红色、粉红色等。记录颜色的种类、深浅及其占果实表面积的百分数。果实的颜色也可以用色差仪进行分析测定，获得相关参数的准确数值。

4. 果肉比率

取果实 10 个，除去果皮、果心、果核或种子，分别称量各部分的质量，求得果肉(或可食部分)的百分率。

5. 果肉出汁率

汁液丰富的果实也可以出汁率来代替果肉比率。目前，用于测定果肉出汁率的方法有如下几种。

(1)可用榨汁机将果汁榨出，称量果汁质量，求出果实的出汁率。

(2)可将果实在匀浆机中匀浆，在离心机中以 3 000 r/min 的转速离心 10 min，称量上清液的质量，计算出汁率。

(3)先在果实上取下一定直径和厚度的果肉圆片，称量原始质量，再将果肉片包裹在脱脂棉或滤纸中，以 3 000 r/min 的转速离心 10 min，然后称量离心后质量。以离心前后失重的比例作为果肉出汁率。

6. 果实硬度

用每平方厘米面积上承受的压力表示硬度。果实硬度是果实成熟度的重要指标之一。取果实 10 个，在其赤道部位对应两面薄薄地削去一小块果皮(约 2 mm 厚，直径 1 cm 以上)，用果实硬度计(图 1-1)测定果肉硬度。若果实着色不均，测定应分别在果实着色最深的一侧和着色最浅的一侧进行。

图 1-1　果实硬度计

在使用果实硬度计测定硬度前，先将果实硬度计清零，一手握住水果；另一手用硬度计对准削好的果面用力压，使测头顶部垂直、匀速压入果肉中，直至测头标线位置与果面齐平，读取表盘上的压力数值(单位为 kg、N、1b 等)。重复测定 3 次，取其平均值，该数值除以探头面积所得的数值为所测定果蔬的硬度值。硬度越大，表明质地越紧密。果实的贮藏性与硬度往往呈一定的正相关性。

果蔬硬度测定也可以采用质构仪等质地分析仪器测定。此类仪器除了可以分析获得硬度参数外，还能获取脆性、黏着性、咀嚼性、弹性、回复性等质地特征参数。

影响果实硬度的
因素有哪些？

7. 果实密度

采用排水法求果实的密度。取果实 10 个，放在电子天平或托盘台秤上称得质量 m。将排水筒装满水，多余的水从溢水孔流出，直至不再滴水。置一个量筒于排水孔下面，将果实轻轻放入排水筒的水中，此时溢水孔中流出的水盛于量筒内，再用细铁丝将果实全部没入水中，待溢水孔水滴滴尽为止，测量记录果实的排水量，即果实的体积 v，然后计算果实的密度。

$$密度(\rho) = 质量(m)/体积(v)$$

8. 果蔬容重

果蔬的容重是指正常装载条件下单位体积的空间所容纳的果蔬质量，常用 kg/m^3 或 t/m^3 表示。体积、质量与果蔬的包装、贮藏和运输的关系十分密切，故可选用一定体积的包装容器或特制一定体积的容器，装满一种果实或蔬菜，然后取出称量，计算出该种果蔬的体积和质量。由于存在装载密实程度的误差，应进行多次重复测定后，取平均值。

五、结果记录与分析(表 1-1)

表 1-1 结果记录与分析

样品编号	果重/g	果形指数	果面特征	果肉比率(出汁率)/%	硬度/$(kgf \cdot cm^{-2})$	密度/$(g \cdot cm^{-3})$	容重/$(N \cdot m^{-3})$
1							
2							
3							
4							
5							
6							
7							
8							
9							
10							
平均值							

任务二　果蔬中水分含量的测定

🔳 任务分析

霉菌产生的黄曲霉毒素不仅具有很高的致癌性和致毒性，且易污染粮食及饲料，从而引发一系列食品安全事件。产生黄曲霉毒素的菌株可以侵染多种果蔬并导致果蔬污染黄曲霉素，引起食品安全事件。经研究发现，当温度为28～30 ℃，水分含量为15％～35％时，花生等作物在种植、收获、储存及运输过程中可能被霉菌污染，霉菌在适宜条件下大量繁殖并产生毒素。在不良的贮藏条件下，如遇阴雨天，空气中的湿度大，花生种子容易吸水受潮而被黄曲霉菌侵染产生毒素。可见，果蔬的贮藏性、安全性与果蔬原料中的水分含量密切相关。

一、目的与要求

掌握常压干燥法测定水分含量的方法，熟悉并掌握分析天平的使用方法，明确知道造成测定误差的主要原因。

二、任务原理

食品中的水分是指在100 ℃左右直接干燥的情况下所失去物质的总量。直接干燥法适用于在95～105 ℃下不含或含其他挥发性物质甚微的食品。

三、仪器

铝制或玻璃制的扁形称量瓶(内径60～70 mm，高35 mm)、电热恒温干燥箱、分析天平等。

果蔬含水量与贮运保鲜有什么关系？

四、方法步骤

(1)取洁净铝制或玻璃制的扁形称量瓶，置于95～105 ℃干燥箱中，瓶盖斜支于瓶边，加热0.5～1.0 h后取出盖好，放入干燥器内冷却0.5 h后称量，并重复干燥至恒重(M_3)。

(2)称取2.00～10.00 g切碎或磨细的样品，放入此称量瓶中，样品厚度约为5 mm，加盖称量(M_1)后，置于95～105 ℃加热箱中，瓶盖斜支于瓶边，加热2～4 h后，取出盖好，放入干燥器内冷却0.5 h后称量。然后再放入95～105 ℃干燥箱中加热1 h左右，取出，放入干燥器内冷却0.5 h后再称量。直到前后两次质量差小于2 mg时，最后称得的质量即为恒重(M_2)。

五、结果计算

水分含量按下式计算：

$$X = \frac{M_1 - M_2}{M_1 - M_3} \times 100\%$$

式中：X——样品中水分的含量；

M_1——称量瓶和样品的质量(g)；

M_2——称量瓶和样品干燥后的质量(g)；

M_3——称量瓶的质量(g)。

任务三　果蔬中pH值、可滴定酸和糖酸比的测定

任务分析

　　酸味是果实的主要风味之一，是由果实内所含的各种有机酸引起的。这些有机酸主要是苹果酸、柠檬酸、酒石酸，另外还有少量的乙二酸、水杨酸和乙酸等。果蔬品种种类不同，含有的有机酸种类和数量也不同。例如，仁果类、核果类所含的有机酸主要是苹果酸；葡萄所含的有机酸主要是酒石酸；柑橘类所含的有机酸以柠檬酸为主。果蔬的酸味并不取决于酸的总含量，而是由它的pH值决定。糖酸比可以影响食品的口味，因而食品生产中通过调节该比值来控制食品口味，如果汁，每一种果汁都有其适宜的糖酸比。糖酸比还会影响食品的品质、保质期等。

一、目的与要求

　　了解果蔬pH值与可滴定酸的区别；掌握果蔬pH值与可滴定酸的测定方法；了解糖酸比的计算方法。

二、任务原理

　　新鲜果实的pH值一般为3.0～4.0，蔬菜的pH值一般为5.0～6.4。果蔬中的蛋白质、氨基酸等成分，能阻止酸过多地解离，因此限制氢离子的形成。果蔬经加热处理后，蛋白质凝固，失去缓冲能力，使氢离子更多地增加，pH值下降，酸味增加。

水果为什么有酸味？

　　测定果蔬的pH值可以通过酸度计测量果蔬的汁液；果蔬含酸量测定是根据酸碱中和原理，用已知浓度的氢氧化钠溶液滴定，故测出来的酸量又称为总酸或可滴定酸。

　　糖酸比通常用可溶性固形物含量与含酸量之比来表示，即所谓固酸比。它是果品特征风味的指标，也是果品化学成熟和感官成熟的指标。果品刚开始成熟时，由于糖含量低，果酸含量高，即固酸比低，果实味酸。在成熟过程中，果酸降解，糖含量增加，固酸比升高，果实味甜。因此，过熟果品由于果酸含量非常低而失去特征风味。

三、材料、仪器及试剂

1. 材料

苹果、桃、梨、番茄、柑橘等。

2. 仪器

酸度计(pH计)、榨汁机、高速组织捣碎机、50 mL或10 mL碱式滴定管、200 mL

容量瓶、20 mL 移液管、100 mL 烧杯、研钵、分析天平、磁力搅拌器、漏斗、脱脂棉或滤纸。

3. 试剂

(1)0.1 mol/L 氢氧化钠标准溶液。

配制：称取 4g 纯 NaOH 化学，溶于 1 000 mL 蒸馏水中。

标定：称取在 105 ℃干燥至恒重的基准邻苯二甲酸氢钾(简称 KHP)约 0.6 g，精确称定，加新煮沸过的冷水 50 mL，振摇，使其尽量溶解；加酚酞指示液 2 滴，用 NaOH 滴定：在接近终点时，应使 KHP 完全溶解，滴定至溶液显粉红色。每毫升 NaOH 滴定液(0.1 mol/L)相当于 20.42 mg 的 KHP。

$$N(NaOH) = m/(M \times V)$$

式中：m——KHP 的质量；

$\qquad V$——所消耗的 NaOH 溶液体积；

$\qquad M$——KHP 的相对分子质量(204.22)。

(2)1％酚酞指示剂。称取酚酞 0.1 g，溶解于 10 mL 的 95％乙醇中。

四、方法步骤

(一)pH 的测定

果蔬样品取可食部位，经榨汁机榨汁。多汁水果可以直接捣碎。汁液用脱脂棉过滤，直接使用酸度计读取滤液的 pH 值。

(二)可滴定酸的测定

1. 样品制备

将果蔬样品洗净、沥干，用四分法分取可食部分切碎、混匀，称取 250.0 g，精确至 0.1 g，放入高速组织捣碎机内，加入等量蒸馏水，捣碎 1～2 min。每 2 g 匀浆折算为 1 g 试样，称取匀浆 50 g，精确至 0.1 g，用 100 mL 蒸馏水洗入 250 mL 容量瓶，置于 75～80 ℃水浴上加热 30 min，其间摇动数次，取出冷却，加水至 250 mL，摇匀过滤。滤液备用。

2. 电位滴定法

将盛有滤液的烧杯置于磁力搅拌器上，放入搅拌棒，插入玻璃电极和甘汞电极，滴定管尖端插入样液内 0.5～1 cm，在不断搅拌下用 NaOH 溶液迅速将 pH 值滴定至 6.0，而后减慢滴定速度。当 pH 值接近 7.5 时，每次加入 0.1～0.2 mL，记录 pH 值值读数和消耗 NaOH 溶液的总体积，继续滴定至 pH 值为 8.3，pH 值在 8.1±0.2 的范围内，用内插法求出滴定至 pH 值为 8.1 时所消耗的 NaOH 溶液体积。

在测定果蔬可滴定酸含量时，为何匀浆后的粗提液需要在 75～80 ℃水浴上加热 30 min？

3. 指示剂滴定法

根据预测酸度，用移液管吸取 50 mL 或 100 mL 样液，加入酚酞指示剂 5～10 滴，用 NaOH 标准溶液滴定，至出现微红色且 30s 内不褪色为终点，记下所消耗的 NaOH 溶液体积。

注：有些果蔬样液滴定至接近终点时出现黄褐色，这时可加入样液体积的 1～2 倍热水稀释，加入酚酞指示剂 0.5～1 mL，再继线滴定，使酚酞变色易于观察。

(三)糖酸比的测定

1. SSC 测定

参考可溶性固形物的测定方法测定果实的含糖量。

2. 计算糖酸比

糖酸比＝可溶性固形物含量/可滴定酸含量。

五、结果记录与分析

1. 内插法计算 pH 值为 8.1 时消耗 NaOH 溶液的体积

数学内插法即直线插入法，将其引入本实验中，其原理是，若 A 点 pH 值小于 8.1 时，消耗的 NaOH 溶液体积记为 V_1，滴定 pH 值记为滴定 pH 值$_1$，B 点 pH 值大于 8.1 时，消耗的 NaOH 溶液体积记为 V_2，滴定 pH 值记为滴定 pH_2 为两点，则点 P pH 为 8.1 时，消耗的 NaOH 溶液体积记为 Vx 在上述两点确定的直线上。

$$(8.1-pH_1)/(Vx-V_1)=(pH_2-pH_1)/(V_2-V_1)$$

求得的 Vx 即滴定至 pH 值为 8.1 所消耗的 NaOH 溶液体积。

2. 可滴定酸含量的计算

计算公式：

$$含酸量(\%)=\frac{V\times N\times 折算系数\times B}{b\times A}\times 100\%$$

式中：V—— NaOH 溶液体积(mL)；

N——NaOH 溶液浓度(mol/L)；

A——样品质量(g)；

B——样品液制成的总体积(mL)；

b——滴定时用的样品液体积(mL)。

折算系数以果蔬主要含酸种类计算，如苹果、梨、桃、杏、李、番茄、莴苣主要含苹果酸，以苹果酸计算，其折算系数为 0.067 g，柑橘类以柠檬酸计算，其折算系数为 0.064 g，葡萄以酒石酸计算，其折算系数为 0.075 g。

【注意事项】

(1)酸度计使用前先预热、校准。

(2)本实验所有蒸馏水应不含 CO_2 或中性蒸馏水，可在使用前将蒸馏水煮沸、冷却，或加入酚酞指示剂，用 0.1 mol/L NaOH 溶液中和至出现微红色。

（3）在测定可滴定酸的实验中，也可以采用果蔬直接榨汁，取定量汁液（10 mL）稀释后（加蒸馏水 20 mL），直接用 0.1 mol/L NaOH 溶液滴定，以每升果汁中的氢离子浓度代表果蔬含酸量。

📖 复习思考题

在测定果蔬可滴定酸含量时，为何匀浆后的粗提液需要 75～80 ℃水浴加热 30 min？

任务四　果蔬可溶性固形物含量的测定——折射仪法

⌨ 任务分析

可溶性固形物（total soluble solid，TSS）是指所有溶解于水的化合物的总称，包括糖、酸、维生素、矿物质等。在果蔬中，其含糖量与可溶性固形物成正比，可溶性固形物是衡量果蔬品质的重要指标。利用手持式糖量仪测定果蔬中的总可溶性固形物含量，可大致表示果蔬的含糖量，了解果蔬的品质，估计果实的成熟度，了解果蔬贮藏过程中的变化。

一、目的与要求

掌握可溶性固形物的概念；掌握手持式糖量仪的工作原理和操作方法；运用糖量仪测定果蔬的可溶性固形物含量。

二、任务原理

光线从一种介质进入另一种介质时会产生折射现象，且入射角与折射角的正弦之比恒为定值，此比值称为折光率。折光率与果蔬汁液中可溶性固形物含量在一定条件下（同一温度、压力）成正比，故测定果蔬汁液的折光率，可求出果蔬汁液的浓度（含糖量的多少）。常用仪器是手持式折光仪，也称为糖镜、手持式糖量仪。该仪器的构造如图 1-2 所示。

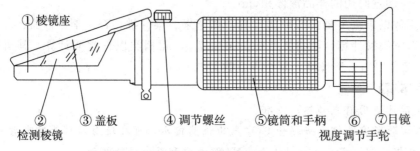

①棱镜座　②检测棱镜　③盖板　④调节螺丝　⑤镜筒和手柄　⑥视度调节手轮　⑦目镜

图 1-2　手持式糖量仪

三、材料、仪器及试剂

1. 材料

苹果、梨、桃、柑橘、香蕉、番茄等。

2. 仪器

手持式糖量仪、匀浆机、蒸馏水、烧杯、滴管、卷纸、纱布等。

四、方法步骤

1. 样品制备

取果蔬样品的可食部位，切碎，混匀。称取一定量的样品，经高速匀浆机匀浆，用两层纱布挤出匀浆汁，备用。也可取可食部位进行榨汁，经两层纱布过滤后，获得果汁备用。在野外操作时，也可以直接取果蔬可食部位，挤出少许果汁用于测定。

2. 糖量仪调零

果蔬可溶性固形物与糖含量之间有何关系？

打开手持式糖量仪保护盖，用干净的纱布或卷纸小心擦干棱镜玻璃面，注意勿损镜面。待镜面干燥后，在棱镜玻璃面上滴 2～3 滴蒸馏水，盖上盖板，使蒸馏水遍布棱镜的表面。使仪器处于水平状态，进光孔对向光源。调整目镜，使镜内的刻度数字清晰，检查视野中明暗交界线是否处在刻度的零线上。若交界线与零线不重合，则旋动刻度调节螺旋，使交界线刚好落在零线上。

3. 样品测定

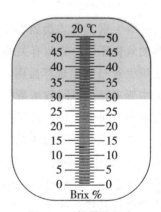

图 1-3　糖量仪刻度

打开盖板，用纱布或卷纸将水擦干，然后如上法在棱镜玻璃面上滴 2～3 滴果蔬汁样品，进行观测，读取视野中明暗交界线上的刻度(图1-3)。重复三次；同时，记录测定时的温度。

五、结果记录与分析

测定温度不在 20 ℃时，将检测读数校正为 20 ℃标准温度下的可溶性固形物含量。未经稀释的样品，温度校正后的读数即为试样的可溶性固形物量；稀释后的试样，需要将此数值乘以稀释倍数(表1-2)。

表 1-2　结果记录

果蔬品种	总可溶性固形物含量/%			平均/%
	读数 1	读数 2	读数 3	

【注意事项】

（1）糖量仪使用前需要校准调零。

（2）测定结果受温度影响，注意进行调整。

（3）需要多次测定，取其平均值。

任务五　果蔬中维生素 C 含量的测定

任务分析

维生素 C 是果蔬中所含的重要营养物质，为人体所必需。测定不同水果中的维生素 C 含量对评价果蔬的营养价值和品质有着重要意义。

一、目的与要求

学习并掌握 2，6-二氯酚靛酚滴定法测定植物材料中维生素 C 含量的原理和方法；了解蔬菜、水果中维生素 C 含量情况；熟悉微量滴定法的基本操作过程。

二、任务原理

维生素 C 是人类营养中最重要的维生素之一，它与体内其他还原剂共同维持细胞正常的氧化还原电势和有关酶系统的活性。维生素 C 能促进细胞间质的合成，如果人体缺乏维生素 C 会出现坏血病，因而维生素 C 又称为抗坏血酸。水果和蔬菜是人体抗坏血酸的主要来源。不同栽培条件、不同成熟度和不同的加工贮藏方法，都可以影响水果、蔬菜的抗坏血酸含量。抗坏血酸含量是果蔬品质高低及其加工工艺成效的重要指标。

维生素 C 具有很强的还原性，可分为还原型和脱氢型。金属铜和酶（抗坏血酸氧化酶）可以催化维生素 C 氧化为脱氢型。2，6-二氯酚靛酚（DCPIP）是一种染料，在碱性溶液中呈蓝色，在酸性溶液中呈红色。抗坏血酸具有强还原性，能使 2，6-二氯酚靛酚还原褪色，其反应如下。

当用 2，6-二氯酚靛酚滴定含有抗坏血酸的酸性溶液时，滴下的 2，6-二氯酚靛酚被还原成无色；当溶液中的抗坏血酸全部被氧化成脱氢抗坏血酸时，滴入的 2，6-二氯酚靛酚立即使溶液呈现红色。因此，用这种染料滴定抗坏血酸至溶液呈淡红色即为滴定终点，根据染料消耗量即可计算出样品中还原型抗坏血酸的含量。

哪些果蔬富含维生素 C？

三、材料、主要仪器和试剂

1. 实验材料

多种蔬果（蕃茄、尖椒、绿豆芽、草莓等）。

2. 主要仪器

天平、研钵、容量瓶(50 mL)、刻度吸管(5 mL、10 mL)、锥形瓶(100 mL)、微量滴定管(3 mL)、漏斗、脱脂纱布、滤纸。

3. 试剂

(1) 2% HCl 溶液。

(2) 标准抗坏血酸溶液。精确称量抗坏血酸(应为洁白色，如变为黄色则不能用) 25 mg，溶于 25 mL 4% HCl 溶液中，移入 50 mL 容量瓶中，用蒸馏水稀释至刻度，贮于棕色瓶中，冷藏。最好临用前配制，此溶液每毫升中含抗坏血酸 0.5 mg。

(3) 称取 0.1 g 2, 6 -二氯酚靛酚钠，溶于 100 mL 含有 0.026 g $NaHCO_3$ 的热蒸馏水中，充分摇匀，加蒸馏水稀释至 1 000 mL，充分振摇，装入棕色瓶内，置冰箱内过夜，临用前过滤，用标准维生素 C 标定其浓度。冰箱内冷藏(4 ℃)保存不得超过 3 d(最长约可保存一周)。

四、操作方法

1. 标准液滴定

取 5 mL 标准抗坏血酸，用 2, 6 -二氯酚靛酚溶液滴定，以出现微红且持续 15 s 不褪色为终点。另取 52% HCl 溶液作为空白对照，滴定。计算 2, 6 -二氯酚靛酚溶液的浓度，以每毫升 2, 6 -二氯酚靛酚溶液相当于抗坏血酸的 mg 数来表示。

2. 提取

(1) 水洗干净整株新鲜蔬菜或整个新鲜水果，用纱布或吸水纸吸干表面水分。每一样品称取 10 g 或 20 g，放入研钵中，加入 2% HCl 溶液一起研磨成匀浆，提取液通过 2 层纱布过滤到 50 mL 容量瓶中，然后用 2% HCl 溶液冲洗研钵及纱布 3～4 次，最后用 2% HCl 溶液稀释至刻度线。

(2) 如果提取液含有色素，则倒入锥形瓶内，加入 1 匙白陶土(高岭土)，充分振荡 5 分钟，滤纸过滤。白陶土吸附生物样品中的色素，有利于终点的观察。

(3) 取三角锥形瓶两个，各加脱色的提取液 5 或 10 mL，用 2, 6 -二氯酚靛酚溶液滴定，以出现微红色且 30 s 不褪色为终点。记录两次滴定所用溶液的毫升数，取平均值。滴定必须迅速，不要超过 2 min。因为在实验条件下，对于一些非维生素 C 的还原物质，它们的还原作用较迟缓，利用快速滴定可以避免或减少它们的影响。

(4) 另取 5 或 10 mL 2% HCl 溶液作空白对照，滴定。

(5) 按下式计算每 100 g 样品中所含的维生素 C 的 mg 数。

$$维生素 C 含量(mg/100 g 样品) = \frac{(V_A - V_B) \times C \times T}{D \times W} \times 100$$

式中：V_A——定样品提取液消耗染料平均值(mL)；

V_B——滴定空白消耗燃料的平均值(mL)；

C——样品提取液定容体积(50 mL)；

T——每毫升染料所能氧化抗坏血酸的 mg 数；

D——滴定时吸取样品提取液体积(5 或 10 mL)；

W——被检测样品的质量(5 或 10 g)。

任务六　果蔬中叶绿素含量的测定

⌨ 任务分析

叶绿素是一切果蔬绿色的来源。它最重要的生物学作用是光合作用。叶绿素是由两种结构相似的成分——叶绿素 a 和叶绿素 b 组成的混合物。叶绿素 a 呈蓝绿色，叶绿素 b 呈黄绿色。正常叶片中，两者的比例约为 3∶1。叶绿素在植物细胞中与蛋白质结合成叶绿体。

在正常生长发育的果蔬中，叶绿素的合成作用大于分解作用，外表看不出绿色的变化。当果蔬进入成熟期后或采收后，合成作用逐渐停止，叶绿素在酶的作用下水解生成叶绿醇和叶绿酸盐等溶于水的物质，加上光氧化破坏继续进行，原有的叶绿素减少或消失，表现为绿色消退，显现出其他颜色。这种颜色变化常被用来作为衡量成熟度和新鲜度的指标。

一、目的与要求

掌握果蔬中叶绿素含量的测定原理及方法。

二、任务原理

分光光度法是果蔬叶绿素含量测定的常用方法。叶绿素 a 和叶绿素 b 在 645 nm 和 663 nm 处有最大吸收。叶绿素 a 和叶绿素 b 在 663 nm 处的吸光系数分别为 82.04 和 9.27，在 645 nm 处的吸光系数分别为 16.75 和 45.60。根据 Lambert－Beer 定律，可列出方程：

$$OD_{663\,nm} = 82.04C_a + 9.27C_b$$

$$OD_{645\,nm} = 16.75C_a + 45.60C_b$$

根据以上方程组，可以求得

$$C_a = 12.72OD_{663\,nm} - 2.59OD_{645\,nm}$$

$$C_b = 22.88OD_{645\,nm} - 4.67OD_{663\,nm}$$

因此测定提取液在 645 nm、663 nm 波长下的吸光值（OD 值），并根据上述公式可分别计算出叶绿素 a、叶绿素 b 和总叶绿素的含量。

三、材料、仪器及试剂

1. 材料

苹果、香蕉、青菜、菠菜等。

2. 仪器

分光光度计、电子天平（感量 0.01 g）、研钵、25 mL 棕色容量瓶、小漏斗、定量滤纸、擦镜纸、滴管、玻璃棒。

3. 试剂

丙酮和无水乙醇的混合液（体积比 2∶1）、石英砂、碳酸钙粉。

四、方法步骤

（1）取新鲜果皮样品或新鲜蔬菜叶片洗净擦干，去叶柄及叶脉。将样品切碎后，取 2 g 放入研钵中，加入少量石英砂和碳酸钙粉，加入 3 mL 丙酮和无水乙醇的混合液，研成匀浆，再加混合液 5 mL，继续研磨至组织变白。静置 3～5 min。

（2）取定量滤纸 1 张置于漏斗中，用混合液湿润，沿玻璃棒把提取液倒入漏斗，滤液流至 25 mL 棕色容量瓶中；用少量混合液冲洗研钵、研棒及残渣数次，最后连同残渣一起倒入漏斗中。

（3）用滴管吸取混合液，将滤纸上的叶绿体色素全部洗入容量瓶中。直至滤纸和残渣中无绿色为止。最后用混合液定容至 25 mL，摇匀。

（4）取叶绿体色素提取液，在波长 663 nm 和 645 nm 条件下测定吸光度，以丙酮、无水乙醇的混合液（体积比 2∶1）作为空白对照。

五、结果记录与分析

提取液中的叶绿素浓度：

$$C_a(\text{mg/L}) = 12.72\text{OD}_{663\,\text{nm}} - 2.59\text{OD}_{645}$$

$$C_b(\text{mg/L}) = 22.88\text{OD}_{645\,\text{nm}} - 4.67\text{OD}_{663}$$

$$C_T(\text{mg/L}) = C_a + C_b = 20.2\text{OD}_{645} + 8.05\text{OD}_{663}$$

$$叶绿素含量(\text{mg/g}鲜重) = (C_T \times 25)/(1\,000 \times W)$$

式中：C_T——提取液中的叶绿素浓度（mg/L）；

W——样品的鲜重（g）。

【注意事项】

（1）实验中注意，乙醇、丙酮等应远离火源。

（2）叶绿素提取要充分。

（3）叶绿素提取液要注意避光保存。

提取叶绿素时，为何在样品研磨时，加入少量的碳酸钙粉？

任务七　高效液相色谱法测定果蔬中的可溶性糖和有机酸的组成和含量

任务分析

果蔬中的可溶性糖主要是蔗糖、葡萄糖和果糖，有机酸主要是苹果酸、酒石酸和柠檬酸。果蔬中的糖酸含量是果实内在品质构成的重要因子，是构成风味品质的主要因素；同时，其糖酸组成也影响到果蔬的储运加工。

一、目的与要求

熟悉高效液相色谱(HPLC)的工作原理及使用操作；掌握运用 HPLC 测定果蔬中主要的可溶性糖(葡萄糖、果糖、蔗糖)和酸的方法；掌握运用 HPLC 测定果蔬中主要的有机酸的方法。

二、任务原理

前面的实验中已经介绍了几种测定果蔬中总糖、还原糖和有机酸的方法，但是这些方法都是用来测定总糖、总酸的含量的，没有涉及糖和酸的种类及含量的测定，并且操作烦琐，结果精确性差。

高效液相色谱法(high performance liquid chromatography，HPLC)在经典的液体柱色谱分析的基础上，在技术上采用高压泵、高效固定相和高灵敏度的检测器，实现了分离速度快、分离效率高和操作自动化的要求，可用于果实中糖、酸组分和含量的测定。

运用高效液相色谱法测定果蔬原料中的可溶性糖和有机酸的优势是什么？

三、材料、仪器及试剂

1. 材料

苹果、桃、梨等果实。

2. 仪器

高效液相色谱仪(配备示差折光检测器、紫外检测器)、氨基色谱柱、C18 色谱柱、进样针、高速离心机、超纯水仪、电子天平、酸度计、超声波清洗器、组织匀浆机、0.4 μm 滤膜、容量瓶。

3. 试剂

果糖、葡萄糖、蔗糖、乙二酸、酒石酸、苹果酸、抗坏血酸、柠檬酸等标准品(美国 Sigma 公司)；KH_2PO_4(分析纯)；乙腈、甲醇(色谱纯)。

四、方法步骤

1. 糖组分的 HPLC 测定条件及标准曲线的绘制

糖测定采用 RID 示差折光检测器。色谱条件是：氨基色谱柱(4.6 mm×250 mm，5 μm)，柱温 25 ℃，流动相为乙腈∶水=85∶15($V∶V$)，流速为 0.9 mL/min，进样量为 20 μL。

用超纯水配制果糖、葡萄糖和蔗糖的单标溶液，使其浓度均为 50 mg/mL；分别取浓度为 50 mg/mL 的果糖、葡萄糖和蔗糖 0.5 mL、1 mL、2 mL、5 mL、10 mL 于 50 mL 容量瓶中定容，制备成果糖、葡萄糖和蔗糖浓度均为 0.5 mg/mL、1 mg/mL、2 mg/mL、5 mg/mL、10 mg/mL 的混标溶液，备用。

分别取糖含量为 0.5 mg/mL、1 mg/mL、2 mg/mL、5 mg/mL、10 mg/mL 的混标溶液，经 0.45 μm 滤膜过滤后进行液相色谱分析，进样量为 20 μL，混标出峰顺序如图 1-4 所示。然后，以标准品浓度为纵坐标(Y)，以标准品峰面积为横坐标(X)绘制工作曲线。

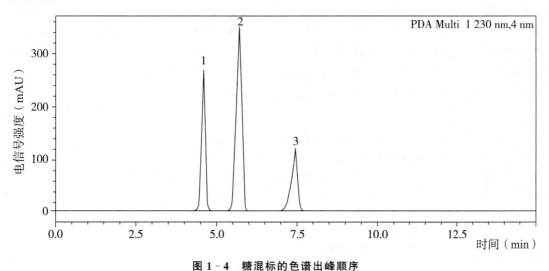

图 1-4 糖混标的色谱出峰顺序

1—果糖；2—葡萄糖；3—蔗糖

2. 有机酸组分的 HPLC 测定条件

有机酸的测定采用紫外检测器和 C18 色谱柱(250 nm×4.6 mm，5 μm)，流动相为 3%CH_3OH−0.01 mol/L KH_2PO_4，pH2.8，流速 0.8 mL/min，柱温 25 ℃，进样量 20 μL，检测波长 210 nm。

准确称取乙二酸、抗坏血酸各 5 mg，酒石酸 25 mg，苹果酸、柠檬酸各 50 mg，用流动相溶解并定容至 5 mL 容量瓶中作为对照品储备液。低浓度对照品溶液由储备液稀释而得。绘制标准曲线前，先用 0.45 μm 滤膜过滤，进样量为 20 μL，混标出峰顺序如图 1-5 所示。分析测定峰面积，以有机酸浓度为纵坐标(Y)，以峰面积为横坐标(X)，建立线性回归方程。

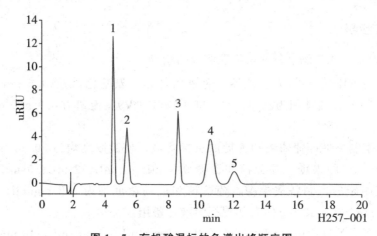

图 1 - 5　有机酸混标的色谱出峰顺序图

1—乙二酸；2—酒石酸；3—苹果酸；4—抗坏血酸；5—柠檬酸

3. 样品制备及测定

将果肉去皮、去核处理后打成果浆，准确称取 10 g 果浆样品加入 30 mL 水，水浴超声波提取 10 min，定容到 50 mL，再经 12 000 r/min 高速离心。取上清液，经 0.45 μm 滤膜过滤，滤液置于 1.5 mL 进样瓶中，为进行高效液相色谱测定做准备。取待测的果肉的汁液进行高效液相色谱分析，进样量为 20 μL，采用外标法定量，同一样品平行测定 5 次，分别使用不同的色谱条件测定糖和酸的组成和含量。

【注意事项】

(1)使用过程中注意仪器的维护和使用安全。

(2)流动相经过超声波脱气后方可使用。

(3)此方法也可以用来测定果蔬中维生素 C(抗坏血酸)的含量。

🧰 知识准备

※果蔬品质特征及质量标准

一、果蔬品质特征

果蔬品质就是指"在完成其使用目的或特定用途时的有用性"。果蔬在被选择时，除要求有用性(最佳使用品质)之外，其价格也是影响选择的重要因素。果蔬品质的构成如图 1 - 6 所示。

```
农产品品质 ┬ 基本特性 ┬ 内存品质：性状、成分、营养性
          │          └ 卫生品质：有害物的混入、霉变、质变、农药残留等
          └ 商品特性 ┬ 感观品质：人的感官所能体验到的农产品的外观、质构和风味
                     └ 加工特性：贮藏性、加工处理的难易程度、对加工工艺的影响等
```

图 1 - 6　果蔬品质构成要素

（一）内在品质

果蔬的内在品质主要包括果蔬的化学成分、营养性质等内在质量指标。

1. 果蔬的化学组分

果蔬的主要化学组分是碳水化合物、蛋白质、脂肪，以及它们的衍生物。此外，还存在各种有机物、矿物质等微量元素，如维生素、酶、有机酸、氧化剂、色素和风味成分等。水也是果蔬中一个非常重要的组分。这些组分的有机组合决定了不同果蔬的质构、营养价值和贮藏性质。

2. 营养性质

果蔬除能提供给人和其他动物能量外，还具有营养方面的作用。从果蔬中获得的碳水化合物能帮助人体有效地利用脂肪，其中纤维素和半纤维素对于维持肠道的健康状况也是有益的。肠道的微生物菌落较多地受食物中碳水化合物性质的影响，当淀粉和乳糖被相对较慢溶解时，在肠道中保留的时间要长，此时，它们可作为微生物生长的营养成分，而这些微生物能合成 B 族维生素。

蛋白质可以提供人体自身不能合成的必需氨基酸。不同蛋白质的营养价值取决于它们不同的氨基酸组成。一种完全蛋白质含有各种必需氨基酸，并且数量和比例能在以此种蛋白质为唯一的蛋白质来源时维持生命和支持生长，这种蛋白质被称为高生物价蛋白质。许多动物蛋白质，如存在于肉、鱼、乳和蛋中的蛋白质一般具有高生物价，植物蛋白质由于氨基酸的限制，生物价不如动物蛋白质的高。例如，大多数品种的小麦、大米和玉米缺乏赖氨酸，玉米还缺乏色氨酸，豆类蛋白质的质量稍高，但是含有有限数量的蛋氨酸等。

脂肪除提供热量外，还提供不饱和脂肪酸，如亚油酸、亚麻酸和花生四烯酸等。动物实验表明：缺乏亚油酸会妨碍婴儿正常生长和导致皮肤疾病。谷物和种子油、坚果脂肪和家禽脂肪是亚油酸的主要来源。当饮食脂肪中含有高比例的亚油酸和其他不饱和脂肪酸时，能显著降低血胆固醇。

维生素 A、维生素 D、维生素 E 和维生素 K 是脂溶性维生素，在果蔬中它们与脂肪结合在一起。磷脂是脂肪酸的有机酯，含有磷酸和一个含氮碱基，它们部分地溶解于脂肪中，卵磷脂、脑磷脂和其他磷脂除了存在于蛋黄中，还存在于脑、神经、肝、肾、心脏、血和其他组织中。磷脂对水具有强亲合性，能促使脂肪进出细胞，并且在脂肪的肠内吸收和脂肪的肝脏运输中发挥作用。

矿物质也是果蔬中的一类重要营养物质。食物中的钙、磷、铁与健康的关系最为密切，人们通常以这三种元素的含量来衡量食品的矿物质营养价值。大多数水果、蔬菜、豆类、乳制品等含钙、钾、钠、镁元素较多，它们进入人体后，与呼吸释放的 HCO_3^- 离子结合，可中和血液的 pH，使血浆 pH 增大，因此果蔬等食品在营养学中被称为"生理碱性食品"。肉类、蛋、五谷类等食品中硫、磷、氯等元素较多，经人体消化吸收后，其最终氧化产物为 CO_2，CO_2 进入血液会使 pH 降低，所以肉类、蛋等食品在营养学中被称为"生理酸性食品"。过多食用酸性食品，会使人体血液的酸性增强，易造成体内酸碱平衡失调，甚至引起酸中毒，因此为了保持人体血液、体液的酸碱平衡，在鱼、肉等动物食品消费量不断增加的同时，更要增加果蔬的食用量。

(二)卫生品质

无论是生鲜果蔬还是加工后的食品，其卫生状况都关系到消费者的身体健康，甚至关系到生命安全。果蔬的卫生品质主要包括生物性指标和化学物质指标两大类。

1. 生物性指标

生物性指标包括细菌、真菌、霉菌、酶和寄生物，以及它们的毒素。能使食品腐败的微生物普遍存在，如土壤中、水中和空气中，都有这些微生物的存在，水果、蔬菜、谷类和坚果在皮或壳破损时即受污染。

酶也能使食品腐败，经过多年贮藏的谷类和种子仍然具有呼吸、发芽和生长等机能。酶的活力不仅作用于果蔬生产和加工的整个有效期，而且这种活力往往在收获之后更趋强化，这是因为功能正常的植物，其酶促反应受到控制和平衡，当植物从田间收获时，该平衡就会被打破，失控的酶促反应就会在植物体内产生，从而引起质变。

昆虫对谷物、水果和蔬菜的破坏力很强。当甜瓜被小虫钻了一个小洞后，意味着它向细菌、霉菌感染敞开了大门，会导致整个甜瓜腐败。

2. 化学物质指标

果蔬中有危害的化学物质有天然存在的、间接加入的和直接加入的三种，常见的有危害的化学物质见表1-3。有毒化学物质在食品中达到了一定的水平可引起急性食物中毒，较小剂量的化学药品可引起慢性病或造成长期危害。

表1-3 有危害的化学物质的种类

Ⅰ 天然存在的化学物质	Ⅱ 间接加入的化学物质	Ⅲ 直接加入的化学物质
霉菌毒素(如黄曲霉毒素) 肉毒素 鱼类毒素 蘑菇毒素 贝类毒素(如麻痹性贝类毒素、腹泻性贝类毒素、健忘性贝类毒素、神经性中毒贝类毒素、砒咯烷生物碱类) 植物凝血素(如花生皮中凝血素)	农业化学药剂(如杀虫剂、杀真菌药剂、化肥、农药、抗生素和生长激素) 有毒元素和化合物(铅、锌、砷、汞和氰化物) 工厂化学药剂(如清洗剂、消毒剂、洗涤化合物、涂料)	防腐剂(亚硝酸盐和亚硫酸处理剂) 风味增强剂(谷氨酸钠盐、肌苷酸和鸟苷酸) 营养添加剂(维生素PP) 颜色添加剂

大多数果蔬在生长过程中可能会受到天然的和人类活动产生的毒性物质污染。例如，重金属铅和汞就属于毒性物质，在食品中，其含量低时不会立即对身体造成危害，但长期食用，它们就能构成严重的危害。来自人类活动的PCB(聚氯联苯)、二噁英、三聚氰胺是另一些例证。果蔬还被有意或无意加入的有毒物质污染，为动物治病或使它们生长更快而使用的痕量药物在某些情况下仍会保留在食品中，存在于牛奶中的微量生长素就是其中一例。

(三)感官品质

人们选择食品时会考虑各种因素，并运用视觉、触觉、嗅觉、味觉甚至听觉等感觉器官，人的感官能体验到的食品质量包括外观、质构和风味三大类。

1. 外观要素

外观要素包括大小、形状、完整性、损伤类型、色泽和稠度等。

(1)大小和形状。大小和形状是果蔬等级标准的重要因素之一。可以根据果蔬所能通过的孔径来按照大小分级，图1-7是目前仍被应用于现场分级和实验室操作的简单分级装置。

(2)色泽。色泽是成熟和败坏的标志。决定果蔬色泽的色素主要有叶绿素、胡萝卜素、花青素等。叶绿素存在于叶绿体内，与胡萝卜素共存。叶绿素的形成要有光及必要的矿物质元素，并受某些激素的影响。花青素类色素是指果蔬或花表现出的红、蓝、紫等颜色的水溶性色素，在pH值低时呈红色，中性时呈淡紫色，碱性时呈蓝色，与金属离子结合也呈现各种颜色。因此果蔬可呈现各种复杂的色彩。

(3)稠度。稠度被作为与质构有关的一个质量属性。淀粉糖浆可以是稀的，也可以是黏稠的；蜂蜜、番茄酱、苹果酱同样可稀可稠。这些食品的稠度常用黏度来表示，高黏度的产品稠度大，低黏度的产品稠度小。最简单的稠度测定方法是测定食物流过已知直径小孔所需的时间，或者是利用Bostwick黏度计(图1-8)测定较为黏稠的食品从斜面上流下所需要的时间。

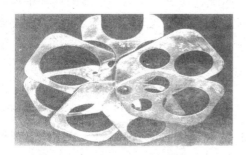

图1-7　圆形果蔬大小分级装置

图1-8　根据物体流经斜面的速度测定其黏度的Bostwick黏度计

2. 质构要素

质构要素包括手感和口感所体验到的坚硬度、柔软度、多汁度、咀嚼性等，可以通过精密的机械测量装置(图1-9)检测。食品质构的范围极其广泛，若偏离期望的质构，就是质量缺陷，如果人们希望饼干或土豆条又酥又脆，牛排咬起来要松软易断，但食品的质构并不是一成不变的，如果蔬损失更多的水分时会变得干燥、坚韧，富有咀嚼性，这对于制备杏干、梅干和葡萄干都是非常理想的，但面包和蛋糕在老化过程中损失水分则造成质量缺陷。

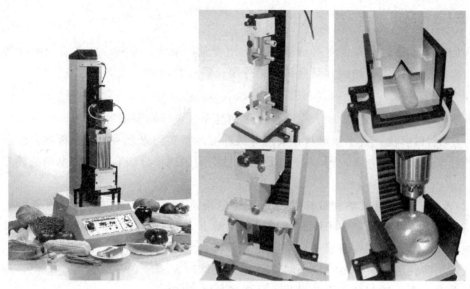

图 1 - 9 TMS－PRO 质构仪

3. 风味要素

风味要素包括舌头所能尝到的甜味、咸味、酸味和苦味等，也包括鼻子所能闻到的气味。风味和气味通常带有很强的主观性。虽然可以用色谱和质谱将风味组分定性和定量，但在整个过程中提取、捕集、浓缩等必须伴随感官检查，才能保证检测过程中风味组分无损失。另外，检查果蔬的新鲜度、评判新鲜果蔬是否具有应有的清香味等，都有赖于风味。

(四)加工特性

1. 贮藏性

收获或食品加工后，有一段时间其质量是最好的。对许多食品来说，这个质量高峰在田间 1～2 d 内就消逝，或在收获后几个小时内消逝，新鲜的玉米和豌豆就是明显的例子。对于绝大多数食品来说，质量随时间而下降。

2. 加工性

加工过程中必须了解原料营养成分的变化规律与微生物生长繁殖条件，从而制订减少或避免营养成分损耗、微生物危害的工艺路线与技术措施。适当的贮藏、加工可以在相当程度上延长食品的货架寿命，但不能无限延长。

二、果蔬质量标准

果蔬大致可分为两大类：一类为直接消费品；另一类为工业用品，也称产业用品或工业原料。农业要向产业化、现代化迈进，作为原料的果蔬就必须符合规格化、标准化和商品化要求，要有衡量和保证品质的措施。

我国将果蔬大致分为普通果蔬、绿色果蔬、有机果蔬和无公害果蔬，其等级标识如图1-10所示。

图1-10 我国果蔬等级标识

1. 普通果蔬的质量标准

普通果蔬的质量标准，包括技术要求、感观指标、理化指标等项目。技术要求一般是对农产品加工方法、工艺、操作条件、卫生条件等方面的规定。感观指标是指以人的口、鼻、目、手等感官鉴定的质量指标。理化指标包括果蔬的化学成分、化学性质、物理性质等质量指标。许多果蔬还被规定了微生物学指标及无毒害性指标。在制定和推行果蔬标准的过程中，应当把国家制定的食品卫生标准作为重点，为确保果蔬安全服务。

2. 绿色果蔬的标准

绿色果蔬是遵循可持续发展原则、按照特定生产方式生产、经专门机构认定、许可使用绿色食品标志的无污染的果蔬。绿色果蔬标准主要包括绿色农产食品产地的环境标准即《绿色食品产地环境质量标准》、绿色果蔬生产技术标准、绿色果蔬产品标准、绿色果蔬包装标准、绿色果蔬储藏运输标准等。以上标准对绿色果蔬产前、产中、产后全程质量控制技术和指标作了明确规定，既保证了绿色果蔬产品安全、优质、营养的品质，又保护了产地环境，并使资源得到合理利用，以实现绿色果蔬的可持续生产，从而构成了一个完整的、科学的标准体系。

中国的绿色果蔬分为A级和AA级两种。其中，A级绿色果蔬生产中允许限量使用化学合成生产资料，AA级绿色果蔬则较为严格地要求在生产过程中不能使用化学合成的肥料、农药、兽药、饲料添加剂、食品添加剂和其他有害于环境和健康的物质。按照农业农村部发布的行业标准，AA级绿色果蔬等同于有机果蔬。

3. 有机果蔬的标准

有机果蔬是根据有机农业原则和有机果蔬生产方式及标准生产、加工出来的，并通过有机食品认证机构认证的果蔬。其要求原则是，在农业能量的封闭循环状态下生产，全部过程都利用农业资源，而不是利用农业以外的能源（化肥、农药、生产调节剂和添加剂等）影响和改变农业的能量循环。有机农业生产方式是利用动物、植物、微生物和土壤四种生产因素的有效循环，不打破生物循环链的生产方式。以该种方式生产出来的果蔬是纯天然、无污染、安全营养的食品，也可称为"生态食品"。

有机果蔬执行的是国际有机农业运动联盟（IFOAM）的"有机农业和产品加工基本标准"。有机果蔬在中国尚未形成消费群体，产品主要用于出口。虽然中国也发布了一些有机果蔬的行业标准，但中国的有机果蔬执行的标准主要是出口国要求的标准。

4. 无公害果蔬的标准

中国 2002 年 4 月 29 日颁布实施的《无公害果蔬管理办法》中，对"无公害果蔬"的定义是：产地环境、生产过程和产品质量均符合国家有关标准和规范的要求，经认证合格获得认证证书并允许使用无公害果蔬标志的未经加工或者初加工的果蔬。《无公害果蔬管理办法》中指出，无公害果蔬产地应当符合下列条件：产地环境符合无公害果蔬产地环境的标准要求；区域范围明确；具备一定的生产规模。无公害果蔬的生产管理条件则必须达到如下要求：生产过程符合无公害果蔬生产技术的标准要求；有相应的专业技术和管理人员；有完善的质量控制措施，并有完整的生产和销售记录档案。

※ 果蔬主要组分在贮藏加工过程中的变化

果蔬在收获或深加工后，体内原有的酶会继续起作用，而对于微生物来讲，营养丰富的果蔬就是其良好培养基。所以，果蔬在贮藏加工过程中都会有不同程度的变质。

一、水分

按照水分在果蔬中的存在形式，水可分为两大类。一类是自由水，这部分水存在于果蔬组织的细胞中，可溶性物质就溶解在这类水中。自由水容易蒸发。贮存和加工期间所失去的水分就是这一类水分；在冻结过程中结冰的水分也是这一类水分。另一类水是结合水，它常与果蔬中蛋白质、多糖类、胶体大分子以氢键的形式相互结合。这类水分不仅不蒸发，就是人工排除也比较困难，只有较高的温度（105 ℃）和较低的冷冻温度下方可分离。

新鲜果蔬的含水量大多在 75%～95%。采后由于水分的蒸发，果蔬会大量失水，果蔬中的酶活动会趋向于水解方向，从而为果蔬的呼吸作用及腐败微生物的繁殖提供了基质，以致造成果蔬耐贮性降低；失水还会使果蔬变得疲软、萎蔫，食用品质下降。

二、碳水化合物

果蔬中最重要的碳水化合物是糖、淀粉、糊精、粗纤维、果胶物质等。各种碳水化合物在果蔬中所起的作用不同，如纤维素是结构组分，植物中的淀粉和动物的肝糖是能量贮备的场所，核糖是核酸的必要组分等。

1. 糖

果蔬组织中的糖类有还原糖和非还原糖两类。常见的还原糖有葡萄糖、果糖和麦芽糖，蔗糖（甘蔗茎、甜菜的块根等）、淀粉（马铃薯、番薯的块茎等）是非还原糖。

果蔬在贮藏过程中，淀粉和蔗糖等非还原性糖在各自酶的催化作用下都能水解成还原性糖（葡萄糖和果糖）。果蔬在贮藏过程中，其糖分会因生理活动的消耗而逐渐减少。贮藏越久，果蔬口味越淡。有些含酸量较高的果实，经贮藏后，口味变甜，其原因之一是含酸量降低比含糖量降低更快，引起糖酸比值增大，实际含糖量并未提高。

在良好条件下，除蔗糖含量稍有下降外，其他各种糖的浓度基本上

还原糖和非还原糖的成分有何不同？

无变化。在不良贮藏环境条件的影响下，如高温、高水分条件下，蔗糖和棉籽糖含量下降，麦芽糖作为淀粉和其他葡聚糖的酶促降解产物，其含量上升。

2. 淀粉

在果蔬贮藏加工过程中，由于酶的作用，淀粉先转化成糊精和麦芽糖，最终分解形成葡萄糖。未熟果实中含有大量的淀粉，如香蕉的绿果中淀粉占 20%～25%，当果实完熟后，淀粉几乎完全水解，香蕉的含糖量从 1%～2% 迅速增至 15%～20%。淀粉含量及其采后变化还直接关系到果蔬自身的品质与贮存性能；富含淀粉的果蔬，淀粉含量越高，耐贮性越强；地下根茎菜，淀粉含量越高，品质与加工性能也越好；青豌豆、菜豆、甜玉米等以幼嫩的豆荚或籽粒供鲜食的蔬菜，淀粉含量的增加意味着品质的下降；加工用马铃薯则不希望淀粉过多转化，否则转化糖多会引起马铃薯制品的色变。

3. 粗纤维

粗纤维大量存在于植物界，它们的作用主要是作为植物组织的支持结构。粗纤维多含在种皮、果皮中，因为粗纤维的存在影响食用品质和加工性能，所以，在加工工艺中尽量降低成品中的粗纤维含量。

果蔬皮层中的纤维素能与木素、栓质、角质、果胶等结合成复合纤维素，这对果蔬的品质与贮运有重要意义。果蔬成熟衰老时产生的木素和角质使组织坚硬粗糙，影响品质，如芹菜、菜豆等老化时纤维素增加，品质变劣。纤维素不溶于水，只有在特定酶的作用下才被分解。许多霉菌含有分解纤维素的酶，受霉菌感染腐烂的果蔬，往往变得软烂，就是纤维素和半纤维素被分解的缘故。

香蕉果实初采时含纤维素 2%～3%，成熟时略有减少，蔬菜中的纤维素含量为0.2%～2.8%，根菜类为 0.2%～1.2%，西瓜和甜瓜为 0.2%～0.5%。

4. 果胶物质

果胶物质以原果胶、果胶和果胶酸三种形式存在于果蔬中。未成熟的果蔬中，果胶物质主要以原果胶存在，并与粗纤维结合，它使果实显得坚实脆硬。随着果蔬成熟，在原果胶酶作用下，原果胶逐渐水解而与纤维素分离，转变成果胶渗入细胞液中，使组织松散，硬度下降。当果实进一步成熟衰老时，在果胶酸酶作用下，果胶继续分解成果胶酸和甲醇。果胶酸没有黏性，使细胞失去黏着力，果蔬也随之发绵、变软，贮藏能力逐渐降低。

果胶还具有如下性质：能溶于水，尤其是热水；当加入糖和酸后，果胶溶液形成凝胶，这是制作果冻的基础。其他植物胶包括阿拉伯胶、刺槐豆胶、黄原胶、琼脂胶、卡拉胶和海藻胶等，这些天然存在的果胶和其他食品胶被加入食品中作为增稠剂和稳定剂。

三、蛋白质

蛋白质分子是由各种氨基酸连结而成的长链。不同氨基酸的结合、链中氨基酸排列顺序的差别和链立体结构的差别，使蛋白质可以是直线的、盘绕的或折叠的。

1. 蛋白质在贮藏过程中的变化

贮藏 10 个月的大豆（夏季最高粮温 32 ℃），盐溶性蛋白（球蛋白）减少，由此制作出的豆腐的品质也很差。

2. 蛋白质在加工过程中的变化

蛋白质结构复杂，加工时容易发生一些变化。例如：加热蛋清时会使蛋白质凝结；采用酸或碱溶液溶解动物的蹄时可以制备胶质；往豆浆中加入卤水时，蛋白质会凝结成豆腐；肉被加热时，蛋白质会收缩等。

蛋白质能分解成分子大小不同和性质不同的中间物，可以采用酸、碱和酶来完成这类反应，一些食品的制作也是利用了蛋白质这个性质，如大酱、干酪、风干肠等发酵食品的制作就是将蛋白质分解至期望的程度。

四、色素物质

果蔬的颜色主要来自天然植物色素。例如，叶绿素使青豆呈绿色，胡萝卜素使胡萝卜和玉米呈橙色，番茄红素使番茄和西瓜呈红色，花色苷使葡萄和蓝莓呈紫色。

天然色素对化学和物理变化是很敏感的，许多植物色素有组织地存在于组织细胞和色素体中，在果蔬进行深加工时，如果这些细胞破裂，色素从细胞中渗出并与空气接触，会发生复杂的颜色变化，如苹果切面变暗、茶叶所含的单宁变成褐色等。

色素物质在贮运过程中随着环境条件的改变也发生一些变化，从而影响果蔬外观品质。蔬菜在贮藏中叶绿素逐渐分解，促使类胡萝卜素、类黄铜色素和花青素显现，引起蔬菜外观变黄。叶绿素不耐光，不耐热，光照与高温均能促使蔬菜内叶绿素的分解。光和氧能引起类胡萝卜素分解，使果蔬褪色，因此，在贮运过程中，应采取避光和隔氧措施。花青素是一类非常不稳定的糖苷型水溶性色素，一般在果实成熟时才合成，存在于表皮的细胞液中。

五、脂质

脂质包括脂肪和类脂(如磷脂、固醇等)。脂肪主要是为植物和动物提供能源的物质，脂肪在粮油籽粒中分布，豆类及油料大都分布在子叶中，而谷类主要在胚及糊粉层中。所以，利用谷类粮食的加工副产品，可榨制各种油品，如麦胚油、玉米胚油、米糠油等。磷脂主要存在粮油籽粒的胚部，有卵磷脂和脑磷脂两种。磷脂不仅是油脂本身的抗氧化剂，而且是食品工业中常用的乳化剂，也是制取各种营养品和药剂的主要原料。

脂肪由甘油和脂肪酸缩合而成，是由一分子甘油与三分子脂肪酸缩合而成的化合物。组成脂肪的脂肪酸分为饱和脂肪酸和不饱和脂肪酸两类。动物脂肪中一般含饱和脂肪酸多，常温下呈固态，所以常称固体脂肪为脂。植物脂肪中含不饱和脂肪酸多，常温下为液态，故称液体脂肪为油或油脂，即通常所称的植物油。

脂质变化会产生过氧化物和由不饱和羰基化合物，主要为醛类、酮类物质。

在食品工艺中，脂肪还具有如下性质。

(1)脂肪没有固定的熔点。被加热时，其逐渐软化，进一步加热时，首先冒烟，然后闪烁和燃烧。产生此现象的最低温度叫作发烟点、闪点和燃点。

(2)脂肪与水和空气形成乳状液，此时脂肪球悬浮在大量水中，如乳；水滴悬浮在大量脂肪中，如奶油；搅打奶油时，空气能被截获在脂肪中形成乳浊液。

（3）脂肪具有起酥能力，能在蛋白质和淀粉结构间形成交织，使它们易于撕开和不能伸展。脂肪按此方式使肉嫩化和使焙烤食品酥脆。

六、维生素和矿物质

维生素常被分为脂溶性维生素和水溶性维生素两大类，脂溶性维生素有维生素 A、维生素 D、维生素 E 等，水溶性维生素包括维生素 C 和 B 族维生素。

果蔬中的维生素 C 易氧化，尤其与铁等金属离子接触会加剧氧化作用，在光照和碱性条件下也易遭破坏，低温、低氧可有效防止果蔬贮藏中维生素 C 的损耗。在加工过程中，切分、漂烫、蒸煮和烘烤是造成维生素 C 损耗的重要原因。另外，维生素 C 还常用作抗氧化剂，防止产品褐变。

维生素 A 天然存在于动物食品（肉、乳、蛋等）中。植物中不含维生素 A，但含有它的前体 β—胡萝卜素。β—胡萝卜素本身不具备维生素 A 生理活性，但在人和动物的肠壁及肝脏中能转化为具有生物活性的维生素 A，因此胡萝卜素又称为维生素 A 原。

由于粮食贮藏条件及水分含量不同，各种维生素的变化也不尽相同。正常贮藏条件下，安全水分以内的粮食维生素 B_1 的降低比高水分粮食的要小得多。

粮食籽粒中含有多种水溶性维生素（如维生素 B_1、维生素 B_2 等）和脂溶性维生素（如维生素 E）。维生素 E 大量存在于禾谷类籽粒的胚中，是一种主要的抗氧化剂，对防止油品氧化有明显作用，因此对保持籽粒活力是有益的。

矿物质对果蔬的品质有重要的影响，必需元素的缺乏会导致果蔬品质变劣，甚至影响其采后贮藏效果。在苹果中，钙和钾具有提高果实硬度、降低果实贮期的软化程度和失重率，以及维持良好肉质和风味的作用。果实的钙、钾含量高时，硬脆度高，果肉致密，贮期软化进度慢，肉质好，耐贮藏；果实中锰、铜含量低时，韧性较强；锌含量对果实风味、肉质和耐贮性的影响较小，但优质品种含锌量相对较低。

七、酶

酶是生物体内产生具有生物催化活性的一类特殊蛋白质，如唾液中的淀粉酶能促进口腔中淀粉的分解，胃液中的蛋白酶可促进蛋白质的分解，肝中的脂肪酶可促进脂肪的分解。大多数果蔬含有大量的活性酶，在采收后或动物在屠宰后酶会继续促进特定的化学反应。

（1）在果蔬的生长中，酶控制着与成熟有关的反应。如苹果、香蕉、芒果、番茄等在成熟中变软，是果胶酯酶和多聚半乳糖酸酶活性增强的结果。

（2）果蔬采收后，除非采用加热、化学试剂或其他手段将酶破坏，否则酶将继续促其成熟，直至腐败。大米陈化时流变学特性的变化与 α-淀粉酶的活性有关，随着大米陈化时间的延长，α-淀粉酶活性降低。高水分粮在贮藏过程中 α-淀粉酶活性较高，它是高水分粮品质劣变的重要因素之一。

（3）酶参与食品中的大量生物化学反应，因此它决定着风味、颜色、质构和营养方面的变化。果实成熟时硬度降低，与半乳糖酸酶和果胶酯酶的活性增加有关。梨在成熟过程中，果胶酯酶活性逐渐增加。苹果中果胶酯酶活性与耐贮性有关。在未成熟的果实中，纤维素酶的活性很高，随着果实成熟，其活性逐渐降低；而当果实从绿色转变到红色的成熟阶段时，纤维素酶活性增加两倍。在果蔬贮运过程中，随着时间的延长，所含芳香物质由于挥发和酶的分解而降低，进而香气降低。散发的芳香物质积累过多，具有催熟作用，甚至引起某些生理病害。故果蔬应在低温下贮藏，减少芳香物质的损失，及时通风换气，脱除果蔬贮藏中释放的香气，延缓果蔬衰老。

(4)在设计果蔬贮藏加工的工艺时，不仅要考虑破坏微生物而且要灭活酶，从而提高果蔬的贮存稳定性。小麦发芽时蛋白酶的活力迅速增加，在发芽的第7天增加9倍以上。麸皮和胚乳淀粉细胞中蛋白酶的活力都是很低的，蛋白酶对小麦面筋有弱化作用。发芽、虫蚀或霉变小麦制成的面粉，因含有较高活性的蛋白酶，面筋蛋白质溶化，所以只能形成少量的面筋或不能形成面筋，因此极大地损坏了面粉的加工工艺和食用品质。

项目小结

果蔬的品质按构成要素分为基本特性和商品特性。随着市场经济的发展，果蔬的商品特性越来越显突出。果蔬质量标准的建立，是农业向产业化、现代化迈进的需求，也是保证果蔬品质的措施。我国果蔬标准(绿色果蔬、有机果蔬和无公害果蔬)与发达国家相比存在着一定的差距，要想提高我国果蔬品质，就要加强果蔬质量管理，掌握果蔬组分在贮藏加工过程中变化的一般规律。

复习思考题

(1)果蔬品质由哪些构成要素？它们各自有何特性？

(2)我国将果蔬大致分为普通果蔬、绿色果蔬、有机果蔬和无公害果蔬，不同果蔬的生产标准有何区别？

(3)果蔬中的主要组分(如碳水化合物、蛋白质和脂肪等)在贮藏加工过程中是如何变化的？

项目二　果蔬的采后生理分析

项目引入

果蔬被采下后呼吸作用旺盛，会释放出大量呼吸热，导致温度升高。而温度升高又会使呼吸增强，放出更多的热，形成恶性循环，缩短贮藏寿命。因此，在果蔬采收后贮运期间必须及时散热和降温，以避免贮藏库温度升高。为了有效降低库温和运输车船的温度，首先要算出呼吸热，以便配置适当功率的制冷机，控制适当的贮运温度。

学习目标

知识目标

了解果蔬采收后呼吸作用、蒸腾生理、休眠生理等一些生理生化特性，掌握呼吸作用、蒸腾作用、成熟衰老生理、休眠生理与果蔬贮藏的关系，并能运用相关理论实现农产品的良好贮藏；明确引起果蔬病害的病原菌与特点，并且能够进行相关病害防治。

技能目标

掌握果蔬贮藏对主要环境条件的定性要求。会进行呼吸强度测定的操作和果蔬主要品质的鉴定。能识别常见的果蔬病害并熟悉病害防治方法。

素质目标

让学生拥有"学农、知农、爱农"的赤子情怀，培养学生"从农、兴农、强农"的责任意识、爱岗敬业的精神及社会责任感。

职业岗位

果蔬保鲜工、食品检验员。

任务一　果蔬呼吸强度的测定

任务分析

果蔬的贮藏寿命与呼吸作用有密切关系，在不妨碍果蔬正常生理活动和不出现生理病害的前提下，应尽可能降低它们的呼吸强度，以减少物质的消耗，延缓果蔬的成熟衰老。因此，有必要了解影响果蔬呼吸的因素，进而确定果蔬的呼吸强度。

一、目的与要求

理解呼吸强度对果蔬的生理意义；掌握果蔬呼吸强度测定的基本方法与原理。

二、任务原理

呼吸作用是果蔬的重要生理活动，是影响贮运效果的重要因素，其强弱可以用呼吸强度来衡量。测定呼吸强度的方法很多，如碱吸收法、气相色谱法、红外线 CO_2 分析法等，测定时可以根据具体情况灵活采用。

碱吸收法测定呼吸强度的原理是，采用一定量碱液吸收果蔬在一定时间内呼吸所释放出来的 CO_2，然后再用酸滴定剩余的碱，根据相关数据即可计算出呼吸所释放出的 CO_2 量，求出其呼吸强度。其单位为 CO_2 mg/(kg·h)。具体反应式如下：

$$2NaOH + CO_2 = Na_2CO_3 + H_2O$$
$$Na_2CO_3 + BaCl_2 = BaCO_3 \downarrow + 2NaCl$$
$$2NaOH + H_2C_2O_4 = Na_2C_2O_4 + 2H_2O$$

三、材料、仪器及试剂

1. 材料
苹果、梨、柑橘、香蕉、番茄、黄瓜等果蔬。

2. 仪器
真空干燥器(直径≥25 cm)、大气采样器、吸收管、滴定管架、铁夹、25 mL 滴定管、150 mL 三角瓶、500 mL 烧杯、直径 8 cm 的培养皿、小漏斗、10 mL 移液管、100 mL 容量瓶、台秤等。

3. 试剂
钠石灰、20％NaOH 溶液、0.4 mol/L NaOH 溶液、0.1 mol/L $H_2C_2O_4$ 溶液、饱和 $BaCl_2$ 溶液、酚酞指示剂、正丁醇、凡士林等。

四、方法步骤

(一)气流法

1. 操作流程
安装→空白滴定→测定→计算。

气流法的特点是使果蔬处在气流畅通的环境中进行呼吸，比较接近自然状态，因此，可以在恒定的条件下进行较长时间的多次连续测定。测定时使不含 CO_2 的气流通过果蔬呼吸室，将果蔬呼吸时释放的 CO_2 带入吸收管，并被管中定量的碱液所吸收，经一定时间的吸收后，取出碱液，用酸滴定，由碱量差值计算出 CO_2 量。气流法呼吸室装置如图 2-1 所示。

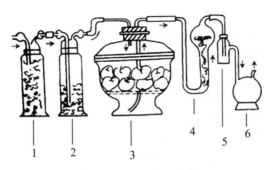

图 2 - 1　气流法呼吸室装置

1—钠石灰；2—20％NaOH 溶液；3—呼吸室；4—吸收瓶；5—缓冲瓶；6—气泵

2. 操作步骤

(1)安装。按图 2 - 1 连接好大气采样器，暂不接吸收管，并在干燥器的底和盖的边缘上抹少许凡士林，使干燥器密封；同时，还要检查装置是否漏气。开动大气采样器中的空气泵，如果在装有 20％NaOH 溶液的净化瓶中有连续不断的气泡产生，说明整个系统气密性良好，否则应检查各接口是否漏气。

(2)空白滴定。取一支吸收管，装入 0.4 mol/L 的 NaOH 溶液 10 mL，加 1 滴正丁醇，稍加摇动后，再将其中碱液毫无损失的移入三角瓶中，用煮沸过的蒸馏水冲洗 5 次，加少量饱和 $BaCl_2$ 溶液和酚酞指示剂二滴，然后用 0.1 mol/L 草酸($H_2C_2O_4$)滴定至粉红色消失即为终点。记下滴定量，重复 1 次，取其平均值，即为空白滴定量(V_1)。如果两次滴定相差超过 0.1 mL，必须重新滴定一次。同时取一支吸收管，装入同量碱液和一滴正丁醇，放在大气采样器的管架上备用。

(3)测定。称取果蔬材料 1 kg，放入呼吸室，先将呼吸室与安全瓶连接，拨动开关，将空气流量调到 0.4 L/min，将定时钟旋钮按逆时针方向转到 30 min 处，先使呼吸室抽空平衡半小时，然后连接吸收管，开始正式测定。

当呼吸室抽空 0.5 h 后，立即接上吸收管[步骤(2)中已准备好，管内事先已用移液管移取 0.4 mol/L 的 NaOH 溶液 10 mL]。把定时钟重新按逆时针方向转到 30 min 处，调整流量，保持 0.4 L/min。待样品测定 0.5 h 后，取下吸收管，将碱液移入三角瓶中，加饱和 $BaCl_2$ 溶液 5 mL 和酚酞指示剂 2 滴，用 0.1 mol/L 草酸($H_2C_2O_4$)滴定，操作同空白滴定，记下滴定量(V_2)。

(二)静置法测定

1. 操作流程

放入定量碱液→放入定量样品→取出碱液滴定→求出样品的呼吸强度。

静置法是最简便的一种测定果蔬呼吸强度的方法，不需要使用特殊设备。测定时将样品置于干燥器中，干燥器底部放入定量碱液，果蔬呼吸释放出的 CO_2 自然下沉而被碱液吸收，静置一定时间后取出碱液，用酸滴定，求出样品的呼吸强度。

2. 操作步骤

(1) 放入定量碱液。溶液用移液管吸取 0.4 mol/L 的 NaOH 溶液 10 mL 放入培养皿中，将培养皿放进呼吸室（干燥器）底部，在干燥器中放置隔板，具体如图 2−2 所示。

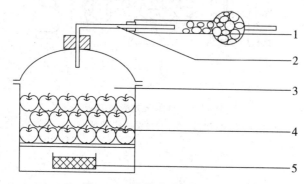

图 2−2　静置法呼吸室装置
1—钠石灰；2—CO_2 吸收管；3—呼吸室；4—果实；5—氢氧化钠溶液

(2) 放入定量样品。称取 1 kg 左右的果蔬（若为绿叶菜可称取 0.5 kg），放置在隔板上，封盖。果蔬呼吸释放出的 CO_2 自然下沉而被碱液吸收。

(3) 取出碱液滴定。密封静置 1 h 后，取出培养皿，把碱液移入三角瓶中（用蒸馏水冲洗 4~5 次），加饱和 $BaCl_2$ 5 mL 和酚酞指示剂 2 滴。用 0.1 mol/L 草酸（$H_2C_2O_4$）滴定至粉红色消失，记录草酸用量。并用同样的方法做空白测定（干燥器中不放果蔬样品）。

五、结果记录与分析

1. 将测定数据填入表 2−1。

表 2−1　呼吸强度测定表

样品质量/kg	测定时间/h	气流量/($L \cdot min^{-1}$)	0.4mol/L NaOH/mL	0.1 mol/L $H_2C_2O_4$ 用量/mL		滴定差(V_1-V_2)/mL	CO_2 mg/(kg·h)	测定温度/℃
				空白(V_1)	测定(V_2)			

2. 列出计算式并计算结果

$$呼吸强度[CO_2 \ mg/(kg \cdot h)]=(V_1-V_2)M \times 44/(w \cdot h)$$

式中：V_1——空白滴定时所用草酸的毫升数（mL）；

　　　V_2——样品滴定时所用草酸的毫升数（mL）；

　　　M——$H_2C_2O_4$ 摩尔浓度（mol/L）；

　　　w——样品重量（kg）；

　　　h——测定时间（h）；

　　　44——CO_2 的分子量。

影响果蔬呼吸强度的因素有哪些？
呼吸作用对果蔬有哪些影响？

任务二　果蔬贮藏中主要生理病害、侵染性病害的观察

任务分析

贮藏病害一般是指在贮运过程中发病、传播、蔓延的病害，包括田间已被侵染但尚无明显症状而在贮运期间发病或继续蔓延的病害。病因分为两大类：生理性病害、病理性病害。

一、目的与要求

观察并识别几种果蔬的主要贮藏病害，观察果蔬在贮藏中的发病现象，并能分析病害产生的原因，讨论防治途径，确定对该产品进行病害防治的措施，预期防治效果。

二、任务原理

果蔬在收获、分级、包装、装卸、堆码、贮运和销售过程中，由于诸多内外因素的影响，常常发生多种侵染性病害和生理性病害，不仅造成数量损失，而且使果蔬品质下降，价值降低，因而造成严重的经济损失。通过观察病害现象，分析病害产生的原因，对于果蔬采后病害防治具有很重要的意义。

三、材料及用具

1. 材料

病害标本及挂图。

2. 用具

放大镜、刀片、挑针、滴瓶、载玻片、盖玻片、培养皿和显微镜等。

四、任务步骤

1. 收集

收集几种主要果品蔬菜贮藏生理性病害和侵染性病害的样品。

（1）生理性病害样品。收集苹果虎皮病、苦痘病、水心病，梨的黑心病，柑橘水肿病、枯水病，香蕉冷害，马铃薯黑心病，蒜薹 CO_2 中毒，黄瓜、番茄冻害等症状的标本和挂图。

（2）侵染性病害样品。收集苹果炭疽病、心腐病，梨黑星病，葡萄灰霉病，柑橘青绿霉病，马铃薯干腐病，番茄细菌性软腐病等的标本挂图及病原菌玻片标本。

造成果蔬病害的因素有哪些？

2. 观察记录

记录内容包括果蔬的外观、病症部位、形状、大小、色泽、有无菌丝或孢子等，辨别哪些是生理性病害，哪些是侵染性病害。

3. 品评

品评正常果实和病果的味道、气味和质地。

4. 分析

分析造成病害的原因，提出防治措施。

五、结果记录与分析

将观察结果记入表2-2中。

表2-2 果蔬主要贮藏病害的观察记录表

编号	果蔬名称	病害名称	主要症状	病因	预防措施

六、思考题

(1)写出实训报告，要求有操作要点。

(2)根据当地果蔬主要贮藏病害情况，提出有效的防治措施。

任务三　乙烯对果实的催熟作用

任务分析

乙烯是农业生产上一种非常常见的催熟剂，它因为这一特性而被大众所熟知，但是催熟可不是乙烯的唯一用途。乙烯作为一种植物生长调节剂，对于植物的生长发育及衰老都会起到作用，在果实的发育过程的整个时期都伴随着乙烯的不断释放，不过由于乙烯含量(浓度)的不同，所起到的促进作用也有所差异。

在果实发育的初期，乙烯的含量是非常低的。随着果实接近成熟，果实所释放的乙烯也会逐步增多。在成熟时期，乙烯量达到顶峰。科学研究人员正是利用果实发育过程中乙烯的这一特性，人为调节乙烯含量来实现果实催熟。

作为植物体中一种最为简单的植物激素，乙烯无色无味，在空气中极易燃烧。不过在植物体中，乙烯可以在细胞间隙以气体形式扩散。乙烯在接触到细胞后，可以促使果实细胞呼吸强度大大升高，还同时提高果实组织原生质对于氧的渗透性，提高果实中氧的含量。乙烯一方面提高呼吸强度，另一方面促进果实当中一些分子活性物质的氧化，从而使得果实的成熟时间大大缩短。不过，需要指出的是，乙烯只是充当了活性剂，也就是催化剂，并未在整个反应过程中有实质性的化学反应。

一、目的与要求

了解乙烯利催熟果实的原理和方法；分析催熟对果实品质和生理的影响。

二、任务原理

部分呼吸跃变型果实，如香蕉、番茄等，在绿熟期采收，此时果实质地比较硬，适合于储运。销售商对其进行催熟处理，使其成熟并形成良好的风味。催熟是果蔬储运中常用的方法。

乙烯对果实成熟有明显的促进作用。正常情况下，乙烯由植物体内产生并以气体的形式释放出来。在生产实践中，应用气态乙烯不够方便，一般使用人工合成的乙烯释放剂——乙烯利作为替代物。

关于媒体报道的
催熟的"有毒香蕉"

乙烯利的化学名称为 2-氯乙基磷酸。该物质可溶于水，在 pH>4.1 时可分解，产生乙烯。一般果蔬组织的 pH 较低，所以，液态乙烯利在渗入果蔬组织后即分解释放出气态乙烯，促使果实成熟。

三、材料、仪器及试剂

1. 材料

跃变型果实，如香蕉、苹果、柿子、番茄、猕猴桃等，正常商业成熟时采收。

2. 仪器

干燥器、小喷壶。

3. 试剂

(1)乙烯利水剂。分别配制浓度为 50 mg/L、100 mg/L、200 mg/L 和 400 mg/L 的乙烯利溶液，分装至小喷壶中。

(2)蒸馏水。

四、方法步骤

1. 处理

挑选大小一致、无病虫害和机械损伤的果实，每份称取 1 kg，共称 5 份，分别喷施蒸馏水(对照)和浓度分别为 50 mg/L、100 mg/L、200 mg/L 和 400 mg/L 的乙烯利溶液，密闭，室温(记录)放置。

2. 观察

每天观察各干燥器中的果实颜色并记录，一星期后打开干燥器并取出果实，观察、记载果实的颜色，品尝、比较各种经处理果实的香味、硬度及口感，总结乙烯利的催熟效果。

3. 测定

参考项目一中关系果蔬品质分析检测的方法的内容，借助仪器分析测定果实的硬度，糖、酸含量等品质指标的变化。

【注意事项】

(1)乙烯利水剂大多不是纯品，配制时应注意浓度换算。

(2)喷施乙烯利时，5份样品所使用的溶液体积应当相同，并要保证每个果实表面均匀沾有溶液。

复习思考题

(1)该实验的5份样品达到完熟程度的时间分别是几天？

(2)不同浓度的乙烯利处理对果实的色、香、味有影响吗？

(3)你认为该实验中乙烯利催熟果实的最适浓度是多少？为什么？

任务四 果蔬冷害分析

任务分析

冷害是一些原产于热带、亚热带的水果和蔬菜在高于冰点的低温贮藏时，由于不适当的低温造成代谢失调而引起的伤害。与冻害不同，冷害不是组织结冰造成的，而是低温(0 ℃以上)对这些产品的细胞膜造成损伤而引起的。例如，香蕉、柠檬等果实均易发生冷害。最常见的冷害的症状是表面产生斑点或凹陷，局部组织坏死，表皮褐变，果实出现褐心，果实不能正常后熟。在冷害温度下贮藏的果蔬转移到高温环境后，这些症状变得更加严重。不同的果蔬其冷害的症状各有不同，对低温的敏感性也不同。采收成熟度和生长季节也影响冷害的程度，一般原产地及生长期要求温度高的果蔬品种、同一品种夏季高温生长的果蔬、同一生长季节成熟度低的果蔬更易发生冷害。

一、目的与要求

了解冷害的相关理论和机理；通过观察，识别几种果蔬冷害的症状；分析不同贮藏温度对冷害的影响。

二、任务原理

果蔬储运过程中，防止冷害的关键是要对温度严格控制，经常观察温度变化，一旦温度过低，需及时采取升温措施。

冷害是果蔬在不适宜的低温条件下贮藏所引起的生理病害，多发生

果蔬贮藏过程中，如何避免冷害？

于原产热带或夏季成热的果蔬。果蔬遭受冷害后，乙烯释放量增多，出现反常呼吸反应，表面也出现一些病害症状。本实验着重于表面病害症状和风味变化的观察和品鉴。

三、材料、仪器及试剂

1. 材料

桃、枇杷、柑橘、香蕉、青椒、黄瓜、绿番茄等。

2. 仪器

恒温恒湿箱。

四、方法步骤

(一)不同温度贮藏

将黄瓜、青椒、绿番茄或未催熟的香蕉(任选 2 或 1 种)分成 4 组，分别贮藏于 0 ℃、5 ℃、10 ℃、15 ℃的温度条件下 10～15 d，比较不同温度下贮藏效果及冷害发生情况。

将桃、枇杷、柑橘(任选 1 种或 2 种)分为 3 组，分别贮藏于 0 ℃、5 ℃、10 ℃的温度条件下 1 个月，比较贮藏效果及冷害情况。

(二)冷害评价

评价冷害的指标通常包括冷害指数、褐变指数、出汁率、果皮难剥离程度(枇杷)等。

同时，可以进一步测定多种生理代谢的变化，如活性氧代谢(SOD、APX、GR、CAT 活性，超氧阴离子产生速率，过氧化氢含量)、膜透性及脂肪酸组成、MDA 含量、脯氨酸含量等，来反映果蔬处于不同低温环境下的抗性变化。

🧰 知识准备

※采前因素与园艺产品质量的关系

园艺产品质量及其耐贮性与采前因素有着密切关系。影响园艺产品质量及其耐贮性的采前因素主要有生物因素、生态因素和农业技术因素。选择生长发育良好、品质优良的园艺产品种作为贮藏原料，是搞好贮藏的重要基础。

一、生物因素

(一)种类、品种

1. 种类

园艺产品种类不同，耐贮性差异很大。对于蔬菜来说，叶菜类耐贮性最差。因为叶片是植物的同化器官，组织幼嫩，保护结构差，采后失水，呼吸和水解作用旺盛，极易萎蔫、黄化和败坏，最难贮藏。叶球为植物的营养贮藏器官，一般是在其营养生长停止后收获，所以其新陈代谢已有所降低，比较耐贮藏。花菜是植物的繁殖器官，新陈代谢比较旺盛。在生长成熟及衰老过程中还会形成乙烯，很难贮藏。果菜类蔬菜包括瓜类、果类、豆类蔬菜，它们大多原产于热带和亚热带地区，不耐寒，贮藏温度低于 $8\sim10$ ℃会发生冷害。块茎、鳞茎、球茎、根茎都属于植物的营养贮藏器官，有些还具有明显的休眠期，所以可通过改变环境条件，使其控制在强迫休眠状态，这样可使新陈代谢降低到最低水平，比较耐贮藏。

水果中以温带生长的苹果和梨最耐贮；桃、李、杏等由于都在夏季成熟，此时温度高，果实呼吸作用强，因此耐贮性较差；热带和亚热带生长的香蕉、菠萝、荔枝、芒果等采后寿命短，也不能长期贮藏。

2. 品种

果蔬的品种不同，其耐贮性也有差异。一般来说，不同品种的园艺产品以晚熟品种最耐贮，中熟品种次之，早熟品种不耐贮藏。晚熟品种耐贮藏的原因是：晚熟品种生长期长，成熟期间气温逐渐降低，外部保护组织发育完好，防止微生物侵染和抵抗机械伤能力强。晚熟品种营养物质积累丰富，抗衰老能力强，一般有较强的氧化系统，对低温适应性好，在贮藏中能保持正常的生理代谢作用，特别是当果蔬处于逆境时，呼吸很快加强，有利于产生积极的保卫反应。

(二)砧木

砧木类型不同，其果树根系对养分和水分的吸收能力也不同，从而对果树的生长发育进程、对环境的适应性以及对果实产量、品质、化学成分和耐贮性直接产生影响。

研究表明：红星苹果嫁接在保德海棠上，果实色泽鲜红，最耐贮藏；苹果发生苦痘病与砧木的性质有关；嫁接在枳壳、红橘和香柑等砧木上的甜橙，耐贮性是最好的和较好的；嫁接在酸橘、香橙和枸头橙砧木上的甜橙果实，耐贮性也较强，到贮藏后期其品质也比较好；美国加利福尼西州的华盛顿脐橙和伏令夏橙，其大小和品质也明显地受到不同砧木的影响；嫁接在酸橙砧木上的脐橙比嫁接在甜橙砧木上的果实要大得多。对柠檬酸、可溶性固形物、蔗糖和总糖含量的调查结果表明：用酸橙作为砧木的果实中，它们的含量比用甜橙作为砧木的果实要高。

(三)树龄和树势

树龄和树势不同的果树，不仅果实的产量和品质不同，而且耐贮性也有差异。一般来说，幼龄树和老龄树不如中龄树(结果处于盛果期的树)结的果实耐贮。这是因为幼龄树营养生长旺盛，结果少，果实大小不一，组织疏松，含钙少，氮和蔗糖含量高，贮藏期间呼吸旺盛，失水较多，品质变化快，易感染微生物病害和发生生理病害，而老龄树营养生长缓慢，衰老退化严重，根部吸收营养物质能力减弱，地上部光合同化能力降低，所结果实偏小，干物质含量少，着色差，其耐贮性和抗病性均减弱。

(四)果实大小

同一种类和品种的果蔬，果实的大小与其耐贮性密切相关。一般来说，中等大小和中等偏大的果实最耐贮。

二、生态因素

(一)温度

园艺产品在生长发育过程中，温度对其品质和耐贮性会产生重要影响。因为每种园艺产品在生长发育期间都有其适宜的温度范围和积温要求。在其生长发育过程中，温度过高或过低都会对其生长发育、产量、品质和耐贮性产生影响。温度过高，生长快，产品组织幼嫩，营养物质含量低，表皮保护组织发育不好；温度过低，特别是花期连续出现低温，会造成受精不良，落花落果严重，产量降低，品质和耐贮性差。昼夜温差大，有利于果蔬体内营养物质积累，可溶性物质含量高，耐贮性强。

(二)光照

光照是园艺产品生长发育获得良好品质的重要条件之一，光照直接影响园艺产品干物质的积累、风味、颜色、质地及形态结构，从而影响园艺产品的品质和耐贮性。光照充足，干物质含量明显增加，耐贮性增强，光照不足会使果蔬含糖量降低，产量下降，贮藏中容易衰老。光照还与花青素的形成密切相关。红色品种的果实在充足的光照条件下，着色更佳。光质(红光、紫外光、蓝光和白光)对果蔬生长发育和品质有一定影响，紫外线对果实红色的发育、维生素 C 的形成至关重要。

(三)降水量和空气湿度

降水多少关系着土壤水分、土壤 pH 值及可溶性盐类的含量；同时，降雨会增加土壤湿度，减少光照时间，从而影响果蔬的化学组成、组织结构与耐贮性。高湿多雨会使番茄干物质含量减少，特别是接近采收季节，阴凉多雨常使果实的含糖量低，酸味重，味淡，颜色及香味差，不耐贮藏。干旱少雨会影响果蔬产品对营养物质的吸收，正常发育受阻，容易产生生理病害。在阳光充足又有适宜降水量的年份，生产的果蔬耐贮性好。

(四)地理条件

同一种类的果蔬，生长在不同的纬度和海拔高度，其质量和耐贮性有明显的差异。山地或高原地区，海拔高，日照强，特别是紫外线增多，昼夜温差大，有利于红色苹果花青素的形成和糖分的积累，果蔬中的糖、色素、维生素 C、蛋白质等都比平原地区有明显增高，表面保护组织也较发达。同一品种的苹果，在高纬度地区生长的比在低纬度地区生长的耐贮性要好。一般河南、山东一带生长的多数苹果品种，耐贮性远不如辽宁、山西和陕西北部生长的果实。在高纬度地区生长的蔬菜，其保护组织比较发达，体内有适宜于低温环境的酶存在，适宜在较低的温度下贮藏。

(五)土壤

土壤的理化性状、营养状况、地下水位高低等直接影响果蔬根系分布深度、产量、化学组成、组织结构，进而影响果蔬的品质和耐贮性。不同种类、品种的果蔬，对土壤有不同要求。苹果适宜在质地疏松、通气良好、富含有机质的中性到酸性土壤上生长。柑橘要求疏松的土壤，以砂壤土、黏壤土、壤土较好，pH 以 5.5～6.5 为宜，土壤中空气含氧 3%～8%，低于 1.5%，常造成烂根，果实品质差，也不耐贮藏。轻砂土壤可加强西瓜果皮的坚固性，使它的耐贮性和耐运输能力增强。土壤中含硫量高，洋葱的香精油含量就高，也较耐贮藏。

三、农业技术因素

(一)施肥

肥料是影响果蔬发育的重要因素，最终将关系到果蔬的化学成分、产量、品质和耐贮性。氮肥是果蔬生长和保证产量不可缺少的矿物质营养元素，然而过量施用氮肥，产品耐贮性常常明显降低。含钙量高，则可抵消这些不良影响。增施钾肥，能明显促使果实产生鲜红的颜色和芳香。缺钾时，苹果颜色发暗，成熟差，含酸量低，贮藏中易萎蔫皱缩；过多施用钾肥，又会使果肉变松，产生苦痘病和果心褐变等生理病害。而土壤中缺磷时，果实色泽不鲜艳，果肉带绿色，含糖量降低，在贮藏中易发生果肉褐变和烂果等生理病害。

施用有机肥料，土壤中微量元素缺乏的现象较少，所以应重视有机肥的应用。

(二)灌溉

土壤水分供给状况也是影响果蔬的生长、大小、品质及耐贮性的重要因素之一。增加灌水量可以提高果蔬产品的产量，使产品个大，含水量增高，含糖量降低，不耐贮藏。灌水量少的果蔬产品产量较低，但产品风味浓，糖分高，耐贮藏。耐贮性与灌水的关系密切。对贮藏的叶菜，注意控制生长期灌水，避免水分过多引起徒长，植株柔嫩，含水量高而不耐贮藏；严格控制在采收前一周内不浇水。在采收前几周内桃对水分要求特别敏感，此时干旱，桃的个头小，品质也差，如果供水太多，又会延长果实的生长期，果实大但颜色差，不耐贮藏。在果蔬生长期，雨水不足时灌溉是必需的，但灌溉应适当，尤其是采收前的灌溉会大大降低果蔬的耐贮性。

(三)病虫害防治

病虫害不仅可以使果蔬产量降低，而且对果蔬品质与耐贮性也有不良影响。各种病虫害的发生，会造成果蔬商品价值下降，影响果实品质，缩短贮藏寿命。许多病害在田间侵染，采后条件适宜时表现症状或扩大发展，贮藏中，果蔬衰老抗病力下降，造成腐烂。

贮藏中的病害有病理病害和生理病害两种：由微生物所引起的病害叫作病理病害；在缺少引发疾病的病原体的情况下，产品在贮运销售期间处于一种反常或不适当的物理性或生理性状态所引起的病害称为生理病害。

目前广泛运用的杀菌剂是多菌灵、甲基甲基硫菌灵或乙基甲基硫菌灵、苯菌灵、特克多和伊迈唑，对防止香蕉、柑橘、梨、苹果、桃等水果腐烂，效果明显。

(四)栽培技术措施

修剪、果蔬人工授粉、疏花、疏果、套袋、摘叶、转果、铺反光膜等技术措施，能提高果蔬产品的质量，使果实形状端正、果个均匀、着色艳丽、可溶性固形物含量高，农药残留减少，果蔬抗逆性增强，延长果蔬的耐贮性，改善商品性。

(五)生长调节剂处理

植物生长调节的广泛应用对果蔬采后质量和商品性有重要影响，也是增强果蔬产品耐贮性和防止病害的辅助措施之一。

采前 $7\sim10$ d 施用浓度 $10\sim20$ mg/L 萘乙酸(或萘乙酸钠)，或浓度 $5\sim20$ mg/L 的 2-4-D(2,4-二氯苯氧乙酸)，可以防止苹果、葡萄和柑橘采前落果；在蔬菜上喷低浓度的生长素对生长有明显的促进作用；细胞分裂素(CTK)对细胞的分裂与分化有明显的作用，也可诱导细胞扩大；赤霉素(GA)在葡萄、柚和橙采收前施用，可以有效地延长果实寿命，推迟果皮衰老，赤霉素还可以推迟香蕉呼吸高峰出现，防止蒜薹苞膨大，显著增大无核葡萄的果粒；$100\sim500$ mg/L 矮壮素(2-氯乙基三甲基氯化铵，CCC)加 1 mg/L 赤霉素在花期处理花穗，可提高葡萄坐果率，增加果实含糖量，减少裂果；$1\,000\sim2\,000$ mg/L B_9(二甲氨基琥珀酸酰胺)采前 $45\sim60$ d 处理苹果，可增加果实硬度，促进果实着色，减少采前落果。但 B_9 对桃、李的作用与苹果相反，可促进内源乙烯出生成，加速果实的成熟；青鲜素(顺丁烯二酸酰肼，又称马来酰肼，MH)能抑制马铃薯、洋葱、大蒜、胡萝卜等萌芽；乙烯利是一种人工合成的乙烯发生剂，可促进果实成熟，常常用于柑橘褪绿、香蕉和番茄催熟，以及柿子脱涩。

※采后生理对园艺产品贮运的影响

园艺产品从生长到成熟，经过完熟到衰老，是一个完整的生命周期。园艺产品在采收之前，靠发达的根系从土壤吸收水分和无机成分，利用叶片的光合作用积累并贮藏营养，从而具有优良的品质。采收之后，园艺产品失去了水分和无机物的供应，同化作用基本停止，但仍然是一个"活"的、有生理机能的有机体，在贮运中继续进行一系列的复杂生理活动。其中最主要的有呼吸生理、蒸发生理、成熟衰老生理、低温伤害生理和休眠生理，这些生理活动影响着园艺产品的贮藏性和抗病性，必须进行有效的调控。

一、呼吸生理

呼吸生理是园艺产品贮藏中最重要的生理活动，也是园艺产品采后最主要的代谢过程，它制约和影响着其他生理过程。利用和控制呼吸作用这个生理过程，对于园艺产品采后贮藏至关重要。

(一)呼吸代谢类型

呼吸作用是园艺产品的生活细胞在一系列酶的参与下，经过许多中间反应环节进行的生物氧化还原过程，将体内复杂的有机物分解成简单物质，同时释放出能量的过程。其呼吸代谢途径主要的糖酵解、三羧酸循环和磷酸戊糖途径。呼吸作用是基本的生命现象，也是具有生命活动的标志。园艺产品的呼吸代谢分为有氧呼吸和无氧呼吸两种类型。

1. 有氧呼吸

有氧呼吸是主要的呼吸方式，它是在 O_2 的参与下，将本身复杂的有机物(如糖、淀粉、有机酸等)彻底氧化成 CO_2 和水，同时释放能量的过程。典型的反应式如下：

$$C_6H_{12}O_6 + 6O_2 + 38ADP + 38H_3PO_4$$
$$= 6CO_2 + 38ATP(1\ 276.8\ kJ) + 6H_2O + 1\ 544\ kJ$$

上述反应式说明，当葡萄糖直接作为呼吸底物时，可释放能量 2 820.8 kJ，其中的 45% 以生物能形式(38ATP)贮藏起来，55% 以热能(1 544 kJ)形式释放到体外。

2. 无氧呼吸

无氧呼吸是在缺氧条件下，呼吸底物不能彻底氧化，产生乙醇、乙醛、乳酸等产物，同时释放少量能量的过程。其典型反应式如下：

$$C_6H_{12}O_6 = 2C_2H_5OH + 2CO_2 + 87.9\ kJ$$

有氧呼吸产生的能量是无氧呼吸的 32 倍。为了获得维持生理活动所需的足够的能量，无氧呼吸就必须分解更多的呼吸基质，也就是消耗更多的营养成分。同时，无氧呼吸产生的乙醛、乙醇等在果蔬体内过多积累，这些物质对细胞有毒害作用，使之产生生理机能障碍，产品质量恶化，影响贮藏寿命。因此，长时间的无氧呼吸对于果蔬长期贮藏是不利的。

有氧呼吸是呼吸的主要类型，也叫作正常呼吸；无氧呼吸是植物在不良环境条件下形成的一种适应能力，使植物在缺氧条件下不会窒息死亡。事实上，正常呼吸条件下，也有微量的无氧呼吸存在，只是无氧呼吸在整个代谢中所占的比重较小而已。总之，无氧呼吸的加强，对园艺产品贮藏是不利的。

(二)与呼吸有关的基本概念

1. 呼吸强度

呼吸强度是指，在一定温度下，单位时间内单位重量园艺产品呼吸所排出的 CO_2 量或吸入 O_2 的量，常用单位为 mg(mL)/(kg·h)。呼吸强度是衡量呼吸作用进行强弱(大小)的指标，呼吸强度大，呼吸作用旺盛，营养物质消耗快，贮藏寿命短。

2. 呼吸系数

呼吸系数(呼吸商)是指园艺产品在一定时间内，其呼吸所排出的 CO_2 和吸收的 O_2 的容积比，用 RQ 表示。在一定的程度上，根据呼吸系数的大小可以估计呼吸作用性质和底物的种类。以葡萄糖为底物的有氧呼吸，RQ=1；以含氧高的有机酸为底物的有氧呼吸，RQ>1；以含碳多的脂肪酸为底物的有氧呼吸，RQ<1。当发生无氧呼吸时，吸入的 O_2 少，RQ>1，RQ 值越大，无氧呼吸所占的比例也越大。RQ 值越小，需要吸入的 O_2 量越大，氧化时释放的能量越多，所以蛋白质、脂肪所供给的能量最高，糖类次之，有机酸最少。

例如，以葡萄糖为呼吸基质，完全氧化时，RQ 值为 1。

$$C_6H_{12}O_6 + 6O_2 \rightarrow 6CO_2 + 6H_2O$$

$$RQ = 6 \ molCO_2 / 6 \ molO_2 = 1$$

有机酸是氧化程度比糖高的物质，作为呼吸底物时，吸收的 O_2 少于释放出的 CO_2，RQ>1。如以苹果酸为基质，RQ 值为 1.33。

$$C_6H_{12}O_6 + 3O_2 \rightarrow 4CO_2 + 6H_2O$$

$$RQ = 4 \ molCO_2 / 3 \ molO_2 = 1.33$$

脂肪是高度还原性的物质，分子内的 C/O 值比糖小，所以作为呼吸基质时 RQ<1。如硬脂酸氧化时，RQ 值为 0.69：

$$C_{18}H_{36}O_2 + 26O_2 \rightarrow 18CO_2 + 18H_2O$$

$$RQ = 18 \ molCO_2 / 26 \ molO_2 = 0.69$$

3. 呼吸热

呼吸热是指园艺产品在呼吸过程中产生的、除了维持生命活动以外散发到环境中的那部分热量。以葡萄糖为底物进行正常有氧呼吸时，每释放 1 mg CO_2 相应释放约 10.68 kJ 的热量。园艺产品贮藏运输时，常采用测定呼吸强度的方法间接计算它们的呼吸热。其计算如下：

根据呼吸反应方程式，消耗 1 moL 己糖产生 6 moL(264 g)CO_2，并放出 2.87×10^6 J 能量，则每释放 1 mg CO_2，应同时释放 10.9 J 的热能。假设这些能全部转变为呼吸热，则可以通过测定果蔬的呼吸强度(以 CO_2 计)计算呼吸热。

$$呼吸热[J/(kg \cdot h)] = 呼吸强度[mg/(kg \cdot h)] \times 10.9J/mg$$

例如：甘蓝在 5 ℃的呼吸强度为 24.8 mg/(kg·h)，则每吨甘蓝每天产生的呼吸热为 $24.8 \times 10.9 \times 1\,000 \times 24 = 6\,487\,680(J) \approx 6.49 \times 10^6(J)$。在园艺产品贮藏运输过程中，如果通风散热条件差，呼吸热无法散出，会使产品自身温度升高，进而又刺激了呼吸，放出更多的呼吸热，加速产品腐败变质。因此，贮藏中通常要尽快排除呼吸热，降低产品温度。

4. 呼吸温度

在生理温度范围内(0~35 ℃)，温度升高 10 ℃时呼吸强度与原来温度下呼吸强度的比值即呼吸温度系数，用 Q_{10} 来表示。它能反映呼吸强度随温度而变化的程度，如 Q_{10} 为 2~2.5 时，表示呼吸强度增加了 1~1.5 倍。该值越高，说明产品呼吸受温度影响越大。研究表明，园艺产品的 Q_{10} 在低温下较大，因此，在贮藏中应严格控制温度，即维持适宜而稳定的低温，是搞好贮藏的前提。

5. 呼吸跃变

在果实的发育过程中，呼吸强度在不同的发育阶段不同。根据果实呼吸曲线的变化模式，可将果实分成两类。其中一类果实，在其幼嫩阶段呼吸旺盛，随着果实细胞的膨大，呼吸强度逐渐下降，当果实开始成熟时，其呼吸强度逐渐上升，达到一个高峰，随后呼吸强度又逐渐下降，直至衰老死亡，这一现象被称为呼吸跃变，这一类果实称为跃变型果实，如苹果、梨、猕猴桃、杏、桃、李、芒果、香蕉、柿子、无花果、甜瓜、番茄等。伴随着呼吸跃变现象的出现，跃变型果实体内的代谢会发生很大变化，当达到呼吸高峰时，果实达到最佳鲜食品质，呼吸高峰过后果实品质迅速下降。另一类果实在发育过程中没有呼吸高峰，呼吸强度一直下降，这类果实被称为非跃变型果实，如柑橘、葡萄、菠萝、樱桃、柠檬、荔枝、草莓、枣、黄瓜、茄子、辣椒等。见图2-3。

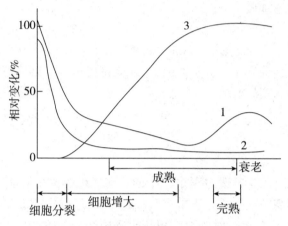

图2-3 跃变型、非跃变型果实呼吸曲线

1—跃变果实呼吸曲线；2—非跃变型果实呼吸曲线；3—果实生长曲线

(三)呼吸与园艺产品耐贮性和抗病性的关系

园艺产品在采后仍是生命活体，具有抵抗不良环境和致病微生物的特性，才使其损耗减少，品质得以保持，贮藏期延长。我们把在一定贮藏期内产品能保持其原有的品质而不发生明显不良变化的特性称为耐贮性，把产品抵抗致病微生物侵害的特性称为抗病性。生命消失，新陈代谢停止，而耐贮性和抗病性也就不复存在。

呼吸作用是园艺产品采后新陈代谢的主导，其在园艺产品采后生理活动中起着非常重要的作用，主要表现在以下几方面：正常的呼吸作用能为一切生理活动提供必需的能量，还能通过许多呼吸的中间产物使糖代谢与脂肪、蛋白质及其他许多物质的代谢联系在一起，使各个反应环节及能量转移之间协调平衡，维持产品其他生命活动能有序进行，保持耐贮性和抗病性；呼吸作用还可防止对组织有害中间产物的积累，将其氧化或水解为最终产物，进行自身平衡保护，防止代谢失调造成的生理障碍，这在逆境条件下表现得更为明显；当植物受到微生物侵袭、机械伤害或遇到不适环境时，能通过激活氧化系统，加强呼吸而起到自卫作用，这就是呼吸的保卫反应。呼吸的保卫反应主要有以下几方面的作用：采后病原菌在产品有伤口时很容易侵入，呼吸作用为产品恢复和修补伤口提供合成新细胞所需要的能量和底物，加速愈伤，以免病原菌感染；在抵抗寄生病原菌侵入和扩展的过程中，植物组织细胞壁的加厚、过敏反应中植保素类物质的生成都需要加强呼吸，以提供新物质合成的能量和底物，使物质代谢根据需要协调进行；腐生微生物侵害组织时，要分泌毒素，破坏寄主细胞的细胞壁，并渗入组织内部，作用于原生质，使细胞死亡后加以利用，其分泌的毒素主要是水解酶，植物的呼吸作用有利于分解、破坏、削弱微生物分泌的毒素，从而抑制或终止侵染过程。

呼吸作用虽然有上述的这些重要作用，但同时也是造成品质下降的主要原因。呼吸旺盛造成营养物质消耗加快，是贮藏中发生失重和变味的重要原因，表现在使组织老化、风味下降、失水萎蔫，导致品质劣变，甚至失去食用价值；新陈代谢的加快将缩短产品寿命，造成耐贮性和抗病性下降，同时释放的大量呼吸热使产品温度较高，容易造成腐烂，对产品的保鲜不利。

因此，延长果蔬贮藏期首先应该保持产品有正常的生命活动，不发生生理障碍，使其能够正常发挥耐贮性和抗病性的作用；在此基础上，维持缓慢的代谢，延长产品寿命，从而延缓耐贮性和抗病性的衰变，才能延长贮藏期。

(四)影响呼吸强度的因素

1. 种类

不同种类的园艺产品，采后的呼吸强度有很大的差异。在蔬菜的各种器官中，生殖器官新陈代谢异常活跃，呼吸强度大于营养器官，所以，通常以花菜类的呼吸作用最强，叶菜类次之(散叶型蔬菜高于结球型)，根茎类蔬菜如直根、块根、块茎、鳞茎的呼吸强度相对最小，果实类蔬菜介于叶菜和根茎类蔬菜之间。果品中呼吸强度依次为，浆果类(葡萄除外)最大，核果类次之，仁果类较小。

同一种类产品，不同品种之间呼吸强度也有差异。一般来说，晚熟品种生长期较长，积累的营养物质较多，呼吸强度低于中熟、早熟品种；夏季成熟品种的呼吸比秋冬成熟品种强；南方生长品种比北方的强。

2. 成熟度

在产品的系统发育过程中，幼嫩组织处于细胞分裂和生长代谢旺盛阶段，且保护组织尚未发育完善，便于气体交换而使组织内部供氧充足，呼吸强度较高，随着生长发育，呼吸强度逐渐下降。成熟产品表皮保护组织如蜡质、角质加厚，新陈代谢缓慢，呼吸强度就较弱。在果实发育成熟过程中，幼果期呼吸强度旺盛，随果实长大而减弱。跃变型果实在成熟时呼吸强度升高，达到呼吸强度高峰后又下降。非跃变型果实成熟衰老时则呼吸作用一直缓慢减弱，直到死亡。块茎、鳞茎类蔬菜田间生长期间呼吸强度一直下降，采后进入休眠期，呼吸降到最低，休眠期后重新上升。

3. 温度呼吸

温度呼吸作用是一系列酶促生物化学反应过程，在一定温度范围内，随温度的升高而增强。一般在 0 ℃ 左右时，酶的活性极低，呼吸很弱，跃变型果实的呼吸高峰得以推迟，甚至不出现呼吸峰；在 0~35 ℃ 时，如果不发生冷害，多数产品温度每升高 10 ℃，呼吸强度增大 1~1.5 倍(Q_{10} 为 2~2.5)；高于 35 ℃ 时，各种酶的活性受到抑制或破坏，呼吸作用在初期的上升之后大幅度下降。

降低贮藏温度可以减弱呼吸强度，减少物质消耗，延长贮藏时间。因此，贮藏的普遍措施就是尽可能维持较低的温度，将果实的呼吸作用抑制到最低限度。但贮藏温度并不是越低越好，温度过低时，糖酵解过程和细胞线粒体呼吸的速度相对加快，呼吸强度反而增大。不同品种的果蔬对低温的适应能力各不相同，但都有一定的限度。如番茄的最适贮藏温度为 $10\sim12\ ℃$，黄瓜的为 $10\sim13\ ℃$，蒜薹的为 $0\ ℃$，青椒的为 $8\sim10\ ℃$。贮藏中应根据不同种类、品种对低温的耐受性，在不发生冷害的前提下，尽量降低贮藏温度，温度过低、过高都会影响园艺产品正常的生命活动。

另外，温度的稳定性也是十分重要的。贮藏环境的温度波动会刺激水解酶的活性，呼吸强度增大，增加物质消耗。

4. 相对湿度

和温度相比，湿度是一个次要因素，但仍会对果蔬呼吸产生影响。一般来说，轻微干燥较湿润更可抑制呼吸作用。但贮藏环境的相对湿度过低，会刺激果蔬内部水解酶活性的增强，使呼吸底物增加，从而刺激呼吸作用增强。相对湿度过高，会诱导微生物病害发生和加重。

5. 气体成分

大气中一般含 O_2 21%，含 CO_2 约 0.03%，其余为氮气，以及其他一些稀有气体。适当降低贮藏环境的 O_2 浓度和提高 CO_2 浓度，可抑制果实的呼吸作用，从而抑制其成熟和衰老过程。

O_2 是园艺产品正常呼吸的重要因子，是生物氧化不可缺少的条件。当 O_2 浓度低于10%时，园艺产品呼吸强度明显降低，但 O_2 浓度并不是越低越好，O_2 浓度过低，就会产生无氧呼吸，大量积累乙醇、乙醛等有害物质，造成缺氧伤害。无氧呼吸消失点的 O_2 浓度一般为 1%～5%，不同种类的园艺产品有差异。

同样，提高 CO_2 浓度可以抑制呼吸，但 CO_2 浓度并不是越高越好。CO_2 浓度过高，反而会刺激呼吸作用和引起无氧呼吸，产生 CO_2 中毒，这种伤害甚至比缺氧伤害更加严重，其伤害程度决定于贮藏产品周围的 O_2 和 CO_2 浓度、温度和持续的时间。不同种类、品种的产品对 CO_2 的忍耐能力是有差异的，大多数园艺产品适宜的 CO_2 浓度是 1%～5%，CO_2 伤害可因提高 O_2 浓度而有所减轻，在较低的 O_2 浓度中，CO_2 伤害则更重。

乙烯是一种植物激素，有加强呼吸、促进果蔬成熟的作用。贮藏环境中的乙烯虽然含量很少，但对呼吸作用的刺激是巨大的，在贮藏过程中应尽量除去乙烯。

6. 机械损伤和病虫害

园艺产品在采收、运输、贮藏过程中常会因挤压、碰撞、刺扎等原因产生损伤。任何损伤，即使是轻微的挤伤和压伤，也会增强产品的呼吸强度，因而大大缩短贮藏时间，加快果蔬成熟和衰老。损伤引起呼吸增强的原因有三个：一是损伤刺激了乙烯的生成；二是损伤破坏了细胞结构，加强了底物与酶的接触反应，同时也加速了组织内外的气体交换；三是损伤刺激引起产品组织内的愈伤和修复反应。另外，园艺产品表皮的伤口，容易被病菌侵染而引起腐烂。贮藏中应避免损伤，这也是保障贮藏质量的重要前提。

二、蒸发生理

水分是生命活动必不可少的物质，是影响园艺产品新鲜度的重要物质。在田间生长的园艺植物水分蒸发可通过土壤得到补充，而采后的园艺产品断绝了水分供应，在贮藏中失水，将造成园艺产品的失重、失鲜等，对贮藏极为不利。因此，控制园艺产品采后水分的蒸发，对园艺产品贮藏具有重要意义。

(一)水分蒸发对园艺产品贮藏的影响

1. 失重、失鲜

园艺产品含水量很高，大多在 65%～95%，这使得鲜活园艺产品的表面具有光泽并有弹性，组织呈现坚挺脆嫩状态，外观新鲜。贮运中水分的蒸发散失造成失重和失鲜。失重即自然损耗，包括水分和干物质的损失，其中主要是失水，这是贮运中数量方面的损失。如苹果在低温冷藏时，每周由水分蒸发造成的重量损失约为果品重的 0.5%，而呼吸作用使苹果失重 0.05%；柑橘贮藏期失重的 75% 由失水引起，25% 是呼吸消耗干物质所致。失鲜是质量方面的损失，一般失水达 5% 时，就引起失鲜状态：表面光泽消失，形态萎蔫，失去外观饱满、新鲜和脆嫩的质地，甚至失去商品价值。不同产品失鲜的具体表现有所不同：叶菜和鲜花失水易萎蔫，变色，失去光泽；萝卜失水易造成糠心；苹果、梨失鲜时，表现为光泽变差、果肉变沙、表皮皱缩等。

2. 破坏正常生理代谢过程

园艺产品贮藏中水分蒸发不仅造成失重、失鲜，而且当失水严重时还会造成代谢失调。萎蔫时，原生质脱水，会使水解酶活性增加，加速水解，一方面使呼吸基质增多，促进呼吸作用，加速营养物质的消耗，削弱组织耐贮性和抗病性，另一方面营养物质的增加也为微生物活动提供方便，加速腐烂。失水严重时，还会破坏原生质胶体、结构，干扰正常代谢，产生一些有毒物质；同时，细胞液浓缩，某些物质和离子(如 NH_4^+、H^+)浓度增高，也能使细胞中毒；过度缺水还会使脱落酸(ABA)含量急剧上升，加速衰老。

失水萎蔫破坏了正常的生理代谢，通常导致耐贮性和抗病性下降，缩短贮藏期，但某些园艺产品采后适度失水可抑制代谢，并延长贮藏期。例如：洋葱、大蒜在贮藏前必须经过适当晾晒，加速最外层鳞片干燥，减少腐烂，也可抑制呼吸；大白菜、甘蓝经过晾晒，外轮叶片轻度失水，耐低温能力增强，且组织柔软，韧性增强，有利于减少机械伤；柑橘贮藏前果皮轻度失水，能减少贮藏中枯水病发生。

(二)影响水分蒸发的因素

1. 内在因素

(1)表面积比。单位重量或体积的果蔬具有的表面积(cm^2/g)即表面积比。因为水分是从产品表面蒸发的，表面积比越大，蒸发就越强。小果、根或块茎比大果的表面积比大，蒸发失水快。

(2)表面保护结构。水分在产品表面的蒸发途径有两个，一是通过气孔、皮孔等自然孔道，二是通过表皮层；气孔的蒸发速度远大于表皮层。表皮层的蒸发因表面保护层结构和成分的不同差别很大。角质层不发达，保护组织差，极易失水；角质层加厚，结构完整，有蜡质、果粉则利于保持水分。表面保护结构及完整性与园艺产品的种类、品种及成熟度有密切关系。

（3）细胞持水力。原生质亲水胶体和图形物含量高的细胞有较高渗透压，可阻止水分向细胞壁和细胞间隙渗透，利于细胞保持水分。此外，细胞间隙大，水分移动的阻力小，会加速失水。

（4）新陈代谢。呼吸强度高、代谢旺盛的组织失水较快。

2. 贮藏环境因素

（1）空气湿度。空气湿度是影响产品表面水分蒸散的直接因素。表示空气湿度的常见指标包括绝对湿度、饱和湿度、饱和差和相对湿度。绝对湿度是单位体积空气中所含水蒸气的量（g/m^3）。饱和湿度是在一定温度下，单位体积空气中所能最多容纳的水蒸气量。若空气中水蒸气超过此量，就会凝结成水珠，温度越高，容纳的水蒸气越多，饱和湿度越大。饱和差是空气达到饱和尚需要的水蒸气量，即绝对湿度和饱和湿度的差值，其直接影响产品水分的蒸发。相对湿度是绝对湿度与饱和湿度之比，反映空气和水分达到饱和的程度。贮藏中通常用空气的相对湿度（RH）来表示环境的湿度。在一定温度下，绝对湿度或相对湿度大时，达到饱和的程度高，饱和差小，蒸发就慢。

（2）温度。温度的变化造成空气湿度发生改变而影响水分蒸发的速度。温度升高，饱和湿度增大，在绝对湿度不变的情况下，空气的相对湿度变小，则产品中的水分易蒸发。所以，贮藏环境的低温有利于抑制水分的蒸发。温度稳定，相对湿度则随着绝对湿度的改变而成正相关变动，贮藏环境加湿，就是通过增加绝对湿度达到提高环境的相对湿度的目的。此外，温度升高，分子运动加快，产品的新陈代谢旺盛，蒸发也会加快。

（3）空气流动。贮藏环境中的空气流动会改变贮藏园艺产品周围空气的相对湿度，从而影响水分蒸发。空气流动越快，水分蒸腾越强。

3. 控制水分蒸发的主要措施

控制贮运中果蔬产品蒸发失水速率的方法主要在于改善贮藏环境，为产品失水增加障碍。

（1）严格控制果蔬采收成熟度，使保护层发育完全。

（2）增大贮藏环境的相对湿度。贮藏中可以采用地面洒水、库内挂湿草帘等简单措施，或用自动加湿器加湿等方法，增加贮藏环境空气的含水量，达到抑制水分蒸发的目的。

（3）稳定的低温贮藏是防止失水的重要措施。一方面，低温抑制代谢，对减少失水起一定作用；另一方面，低温下饱和湿度小，产品自身蒸发的水分能明显增加环境相对湿度，失水缓慢。

（4）采用表面打蜡、涂膜等方法，增加商品价值，减少水分蒸发。

（5）采用塑料薄膜等包装材料包装，保持贮藏环境的相对湿度。

4. 结露现象

园艺产品贮运中其表面或包装容器内壁上出现凝结水珠现象，称为"结露"，俗称"发汗"。结露时产品表面的水珠十分有利于微生物生长、繁殖，从而导致腐烂发生，对贮藏极为不利，所以在贮藏中应尽可能避免结露现象发生。

贮运中的产品之所以会产生结露现象，是环境中温湿度的变化引起的。大堆或大箱中贮藏的产品会因呼吸而放热，堆、箱内不易通风散热，使其内部温度高于表面温度，形成温度差，这种温暖湿润的空气向表面移动时，就会在堆、箱表面遇到低温达到露点而结露。采用薄膜封闭贮藏时，会因封闭前果蔬产品预冷不透，内部产品的田间热和呼吸热使薄膜内的温度高于外部，这种冷热温差会造成薄膜内结露；贮藏保鲜要求贮藏环境具有较高的相对湿度，在这种环境条件下，库内温度的轻微波动就会导致达到露点，在冷却产品的表面结露。可见，温差是引起果蔬结露的根本原因，温差越大，凝结水珠也越大、越多。

在贮藏中，可通过维持稳定的低温、适当通风、堆放体积大小适当等措施控制结露的发生。

三、成熟衰老生理

园艺产品采收后仍然在继续生长、发育，最后衰老死亡，在这个过程中，耐贮性和抗病性不断下降。

(一)成熟衰老概述

果实在开花受精后的发育过程中，完成了细胞、组织、器官分化发育的最后阶段，充分长成时，达到生理成熟(有的称为绿熟或初熟)。果实停止生长后还要进行一系列生物化学变化逐渐形成本产品固有的色、香、味和质地特征，然后达到最佳的食用阶段，称完熟。通常将生理成熟到完熟达到最佳食用品质的过程叫成熟(包括生理成熟和完熟)。有些果实如巴梨、猕猴桃等虽然已完成发育达到生理成熟，但果实风味不佳，并未达到食用最佳阶段，而需要存放一段时间，完成完熟过程，采后的完熟过程称为后熟。

衰老是植物器官或整体生命的最后阶段，开始发生一系列不可逆的变化，最终导致细胞崩溃及整个器官死亡。果实中最佳食用阶段以后的品质劣变或组织崩溃阶段称为衰老。

在园艺学上，经常根据产品的用途标准来划分成熟度，即果实达到最合适的利用阶段就称为成熟，又称为园艺学成熟或商业成熟。实际上这是一种可利用和可销售状态的指标，在果实发育期和衰老期的任何阶段都可能发生。

(二)成熟和衰老期间的变化

园艺产品在成熟和衰老期间从外观品质、质地、口感风味到呼吸生理等，会发生一系列变化。

1. 外观品质

产品外观最明显的变化是色泽。果实未成熟时叶绿素含量高，外观呈现绿色，成熟期间叶绿素下降，果实底色显现，同时色素(如花青素和胡萝卜素)积累，呈现本产品固有的颜色(红、黄、橙、紫等)。

2. 质地

果肉硬度下降是许多果实成熟时的明显特征。此时一些能水解果胶物质和纤维素的酶类活性增加，水解作用使中胶层溶解，细胞壁发生明显变化，结构失去黏结性，造成果肉软化。

3. 口感风味

成熟阶段，淀粉水解，含糖量增加，果实变甜，含酸量最高，达到食用最佳阶段。随着成熟或贮藏期的延长，呼吸消耗的影响，糖、酸含量逐渐下降(贮藏中更多利用有机酸为呼吸底物)，果实糖酸比增加，风味变淡。未成熟的果实细胞内含有单宁物质，使果实有涩感，成熟过程中被氧化或凝结成不溶性物质，涩感消失。

4. 生理代谢

跃变型果实当达到完熟时呼吸急剧上升，出现跃变现象，果实进入完全成熟阶段，品质达到最佳可食状态。同时，果实内部乙烯含量急剧增加，促进成熟衰老进程。

5. 细胞膜

产品采后劣变的重要原因是组织衰老中遭受环境胁迫时，细胞的膜结构和特性将发生改变，普遍特点是膜透性和微黏度增加，流动性下降，膜的选择性和功能受损。膜的变化引起代谢失调，最终导致产品死亡。

(三)成熟衰老机制

园艺产品在生长、发育、成熟、衰老过程中，生长素(IAA)、赤霉素(GA)、细胞分裂素(CTK)、脱落酸(ABA)、乙烯五大植物激素的含量有规律地增多或减少，保持一种自然平衡状态，控制园艺产品的成熟与衰老。成熟与衰老在很大程度上取决于抑制或促进成熟与衰老两类激素的平衡。

生长素、赤霉素、细胞分裂素属生长激素，抑制果实的成熟与衰老。生长素无论是对跃变型果实，还是对非跃变型果实，都表现出阻止衰老的作用，并对脱落酸和乙烯催熟有抑制作用。赤霉素和细胞分裂素可以抑制果实组织乙烯的释放和衰老。植物或器官的幼龄阶段，这类激素含量较高，控制着细胞的分裂、伸长，并对乙烯的合成有抑制作用，进入成熟阶段，这类激素含量减少。

脱落酸和乙烯是衰老激素，促进果蔬的成熟与衰老。乙烯是最有效的催熟致衰剂，产品采后一系列的成熟、衰老现象都与乙烯有关。脱落酸对完熟的调控在非跃变型果实中的表现比较突出，这些果实在完熟过程中脱落酸含量急剧增加，而乙烯的生成量很少，葡萄、草莓等随着果实的成熟脱落酸积累，施用外源脱落酸能促进柑橘、葡萄、草莓等果实的完熟。跃变型果实在完熟过程中也有脱落酸积累，施用外源脱落酸也能促进这类果实的成熟。这类激素在植物幼龄阶段含量少，进入成熟阶段含量高。

随着钙调素(CaM)的发现，钙不再被认为仅仅是植物生长发育所需的矿质元素之一，而是有着重要生理功能的调节物质。钙在果实中主要有维持细胞壁和细胞膜结构与功能和作为细胞内外信息传递的第二信使等生理功能。完熟过程中果实的钙含量与呼吸速率呈负相关关系，并且钙能影响呼吸高峰出现的早晚进程和峰的大小；钙能抑制成熟进程中果实内源乙烯的释放，延缓果实的成熟与衰老；在逆境条件下，果实组织的胞内和胞外钙系统受到破坏，细胞功能受到影响，从而使一些生理失调和衰老加剧；缺钙可以引起果蔬成熟与衰老中许多生理失调，如苹果苦痘病、樱桃裂果、柑橘枯水等。

(四)乙烯对成熟和衰老的影响

1. 乙烯的作用机理

乙烯作为促进园艺产品成熟衰老的主要激素物质，其作用机理表现在以下几方面：一是增加细胞内膜的透性。乙烯是脂溶性的，而细胞内的许多种膜都是由蛋白质与脂质构成的，乙烯作用于膜的结果必然引起膜的透性增大，物质的外渗率增高，底物与酶的接触增多，呼吸加强，从而促进果实成熟。二是促进酶活性的提高，促进果实内部物质的转化。三是能引起和促进 RNA 的合成，即它能在蛋白质合成系统的转录阶段起调节作用，因而导致特定蛋白质的产生。

2. 乙烯的生物合成途径

乙烯的生物合成途径是：蛋白质(Met)—S -腺苷蛋氨酸(SAM)—1 -氨基环丙烷—1 -羧酸(ACC)—乙烯。其合成过程略。乙烯来源于蛋氨酸分子中的 C_2 和 C_3，Met 与 ATP 通过腺苷基转移酶催化形成 SAM，这并非限速步骤，体内 SAM 一直维持着一定水平。SAM—ACC 是乙烯合成的关键步骤，催化这个反应的酶是 ACC 合成酶，专一以 SAM 为底物，需磷酸吡哆醛为辅基，强烈受到磷酸吡哆醛酶类抑制剂氨基乙氧基乙烯基甘氨酸(AVG)和氨基氧乙酸(AOA)的抑制。最后一步是 ACC 在乙烯形成酶(EFE)的作用下，在有 O_2 的参与下形成乙烯，一般不成为限速步骤。

3. 影响乙烯合成的因素

乙烯是果实成熟和物质衰老的关键因子，贮藏中控制产品内源乙烯的合成和及时清除环境中的乙烯气体都很重要。乙烯的合成主要受下列因素的影响。

(1)果实成熟度。不同成熟阶段的组织对乙烯作用的敏感性不同。跃变型果实在跃变前对乙烯作用不敏感，随着果实发育，在基础乙烯的作用下，组织对乙烯的敏感性不断上升。当组织对乙烯的敏感性增加到能对内源乙烯作用起反应时，便启动了成熟和乙烯自我催化，乙烯大量生成。长期贮藏的产品一定要在此之前采收。

(2)伤害。贮藏前要严格剔除有机械伤、病虫害的果实，这类产品不但呼吸旺盛，传染病害，还由于其产生乙烯，会刺激成熟度低且完好的果实很快成熟衰老，缩短贮藏期。干旱、淹水、温度等胁迫，以及运输中的震动，都会使产品形成乙烯。

(3)贮藏温度。乙烯的合成是一个复杂的酶促反应，一定范围内的低温贮藏会大大降低乙烯合成。一般在 0 ℃左右乙烯生成很弱，后熟得到抑制，随温度上升，乙烯合成加速，许多果实乙烯合成在 20～25 ℃左右最快。因此，采用低温贮藏是控制乙烯的有效方式。此外，多数果实在 35 ℃以上时，高温抑制了 ACC 向乙烯的转化，乙烯合成受阻。

(4)贮藏气体条件。乙烯合成最后一步是需 O_2 的，低 O_2 可抑制乙烯产生；提高环境中 CO_2 浓度能抑制 ACC 向乙烯的转化和 ACC 的合成，CO_2 还被认为是乙烯作用的竞争性抑制剂。因此，适量的高 O_2 从抑制乙烯合成及乙烯作用两方面都可推迟果实后熟；少量的乙烯，会诱导 ACC 合成酶活性，使乙烯迅速合成，因此，贮藏中要及时排除已经生成的少量乙烯。

（5）化学物质。一些药物处理可抑制内源乙烯的生成。ACC 合成酶是一种以磷酸吡哆醛为辅基的酶，强烈受到磷酸吡哆醛酶类抑制剂 AVG 和 AOA 的抑制，对能阻止乙烯与酶结合，抑制乙烯的作用，在花卉保鲜上常用银盐处理。某些解耦联剂、铜螯合剂、自由基清除剂、紫外线也破坏乙烯并消除其作用。最近发现多胺也具有抑制乙烯合成的作用。

(五)成熟衰老的调控

在园艺产品贮藏中，常采用控制贮藏条件、结合化学药剂处理等措施来控制其内部物质转化和乙烯合成，从而达到控制成熟与衰老的目的。

1. 温度

温度是影响园艺产品成熟和衰老的最重要的环境因素。在 $5\sim35$ ℃时，温度每上升 10 ℃，呼吸强度就增大 $1\sim1.5$ 倍。因此，低温贮藏可以降低果蔬的呼吸强度，减少果蔬的呼吸消耗。对呼吸跃变型的产品而言，降低温度，不但可以降低其呼吸强度，还可以延缓其呼吸高峰的出现。

乙烯是园艺产品最有效的催熟致衰剂。低温可减少园艺产品乙烯的产生，而且在低温条件下，乙烯促进衰老的生理作用也受到强烈的抑制。温度也是影响园艺产品蒸发失水的重要因素之一。在一定的湿度条件下，温度越低，水分蒸发越慢。低温还能抑制病原菌的生长。在一定的范围内，温度越高，病原菌的生命活动会越强。因此，应尽可能维持适宜的低温。

2. 湿度

控制贮藏环境适宜的相对湿度对于减轻园艺产品失水、避免由于失水产生的不良生理效应、保持产品的耐贮性具有重要作用。一般园艺产品损失原有质量 5% 的水分时就明显呈现萎蔫，其结果不仅降低商品价值，而且还使正常的呼吸作用受到破坏，促进酶活性，加速水解过程，促进衰老。

3. 气体成分

环境的气体成分对园艺产品贮藏寿命的影响是十分明显的。在低温条件下，适当降低 O_2 浓度和提高 CO_2 浓度比单纯降温对抑制园艺产品的成熟与衰老更为有效。气调贮藏作为一种行之有效的果实贮藏保鲜方法，在全世界得到了应用和推广。调节气体成分至少有以下几方面的作用：①抑制呼吸。正常空气中呼吸作用所引起的碳水化合物消耗的平均速率比在含 10% O_2 而其余为 N_2 的空气中快 $1.2\sim1.4$ 倍。②抑制叶绿素降解。③减少乙烯的生成。④保持果实的营养和食用价值。⑤减少果实的失水率。⑥延缓不溶性果胶的分解，保持果实硬度。⑦抑制微生物活动，减少腐烂率。但 O_2 过低或 CO_2 过高都会对产品造成伤害。

4. 化学药剂

使用化学药剂是控制成熟与衰老的重要辅助措施。细胞分裂素(BA)对叶绿素的降解有抑制作用;赤霉素(GA)可以降低呼吸强度,推迟呼吸高峰的出现,延迟变色;青鲜素(MH)处理可以增加硬度,抑制呼吸,防止大蒜等蔬菜贮藏过程中发芽;B_9(二甲氨基琥珀酸酰胺)可增加果实的着色和硬度,并能抑制乙烯的产生。

5. 钙处理

钙在延缓园艺产品衰老、提高品质和控制生理病害方面有较好的效果。缺钙会加剧产品的成熟衰老、软化和生理病害。采后钙处理可减轻某些生理病害发生,如冷害、苹果苦陷病、柑橘浮皮病、油梨的褐变和冷害等。钙处理还可抑制呼吸作用和乙烯生成,从而延缓成熟和衰老。芒果、香蕉、杨桃、油梨、苹果和梨等果蔬,进行采后钙处理,可降低呼吸强度,抑制乙烯释放,保持硬度。钙处理的方法有多种,如采前喷钙、采后用钙溶液喷涂、浸泡、减压或加压浸渗等,都可以增加组织的钙含量。目前人们主要是采用氯化钙溶液浸泡,使用浓度一般为2%～12%。

四、低温伤害生理

园艺产品在采后贮藏过程中,采取低温可降呼吸强度;抑制水分蒸发,延缓成熟和衰老,有利于贮藏保鲜。然而,不适宜的低温会影响正常的生理代谢,使产品的耐贮性和抗病性下降。温度不适引起的低温伤害有冷害和冻害。

(一)冷害

冷害是指园艺产品组织在冰点以上的不适宜的低温引起的生理代谢失调现象。它是园艺产品贮藏中最常见的生理病害。

1. 冷害的症状

冷害的主要症状是出现凹陷、变色、成熟不均和产生异味。一些原产于热带、亚热带的果蔬,往往具有冷敏性,如香蕉、柑橘、芒果、菠萝、番茄、青椒、茄子、菜豆、黄瓜等,在低于冷害临界温度下,组织不能进行正常的代谢活动,且耐贮性和抗病性下降,表现出局部表皮组织坏死、表面凹陷、颜色变深、水渍状斑点、果肉组织褐变,不能正常成熟、易被微生物侵染、腐烂等冷害症状。不同果蔬的冷害症状不一样,黄瓜出现水渍状斑点,色泽变暗,番茄不能显现正常的红色,辣椒表现为成片的凹陷斑等。常见果蔬冷害症状见表2－3。

表2－3　常见园艺产品的冷害症状

(引自《园艺产品贮藏加工学》,赵丽芹,2001)

产品名称	冷害临界温度/℃	冷害症状
香蕉	11～13	表皮有黑色条纹,不能正常后熟,中央胎座硬化
柠檬	10～12	表面凹陷,有红褐色斑
芒果	5～12	表面无光泽,有褐斑甚至变黑,不能正常成熟

产品名称	冷害临界温度/℃	冷害症状
菠萝	6～10	果皮褐变，果肉水渍状，有异味
西瓜	4.5	表皮凹陷，有异味
黄瓜	13	果皮有水渍状斑点，凹陷
绿熟番茄	10～12	有褐斑，不能正常成熟，果色不佳
茄子	7～9	表皮呈烫伤状，种子变黑
食荚菜豆	7	表皮凹陷，有赤褐色斑点
柿子椒	7	表皮凹陷，种子变黑，萼上有斑
番木瓜	7	表皮凹陷，果肉水渍状
甘薯	13	表皮凹陷，有异味，煮熟发硬

2. 冷害对园艺产品贮藏的影响

(1)生理代谢异常。冷害使细胞膜由软弱的液晶态转变为固态胶体，细胞膜透性增大，电解质外渗，酶活性增强，呼吸上升，乙烯增加，成熟、衰老加快。同时，还会出现反常呼吸，乙醇、乙醛、丙二醛等有毒物质积累，组织受到伤害。

(2)耐贮性和抗病性下降。遭受冷害的果蔬新陈代谢紊乱，可溶性糖明显减少，维生素C减少，有机酸和果胶也发生变化，果蔬的外观、质地、风味变劣，耐贮性和抗病性下降，极易被微生物侵染而腐烂。

3. 影响冷害的因素

(1)贮藏温度和时间。在导致发生冷害的温度下，一般温度越低，发生越快。温度越高，越不容易出现冷害。但也有特殊情况，如葡萄柚在0℃或10℃下贮藏4～6周后极少出现冷害，而中间温度则导致严重冷害发生。贮藏温度和时间是冷害发生与否及程度轻重的决定因素。某些中间温度出现严重冷害症状，只是局限于一定的时间，长期贮藏后，冷害的程度与贮藏温度是成负相关的，如果将遭受冷害的产品放到常温中，都会迅速表现冷害症状和腐烂。

(2)园艺产品的冷敏性。冷敏性因产品种类、品种、成熟度不同而异。热带、亚热带园艺产品冷敏性较高，容易遭受冷害；同一种类不同品种的产品也存在冷敏性差异，温暖地区栽培的产品比冷凉地区栽培的冷敏性高，夏季生长的比秋季生长的冷敏性高；成熟度也影响冷敏性，提高产品的成熟度可以降低冷敏性；一般不耐寒的植物线粒体膜中不饱和脂肪酸的含量低于耐寒的植物，冷敏性高。此外，果实的大小、果皮的厚薄和粗细对冷害的迟早和程度都会有影响。

4. 防止冷害的措施

(1)低温预贮调节。采后在稍高于临界温度的条件下放置几天，增加耐寒性，可缓解冷害。

(2)低温锻炼。在贮藏初期，贮藏温度从高温到低温，采取逐步降温的方法，使之适应低温环境，减少冷害。这种方法只对呼吸跃变型果实有效，对非跃变型果实则无效。

（3）间歇升温。低温贮藏期间，在产品还未发生伤害之前，将产品升温到冷害临界温度以上，使其代谢恢复正常，从而避免出现冷害，但应注意升温太频繁会加速代谢，反而不利于贮藏。

（4）提高成熟度。提高成熟度可减少果蔬冷害的发生。粉红期的番茄在 0 ℃下放置 6 d 后，在 22 ℃下完全后熟而无冷害。绿熟期的番茄 0 ℃贮藏 12 d，大量发生冷害，果实变味。

（5）提高湿度。接近 100% 的相对湿度可以减轻冷害症状，相对湿度过低则会加重冷害症状。采用塑料薄膜包装，可以保持贮藏环境的相对湿度，减少冷害。

（6）化学处理。氯化钙、乙氧基喹、苯甲酸钠等化学物质，通过降低水分的损失，可以修饰细胞膜脂类的化学组成和增加抗氧化物的活性，减轻冷害。

（二）冻害

冻害是园艺产品在组织冰点以下的低温下细胞间隙内水分结冰的现象。

1. 冻害症状

园艺产品受冻害后，组织最初出现水渍状，然后变为透明或半透明水煮状，并由于代谢失调而有异味，色素降解，颜色变深，变暗，表面组织产生褐变，出库升温后，会很快腐烂变质。

2. 冻害的机制

园艺产品处于冰点环境时，组织的温度直线下降，达到一个最低点，虽然此时温度比冰点低，但组织内并不结冰，物理学上称之为过度冷却现象。随后组织温度骤然回升到冰点，细胞间隙内水分开始结冰，冰晶体首先是由纯水形成，体积很小，在缓慢冻结的情况下，水分不断从原生质和细胞液中渗出，细胞内水分外渗到细胞间隙内结冰，冰晶体体积不断增大，细胞脱水程度不断加大，严重脱水时会造成细胞质壁分离。

3. 冻害对园艺产品贮藏的影响

冻害的发生需要一定的时间，如果贮藏温度只是稍低于园艺产品冰点或时间很短，冻结只限于细胞间隙内水分结冰，细胞膜没有受到机械损伤，原生质没有变性，这种轻微冻害危害不大，采用适当的解冻技术，细胞间隙的冰又逐渐融化，被细胞重新吸收，细胞可以恢复正常。但是，如果细胞内水分外渗到细胞间隙内结冰，损伤了细胞膜，原生质发生不可逆凝固（变性），加上冰晶体机械伤害，即使产品外表不表现冻害症状，产品也会很快败坏。解冻以后不能恢复原来的新鲜状态，风味也遭受影响。

4. 冻害处理措施

预防冻害的关键是掌握园艺产品最适宜的贮藏温度，避免园艺产品长时间处于冰点温度下。如果管理不善，发生轻微冻害，在解冻前切忌随意搬动。已经冻结的产品非常容易遭受机械损伤，可采用缓慢解冻技术恢复正常，在 4.5 ℃下解冻为好。解冻温度过低，附着于细胞壁的原生质吸水较慢，冰晶体在组织内保留时间过长会伤害组织；解冻温度过高，解冻过快，融化的水来不及被细胞吸收，细胞壁有被撕裂的危险。

五、休眠生理

休眠是植物在生长发育过程中为度过严冬、酷暑、干旱等不良环境条件，为了保护自身的生活能力而出现的器官暂时停止生长的现象。这是植物在长期系统发育中形成的一种特性。

(一)休眠的作用

休眠是植物生命周期中生长发育暂时停顿的阶段。此期新陈代谢降到最低水平，营养物质的消耗和水分蒸发都很少，一切生命活动进入相对静止状态，对不良环境条件的抵抗力增强，对贮藏是十分有利的。园艺产品贮藏应充分利用休眠特点，创造条件延长休眠期，从而延长产品的贮藏寿命。园艺产品一旦脱离休眠而发芽时，器官内贮存的营养物质迅速转移，消耗于芽的生长，产品本身则萎缩干空，品质急剧恶化，最终不堪食用。

(二)休眠的类型

1. 强迫休眠

强迫休眠是外界环境条件不适，如低温、干燥所引起的，一旦遇到适宜的发芽条件即可发芽，因此强迫休眠是被动休眠。结球白菜和萝卜的产品器官形成以后，严冬已经来临，外界环境不适宜它们的生长因而进入休眠，但春播的结球白菜和萝卜没有休眠。

2. 生理休眠

生理休眠是内在原因引起的，主要特点是，给收获后的产品提供其适宜生活的温度、水分、气体等条件，不能启动其发芽生长。如洋葱、大蒜、马铃薯等，它们在休眠期内，即使有适宜的生长条件，也不能脱离休眠状态，暂时不会发芽。

(三)休眠期间的生理生化变化

具有生理休眠期的蔬菜，其休眠期大致有三个阶段。第一阶段是休眠诱导期(休眠前期)。此期产品器官刚采收，生命活动还很旺盛，处于休眠的准备阶段，体内的物质小分子向大分子转化，若环境条件适宜可迫使其不进入休眠期。第二阶段是深休眠期(生理休眠期)。这个时期内的产品新陈代谢下降到最低水平，产品外层保护组织完全形成，即使拥有适宜的环境条件，也不能停止休眠。第三个阶段是休眠苏醒期(休眠后期)。此期产品由休眠向生长过渡，体内物质大分子向小分子转化，可利用的营养物质增加，若外界条件适宜生长，可终止休眠，若外界条件不适宜生长，则可延长休眠。

进入生理休眠期的细胞，先有原生质的脱水过程，同时积聚大量疏水胶体。这些物质聚积在原生质和液泡的界面上，阻止水和细胞液的透过。休眠期的细胞出现原生质与细胞壁分离，细胞间的胞间连丝消失，原生质几乎不能吸水膨胀，电解质也很难通过，这样就大大降低了细胞内外的物质交换。所以休眠期呼吸和其他代谢活动的水平都很低，器官内贮藏的各种养分如碳水化合物、蛋白质、维生素 C 等变化都很小。脱离休眠后，细胞内的原生质又重新紧贴细胞壁,胞间连丝恢复,原生质中的疏水胶体减少,亲水胶体增多。

休眠与酶有直接关系,休眠是激素作用的结果。RNA在休眠期中没有合成,打破休眠后才有合成;赤霉素可以打破休眠,促进各种水解酶、呼吸酶的合成和活化;脱落酸可以抑制mRNA合成,促进休眠。休眠实际是脱落酸和赤霉素维持一定平衡的结果。

(四)休眠的调控

目前生产上使用控制贮藏环境条件、喷洒生长激素、进行辐照处理等办法来调节蔬菜的休眠期。

1. 控制贮藏条件

温度是控制休眠的主要因素,降低贮藏温度是延长休眠期最安全、最有效、应用最广泛的一种措施。板栗、萝卜0 ℃能够长期处于休眠状态而不发芽,中断冷藏后才开始正常发芽。高温也可抑制萌芽,如洋葱、大蒜等蔬菜,当进入生理休眠以后,处于30 ℃的高温干燥环境,也不利于萌芽。低氧、高CO_2有利于抑制萌芽,延长休眠期,但对马铃薯的抑制发芽效果不明显。

2. 辐照处理

用^{60}Co发生的γ-射线辐照处理可以抑制园艺产品发芽。运用辐照处理抑制发芽的关键是掌握好辐照的时间和剂量。辐照处理一般在休眠中期进行,辐照的剂量因产品种类而异。

3. 化学药剂处理

化学药剂有明显的抑芽效果。目前使用的主要有青鲜素(MH)、萘乙酸甲酯(NNA)等。洋葱、大蒜在采收前用0.25%的青鲜素喷洒植株叶子,可抑制贮藏期的萌芽。青鲜素应用时,必须在采前喷到叶子上,药剂吸收后渗透到鳞茎内的分生组织中和转移到生长点,才能有效。喷药过晚,叶子已干枯,失去了吸收与运转青鲜素的功能;喷药过早,鳞茎还处于生长阶段,影响产量。在采前两周使用较好。采收后的马铃薯用30 mg/kg萘乙酸甲酯粉拌撒,可抑制萌芽。

※果蔬贮藏病害及其预防

果蔬在贮藏期的损失多由病害造成。这种病害不只发生于贮藏期和运输期间,而是包括了收获、分级、包装、运输、贮藏、进入市场销售等许多环节。果蔬贮藏病害也称贮运病害,一般是指在贮运过程中发病、传播、蔓延的病害,包括田间已被侵染,在贮运期间发病或继续危害的病害。根据发病的原因可分为两大类:一类是非生物因素造成的生理病害(非传染性病害),另一类为寄生物侵染引起的侵染性病害。

一、生理性病害及其预防

生理性病害是指果蔬在采前或采后,由于不适宜的环境条件或理化因素造成的生理障碍。生理性病害的病因很多,主要有收获前因素,如果实生长发育阶段营养失调、栽培管理措施不当、收获成熟度不当、气候异常、药害等,还有收获后因素,如贮运期间的温湿度失调、气体组分控制不当等。生理性病害有低温伤害、气体伤害等。现将其致病原因及防治措施分述如下。

(一)低温伤害

果蔬贮藏在不适宜的低温下产生的生理病变叫作低温伤害。果蔬的种类和品种不同，对低温适应能力亦有所不同，如果温度过低，超过果蔬的适应能力，果蔬就会发生冷害和冻害两种低温伤害。

1. 冷害

冷害是冰点以上的低温导致果蔬细胞膜变性的生理病害，是贮藏的温度低于产品最适贮温的下限所致。冷害伤害温度一般出现在 0～13 ℃。冷害可发生在田间或采后的任何阶段。不同种类的果蔬产品对冷害的敏感性不一样。一般说来，原产于热带的水果蔬菜(如香蕉、菠萝等)对温度比较敏感，亚热带地区的水果蔬菜次之，温带果蔬敏感度最轻。

(1)症状和温度。果蔬遭受冷害后，常表现为果皮或果肉、种子等发生褐色病变，表皮出现水浸状凹陷、烫伤状，不能正常后熟。伴随冷害的发生，果蔬的呼吸作用、化学组成及其他代谢都发生异常变化，降低产品的抗病能力，导致病菌侵入，加重果蔬的腐烂。产生冷害的果蔬产品的外观和内部症状也因其种类不同而异，并随着组织的类型而变化，如黄瓜、番瓜、白兰瓜、辣椒产品表面出现水浸状的斑点；苹果、桃、梨、菠萝、马铃薯等内部组织发生褐变或崩溃；香蕉、番茄等产品不能正常后熟。不同果蔬发生冷害的温度和症状不一样，如表 2-4 所示。

表 2-4　常见果蔬的冷害临界温度及冷害症状

品种	冷害临界温度/℃	冷害症状
苹果类	2.2～3.3	内部褐变，有褐心，表面出现烫伤
桃	0～2	果皮出现水浸状，果心褐变，果肉味淡
香蕉	11.7～13.3	果皮出现水浸暗绿色斑块，表皮内出现褐色条纹，中心胎座变硬，成熟延迟
芒果	10～12.8	果皮色黯淡，出现褐斑，后熟异常，味淡，缺乏甜味
荔枝	0～1	果皮黯淡，色泽变褐，果肉出现水浸状
龙眼	2	内果皮出现水浸状或烫伤斑点，外果皮色变暗
柠檬	10～11.7	表皮下陷，细胞层出现干疤，心皮壁褐变
凤梨	6.1	皮色黯淡，褐变，冠芽萎蔫，果肉水浸状
红毛丹	7.2	外果皮和软刺褐变
蜜瓜	7.2～10	凹陷，表皮腐烂
南瓜类	10	瓜肉软化，腐烂

品种	冷害临界温度/℃	冷害症状
黄瓜	4.4~6.1	表皮水浸状，变褐
木瓜	7.2	凹陷，不能正常成熟
白薯	12.8	凹陷，腐烂，内部褪色
马铃薯	0	产生不愉快的甜味，煮时色变暗
番茄	7.2~10	成熟时颜色不正常，水浸状斑点，变软，腐烂
茄子	7.2	表面出现烫伤，凹陷，腐烂
蚕豆	7.2	凹陷，有赤褐色斑点

(2)冷害的影响因素。

①产品的内在因素。不同种类和品种的产品冷敏感性差异很大。如黄瓜在 1 ℃下就发生冷害，而桃此温下 2 周后才发生冷害。此外，产品成熟度越低，对冷害越敏感。例如，红熟番茄在 0 ℃下可贮藏 42 d，而绿熟番茄在 7.2 ℃就可能产生冷害。

②外部环境因素。

a. 贮藏温度和时间。一般来说，在临界温度以下，贮藏温度越低，冷害发生越快，温度越高，耐受低温而不发生冷害的时间越长。

b. 湿度。贮于高湿环境中，特别是 RH 接近 100％时，会显著抑制果实冷害时表皮和皮下细胞崩溃，冷害症状减轻。低湿加速症状的出现，如出现水浸状斑点或发生凹陷。脱水、温度低，会加速冷害发生。

c. 气体成分。对大多数产品来说，适当提高 CO_2 和降低 O_2 含量可在某种程度上抑制冷害。一般认为，O_2 浓度为 7％时是安全的，CO_2 浓度过高也会诱导冷害发生。

d. 化学药物。有些药物会影响产品对冷害的抗性，如 Ca^{2+} 浓度越低，产品对冷害越敏感。

(3)冷害机理。目前被普遍接受的冷害机理是膜相变理论。其机理主要是，果蔬处于临界低温时，氧化磷酸化作用明显降低，引起以 ATP 为代表的高能量短缺，细胞组织因能量短缺分解，细胞膜透性增加，结构系统瓦解，功能被破坏，在角质层下面积累了一些有毒的能穿过渗透性膜的挥发性代谢产物，导致果蔬表面产生干疤、异味和对病害腐烂的易感性增加。一般冷害只影响外观，不影响食用品质。

(4)冷害的控制。对于冷害加以控制的措施主要是使贮藏温度高于冷害临界温度，具体如下。

①采用变温贮藏。升温可以减轻冷害的原因，可能是升温减轻了代谢紊乱的程度，使组织中积累的有毒物质在加强代谢活性中被消耗，或是在低温中衰竭了的代谢产物在升温时得到恢复。变温贮藏有分步降温、逐渐升温、间歇升温等。贮藏前在一般在 30 ℃左右或以上的高温条件下处理几小时至几天，有助于抑制冷害。

②低温锻炼。在贮藏初期，对果蔬采取逐步降温的办法，使之适应低温环境，可避

免冷害。

③提高果蔬成熟度。提高果蔬成熟度可降低对冷害的敏感性。

④提高果蔬的相对湿度。对产品表面涂蜡，使水分不易蒸腾；对产品用塑料薄膜包装可提高果蔬的相对湿度，从而减轻冷害。

⑤调节气调贮藏气体的组成。适当提高 CO_2 浓度，降低 O_2 浓度有利于减轻冷害。据悉，保持 7% 的 O_2 能防止冷害。

⑥化学物质处理。化学物质处理果蔬产品可减轻冷害，例如，用 $CaCl_2$ 处理可减轻苹果、梨、鳄梨、番茄的冷害，用乙氧基喹、苯甲酸处理能减轻黄瓜、甜椒的冷害。

2. 冻害

(1)症状。冻害是果蔬处于冰点以下，因组织冻结而引起的一种生理病害。对果蔬的伤害主要是原生质脱水和冰晶对细胞的机械损伤。果蔬组织受到冻害后，引起细胞组织内有机酸和某些矿质离子浓度增加，导致细胞原生质变性，出现汁液外流、萎蔫、变色和死亡，失去新鲜状态。且果蔬受冻害造成的失水变性为不可逆的，大部分果蔬产品在解冻后也不能恢复原状，从而失去商品价值和食用价值。

(2)影响因素。果蔬是否容易发生冻害，与其冰点有直接关系。冰点指果蔬组织中水分冻结的温度，一般为 $-1.5 \sim -0.7\ ℃$。细胞液中有一些可溶性物质（主要是糖类）存在，因此果蔬的冰点温度一般比水的冰点（$0\ ℃$）要低，其可溶性物质含量越高，冰点越低。不同果蔬种类和品种之间差别也很大，如莴苣在 $-0.2\ ℃$ 下就产生冻害，可溶性物质含量较高的大蒜和黑紫色甜樱桃冻害的温度分别在 $-4\ ℃$、$-3\ ℃$ 以下。根据果蔬产品对冻害的敏感性将它们分为 3 类（表 2-5）。在果蔬的贮藏过程中，对不同种类和品种的果蔬要保持适宜而恒定的低温，才能达到保鲜目的。

表 2-5　几种主要果蔬对冻害的敏感程度

敏感性	常见果蔬种类
敏感的	杏、鳄梨、香蕉、浆果、桃、李、柠檬、蚕豆、黄瓜、茄子、莴苣、甜椒、马铃薯、甘薯、夏南瓜、番茄
中等敏感的	苹果、梨、葡萄、花椰菜、嫩甘蓝、胡萝卜、芹菜、洋葱、豌豆、菠菜、萝卜、冬南瓜
最敏感的	枣、椰子、甜菜、大白菜、甘蓝、大头菜

(3)冻害的控制。要掌握产品贮藏的最适温度，将产品放在适温下贮藏，严格控制环境温度，避免产品长时间处于冰点温度以下。产品受冻后应注意以下两点。

①解冻过程缓慢进行，一般认为在 $4.5 \sim 5\ ℃$ 下解冻较为适宜。

②冻结期间避免搬动，以防止遭受机械伤。

(二)气体伤害

1. 低氧伤害

O_2 可加速果蔬的呼吸和衰老。降低贮藏环境中的 O_2 含量，可抑制呼吸并推迟果蔬内部有机物质消耗，延长其保鲜寿命，但 O_2 含量过低，贮藏环境 O_2 浓度低于 2% 时，又会导致许多产品呼吸失常和产生无氧呼吸，产生的中间产物如乙醛、乙醇等有毒物质在细胞组织内逐渐积累造成中毒，引起代谢失调，发生低氧伤害。发生低氧伤害的果蔬，其表皮坏死的组织因失水而局部塌陷，组织褐变，软化，不能正常成熟，产生酒味和异味。O_2 的临界浓度（O_2 最低浓度）随果蔬产品种不同而有所差异，一般 O_2 浓度在 $1\%\sim5\%$ 时，大部分果蔬会发生低氧伤害，造成乙醇中毒等。

2. 高 CO_2 伤害

CO_2 和 O_2 之间有拮抗作用，提高环境中的 CO_2 浓度，呼吸作用也会受到抑制。多数果蔬适宜的 CO_2 浓度为 $3\%\sim5\%$。浓度过高，一般超过 10% 时，会使一些代谢受阻，引起代谢失调，造成伤害。发生高 CO_2 伤害的果蔬表皮或内部组织或两者都发生褐变，出现褐斑、凹斑或组织脱水萎软，甚至出现空腔。果蔬产品对高浓度 CO_2 的忍耐力因种类、品种和成熟度而不同。各种产品对 CO_2 敏感性差异很大。

3. 乙烯毒害

乙烯被用作果实（番茄、香蕉等）的催熟剂，若外源乙烯使用不当或贮藏库环境控制不善，会使产品过早衰变，也会出现中毒。乙烯毒害表现为果色变暗，失去光泽，出现斑块，并软化腐败。

4. 氨伤害

在机械制冷贮藏保鲜中，采用 NH_3 作为制冷剂的冷库，NH_3 泄漏后与果蔬接触，会引起产品的变色和中毒。氨伤害的表现为果品变色、水肿、凹陷斑等，如 NH_3 泄漏时，苹果和葡萄红色减退、蒜薹出现不规则的浅褐色凹陷斑等。

5. SO_2 毒害

SO_2 常用于贮藏库消毒，若处理不当，浓度过高，或消毒后通风不彻底，容易引起果蔬中毒。环境干燥时，SO_2 可通过产品的气孔进入细胞干扰细胞质与叶绿素的生理作用。如环境潮湿，则形成亚硫酸，进一步氧化为硫酸，使果实灼伤，产生褐斑。如葡萄用 SO_2 防腐处理时，若 SO_2 浓度偏高，可使果粒漂白，严重时呈水渍状。

在贮藏中，果蔬产品一旦受到低 O_2、高 CO_2、乙烯、NH_3 或 SO_2 等气体的伤害，很难恢复。因此，预防措施主要是，在贮藏期间要严格控制气体组分，经常取样分析，发现问题及时调整气体成分或通风换气。如在贮藏库内放干熟石灰吸收多余的 CO_2，定期检测制冷系统的气密性，防止以 NH_3 为制冷剂的贮藏库中产品受到 NH_3 伤害，用硫黄熏蒸库体消毒后，要进行通风排气，从而预防 SO_2 的伤害等。

(三)其他生理性病害

除低温伤害、气体伤害外，果蔬贮藏过程中还有一些非传染性的生理病害，如营养失调、高温热伤等。

1. 营养失调

营养失调会使果蔬在贮藏期间生理失去平衡而致病，矿质元素的过量或缺乏会发生一系列的生理病害。国内外研究较多的是钙、氮钙比值、硼引起的生理病害。缺钙往往使细胞膜结构减弱，抗衰老能力变弱。钙含量低、氮钙比值大会使苹果发生苦痘病、水心病，鸭梨发生黑心病，柑橘发生浮皮病，芹菜发生褐心病，胡萝卜发生裂根，番茄和辣椒发生脐腐等。氮素过量会使组织疏松、口味变淡，使苹果在发生虎皮病等。缺硼往往使糖运转受阻，叶片中糖累积而茎中糖减少，分生组织变质退化，薄壁细胞变色、变大，细胞壁崩溃，维管束组织发育不全，果实发育受阻；硼素过多亦有害，如可使苹果加速成熟，增加腐烂。

2. 高温热伤

果蔬都有各自能忍受的最高温度，超过最高温度，产品会出现热伤，使细胞器变形，细胞壁失去弹性，细胞迅速死亡，严重时蛋白质会凝固。表现为产生凹陷或不凹陷的不规则形褐斑，内部全部或局部变褐、软化、淌水，也会被许多微生物侵入并危害，发生严重腐烂。尤其是一些多汁的水果，它们对强烈的阳光特别敏感，极易发生日灼斑，影响贮运。

3. 水分关系失常

新鲜果蔬一般含水量高，细胞都有较强的持水力，可阻止水分渗透出细胞壁，但当水分的分布及变化关系失常，产品在田间就出现病害，并在贮运期间继续发展。如雨水过多或灌溉过多会造成马铃薯的空心病，使块茎含水量激增，以致淀粉转化为糖，逐步形成空心。

二、侵染性病害及其预防

由病原微生物侵染而引起的病害称为侵染性病害，是导致采后果蔬腐烂与品质下降的主要原因之一。果蔬采后侵染性病害的病原物主要为真菌和细菌，极个别的为线虫和病毒。果蔬贮运期间的传染性病害几乎全由真菌引起，真菌还可以产生毒素，有的真菌毒素可以使人畜中毒、致癌。

(一)病原菌侵染特点

病原菌的侵染过程按侵染时间顺序可以分为采前侵染(田间感染)、采收时侵染和采后侵染等。从侵染方式上则分为伤口侵染、自然孔口侵染或穿越寄主(果蔬)表皮直接侵染等。了解病原菌侵染的时间和方法对制订防病措施是极为重要的。

1. 采前侵染

采前侵染方式分为直接侵入、自然孔口侵入和伤口侵入三种方式。

(1)直接侵入。直接侵入是指病原菌直接穿透果蔬器官的保护组织(角质层、蜡层、表皮、表皮细胞)或细胞壁的侵入方式。许多真菌、线虫等都有这种能力，如炭疽菌和灰霉病菌等，其典型侵入过程是，孢子萌发产生芽管，通过附着器和黏液把芽管固定在可侵染的寄主表面，然后从附着器上的侵入丝穿透被害体的角质层，此后在菌丝加粗后在细胞间蔓延，或再穿透细胞壁而在细胞内蔓延。

(2)自然孔口侵入。自然孔口侵入是指病原菌从果蔬的气孔、皮孔、水孔、芽眼、柱头、蜜腺等孔口侵入的方式，其中以气孔和皮孔侵入为主。真菌和细菌中相当一部分都能从自然孔口侵入，只是侵入部位不同，如葡萄霜霉病和蔬菜锈病病菌的孢子从气孔侵入，马铃薯软腐病菌从皮孔侵入，十字花科蔬菜黑腐病菌从水孔侵入，苹果花腐病菌从柱头侵入，菠菜小果褐腐病细菌从蜜腺管侵入等。

（3）伤口侵入。伤口侵入是指病原菌从果蔬表面的各种创伤伤口（包括收获时造成的伤口，采后处理、加工包装以至贮运装卸过程中的擦伤、碰伤、压伤、刺伤等机械伤，脱蒂、裂果、虫口等）侵入的方式，这是果蔬贮藏病害的重要侵入方式。青绿霉病、酸腐病、黑腐病真菌及许多细菌性软腐病细菌就是从伤口侵入的。

2. 采收时侵染和采后侵染

果蔬产品采后的大部分病害是由于表皮的机械损伤和生理损伤而侵染的。在采收、分级、包装、运输过程中，机械损伤是不可避免的，机械采收较手工采收会造成更大的损伤。从植株上采收时，割切果柄带来的损伤是采后病害的重要侵染点，如香蕉的褐腐病，菠萝花梗腐烂，芒果、番木瓜、油梨、甜椒、甜瓜和洋梨的茎端腐等都缘于此侵染点的存在。过度挤压苹果和马铃薯表皮组织，皮孔和损伤部位潜伏的病原恢复生长。冷、热、缺氧、药害及其他不良的环境因素引起的生理损伤，使新鲜果蔬产品失去抗性，病原容易侵入，如一些原产亚热带的果蔬，贮藏在低于 10 ℃以下发生冷害，即使没有显现冷害症状，采后病害也骤然增加。冷害后的葡萄柚易发生茎腐病，甜椒、甜瓜、番茄易出现黑斑病和软腐病。

（二）影响发病的因素

果蔬贮藏病害的发生是果蔬与病原菌在一定的环境条件下相互作用，果蔬常因不能抵抗病原菌侵袭而发生病害。病害的发生不能由果蔬体单独进行，而是受病原菌、寄主（果蔬）和环境条件三个因素的影响和制约。

1. 病原菌

病菌是引起果蔬病害的病源。许多贮藏病害都源于田间的侵染。因此，可通过加强田间的栽培管理、清除病枝病叶、减少侵染源，同时配合采后药剂处理来控制病害发生。

2. 寄主（果蔬）的抗性

果蔬的抗性又称抗病性，是指果蔬抵御病原侵染的能力。影响果蔬抗性的因素主要有成熟度、伤口和生理病害等。一般来说，未成熟的果蔬有较强的抗病性，但随着果蔬成熟度增加，感病性增强。伤口是病菌入侵果实的主要门户，有伤的果实极易感病。果蔬产生生理病害（冷害、冻害、低 O_2 浓度或高 CO_2 浓度伤害）后对病害的抵抗力降低，也易感病，发生腐烂。寄主的 pH 值也会影响病原菌的繁殖：蔬菜类的 pH 值接近中性（6.7～7），如大白菜、甘蓝、马铃薯、甜椒、黄瓜、茄子、菜豆等容易发生细菌性软腐病；水果类的 pH 值通常低于 4.5～5，真菌病害侵染较多。番茄果实组织偏酸性，一般 pH 值为 4.3～4.5，真菌病害较多，细菌病害也比较敏感。

3. 环境条件

（1）温度。病菌孢子的萌发力和致病力与温度的关系极为密切。各种真菌孢子都具有最高、最适及最低的萌发温度。与最适温度相差越大，孢子萌发所需时间越长。超出最高和最低温度，孢子便不能萌发。在病菌与寄主的对抗中，温度对病害的发生起着重要的调控作用：一方面，温度影响病菌的生长、繁殖和致病力；另一方面，温度也影响寄主的生理代谢和抗病性，从而制约病害的发生与发展。一般而言，较高的温度加速果蔬衰老，降低果蔬对病害的抵抗力，有利于病菌孢子的萌发和侵染，从而加重病害；较低的温度能延缓果蔬衰老，保持果蔬抗病性，抑制病菌孢子的萌发与侵染。因此，选择贮藏温度一般以不引起果蔬产生冷害的最低温度为宜，这样能最大限度地抑制病害发生。

（2）湿度。大多数真菌孢子的萌发要求比较潮湿的环境，细菌的繁殖及细菌和孢子的游动，都需要在水滴里进行，因此空气湿度对病原侵入的影响最大。在果蔬生长期间，温度条件不是潜伏侵染的限制因素，主要影响因素是空气相对湿度、雨水。寄主的水分状况也影响到病害的发展，许多果蔬产品含水量高或组织饱满时对病原菌侵入更为敏感，采前大量灌水会明显降低对病原菌的抗性，稍微脱水可以减少腐烂。

（3）气体成分。提高贮藏环境中 CO_2 浓度对菌丝生长有较强的抑制作用，但当 CO_2 浓度超过 10％时，大部分果蔬会发生生理损伤，腐烂速度加快。各种微生物对 CO_2 的敏感性也表现出很大的差异。对于少数真菌的生长和孢子的萌发，高 CO_2 浓度甚至是一个促进因子，如高 CO_2 浓度可刺激白地霉的生长，许多细菌、酵母菌的生长还可用 CO_2 作为碳源。通常高 CO_2 浓度对真菌性腐烂的抑制优于对细菌性腐烂的控制，但单纯依靠增高 CO_2 浓度、降低 O_2 浓度来抑制病原菌或防腐是有困难的。调节气体成分的主要作用在于有效地延缓果蔬的成熟与衰老，保持寄主的抗性。乙烯作为成熟激素，果蔬感病性与其浓度有正相关关系，高浓度乙烯会促进果蔬的成熟与衰老，使抗病能力下降，并诱发病原菌在果蔬组织内生长。

（三）防治措施

侵染性病害的防治是指，在充分掌握病害发生、发展规律的基础上，抓住关键时期，以预防为主，综合防治，多种措施合理配合，以达到防病治病的目的。

（1）农业防治。农业防治是指在果品蔬菜生产中，采用农业措施，创造有利于果蔬生长发育的环境，增强产品本身的抗病能力，同时创造不利于病原菌活动、繁殖和侵染的环境条件，减轻病害的发生程度的防治方法。该法是最经济、最基本的植物病害防治方法，也不涉及农药残毒问题。常用的措施有无病育苗、田园卫生、合理修剪、合理施肥与排灌、果实套袋、适时采收、利用与选育抗病品种等。

（2）物理防治。物理防治是指采用控制贮藏环境中温度、湿度和空气成分的含量，或用热力处理，或利用辐射处理等方法来防治果蔬贮运病害的方法。

①低温贮运。果蔬贮、运、销过程中的损失表现在三个方面：病原菌危害引起腐烂的损失、蒸发引起重量的损失、生理活动自我消耗引起养分及风味变化造成商品品质的损失。温度是以上三大损失的主要影响因素。采后适宜的低温贮运不但可以抑制病菌的生长、繁殖、扩展和传播，还可以通过保持果蔬新鲜状态而延迟衰老，因而具有较强的抗病力。同时必须注意，果蔬种类、品种不同，对低温的敏感性也不同，如果用不适当

的低温贮运，果蔬将遭受冷害而降低对微生物的抗病力，这样低温不但起不到积极作用，反而有可能造成更严重的损失。

②气调处理。果蔬贮藏期间，采用高 CO_2 浓度短时间处理，或采用低 O_2 浓度或高 CO_2 浓度的贮藏环境条件对许多采后病害都有明显的抑制作用，特别是用高 CO_2 浓度处理，如用 30％浓度的 CO_2 处理柿子 24 h，可以控制黑斑病的发生。

③辐射防腐处理。γ-射线可穿透果蔬组织，消灭深层侵染的病原菌，因此，通常利用放射性同位素产生的 γ-射线对贮藏前的果蔬进行照射，可以达到防腐保鲜的目的。常见抑菌剂量为 150～200 krad。

④紫外线防治。低剂量 254 nm 的短波紫外线与激素或化学抑制剂，可诱导植物组织产生抗性，降低对黑斑病、灰霉病、软腐病、镰刀菌的敏感性。

（3）化学防治。化学防治是指使用杀菌剂杀死或抑制病原菌，对未发病产品进行保护或对已发病产品进行治疗，或利用植物生长调节剂和其他化学物质，提高果蔬抗病能力，防止或减轻病害造成损失的方法。

化学防治所采用的杀菌剂通常分为保护性杀菌剂和内吸性杀菌剂两类。保护性杀菌剂的作用主要在于预防与保护，杀死或抑制果蔬表面的病原真菌和细菌，减少其数量，如次氯酸和次氯酸盐等。内吸性杀菌剂由果蔬吸入体内，抑制或杀死已侵入果蔬体内的病原真菌和细菌，起预防和治疗的双重作用，如噻菌灵（特克多）、多菌灵、抗菌灵（托布律）、恶霉灵等。化学防治通常处理的方法有熏蒸和药液洗果。洗果既可杀菌、去除果蔬表面的污物，又有预冷作用。果蔬的种类及发生病害的种类不同，所使用的化学药剂也不相同。

化学防治是果蔬采后病害防治的有效方法，物理防治只能抑制病菌的活动和病害的扩展，而化学防治对病菌有毒杀作用，因此防治效果更为显著。

（4）生物防治。生物防治是指利用有益生物及其代谢产物防治植物病害的方法。利用果蔬的天然抗性和微生物生态平衡原理进行果蔬采后病害的生物防治，是非常有前景的方法之一。

（5）综合防治。综合防治是指将采前、采后的多种物理、化学防治方法相结合，运用一系列保护性和杀灭性结合的综合性防治措施设计方案及操作规程，并贯彻"以防为主，防治结合"的原则。

综上，综合防治的原则是采前采后相结合，化学方法与物理方法相结合，杀灭与保护相结合。

项目小结

果蔬在采收前，其生长发育的营养物质来源于母体，采收后脱离母体，成为独立的有生命的个体。果蔬采收后，其组织内部的代谢机制经过一系列复杂多样的变化，重新组织，其中成熟和衰老过程是采后生理的中心问题。在其贮藏过程中，降低呼吸强度、抑制各种营养损失和水分蒸发、控制其成熟衰老过程等方法均有利于果蔬的贮藏。

(1)果蔬的呼吸作用对采后生理和贮藏保鲜有什么意义？

(2)蒸腾作用对果蔬贮藏有何影响？

(3)乙烯对果蔬采后的生理效应有哪些？

(4)控制果蔬成熟衰老的途径有哪些？

(5)什么是休眠？在果蔬贮藏过程中如何利用休眠特性？

(6)粮食陈化有何表现？影响粮食陈化变质的因素有哪些？

(7)果蔬贮藏期间如何预防低温伤害？

(8)果蔬贮藏期间的气体伤害有哪些？如何预防？

(9)什么是果蔬侵染性病害？如何预防果蔬采后的侵染性病害？

(10)哪些采后处理方法能够减轻低温冷害？

项目三　果蔬采收及商品化处理

项目引入

我国是果蔬生产大国。国家统计局数据显示：自 2010 年以来，我国果蔬产量连年增长，至 2018 年，全国蔬菜总产量达 7.03 亿吨，水果(含瓜果类)总产量达 2.57 亿吨，2012 年人均蔬菜产量达到 524 kg，2015 年人均水果(含瓜果类)产量达 120 kg。随着我国农业供给侧改革和人民生活水平的提高，果蔬产品消费需求和产销模式正发生巨大变化，配套的采后服务系统在果蔬产业中的地位越来越重要。

目前，随着我国经济的快速发展和人们生活水平的逐步提高，国内消费者对新鲜水果蔬菜的消费需求已从"数量型"转向"质量型"，不仅要求花色、品种多，还要求产品新鲜、干净和精美。因此，大力开展以提高果蔬质量为中心的采后商品化处理工作，美化产品，使其对消费者更具有吸引力，提高果蔬产品的附加值和资源的充分合理利用，减少采后损失，逐步实现果蔬采后流通保鲜产业化可谓当务之急。

果蔬的采收及采后商品化处理直接影响到采后产品的贮运损耗、品质保存和贮藏寿命。果蔬产品生产季节性强，采收期相对集中，如果采收或采后处理不当则造成大量损失，甚至造成丰产不丰收的情况。如不给予足够的重视，即使有较好的贮藏设备、先进的管理技术，也难以发挥应有的作用。由于果蔬种类、品种繁多，商品性状各异，质量良莠不齐，收获后的果蔬产品要成为商品参与市场流通或进行贮藏保鲜，只有经过分级、包装、贮运和销售之前的一些商品化处理，才能使贮运效果进一步提高，商品质量更符合市场流通的需要。

学习目标

知识目标

明确果蔬采收及采后处理是其贮藏、运输、销售、加工过程中的一个重要环节；掌握果蔬采后商品化处理的主要流程及要点；了解常见的果蔬运输工具并明确我国果蔬运输的方向。

技能目标

能掌握果蔬采收的不同方法，会对不同果蔬进行采后商品化处理，熟练掌握果蔬催熟的操作技能。

素质目标

树立正确的使命感、担当感及正确的科学观。为大国"三农"服务，培养高度的行业自豪感及藏菜于技的制度自信。

职业岗位

果蔬销售、生鲜物流专员。

任务一　果蔬采后商品化处理

📖 任务分析

随着我国农业供给侧改革和人民生活水平的提高，人们的消费观念从"吃得到"的初级需求向"吃得好"的更高要求转变，消费者对农产品的多样性和产品质量也提出了更高要求，果蔬产品的优质、新鲜、营养、健康及周年均衡供应已成为市场主体需求；我国果蔬产品种类、品种繁多，多为季节性收获、集中上市，且随着我国农业战略性的结构调整，果蔬生产更趋于区域化，产销异地的问题更为凸显；另外，随着世界产业链融合一体化程度不断加深，我国的果蔬除满足国内需求外，一些颇具竞争潜力的大宗农产品和特色农产品走出国门、进入国际市场的需求也在不断加强。因此，对果蔬产品商品化处理和物流产业的科技支撑提出了更高的要求。

一、目的与要求

掌握果蔬采收后商品化处理的主要方法。

二、材料用具

1. 材料

柑橘、苹果、葡萄等。

2. 用具

天平、分级板、包装纸、包装箱、恒温鼓风干燥箱、清洗盆、小型喷雾器、刷子、1%的稀盐酸、洗洁精、吗啉脂肪酸盐果蜡（CFW果蜡）或0.5%～1.0%高碳脂肪酸蔗糖酯、亚硫酸钠、硅胶粉剂等。

三、方法步骤

1. 分级

将柑橘、苹果进行严格挑选，将病虫害、机械伤果剔除，然后根据果实大小分级。苹果分级从直径65～85 mm，每相差5 mm为一个等级；柑橘分级从直径50～85 mm，每相差5 mm为一个等级；葡萄将其果穗中的烂、小、绿粒摘除，根据果穗紧实度、成熟度、有无病虫害和机械伤、能否表现出本品种固有的颜色和风味等，将其分为三级。

2. 清洗

用1%的稀盐酸和洗洁精分别对柑橘和苹果进行清洗，除去果面污物，然后用清水将其冲洗干净，放入恒温干燥箱烘干(温度40～50 ℃)。

3. 涂蜡

采用0.5%～1.0%的高碳脂肪酸蔗糖酯或吗啉脂肪酸盐果蜡进行涂蜡处理，可将蜡液装入喷雾器喷涂果面，或用刷子刷涂果面，也可直接将果实浸入蜡液中30 s，然后晾干。

果蔬涂蜡有何
作用？

4. 包装

涂膜处理后的柑橘和苹果分别进行单果包纸，再装箱；经过挑选分级的葡萄装入有垫物的纸箱中，同时分别按果重的0.2%、0.6%称取亚硫酸钠硅胶粉剂，然后混合，分成若干个纸包，放入葡萄箱的不同部位。上述纸箱放入冷库贮藏。

四、任务作业

完成实训报告。

任务二　果蔬催熟实训

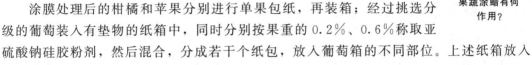

📖 任务分析

乙烯作为一种植物激素，可激发及促进呼吸跃变型水果的后熟过程，这一原理已被作为一种商业的采后处理方式应于采后果蔬的催熟。乙烯利(2-氯乙基膦酸)是一种人工合成的可释放乙烯气体的低毒有机磷植物生长调节剂农药，由于在农业生产中使用方便，普遍用于促进各类瓜果开花、成熟、抑制植物生长、打破种子休眠等方面。已有研究报道，乙烯利普遍应用于香蕉、芒果、番茄、罗汉果等果蔬的采后催熟处理，也应用于柑橘果实的脱绿。

用外源乙烯催熟水果时，乙烯气体、CO_2气体、温度、相对湿度和处理时间等参数的正确利用及最佳水平选择决定了催熟水果的质量。采用乙烯利浸泡或喷淋催熟不能实现对这些催熟参数的综合精准控制，难以达到果蔬催熟后品质的最大化。另外，大量催熟时，易造成催熟房内果实呼吸产生的CO_2积累伤害。在催熟库中，将果蔬暴露在适当浓度的乙烯气体中一定时间，并同时控制温度、湿度、CO_2等参数在最佳水平，才能实现最佳催熟。这也是国际上通用的标准果蔬催熟技术，在国外水果规模化商业生产中普遍应用于香蕉、鳄梨、猕猴桃、芒果等果蔬的采后催熟及柑橘的采后脱绿。

一、目的与要求

掌握 1~2 种果蔬常用催熟方法，并观察催熟效果。

二、任务原理

水果催熟主要是利用某些能促进水果成熟的刺激性气体。乙烯能使果实呼吸强度提高，提高果实组织原生质对氧的渗透性，促进果实呼吸作用和有氧参与的其他生化过程，从而大大缩短果实成熟的时间。

三、材料、用具及试剂

1. 材料

香蕉（未催熟）、番茄（由绿转白）等。

2. 用具

聚乙烯薄膜袋（0.05 mm）、干燥器、恒温箱、温度计等。

3. 试剂

乙醇、温水、乙烯利等。

四、方法步骤

1. 香蕉催熟

(1)乙烯利催熟。将乙烯利配成 1 000~1 500 mg/kg 的水溶液，取香蕉 3~5 kg，将香蕉浸于溶液中，取出自行晾干，置于果箱中密封，于 20~25 ℃ 条件下，3~4 d 品尝和观察脱涩及色泽变化。

(2)对照。用同样成熟度的香蕉 3~5 kg，不加处理置于同样的温度条件下，3~4 d 品尝和观察脱涩及色泽变化。

果蔬催熟效果与
温度有何关系？

2. 番茄催熟

(1)乙醇催熟。用乙醇喷洒转白期的番茄果面，放于果箱中密封，于 20~24 ℃ 环境中，观察其色泽变化。

(2)乙烯利催熟。将番茄喷上 600~800 mg/kg 的乙烯利水溶液，用塑料薄膜密封，于 20~24 ℃ 环境下，观察其色泽变化。

(3)对照。用同样成熟度的番茄，不加处理置于同样的温度条件下，观察其色泽变化。

五、任务作业

(1)完成任务报告。

(2)任务中出现了哪些问题？你是如何解决的？

任务三　果实硬度的测定

任务分析

果实硬度(fruit firmness)是衡量果实成熟度和贮藏品质的重要指标之一。在果实成熟、衰老过程中，果实硬度逐渐降低。通过测定果实的硬度，可以了解果实的成熟程度或后熟软化程度，从而确定果实的品质变化特点，以正确指导果蔬的贮藏。

一、目的与要求

能使用不同规格型号的硬度计进行果实硬度的测定。

二、任务原理

质地是果蔬的重要属性之一，它不仅决定了产品的食用品质，而且是判断许多果蔬贮藏性与贮藏效果的重要指标。果蔬硬度是判断质地的主要指标。测定果实的硬度，目前多用硬度计法。在我国，现在常见的有手持数显硬度计和手持盘式硬度计(图3-1)。

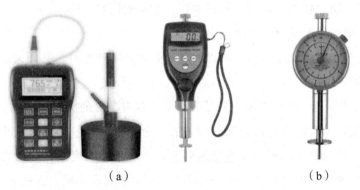

图3-1　果实硬度压力测定计

(a)手持数显硬度计；(b)手持盘式硬度计

三、材料、仪器及试剂

1. 材料

苹果、梨、柑橘、香蕉、番茄、黄瓜等果蔬。

2. 仪器

HP-30硬度计和GY-1型硬度计。

四、方法步骤

1. 去皮

将果实待测部分的果皮削掉。

2. 对准部位

硬度计压头与削去果皮的果肉相接触，并与果实切面接触且垂直。

3. 加压

左手紧握果实，右手持硬度计，缓缓增加压力，直到果肉切面达压头的刻度线为止。

4. 读数

这时游标尺随压力增加而被移动，它所指的数值即表示每平方厘米（或 $0.5\ cm^2$）上的硬度值。

五、注意事项

(1)测定果实硬度时，最好是测定果肉的硬度，因为果皮的影响往往掩盖了果肉的真实硬度。

(2)加压时，用力要均匀，不可转动加压，亦不能用猛力压入。

(3)探头必须与果面垂直，不要倾斜压入。

(4)果实的各个部位硬度不同，所以测定各处理果实硬度时，必须采用同一部位，以减少处理上的误差。

HP－30型硬度计：这种硬度计的外壳是一个带有隙缝的圆筒，沿隙缝安有游标。隙缝两侧画有刻度，圆筒内装有轴，其一端顶有一个弹簧，另一端装有压头，当压头受力时，弹簧压缩，带动游标，从游标所指的刻度，读出果实硬度读数。这种硬度计一般适用于苹果、梨等硬度较大的果实。压头有两种，截面积有所不同，大的为 $1\ cm^2$，小的为 $0.5\ cm^2$。

GY－1型果实硬度计：这种硬度计虽然利用压力来测定果实的硬度，但其读数标尺为圆盘式，当压头受到果实阻力时，推动弹簧压缩，使齿条向上移动，带动齿轮旋转，与齿轮同轴的指针也同时旋转，指出果实硬度的数值。这种硬度计可测定苹果、梨等的硬度。测定前先调零，转动表盘，使指针与刻度 2 kg 处重合。压头有圆锥形压头和平压头两种。平压头适用于不带皮果肉硬度的测定，圆锥形压头可用于带皮或不带皮的果实硬度的测定。测定方法与 HP－30 型果实硬度计相同。

任务四 果蔬贮藏保鲜品质的感官鉴定

任务分析

现代果蔬消费观念已转变，由原来的数量型转变为质量型，色鲜、味美、营养上乘的产品虽然价格高却颇受消费者欢迎。感官鉴定指按照正确的科学实验方法，利用人的"生物学检验器"，如手、眼、鼻、嘴等对果蔬产品的感触，直接品评其外在的和某些内含性状的优劣，并对此加以数值化表示和统计分析。果蔬贮藏性、果蔬加工与果蔬品质的好坏关系非常密切。果蔬质量是市场竞争的焦点，其外观、风味和营养价值的优越程度越高，感官品质就越好。

一、目的与要求

学会果蔬贮藏保鲜品质感官描述，并通过操作正确评定鉴定果蔬的感官品质好坏。

二、任务原理

通过视觉、嗅觉、触觉和味觉等感觉器官感觉认识果蔬的感官属性。通过实验，使学生能正确描述果蔬表观属性如色泽、大小、形状、状态等，质地属性如脆度、沙性、纤维性等，风味属性的四种口味如甜、酸、苦、涩等。最后综合评价所鉴定的某种果蔬保鲜后的感官品质。

三、材料及仪器设备

1. 材料

选择当地有代表性的果蔬产品2～3种，如苹果、葡萄、柑橘、香蕉、猕猴桃、桃、李子、杏、马铃薯、胡萝卜、大白菜、花椰菜、甘蓝、番茄等。

2. 仪器设备

硬度计、游标卡尺、直尺、铅笔、台秤、刀、白瓷盘、果实分级板等。

3. 鉴定项目

(1)表观。大小、形状(直径/长度比)、颜色、光泽、缺陷等。

(2)质地。硬度、脆性、多汁性、韧性、纤维量等。

(3)风味。甜度、酸度、涩度、芳香味、异味等。

四、方法步骤

(一)苹果

1. 取样

随机取贮藏后的苹果(包括腐烂和病果)20～30 kg,平均分成 6 份。

2. 鉴定内容

按照鉴定表进行,并将鉴定结果填入表 3－1 内。

表 3－1　苹果贮藏品质鉴定表

品种	贮藏期			硬度/(kg·cm^{-2})		固形物/%		色泽			好果率/%	贮藏病害种类	风味	等级	备注
	入贮期	鉴定期	贮藏天数/d	贮藏前	贮藏后	贮藏前	贮藏后	果皮	果肉	果心					

(二)柑橘

1. 取样

随机取贮藏后柑橘 20～30 kg(包括病果),平均分成 6 份。

2. 鉴定内容

按照鉴定表进行,并将鉴定结果填入表 3－2 内。

表 3－2　柑橘贮藏品质鉴定表

品种	采后处理内容	贮藏期			固形物含量/%		色泽			果汁率/%	好果率/%	贮藏病害种类	风味
		入贮期	鉴定期	贮藏天数/d	贮藏前	贮藏后	果皮	果肉	果心				

五、注意事项

(1)在同样条件下鉴定,保证鉴定结果一致。

(2)果蔬贮藏要有一定时间,最好不要在贮藏初期进行鉴定。

(3)鉴定果蔬一定要随机取样。

(4)果蔬样品分组注意随机性和平均性。

(5)鉴定做到仔细、认真,按顺序进行。

果蔬的品质鉴定对于贮藏保鲜能起到什么样的作用?

任务五　果蔬的商品化运输

任务分析

随着生活水平的提高，人们对生鲜农产品的新鲜度、品种、安全等的要求越来越高，而在生鲜农产品的运输过程中，随着这些要求指数的提高，怎样使运输合理化是每个物流人士面对的问题。

一、目的与要求

了解果蔬商品化处理过程；掌握果蔬不同运输方式的特点，能够合理安排不同种类果蔬的运输方式。

二、任务原理

我国现在的物流效率相对低下，导致了生鲜农产品不能物尽其值，生鲜农产品在运输过程中损失严重，这样既损害了生产者的利益，也使消费者为此支付更高的价格。为保证生产者和消费者的根本利益，增强生鲜农产品的市场竞争力，运输合理化势在必行。

(一)蔬菜水果运输的要求

为了保持果蔬的新鲜品质，必须重视果蔬运输过程中的管理。鉴于果蔬的特点，对果蔬运输的基本要求如下。

1. 快装快运

为减少新鲜果蔬的水分蒸腾、自身营养物质的降解和不适宜环境造成的损伤，要快装快运。

2. 轻装轻卸

轻装轻卸可大大减少果蔬机械损伤而导致的微生物侵染。同时应实现装卸工作现代化，这样既可减轻劳动强度，又可保证质量和缩短装卸时间。

3. 防热防冻

新鲜果蔬运输中，环境温度过高会导致呼吸加强，促进衰老，温度过低容易遭受冷害。不论使用何种运输工具，都要进行温度调节，达到果蔬最适温度。

(二)运输中影响果蔬品质的因素

1. 振动

振动是果蔬运输时应考虑的基本环境条件。振动所造成的果蔬机械损伤和生理伤害，会影响果蔬的贮藏性能。因此，应在运输中尽可能避免或减少振动。

(1)振动强度。不同的运输方式、运输工具、行驶速度、货物的位置，其振动强度都不一样。

一般海路运输的振动强度小于铁路运输，铁路运输的振动强度小于公路运输，公路运输的振动强度与路面状况、卡车车轮数有密切关系。

(2)振动对果蔬的影响。运输过程中，振动和摇动会使果蔬及箱子发生二次运动及旋转运动，振动强度加大，致使箱子上部的果蔬极易受到伤害。当在同一箱内的个体之间或车与箱子之间，以及箱与箱之间的固有振动频率相同时，就会发生共振现象。这时，在车的上部就会发生异常强烈的振动。箱子越高，共振越严重。这样会使果蔬组织的强度下降，严重时可造成机械损伤。

不同果蔬对振动损伤的耐受力不同。柿、柑橘、番茄、根菜类、甜椒等属于耐力强的果蔬；苹果、成熟番茄等属于对碰撞耐力弱的果蔬；梨、茄子、黄瓜、结球类蔬菜等属于不耐摩擦的果蔬；桃、草莓、西瓜、香蕉、柔软的叶菜类属于对碰撞及摩擦耐力都弱的果蔬。另外，葡萄在运输中极易脱粒。

在运输中，即使未造成外伤的振动，也会使果蔬的呼吸上升。因此，运输时必须尽量减少振动。

2. 温度

运输中，环境温度直接影响果蔬的品质。采用低温流通措施对保持果蔬的新鲜度和品质，以及减少损耗是十分重要的。

日本的果蔬有98％是通过有制冷系统的运输设施来完成运输的。我国目前低温流通事业发展远不能满足新鲜果蔬运输的需求，大部分果蔬尚在常温下运输。

(1)常温运输。在常温运输中，果蔬的温度直接受到外界气温的影响，特别是在盛夏或严冬时，这种影响更为突出，果蔬产品极易腐烂或受到冷害或冻害。因此，应当根据实际情况进行妥善处理。

(2)低温运输。在低温运输时，温度的控制不仅受到冷藏车或冷藏箱的构造及冷却能力的影响，而且与空气排出口的位置和冷气循环状况密切相关。一般空气排除口设在上部时，货物就会从上部开始冷却。如果堆垛不当，冷气循环不好，会影响下部货物冷却的速度。

3. 湿度

果蔬新鲜度和品质的保持需要较高的湿度条件。在运输过程中，果蔬受到各种条件的影响，使其所处环境的湿度高低不同。新鲜果蔬装入普通纸箱，一天可保持95％～100％的相对湿度。当纸箱吸潮后抗压强度下降，有可能使果蔬损坏。采用隔水纸箱可有效地防止纸箱吸潮。对于高湿运输，应采取适当的措施预防发生霉烂及某些生理病害。

4. 气体成分

新鲜果蔬因自身呼吸、容器材料性质、运输工具的不同，容器内气体成分也会有相应的改变。一般而言，运输中果蔬周围的 CO_2 浓度、O_2 浓度、乙烯浓度的变化与纸箱的种类及所处状态(静止或振动)有关。

5. 包装

妥当地进行包装可有效地缩短装卸速度，保护果蔬的品质，减少流通中的损耗，也有利于销售。为保护果蔬免受运输损伤，包装箱内应有衬垫、填充物或内包装（包纸、网套）。

6. 堆码

果蔬装车，首先应从保证质量的角度来考虑，在此基础上尽量兼顾车辆载重量和容积的充分利用。新鲜果蔬堆码时，各货件之间都必须留有适当的间隙，以使车内空气能顺畅地流通。主要的堆码方式有品字形装车法、井字形装车法、"一二三三二一"装车法、筐口对装法。另外，对于不加外包装的甜瓜或娇嫩易腐的货物（荔枝、韭黄等）可采用分层装载法，对于一些比较坚实的蔬菜类货物（马铃薯、晚白菜、萝卜、南瓜、冬瓜等）可以堆装运输。

7. 装卸

新鲜果蔬鲜嫩，含水量高，在装卸过程中极易遭受机械损伤，从而导致果蔬腐烂，造成巨大的经济损失。我国果蔬装卸搬运多靠人力，劳动强度大，必须注意要轻装轻卸，把损耗控制到最低限度。大型的车站、码头已逐步实现了机械化，广泛地采用传送带、叉车、电瓶车、起重吊车等设备，改善了搬运条件。目前，国际上广泛使用的装卸运输工具是

国际上对商品的包装总体要求有哪些？

集装箱。可把小型箱集中装载到较大的集装箱中，以便于集中装卸吊运。集装箱运输果蔬能够最大限度地减少产品的损耗与损伤，缩短运送时间。相关资料报道，采用集装箱运输可使损耗降到 7％，而简装运输的损耗为 15％。对于果蔬等易腐产品，目前使用较多的是冷藏集装箱和气调集装箱。利用冷藏集装箱运输果蔬，可以从产地装卸产品、封箱、设定箱内条件，利用汽车、火车、轮船等交通工具，在机械化的集装箱装卸设备的配合下，进行长途运输，节省人力、时间，保证产品质量。气调集装箱是在冷藏集装箱的基础之上，在箱内加设气密层，并改变箱内的气体成分，即降低 O_2 的浓度，增加 CO_2 浓度，使运输的产品保持更加新鲜的品质。

三、材料及仪器设备

1. 材料

当地需要运输的果蔬，如苹果、葡萄、柑橘、香蕉、猕猴桃、桃、李子、杏、马铃薯、胡萝卜、大白菜、花椰菜、甘蓝、番茄等。

2. 仪器设备

运输车、温度计、果蔬包装材料等。

四、运输保鲜方式

果蔬运输的条件比较复杂，因为有的品种怕冷，有的怕热，有的对机械损伤比较敏感。多种果蔬要求运输温度保持 0～4 ℃，而香蕉运输温度为 12～14 ℃，才能保持好的质量。有些柔软多汁的果蔬，抗机械损伤能力十分低。虽然它们要求运输条件差异较大，

但概括起来，运输中应注意以下几个方面：做好质量检查；选择适合果蔬特点的包装，装载要留有通风空隙；途中保持果蔬所要求的温度。

目前，铁路运输是我国果蔬远距离运输的主要方式。铁路运输在果蔬运输中占有重要的地位，采用的主要保鲜运输形式有以下四种。

(1)加冰保温车运输。根据冰盐制冷理论，冰盐制冷最低可达−21.2 ℃。但实践证实，加冰保温车利用冰盐混合物冷却，在外界气温为 25 ℃时，车内最低只能保持在−8 ℃左右。我国加冰保温车以 B11 型车顶式冰箱保温车为主。它有六个鞍形冰箱均匀分布在车顶上，每个冰箱分两个冰槽，每边三个冰槽连通，共用一个排水器，所以每侧两个排水器。每个冰箱容积为 1.7 m³，全车共能载冰 10.2 m³。车厢装有隔热材料聚苯乙烯，底部装有地格栅，侧墙、端墙设有通风木条，以便冷空气在车内流通，保持车内温度均匀。加冰保温车在运输中融化到一定程度时要加冰。因此，在铁路沿线每 350～600 km 距离处要设置加冰站，站内有加冰台、储盐库及其他设备，或有可移动的加冰车。

在我国广东省，根据商业部门的经验，采用 B8 型车顶式加冰保温车，将全部六个冰箱加满，在平均 25～30 ℃的外温下，24 h 内的降温过程耗冰量为 1.8～2.0 t，以后每 24 h 耗冰量为 0.8 t 左右。B8 型车内温度一般较为稳定。

(2)机械冷藏车运输。使用机械制冷的铁路运送车辆有 B16、B17、B19、B18、B20 型等。B16 型机械冷藏车组是由 23 辆车组成的，B17 型由 12 辆车组成，它们都是集中发电和集中制冷。B19、B18、B20 型机械冷藏车是集中供电，每辆货车单独制冷，车内装有风机，使空气进行循环，以增加冷却效果。它们分别由 10 辆、5 辆、9 辆车组成一个车组。机械冷藏车降温快，冷却效果好，轻松实现自动化控制，中途不需要加冰，运输速度较快。

(3)敞车加冰运输。目前，我国运输所需的加冰保温车和机械冷藏车不够用，因此主要利用敞车内放置冰堆、打冰墙，或在内夹冰，然后在车底和四面用草包、棉被等衬垫覆盖的冷藏运输方式。我们通常将这种运输车辆称为"土保温车"。

(4)防寒车运输。防寒车运输是在冬季北方运输水果时采用的一种方式。外界气温在−5 ℃以上，可以使用棚车进行防寒运输。可采用车底垫 2～3 cm 厚的谷糠、车壁钉挂草帘、货物上用草帘加盖等方式，防止货物冻伤。假如外界气温不低于−15 ℃，运送时间在 7 天以内，可以用有防寒装置的冷藏车，同时，可将排水管用稻草堵塞，地板上铺上稻草，车角处冻坏的危险性大，稻草应铺得厚些。

🧰 知识准备

※采收时期及采收方法

园艺产品的特点是：生产地区性强，季节性强，极易受环境条件的影响；园艺产品属鲜活商品，采后含水量高，营养丰富，很容易腐烂变质；园艺产品种类繁多，大小、形状不一，成熟期、生长习性也不一样，既能直接用于消费，也可以作为加工材料进行利用。因此，应根据需要进行适时采收，同时，为满足不同地区及周年供应的要求，合理贮藏、调运显得尤其重要。采收是园艺作物生产工作的结束，是采后工作的开始，对园艺产品的品质、寿命和用途影响较大。

一、适时采收

园艺产品在采收时期受到诸多因素的影响，如品种本身的遗传特性、产品采后的用途、市场需要和市场距离等。一般供鲜食和制酱、制汁、酿酒等加工原料的产品器官在充分成熟时采收，而一些以幼嫩器官供食用的园艺作物（如黄瓜、茄子、菜豆和绿叶菜类），要在鲜嫩且未老化阶段采收。供贮藏、远运或作为罐藏、蜜饯原料的园艺作物，应适当早采，刚进入成熟期就采收。市场需要对采收影响也很大，还应根据具体需要调整采收时期。例如，美国市场喜好绿色石刁柏，而欧洲市场喜欢白色石刁柏；欧美人喜酸的水果宜早采，而中国人喜甜的水果则要晚采。园艺产品采收的早晚在某种程度上会影响其价格。受经济利益驱使，一些果树产区为了获得高价，总是提早采收，虽然价格有所提高，但产量低，品质次，而且不耐贮藏，不能充分体现该果实的固有特性。但也不能过晚采收，过晚采收的水果果肉松软发绵，降低贮运力，减少树体贮藏养分的积累，导致树木发生大小年现象，减弱树体的越冬能力。而且过晚采收的蔬菜容易腐烂变质。因此，需要正确确定园艺产品的采收时期。

应根据园艺产品成熟度确定其适宜的采收时期。对于果树来说，常用的采收成熟度一般为三种，即可采成熟度、商品成熟度和食用成熟度。可采成熟度较适用于极早熟品种，尤其是着色不明显或完全不着色的品种。鉴别产品成熟度的指标有如下几个。

(一)表面色泽

在成熟过程中，园艺产品的表面色泽会发生明显的变化。园艺作物产区大多是根据作物表面颜色的变化来决定采收期。此法直接、简单，也很容易掌握。果实成熟前多为绿色，成熟后则表现该品种的特有色泽。柑橘成熟后表现红色或橙黄色，苹果表现出红色或黄色。长途贩运的番茄应在果实由绿变白时采收，立即上市的应在半红果时采收，用于加工的应在全红果时采收。青椒应在果实深绿色时采收，茄子应在表皮黑紫色时采收。表面色泽虽然能反映园艺产品成熟度，但不是绝对的，因为在很大程度上表面色泽受到阳光照射的影响，所以判断成熟度不能全凭表面色泽。

(二)硬度(坚实度)

果实的硬度是指果肉抗压力的强弱。抗压力越强，果实硬度越大；反之，抗压力越弱，则果实硬度越小。果肉硬度与细胞之间原果胶含量正相关，即原果胶越多，硬度越大。随着果实成熟度的提高，原来不能溶解的原果胶逐渐分解变为可溶解的果胶或果胶酸，细胞之间就变得松弛，果实的硬度随之降低。果实硬度可以用手感觉，也可以用硬度计测定。不同种类、不同用途的产品器官有不同的采收硬度指标。例如：辽宁的国光苹果采收时，一般硬度为 19 磅左右；烟台的青香蕉苹果采收时，一般硬度为 18 磅左右；四川金冠苹果采收时，一般硬度为 15 磅左右。将园艺产品硬度作为采收的指标，简单易行，但准确度不高，因为不同年份中同一成熟度果肉硬度可能会发生变化。此外，取样时果实所处的生理状态、硬度计插入果实的速度都会影响到硬度，不同仪器和不同操作者得出的硬度值也可能不一样。

由于蔬菜供食用的部分不同，对其成熟度的要求也就不一样。坚实度作为蔬菜采收指标，不同蔬菜的要求是不一样的：①硬度高，表示蔬菜没有成熟，硬度低时蔬菜变软，不耐贮运，如番茄、辣椒等要求到一定的硬度时才能采收；②硬度低，表示蔬菜发育较好，已充分成熟，达到采收的标准，如甘蓝叶球、菜花花球都应充实坚硬；③硬度高，表示品质下降，莴苣、芥菜采收应在叶变坚硬之前，豆薯、豌豆、菜豆、甜玉米等都应在幼嫩时采收，过硬反而不好。

(三)生长期

在正常气候条件下，园艺作物生长一定的时间才能成熟。多年生果树的果实生长期是指从盛花期到果实成熟的天数。各品种从盛花期到果实成熟，都有一定的天数，如山东济南的金帅苹果生长期为 145 d 左右，红星苹果为 147 d，青香蕉苹果为 150 d，国光苹果为 160 d。表 3-3 是部分果树品种成熟所需天数。但这些数据只供参考，具体还要根据树势、各地年气候变化(尤其是花后的温度)和土肥水管理等进行判断。北京露地春栽番茄，4 月 20 日左右定植，6 月下旬采收；大白菜立秋前播种，立冬前采收；康乃馨、月季和菊花等切花的发育阶段在夏季，宜早采切，在冬季则宜晚采切，以保证它们在采后能正常发育。

表 3-3　不同树种果实成熟所需时间(d)

树种	品种	开花至成熟所需天数/d	树种	品种	开花至成熟所需天数/d
苹果	旭	117	柑橘	温州蜜柑	195
梨	巴梨	140		伏令夏橙	392～427
	二十世纪	145	葡萄	玫瑰露	76
	晚三吉	179		白玫瑰香	118
桃	大久保	105		无核白	86
荔枝	陈紫	65	柿	平核无	162

(四)主要化学物质含量与变化

园艺产品器官内某些化学物质如糖、酸、总可溶性固形物和淀粉及糖酸比的变化与成熟度有关。如豌豆、豆薯、菜豆等以食用幼嫩组织为主的，糖多，淀粉少，则质地柔嫩，风味良好。如果纤维增多，组织粗硬，则品质下降。而马铃薯、芋头等以淀粉含量多少作为采收的标准。一般应在其变为粉质时采收，此时产量高，营养丰富，耐贮藏。总可溶性固形物中主要是糖分，还包含有其他可溶性固形物。在生产上和科学试验中常用总可溶性固形物的高低来判定成熟度，或以可溶性固形物与

水果糖度越高
吃起来越甜吗？

总酸之比(糖酸比)作为采收果实的依据,如四川甜橙在采收时固酸比为10:1左右,美国将糖酸比为8:1作为甜橙采收成熟度的底线标准,苹果的糖酸比为30:1时采收最佳。

(五)园艺植物生长状态

以鳞茎、块茎为产品的蔬菜,如大蒜、洋葱、马铃薯、芋头、山药和鲜姜等,应在地上部开始枯黄时采收;莴笋达到采收成熟度时,茎顶与最高叶片尖端相平;香石竹应在外瓣与颧筒垂直时采收;鹤望兰、菊花、康乃馨、月季、唐菖蒲、鸢尾、金鱼草和翠菊等一般在花蕾紧实阶段采切;大丽花和热带兰应在花朵充分开放后采切。有研究表明:月季的某些红色或粉红色品种,以萼片反卷、有1～2片花瓣展开时采切为宜;黄色品种比红色品种采收略早,白色品种略晚采收为宜。

(六)果实脱落的难易程度

核果类和仁果类果实成熟时,果柄和果枝间形成离层,稍加震动,果实就会脱落。出现此种情况后,如不及时采果,就会造成大量落果,所以可以将果实脱落的难易程度作为成熟度的一个标准。但有些果实,如柑橘,萼片与果实之间离层的形成比成熟期迟,也有一些果实因受环境因素的影响而提早形成离层,对于这些种类,不宜将果实脱落难易作为成熟度的标志。

(七)其他标准

判断成熟度还可以根据其他指标,如香蕉,可用横切面观察果实的饱满情况,切面越圆越饱满表明成熟度越高。将要贮藏和运输的苹果,应在呼吸高峰出现之前几天采收;将要直接食用的苹果,可以用碘化钾测试果实表面的淀粉含量,蓝色稀少者表明成熟度较高,此时采收风味较好。此外,还可以观察种子的变褐情况来决定梨和苹果的成熟度。南瓜、冬瓜等蔬菜如欲长期贮藏则应充分成熟,南瓜在果皮发生白粉并硬化时采收,冬瓜在果皮上茸毛消失,出现蜡质的白粉时采收。

实践中,鉴定成熟度并不能只依靠上述方法中的一个,因为成熟度的指标不是固定不变的,常常受到多种因素的影响,应根据不同种类、品种、生物学特性、生长情况、气候条件、栽培管理等因素综合考虑。同时,要从调节市场供应、贮藏、运输和加工的需要,劳力的安排等方面确定适宜的采收期。如用于本地市场就近销售的切花,其采切时期可比长距离运输或需要贮藏的晚些。如康乃馨常在蕾期采收,但就近销售时通常于花开放时采收。

二、采收方法

(一)人工采收

用手摘、采、拔,用采果剪刈,用刀割、切,用锹、镢挖等方法都是人工采收的方法。人工采收可边采边选，分期分批采收，便于满足一些特殊园艺产品的采收要求，如苹果带梗、黄瓜带花、草莓带萼等。花卉的采收主要依靠人工。人工采收需要的劳动量大，但对于成熟期不一的种类和用作鲜销、贮运的园艺产品，仍不失为一种必需且可行的采收方法。目前，世界上很多地区仍然是人工采收，人工采收是我国园艺产品采收的主要方法。采收过程中应防止一切机械伤害，如指甲伤、碰伤、擦伤和压伤等。有了伤口，微生物很容易侵入，促进呼吸作用，降低耐贮性。

成熟期时，仁果类和核果类果实的果梗与短果枝间产生离层，可以直接用手采摘，采收时用手掌将果实向上一托，果实即可自然脱落（注意防止折断果柄）。采时要防止果柄掉落，因无果柄的果实，不仅果品等级下降，而且也不耐贮藏。果柄与果枝结合较牢固的种类（如葡萄），可用采果剪剪取。板栗、核桃等干果，可用木杆由内沿外顺枝打落，然后拾捡。应按先下后上、先外后内的顺序采收，以免碰落其他果实，减少人为的机械损伤。采收香蕉时，用刀先将假茎切断，让其徐徐倒下，按住香蕉并切断果轴。总之，为了保证果实应有的品质，采收过程中一定要尽量使果实完整无损。此外，要在供采果用的筐或箱内部垫蒲包或麻袋片等软物。采果、捡果时要轻拿轻放，尽量减少转换筐或箱的次数，以减少不必要的损伤。还要防止折断果枝、碰掉花芽和叶芽，以免影响次年的产量。

切花采收的工具要求刀口锋利，剪口光滑，避免压破茎部，否则会引起含糖汁液渗出，生物侵染，反过来又引起茎的阻塞。切口最好为斜面，以增加花茎吸水面积，这对只吸水的木质茎类切花尤为重要。另外，应掌握好切割花茎的部位，尽可能地使花茎长些。但是，对于基部木质化程度过高的木本切花来说，切割部位过低会导致茎部吸水能力下降，缩短切花寿命，因此切割的部位应选择靠近基部而花茎木质化程度适中的地方。对一些易在切口处流出汁液并在切口处凝聚，影响茎端水分吸收的种类，如一品红等，每次剪截下花茎后，应立即将茎插入 90 ℃热水中浸渍数秒钟。按照国家颁布的花卉产品等级标准，切花采切后最好立即预冷或置于冷库之中，以防止水分过多丧失，要尽可能避免在高温（高于 27 ℃）光照下采切。对于那些对乙烯敏感的切花，可在田间先置于清水中，转到分级间后再做抗乙烯处理。

地下根茎菜类的采收都用锹或锄挖，有时也用犁翻，但要深挖，否则会伤及根，如萝卜、马铃薯、芋头、山药、大蒜、洋葱的采收方式都是挖刨。通常马铃薯采收时希望根茎水分减少，应在挖掘前将枝叶割去或在挖后堆晾块茎。山药的块根较细长，采收时要小心，不要断根。山药通常长有很多小块根，所以要将大块根与藤连接处割断。有些果蔬要用刀割，如石刁柏、甘蓝、大白菜、芹菜、西瓜和甜瓜等，才能保证品质。依生长情况，可以每天或每两三天收割一次。甘蓝、大白菜收割时，留两三片叶作为衬垫。芹菜采收时要注意叶柄应当连在基部。南瓜、西瓜和甜瓜采收时可保留一段茎以保护果实。一些果蔬目前都用人工采收，如菜豆、豌豆、黄瓜和番茄等。

（二）机械采收

机械采收可以节省很多劳动力，效率高，但其最大不足是机械损伤较严重，而且通常只能进行一次性采收，主要适用于那些果实在成熟时果梗与果枝形成离层的种类。一般使用强风压的机械，使离层分离脱落，但必须在树下布满柔软的传输带以承接果实，并自动将果实送分级包装机内。美国用此类机械收获樱桃、葡萄等，效率很高，成本分别降低66％、51％。美国于1970年开始使用具有80个钻头的气流吸果机，每株树7～13 min可采60％～85％的果实。但贮藏14 d后，发现该方法比人工采收的腐烂率高。番茄的机械采收研究在1963年以前就已经开始；1970年，美国加利福尼亚州加工用的番茄开始利用机械采收；1975年研制成光电管挑选采摘机；到1978年，美国加工用番茄已有75％是用这种机械采收的。虽然机械采收已有所应用，但机械化的进程还很慢，问题也比较复杂，涉及选果和采摘方法、产品的收集、树叶或其他杂物的分离、装卸和运输，以及质量保持等。机械采收主要采用下面几种方式。

1. 振动

此法适用于采收用于加工的果品，而对于鲜销类型不适用，因为易造成伤害。用一个器械夹住树干，用振动器将果实振落，下面有收集架，将振落的果子集中到箱子。有几种不同类型的振动器和收集架，用于不同的果品。有一种用于采收水果的慢性振动器，可用于柑橘、苹果、樱桃、李子和杏等果品的采收。不同树种所需振幅与频率也不一样：采收苹果的振幅为3.89 cm，频率为400周/min；采收酸樱桃的振幅为3.81 cm，频率为200周/min。为了便于机械采收，现在广泛研究用化学物质（如乙烯利）促使果柄松动，然后振动使果实脱落。如在一些枣产区试用乙烯利催落采收，效果良好。在采收前5～7 d，全树喷布一次200～300 mg/L乙烯利水溶液。喷药后3～5 d，果柄离层细胞逐渐解体，只留下维管束组织保持果实和树体连接，因而轻轻摇晃树枝，果实即能全部脱落。如此可大大提高采收工效，减轻劳动强度，并可以使果实的可溶性固形物提高1％～3％。还有一些化学物质，如抗坏血酸、萘乙酸等，也可以加速果实脱落，可以使此法得到进一步完善。

2. 台式机械

台式机械在国外应用较多，此法是使人站在机械平台上，靠近果实去采收。

3. 地面拾取

用机器将落在地面上的果实拾起来，这适用于核桃、巴旦木、山核桃和榛子等有坚硬果壳的种类。这种机械包括两个滚筒，前面的一个滚筒离地面1.7～2.54 cm，顺时针转动，后面的一个滚筒离地面0.64～1.77 cm，逆时针转，两个滚筒同时转，将果子拾到机器的收集器里。这种方法适用于平地，收集前应将地面的树枝、落叶和小石块等杂物清除，以利于果子的顺利拾起。

※新鲜果蔬品质的感官鉴定方法

一、常见果蔬鉴定项目

1. 外观

大小、形状（直径/长度比）、颜色、光泽、缺陷等。

2. 质地

硬度、脆性、多汁性、韧性、纤维量等。

3. 风味

甜度、酸度、涩度、芳香味、异味等。

二、常见果蔬鉴定方法

针对不同目的，感官鉴定方法可采用以下几种方法。

1. 二点试验法

区分两种样品或判断两者的优劣。

2. 三点试验法

三个样品中有两个相同，一个不同，从中选出有差异的一个样品的方法，称为三点试验法。

3. 两点-三点结合法

先提供给品尝者一个对照样品，接着提供两个被试样品，其中一个与对照样品相同，要求品尝者挑选出被试样品中与对照样品相同的试样。

4. 顺序法

预先将试验样品的品质特性分成几个方面，分别制定评分标准，并按其影响结合品质的重要性给出加权系数，然后根据各自的经验进行评分，评定结果进行方差分析。该法适于对各组数样品的区分和比较。

5. 果蔬硬度的测定

用硬度计测定，在果蔬试样胴部中央阴阳两面的预测部位削去果皮（略大于压力测头面积），将压力计测头垂直地对准果面的测试部位，施加压力，直到压力计测头规定部分压入果肉，从压力计表盘上直接读数。果实的硬度以 kg/cm^2 表示。

6. 果实形状和大小测定

取果实 10 个，用卡尺测量果实的横径、纵径，分别求果形指数（纵径/横径），算出平均数，判断其果形。

7. 果实的色泽鲜度测定

取被测果实，观察记载果实的果皮粗细、果实的底色和面色状态。果实的底色可分为深绿、绿、浅绿、黄、乳白等。也可用特制的颜色卡片进行比较，分成若干级。果实因种类不同，其面色也不同，如紫、红、粉红等。记载颜色的种类和深浅及占果实表面积的百分数。

8. 果实的果肉(果汁)含量测定

取果实 10 个，除去果皮、果心、果核和种子，分别称各部分（或可食部分）的重量，求其百分率。汁液多的果实，可将果汁榨出，称果汁重量，求该果实的出汁率。

三、果蔬感官鉴定

(一)果品等级标准

1. 优良品质的果品

优良品质的果品表皮色泽光亮，洁净，成熟度适宜；肉质鲜嫩，清脆，具有本品固有的清香味；已成熟的果品应具有水分饱满和其固有的一切特征，可以供食用和销售。

2. 次质果品

次质果品一般都表皮较平，不够丰满，光泽度不够；肉质鲜嫩程度较差，清香味较淡；可略有烂斑小点或有少量的虫蛀现象。

3. 劣质的果品

劣质的果品无论干鲜，几乎都具有严重的腐烂、虫蛀、发苦等现象。不可供食用及销售。

(二)果品标准内涵

1. 发育良好

发育良好指果实自然生长发育至应有的形状和个头，果形丰满而带光泽。

2. 异味

异味是指果实吸收其他物质的不良气味，或因果实变质，果肉腐败而散发出来的不正常气味或滋味。

3. 外来水分

外来水分指雨淋或用水冲洗后残留果面的水分。若冷藏果实，出库后，由于温度差异而致果面带有轻微的凝结水分是允许的。

4. 可食成熟度

可食成熟度是指果实发育已达到适于食用的成熟度，即果肉清脆，不过分绵软，口感不发涩。

5. 果锈

呈现果锈是金冠(又称黄冠、金帅)、红玉等品种的果皮特征。果皮果锈包括果实梗注或萼注及果面上的网状或块状锈斑。凡色浅、不明显、不粗糙、不超过等级标准规定范围的淡褐色锈斑均可认为是轻微果锈。

6. 果面缺陷

果面缺陷是指自然因素或人为机械作用对果实造成的各项损伤和病、虫伤害。

7. 刺伤

刺伤是指果实在采摘时和采摘后，商品化处理或贮运过程中果皮被刺破或划破伤及果肉而造成的损伤。

8. 碰压伤

碰压伤是指碰、撞、挤、压等外界压力对果面造成的人为损伤。轻微碰压伤指伤处凹陷，变色不明显，不破皮，无汁液外溢现象。

9. 磨伤

轻微磨伤指果面受枝、叶摩擦而形成淡褐色、不变黑的网状或块状伤痕。块状磨伤按合并面积计算；网状磨伤按分布面积计算；十分细小色浅的痕迹可视作果锈处理。

10. 日灼

日灼指果实受强烈光照形成的损伤，果面会出现变色斑块。日灼轻微者呈桃红色或稍微发白，严重者呈黄褐色。

11. 药害

药害指喷药造成的果面损伤。轻微药斑指点粒细小、稀疏的斑点和变色不明显的网状薄层。

12. 雹伤

雹伤是指冰雹袭击对果实造成的伤害。凡破皮、伤及果肉的雹伤为重度雹伤。未破皮，伤处略显凹陷，果肉受伤较浅且愈合良好的雹伤为轻微雹伤。

13. 裂果

在发育阶段，果实雨水过多，使果皮、果肉开裂，出现裂果。

14. 病害

果实病害指易引起果实腐烂、影响食用价值的病害，诸如炭疽、轮纹、褐腐、心腐、青霉、腐霉、苦痘、锈果病等。

15. 虫果

虫果指被梨小、桃小、白小等食心虫伤害的果实。被害果面有虫眼，周围变色，幼虫入果蛀食果肉或果心，虫眼周围或虫道中留有虫粪，影响食用。

16. 虫伤

虫伤是指食心虫以外其他害虫对果实所造成的木栓化的伤害。

17. 容许度

苹果在采摘后经过分级贮藏、运输等过程中，品质上可能出现变化。

18. 小疵点

小疵点是指分散的药害斑点，可能是梨园介壳虫伤或其他类似的斑点。

(三)常见果品质量等级主要指标(表 3-4、表 3-5)

表 3-4 苹果质量等级规格指标(大型果)

项目		优等品	一等品	二等品
果径(最大横切面直径)/mm	大型果≥	70	65	60
	中型果≥	65	60	55
	小型果≥	60	55	50
锈斑		无	无	无

项目	优等品	一等品	二等品
刺伤、划伤	无	有轻微破皮，面积<0.03 cm²	有轻微破皮，面积<1.5 cm²
裂果	无	无	无
日灼	无	面积<1 cm²	面积<2 cm²
虫果	无	无	无
虫伤(不带虫体)	无	干枯虫伤面面积<0.3 cm²	干枯虫伤面积<1.0 cm²
果形	整齐，端正	整齐，较端正	整齐，有偏歪
病害	无	无	有轻微
光泽	好	较好	比较好

表 3－5　香蕉新鲜果实感官指标

项目	优等品	一等品
色泽与特性	皮青绿，有光泽，清洁，果实新鲜，果形完整	皮青绿，清洁，果实完整
成熟度	成熟度适当，饱满度75%～80%	成熟度适当，饱满度<75%
病害	无腐烂、压伤、擦伤、断果	有轻微揖伤
果柄	切口光滑，去轴，果柄不得软弱或损伤	切口较光滑，去轴，果柄软弱或损伤

四、常见蔬菜感官鉴定

(一)黄瓜感官鉴定

1. 优质

鲜嫩带白霜，以顶花带刺为最佳；瓜体直，均匀整齐；无折断损伤；皮薄肉厚，清香爽脆，无苦味，无病虫害。

2. 次质

瓜身弯曲且粗细不均，但无畸形；瓜身萎蔫，不新鲜。

3. 劣质

色泽为黄色或近黄色；瓜呈畸形，有大肚、尖嘴、蜂腰等；有苦味或肉质发糠；瓜身上有病斑和烂斑。

(二)番茄感官鉴定

番茄分鲜食品种和加工品种。

1. 鲜食品种

(1)优质。表皮光滑，着色均匀，有 3/4 变红或黄色；果实大而均匀饱满，果形圆正，不破裂，只允许果肩上部有轻微环状裂或放射状裂痕；果肉充实，味道酸甜适口；

无腐烂、脐腐病、日灼病害和虫害。

(2)次质。果实着色不均、发青，成熟度不好；果实变形且不圆整，呈桃形或长椭圆形；果肉不饱满，有空洞。

(3)劣质。果实有不规则瘤状突起；果实破裂，有异味，有腐烂、脐腐病、日灼和虫害等。

2. 加工品种

(1)优质。仅供加工的番茄个体大小中等，果皮光滑而无病虫害，果鲜红而且由果顶端到梗部的红色均匀一致，果肉厚而紧密，子腔小，风味浓。

(2)次质。果实着色不均匀，果肉薄，子腔大。

(3)劣质。果面黄色或波痕不平；具有良好风味，但去皮麻烦，废料多，不宜做加工用品。

(三)甜椒感官鉴定

1. 一等品

同一品种，果色、果形良好，生长充实，果面清洁，新鲜，整齐度高。皮薄和皮厚不能混合，甜椒不可和辣椒混合，果形发育有该品种特点，只允许有轻微凹陷、弯曲、畸形；绿色正常；无腐烂、异味、灼伤、冻害、冷害、疤痕、病害、机械伤。

2. 二等品

果实形状正常，其弯曲、凹陷、畸形未达到不正常状态；品种绿色比较正常；生长充实，果面较清洁，新鲜，整齐度较高；无腐烂、异味、灼伤、冷害、冻害、病虫害，有轻微的疤痕和机械伤。

3. 三等品

果形发育没有过分弯曲、凹陷、畸形，品种色泽正常；生长较充实，无皱缩、软烂现象，果面不附有泥土、脏斑、药迹等；果实不萎蔫；无腐烂、冻害、冻害、病虫害，无严重的疤痕、机械伤等。

4. 等外品

品种混杂，果形弯曲、凹陷、畸形；果实大小不一；欠丰满，不硬实，有萎蔫、皱缩、腐烂，果面有外来污染物，有不良气味和滋味，表面有褐色水浸状斑，种子变褐色，果面机械伤和疤痕占20%，有裂口和孔洞。

(四)莴笋的感官鉴定

1. 优质

色泽鲜嫩；茎长而不断，粗大均匀，茎皮光滑不开裂；皮薄汁多，纤维少，无苦味及其他不良风味；无老根，无黄叶、病虫害；不糠心，不空心。

2. 次质

叶萎蔫松软，有枯黄叶；茎皮厚，纤维多；带老根，有泥土。

3. 劣质

茎细小，有开裂或损伤折断现象；糠心或空心；纤维老化粗梗。

(五)菠菜的感官品质鉴定

菠菜分为两种类型：尖叶型和圆叶型。

尖叶型：叶尖形且叶片狭长而薄，似箭型，叶面光滑，叶柄细长。

圆叶形：叶圆形且叶片大而厚，多萎缩，呈卵圆形或椭圆形，叶柄短粗，品质好。

1. 优质

色泽鲜嫩翠绿，无枯黄叶和花斑叶；植株健壮，整齐而不断，捆扎成捆；根上无泥，捆内无杂物；不抽薹，无烂叶。

2. 次质

色泽暗淡，叶子软塌，不鲜嫩；根上有泥；捆内有杂物；植株不完整，有损伤、断条。

3. 劣质

抽薹开花，不洁净，有虫害叶和霜霉叶；有枯黄叶和烂叶。

(六)胡萝卜的感官鉴定

1. 优质

表皮光滑，色泽橙黄或红色而鲜艳；体形粗细整齐，大小均匀一致，不分叉，不开裂；中心柱细小，其粗度不宜大于肉质根粗的四分之一；质脆，味甜；无泥土、伤口、病虫害。

2. 次质

质脆，味甜，中心柱小；粗壮但不整齐，大小不均匀；无泥土、伤口，不开裂，无病虫害；表皮粗糙，皮部有凹陷的小点痕迹。

3. 劣质

体形细小，大小不一，表皮粗糙，有分叉或八脚，有伤口或开裂；带有明显的病虫害；中心柱大，趋于木质化。

(七)鲜姜的感官鉴定

姜分为姜片、黄姜、红爪姜三种。

1. 优质

姜块完整，丰满，结实，无损伤；辣味强，无姜腐病；不带枯苗和泥土；无焦皮，不皱缩；无黑心、糠心现象，不烂芽。

2. 次质

姜块不完整，较干瘪且不丰满，表皮皱缩；带须根和泥土。

3. 劣质

有姜腐病和烂芽，有黑心，糠心，芽已萌发。

(八)大白菜的感官鉴定(结球晚熟品种)

1. 优质

包心实，叶色绿，青帮，表面干爽无泥；根削平，无黄叶、烂叶，允许保留4～5片较老的绿色外叶，外形整齐，棵体大小均匀；无软腐病，无病虫害，无机械伤，菜心不失水、干缩。

2. 次质

叶色深绿，干爽；根削平，无烂叶，无软腐病，无病虫害，无机械伤，菜心不干；仅是外观不整洁，棵体大小不均匀或带泥土黄叶等。

3. 劣质

包心不实，成熟度在"八成心"以下，外形不整，大小不一；根部有泥土，菜体有黄叶、烂叶；外叶有腐烂病或机械伤。

(九)甘蓝的感官鉴定

普通甘蓝按叶球形状可分为尖头类型、圆头类型和平头类型三种。

1. 优质

叶球干爽、鲜嫩且有光泽；结球紧实，均匀，不破裂，不抽薹，无机械伤；叶面干净，无病害，无枯叶烂叶，可带有3～4片外包青叶。

2. 次质

结球不紧实，不新鲜或失水萎蔫；外包叶变黄或有少量虫咬叶。

3. 劣质

叶球爆裂或抽薹，有机械伤或外包叶腐烂；病虫害严重，有虫粪。

(十)马铃薯的感官鉴定

1. 优质

薯块肥大而匀称，皮脆薄而干净，不带毛根和泥土；无干疤和糙皮，无病害，无虫咬和机械外伤；不萎蔫，不变软，无发酵乙醇气味；薯块不发芽，不变绿。

2. 次质

薯块大小均匀，带有毛根和泥土；有混杂少量带疤痕的、虫蛀和机械伤的薯块。

3. 劣质

薯块小且不均匀，有损伤或虫蛀孔洞；薯块萎蔫变软，薯块发芽或变绿；混有较多的虫害、伤害薯块；有腐烂气味。

※果品商品化处理

水果采后商品化处理是提高果品质量、满足市场供应的重要途径。近些年来，果品产区果难卖、增产不增收的现象严重存在。实践表明，解决这一问题的关键是提高果品质量。随着生活水平的不断提高，人们对质量的要求愈来愈高；特别是加入世贸组织（WTO）后，质量必然是与进口水果竞争市场的先决条件。因此，在良种科学管理的基础上，唯有对采后果品进行洗涤、涂蜡、分级、贴商标、包装等商品化处理，才能提高果品的竞争力，才能满足消费者的需求，才能增进果品的商品价值，达到发展经济的目的。

要使果蔬在运输过程中能最大程度的保鲜，需要注意哪些问题？

一、分级

（一）分级的目的和意义

分级是使果品商品化、标准化的重要手段，是根据果品的大小、重量、色泽、形状、成熟度、新鲜度和病虫害、机械伤等商品性状，按照一定的标准进行严格挑选、分级，除去不满意的部分。果树在生长发育过程中受到很多外界因素的影响，同一株树甚至同一枝条的果实，也不可能完全一样，从不同果园采收的果品，更不一样，如果不分级，就会造成良莠不齐，大小混杂。通过分级，使园艺产品等级分明，规格一致，便于包装、贮藏、运输和销售。分级后的果品在外观品质上基本一致，可以做到优级优价。分级后好坏不混，可按级决定其适当用途，充分发挥产品的经济价值，减少浪费。通过挑选分级，去掉病虫危害的园艺产品，可以减少贮运期间的损失，减少某些危险病虫害的传播。园艺产品的标准化，是生产、贸易和销售三者之间互相关联的纽带，不可等闲视之。

（二）分级标准

果品蔬菜分级在国外有国际标准、国家标准、协会标准和企业标准四种。水果的国际标准是1954年在日内瓦由欧共体制定的，许多标准已经过重新修订，目的是促进经济合作和发展。目前已有37种产品有了国际标准，这些标准和要求，在欧共体国家水果和蔬菜进出口中是强制性的。国际标准一般标龄较长，其内容和水平受西方各国国家标准的影响。国际标准虽属非强制性的标准，但一般水平较高。国际标准和国家标准是世界各国都可采用的分级标准。

我国《标准化法》根据标准的适应领域和范围，把标准分为四级：国家标准、行业标准、地方标准和企业标准。国家标准是国家标准化主管机构批准发布，在全国范围内统一使用的标准。行业标准即专业标准、部标准，是在没有国家标准的情况下由主管机构或专业标准化组织批准发布，并在某个行业范围内统一使用的标准。地方标准是在没有国家标准和行业标准的情况下，由地方制定、批准发布，并在本行政区内统一使用的标准。我国现有的果品质量标准有16个，其中苹果、梨、香蕉、鲜龙眼、核桃、板栗、红枣等都已制定了国家标准。此外，我国还制定了一些行业标准，如香蕉的销售标准，梨销售标准，出口鲜苹果检验方法，出口鲜甜橙、鲜宽皮柑橘、鲜柠檬等的标准。我国"七五"期间也对一些蔬菜(如大白菜、花椰菜、青椒、黄瓜、番茄、蒜、芹菜、菜豆和韭菜等)的等级及新鲜蔬菜的通用包装技术制定了国家或行业标准。

水果分级标准因种类品种而异。我国目前通行的做法，是在果形、新鲜度、颜色、品质、病虫害和机械伤等方面已符合要求的基础上，再按大小进行手工分级，即根据果实横径的最大部分直径，分为若干等级。果品大小分级多用分级板进行，分级板上有一系列不同直径的孔。如我国出口的红星苹果，直径 65～90 mm，每相差 5 mm 为一个等级，共分为 5 等。四川省对出口到西方一些国家的柑橘分为大、中、小 3 个等级。广东省惠阳地区对出口香港、澳门的柑橘中，直径 51～85 mm 的蕉柑，每差 5 mm 为一个等级，共分 7 等；直径为 61～95 mm 的椪柑，每差 5 mm 为一个等级，共分 7 等；直径为 51～75 mm 的甜橙，每差 5 mm 为一个等级，共分 5 等。葡萄分级主要以果穗为单位，同时也考虑果粒的大小，根据果穗紧实度、成熟度、有无病虫害和机械伤、能否表现出本品种固有颜色和风味等进行分级。一般可分为三级：一级果穗较典型，大小适中，穗形美观完整，果粒大小均匀，充分成熟，能呈现出该品种的固有色泽，全穗没有破损粒和小青粒，无病虫害；二级果穗大小形状要求不严格，但要充分成熟，无破损粒和病虫害；三级果穗即为一、二级淘汰下来的果穗，一般用作加工或就地销售，不宜贮藏。如玫瑰香、龙眼葡萄的外销标准，果穗要求充分成熟，穗形完整，穗重 0.4～0.5 kg，果粒大小均匀，没有病虫害和机械伤，没有小青粒。

蔬菜由于食用部分不同，成熟标准不一致，所以很难有一个固定统一的分级标准，只能按照对各种蔬菜品质的要求制定个别的标准。蔬菜通常根据坚实度、清洁度、大小、重量、颜色、形状、鲜嫩度，以及病虫感染和机械伤等分级，一般分为三个等级，即特级、一级和二级。特级品质最好，具有本品种的典型形状和色泽，不存在影响组织和风味的内部缺点，大小一致，产品在包装内排列整齐，在数量或重量上允许有 5％的误差；一级产品与特级产品有同样的品质，允许在色泽、形状上稍有缺点，外表稍有斑点，但不影响外观和品质，产品不需要整齐地排列在包装箱内，可允许约 5％的误差；二级产品可以呈现某些内部和外部缺陷，价格低廉，采后适合于就地销售或短距离运输。

表 3-6 和表 3-7 分别列举了出口鲜苹果的等级规格和出口鲜苹果各品种、等级的最低着色度。

表 3-6　出口鲜苹果的等级规格

等级	规格	限度
AAA (特级)	1. 有本品种果形特征，果柄完整。 2. 具有本品种成熟时应有的色泽，各品种最低着色度应符合规定。 3. 大型果实横径不低于 65 mm，中型果实横径不低于 60 mm。 4. 果实成熟，但不过熟。 5. 红色品种微碰伤总面积不超过 1.0 cm^2，其中最大面积不超过 0.5 cm^2；黄、绿品种轻微碰伤面积不超过 0.5 cm^2。不得有其他缺陷和损伤	总不合格果不超过 5％

等级	规格	限度
AA (一级)	1. 具有本品种果形特征，果柄完整。 2. 具有本品种成熟时应有的色泽，各品种最低着色度应符合规定。 3. 大型果实横径不低于 65 mm，中型果实横径不低于 60 mm。 4. 果实成熟，但不过熟。 5. 缺陷与损伤：轻微碰伤总面积不超过 1.0 cm²，其中最大面积不超过 0.5 cm²。轻微枝叶磨伤，其面积不超过 1.0 cm²。金冠品种的锈斑面积不超过 3 cm²，水锈和蝇点面积不超过 1.0 cm²。未破皮雹伤 2 处，总面积不超过 0.5 cm²。红色品种桃红色的日灼伤面积不超过 1.5 cm²，黄绿色品种白色灼伤面积不超过 1.0 cm²。不得有破皮伤、虫伤、病害、萎缩、冻伤和瘤子	总不合格果不超过 10%
A (二级)	1. 有本品种果形特征，带有果柄，无畸形。 2. 具有本品种成熟时应有的色泽，各品种最低着色度应符合规定。 3. 大型果实横径不低于 65 mm，中型果实横径不低于 60 mm。 4. 果实成熟，但不过熟。 5. 缺陷与损伤总面积、磨伤、水锈和蝇点、日灼面积标准同 AA 级，轻微药害面积不超过 1/10，轻微雹伤总面积不超过 1.0 cm²。干枯虫伤 3 处，每处面积不超过 0.03 cm²。小数点不超过 5 个，不得有刺伤、破皮伤、病害、萎缩、冻伤、食心虫伤，已愈合的其他面积不大于 0.03 cm²	总不合格果不超过 10%

表 3-7　出口苹果各品种、等级的最低着色度

品种	AAA	AA	A
元帅类	90%	70%	40%
富士	70%	50%	40%
国光	70%	50%	40%
其他同类品种	70%	50%	40%
金冠	黄或金黄色	黄或黄绿色	黄、绿或黄绿色
青香蕉	绿色不带红晕	绿色、红晕不超过果面 1/4	绿色、红晕不限

(三)分级方法

1. 人工分级

人工分级是目前国内普遍采用的分级方法。这种分级方法有两种：一是单凭人的视觉判断，按果蔬的颜色、大小将产品分为若干级。用这种方法分级的产品，级别标准容易受人心理因素的影响，往往偏差较大。二是用选果板分级，选果板上有一系列直径大小不同的孔，根据果实横径和着色面积的不同进行分级。用这种方法分级的产品，同一

级别果实的大小基本一致，偏差较小。

人工分级能最大限度地减轻果蔬的机械伤害，适用于各种果蔬，但工作效率低，级别标准有时不严格。

2. 机械分级

机械分级的最大优点是工作效率高，适用于那些不易受伤的果蔬产品。有时为了使分级标准更加一致，机械分级常常与人工分级结合进行。目前我国已研制出了水果分级机，大大提高了分级效率。美国的机械分级起步较早，大多数采用电脑控制。果蔬的机械分级设备有以下几种。

(1)重量分选装置。重量分选装置按被选产品的重量与预先设定的重量进行比较分级。重量分选装置有机械秤式和电子秤式等不同的类型。

机械秤式分选装置主要由固定在传送带上可回转的托盘和设置在不同重量等级分口处的固定秤组成。将果实单个地放进回转托盘，当其移动接触到固定秤，秤上果实的重量达到固定秤的设定重量时，托盘翻转，果实即落下。该设备适用于球状的果蔬产品。其缺点是容易造成产品的损伤，而且噪声很大。

电子秤重量分选装置则改变了机械秤式装置每一重量等级都要设秤、噪声大的缺点。一台电子秤可分选各重量等级的产品，装置大大简化，精度也有提高。重量分选装置多用于苹果、梨、桃、番茄、甜瓜、西瓜、马铃薯等。

(2)形状分选装置。形状分选装置按照被选果蔬的形状大小(直径、长度等)分选，有机械式和光电式等不同类型。

机械式形状分选装置多是以缝隙或筛孔的大小将产品分级。当产品通过由小逐级变大的缝隙或筛孔时，小的先分选出来，最大的最后选出。其适用于柑橘、李子、梅、樱桃、洋葱、马铃薯、胡萝卜、慈姑等。

光电式形状分选装置有多种，有的是利用产品通过光电系统时的遮光，测量其外径或大小，根据测得的参数与设定的标准值比较进行分级。较先进的装置则是利用摄像机拍摄，经电子计算机进行图像处理，求出果实的面积、直径、高度等。例如，黄瓜和茄子的形状分选装置，将果实一个个整齐地摆放到传送带的托盘上，当其经过检测装置部位时，安装在传送带上方的黑白摄像机摄取果实的图像，通过计算机处理后可迅速得出其长度、粗度、弯曲程度等，实现大小分级与品质(弯曲、畸形)分级同时进行。光电式形状分选装置克服了机械式分选装置易损伤产品的缺点，适用于黄瓜、茄子、番茄、菜豆等。

(3)颜色分选装置。颜色分选装置根据果实的颜色进行分选。果实的表皮颜色与成熟度和内在品质有密切关系，颜色的分选主要代表了成熟度的分选。例如，利用彩色摄像机和电子计算机处理的红、绿两色型装置可用于番茄、柑橘和柿子的分选，可同时判别出果实的颜色、大小，以及表皮有无损伤等。当果实随传送带通过检测装置时，由设在传送带两侧的两架摄像机拍摄。果实的成熟度根据测定装置所测出的果实表面反射的红色光与绿色光的相对强度进行判断；表面损伤的判断是将图像分割成若干小单位，根据分割单位反射光的强弱算出损伤的面积，可精确到能判别出 0.2～0.3 mm 大小的损伤面的程度；果实的大小以最大直径代表。红、绿、蓝三色型机则可用于色彩更为复杂的苹果的分选。

二、清洗、防腐、灭虫与打蜡

(一)清洗

清洗是采用浸泡、冲洗、喷淋等方式水洗或用于毛刷刷净某些果蔬产品特别是块根、块茎类蔬菜，除去沾附着的污泥，减少病菌和农药残留，使之清洁，符合商品要求和卫生标准，从而提高商品价值。

清洗可用清洗机。清洗机的结构一般由传送装置、清洗滚筒、喷淋系统和箱体组成。清洗使用的洗涤水一定要干净卫生，还可加入适量的杀菌剂，如次氯酸钠、漂白粉等。水洗后必须进行干燥处理，除去游离水分。在气候干燥、水分蒸发快的地区，干燥处理可使用自然晾干的方法；气候潮湿、水分蒸发慢的地区可使用脱水机干燥处理。目前脱水机有脱水器和加热蒸发器两种类型。脱水机有时和清洗机做成一体，安装在清洗机的出口附近。

(二)防腐

目前，水果和蔬菜的防腐处理，在国外已经成为商品化不可缺少的一个步骤。我国许多地方也广泛使用杀菌剂来减少采后损失。下面介绍几种常用的化学防腐剂。

1. 仲丁胺(2-氨基丁烷，简称2-AB)

仲丁胺有强烈的挥发性，高效低毒，可控制多种果蔬的腐烂，对柑橘、苹果、葡萄、龙眼、番茄、蒜薹等果蔬的贮藏保鲜具有明显效果。河北农业大学在此方面进行了深入的研究，并研制出了仲丁胺系列保鲜剂。

(1)美帕曲星(克霉灵)。美帕曲星是含50%仲丁胺的熏蒸剂，适用于不宜洗涤的果蔬。使用时将美帕曲星蘸在松软多孔的载体如棉花球、卫生纸上，与产品一起密封，让克霉灵自然挥发。用药量应根据果蔬种类、品种、贮藏量或贮藏容积来计算。熏蒸时要避免药物直接与产品接触，否则容易产生药害。

(2)保果灵、橘腐净。其适用于能浸泡的果蔬如柑橘、苹果等。使用时将药液稀释100倍，将产品在其中浸渍片刻，晾干后入贮，可明显降低腐烂率。

2. 苯并咪唑类防腐剂

苯并咪唑类防腐剂包括特克多(TBZ)、苯来特、多菌灵、甲基硫菌灵等。它们大多属于广谱、高效、低毒防腐剂，用于采后洗果，对防止香蕉、柑橘、桃、梨、苹果、荔枝等水果的发霉腐烂都有明显的效果。使用浓度一般在0.05%~0.2%，可以有效地防止大多数果蔬由于青霉菌和绿霉菌所引起的病害。其具体使用浓度是：甲基硫菌灵浓度为0.05%~0.1%，苯来特、多菌灵浓度为0.025%~0.1%，特克多浓度为0.066%~0.1%(以100%纯度计)。这些防腐剂若与2，4-D混合使用，保鲜效果更佳。

3. 山梨酸(2，4-己二烯酸)

山梨酸为一种不饱和脂肪酸，可以与微生物酶系统中的巯基结合，从而破坏许多重要酶系统，达到抑制酵母、霉菌和好气性细菌生长的效果。它的毒性低，只有苯甲酸钠的 1/4，但其防腐效果却是苯甲酸钠的 5～10 倍。用于采后浸洗或喷洒，一般使用浓度为 2% 左右。

4. 扑海因

扑海因(异菌脲，Ipro dione)是一种高效、广谱、触杀型杀菌制，成品为 25% 胶悬剂，可用于香蕉、柑橘等采后防腐处理。

5. 联苯

联苯(Dip heny)是一种易挥发的抗真菌药剂，能强烈抑制青霉病菌、绿霉病菌、黑蒂腐病菌、灰霉病菌等多种病害，对柑橘类水果具有良好的防腐效果。生产上一般是将联苯添加到包果纸或牛皮纸垫板中，一张大小为 25.4～25.4 cm 的包果纸，内含联苯约 50 mg，一块大小为 25.4 cm×40.6 cm 的垫板内含联苯约 240 mg。但是用联苯处理的果实，需在空气中暴露数日，待药物挥发后才能食用。

6. 戴挫霉

戴挫霉(Deccozil)具有广谱、高效、残留量低、无腐蚀等特点，通用于柑橘、芒果、香蕉及瓜类等多种果蔬的防腐，对于已经对特克多、多菌灵等苯并咪唑类杀菌剂产生抗药性的青霉和绿霉有特效。如柑橘采后用 0.02% 的戴挫霉溶液浸果 0.5 min，防腐保鲜效果很好，若与施克克、果亮等混合使用，效果更佳。

7. 二溴四氯乙烷

二溴四氯乙烷也称溴氯烷，是广谱性杀灭、抑制真菌剂，对青霉菌、轮纹病菌、炭疽病菌均有杀伤效果。如红星、金冠苹果，每 50 t 果实熏蒸 20 g 溴氯烷，对青霉病菌的杀伤效果显著。果实抗病性越弱，防治效果越明显。此外，溴氯烷为低毒性、少残留、易挥发的药物，处理后的果实在空气中放置 48 h 便不能检测出其含量。

8. 氯气和漂白粉

氯气是一种剧毒、杀菌作用很强的气体。其杀菌原理是氯气在潮湿的空气中易生成次氯酸，次氯酸不稳定生成原子氧，原子氧具有强烈氧化作用，因而能杀死果蔬表面上的微生物。

氯气极易挥发或被水冲洗掉，因此用氯气处理过的果蔬残留量很少，对人体无毒副作用。如在帐内用 0.1%～0.2% 的氯气(体积比)熏蒸番茄、黄瓜等蔬菜，可取得较好的防腐保鲜效果。但是，用氯气处理果蔬时，浓度不宜过高，超过 0.4% 就可能产生药害。此外还应保持帐内的空气循环，以防氯气下沉造成下部果蔬中毒。

漂白粉是一种不稳定的化合物，在潮湿的空气中也能分解出原子氧。每 600 kg 的果蔬帐一般加漂白粉 0.4 kg，每 10 d 更换一次。贮藏期间也要注意帐内的空气循环，以防下部果蔬中毒。

9. SO_2 及其盐类

SO_2 是一种强烈的杀菌剂，遇水易形成亚硫酸，亚硫酸分子进入微生物细胞内，可使原生质与核酸分解而杀死微生物。一般来说，SO_2 浓度达到 0.01％时就可抑制多种细菌的发育，达到 0.15％时可抑制霉菌类的繁殖，达到 0.3％时可抑制酵母菌的活动。此外，SO_2 具有漂白作用，特别是对花青素的影响较大，这一点在生产上要特别注意。

SO_2 在葡萄贮藏过程中防霉效果显著，根据贮藏期不同，一般用量为 0.1％～0.5％。此外，SO_2 还可用在龙眼、枇杷、番茄等果蔬上。

SO_2 属于强酸性气体，对人的呼吸道和眼睛有强烈的刺激性，工作人员应注意安全。SO_2 遇水易形成亚硫酸，亚硫酸对金属器具有很强的腐蚀性，因此，贮藏库内的金属物品，包括金属货架，最好刷一层防腐涂料加以保护。

(三)灭虫

进出口水果蔬菜时，植物检疫部门经常要求对水果蔬菜进行灭虫处理，才能够放行。因此，出口国必须根据进口国的要求，出口前对水果蔬菜进行适当的杀虫处理。商业上常用的灭虫方法有如下几种。

1. 熏蒸剂处理

常用的熏蒸剂有二溴乙烷和溴甲烷，可在专门的固定熏蒸室中使用，也可在临时性封闭环境中使用。用 18～20 g/m³ 的二溴乙烷熏蒸 2～4 h，可有效地消灭果实上绝大部分的果蝇。温度较低时，可适当提高熏蒸剂浓度。

2. 低温处理

许多害虫都不能忍耐低温，故可用低温方法消灭害虫。例如，美国检疫部门对中国进口的荔枝规定的低温处理为：在 1.1 ℃下处理 14 d 后才允许进入美国市场。

3. 高温处理

20 世纪 20～30 年代开始就已大规模地使用热蒸气作为地中海实蝇的检疫处理，并一直应用至今。如芒果用 43 ℃热蒸气处理 8 h，可控制墨西哥果蝇。热水处理也可用于防治水果害虫，如香蕉在 52 ℃热水中浸泡 20 min，可控制香蕉橘小实蝇和地中海实蝇。

4. 辐射处理

辐照杀虫是利用电离辐射与害虫的相互作用所产生的物理、化学和生物效应，导致害虫不育或死亡的一种物理防虫技术。用于辐照杀虫处理的射线主要是 γ 射线(60 Co 或 137 Cs)、10 MeV 以下电子束，以及 5 MeV 以下的 X 射线。在不影响果实品质又满足检疫要求的前提下，0.4 kGy 可以作为莲雾、释迦、芭乐、猕猴桃、芒果、杨桃的检疫处理最低剂量。

(四)打蜡

打蜡也称涂膜处理，即用蜡液或胶体物质涂在某些果蔬产品表面使其保鲜的技术。果蔬涂膜后，在表面形成一层蜡质薄膜，可改善果蔬外观，提高商品价值；阻碍气体交换，降低果蔬的呼吸作用，减少养分消耗，延缓衰老；减少水分散失，防止果皮皱缩，提高保鲜效果；抑制病原微生物的侵入，减轻腐烂。若在涂膜液中加入防腐剂，防腐效果更佳。我国市场上出售的进口苹果、柑橘等高档水果，几乎都经过打蜡处理。

商业上使用的大多数涂膜剂是以石蜡和巴西棕榈蜡作为基础原料的，因为石蜡可以很好地控制失水，而巴西棕榈蜡能使果实产生诱人的光泽。近年来，含有聚乙烯、合成树脂物质、防腐剂、保鲜剂、乳化剂和湿润剂的涂膜剂逐渐得到应用，取得了良好的效果。

目前涂膜剂种类很多，如金冠、红星等苹果在采后48 h内，用0.5%～1.0%的高碳脂肪酸蔗糖酯型涂膜剂处理，干燥后入贮，在常温下可贮藏1～4个月。由漂白虫胶、丙二醇、油酸、氨水和水按一定比例并加入一定量的2，4-D和防腐剂配制而成的虫胶类涂膜剂，在柑橘上使用效果较好。吗啉脂肪酸盐果蜡(CFW果蜡)是一种水溶性的果蜡，可以作为食品添加剂使用，是种很好的果蔬采后商品化处理的涂膜保鲜剂，特别适用于柑橘和苹果，还可以在芒果、菠萝、番茄等果蔬上应用。美国戴科公司生产的果亮，是一种可食用的果蔬涂膜剂，用它处理果蔬后，不仅可提高产品外观质量，还可防治由青绿霉菌引起的腐烂。日本用淀粉、蛋白质等高分子溶液，加上植物油制成混合涂膜剂，喷在苹果和柑橘上，干燥后可在产品表面形成一层具有许多微细小孔的薄膜，抑制果实的呼吸作用，贮藏时间可延长3～5倍。此外，西方国家用油型涂膜剂处理水果也收到了较好的效果。如加拿大用红花油涂抹香蕉，在15.5 ℃的环境中放置4 d后，置于50 ℃高温下6 h，果皮也不变黑，而对照果实变黑严重。德国用蔗糖-甘油-棕榈酸酯混合液涂膜香蕉，可明显减少果实失水，延缓衰老。日本用10份蜂蜡、2份阮酪、1份蔗糖脂肪酸制成的涂膜剂，涂在番茄或茄子的果柄部，常温下干燥，可显著减少失水，延缓衰老。

打蜡有下列几种方法。

1. 浸涂法

将涂膜剂配成一定浓度，将果蔬浸入溶液中，随后取出晾干即可。此法耗费涂膜液较多，而且不易掌握涂膜的厚薄程度。

2. 刷涂法

用细软毛刷蘸上涂膜液，在果实表面涂刷以至形成均匀的薄膜。毛刷还可以安装在涂膜机上使用。

3. 喷涂法

用涂膜机在果实表面喷上一层厚薄均匀的薄膜。

涂膜处理一般使用机械涂膜。新型的涂膜机一般由洗果、干燥、喷涂、低温干燥、分级和包装等部分联合组成。我国目前已研制出果蔬打蜡机，但很多地方仍在使用手工打蜡。

三、包装

包装是使果蔬产品标准化、商品化、保证安全运输和贮藏、便于销售的主要措施。合理的包装可减少或避免在运输、装卸中的机械伤，防止产品受到尘土和微生物等的污染，防止腐烂和水分损失，缓冲外界温度剧烈变化引起的产品损失；包装可以使果蔬在流通中保持良好的稳定性，美化商品，宣传商品，提高商品价值及卫生质量。所以，良好的包装对生产者、销售者和消费者都是有利的。

(一)包装场设置

我国果品包装场一般有两种形式：一种是生产单位设置的临时性或永久性包装场，这种包装场多进行产品包装；另一种是商业销售部门设置的永久性包装场，多进行商品包装。通常前者较小，后者较大。包装场选址的原则应是靠近水果产区，交通方便，地势高且干燥，场地开阔，同时还应远离散发刺激性气体或有毒气体的工厂。

目前我国的果品包装多采用手工操作，包装场所需的小件物品必须——备齐。包装场常用物品在使用前要进行消毒，用完后也应及时进行清洗，防止病菌残存。

(二)包装容器和包装材料

1. 包装容器的要求

一般商品的包装容器应该美观、清洁、无异味、无有害化学物质、内壁光滑、卫生、重量轻、成本低、便于取材、易于回收及处理，并在包装外面注明商标、品名、等级、重量、产地、特定标志及包装日期等。果蔬包装除了应具备上述特点和要求外，根据其本身的特性，还应具备以下特点。

(1)具有足够的机械强度以保护产品，避免在运输、装卸和堆码过程中造成机械伤。

(2)具有一定的通透性，以利于产品在贮运过程中散热和气体交换。

(3)具有一定的防潮性，以防止包装容器吸水变形而造成机械强度降低，导致产品受伤而腐烂。

2. 包装容器的种类和规格

随着科学技术的发展，包装的材料及其形式越来越多样化。包装容器的种类、材料及适用范围见表 3-8。

表 3-8　包装容器种类与规格

种类	材料	适用范围
塑料箱	高密度聚乙烯、聚苯乙烯	高档果蔬
纸箱	板纸	果蔬
钙塑箱	聚乙烯、碳酸钙	果蔬
板条箱	木板条	果蔬
筐	竹子、荆条	任何果蔬
加固竹筐	筐体竹皮、筐盖木板	任何果蔬
网、袋	天然纤维或合成纤维	不易擦伤、含水量少的果蔬

随着商品经济的发展，包装标准化已成为果蔬商品化的重要内容之一，越来越受到人们的重视。国外在此方面发展较早，世界各国都有本国相应的果蔬包装容器标准。东欧国家采用的包装箱标准一般是 600 mm×400 mm 和 500 mm×300 mm，包装箱的高度

根据给定的容量标准来确定，易伤果蔬每箱装量不超过 14 kg，仁果类不超过 20 kg。美国红星苹果的纸箱规格为 500 mm×302 mm×322mm。日本福岛装桃纸箱，装 10 kg 的规格为 460 mm×310 mm×180 mm，装 5 kg 的规格为 350 mm×460 mm×95mm。我国出口的鸭梨每箱净重 18 kg，纸箱规格有 60、72、80、96、120、140 个等(为每箱鸭梨的个数)；出口的柑橘每箱净重 17 kg，纸箱容积为 470 mm×277 mm×270 mm，按装果实个数分为七级，规格为每箱装 60、76、96、124、150、180、192 个。

3. 包装材料

在果蔬包装过程中，经常要在果蔬表面包纸或在包装箱内加填一些衬垫物，以增强包装容器的保护功能。

(1)包果纸。果蔬表面包纸有利于保护其原有质量，提高耐贮性。包果纸的主要作用有：抑制果蔬采后失水，减少失重和萎蔫；减少果蔬在装卸过程中的机械伤；阻止果蔬体内外气体交换，抑制采后生理活动；隔离病原菌侵染，减少腐烂；避免果蔬在容器内相互摩擦和碰撞，减少机械伤；具有一定的隔热作用，有利于保持果蔬稳定的温度。

包果纸要求质地光滑柔软、卫生、无异味、有韧性，若在包果纸中加入适当的化学药剂，还有预防某些病害的作用。

值得一提的是，近年来塑料薄膜在果蔬包装上的应用越来越广泛，如柑橘的单果套袋，在采后保鲜和延长货架期方面起到了良好的效果。草莓、樱桃、蘑菇等果蔬分级后先装入小塑料袋或塑料盒中，再装入箱中进行运输和销售，效果也很好。

(2)衬垫物。使用筐类容器包装果蔬时，应在容器内铺设柔软清洁的衬垫物，以防果蔬直接与容器接触而造成损伤。另外，衬垫物还有防寒、保湿的作用。常用的衬垫物有蒲包、塑料薄膜、碎纸、牛皮纸等。

(3)抗压托盘。抗压托盘作为包装材料的一种，常用于苹果、梨、芒果、葡萄柚、猕猴桃等果实的包装。抗压托盘上具有一定数量的凹坑，凹坑与凹坑之间有时还有美丽的图案。凹坑的大小和形状及图案的类型根据包装的具体果实来设计，每个凹坑放置一个果实，果实的层与层之间由抗压托盘隔开，这样可有效地减少果实的损伤，同时也起到美化商品的作用。

(三)包装方法与要求

果蔬经过挑选分级后即可进行包装，包装方法可根据果蔬的特点来决定。包装方法一般有定位包装、散装和捆扎后包装。不论采用哪种包装方法，都要求果蔬在包装容器内有一定的排列形式，这样既可防止它们在容器内滚动和相互碰撞，又能使产品通风换气，并充分利用容器的空间。如苹果、梨用纸箱包装时，果实的排列方式有直线式和对角线式两种；用筐包装时，常采用同心圆式排列。马铃薯、洋葱、大蒜等蔬菜常常采用散装的方式等。

包装应在冷凉的条件下进行，避免风吹、日晒和雨淋。包装时应轻拿轻放，装量要适度，防止过满或过少而造成损伤。不耐压的果蔬包装时，包装容器内应填加衬垫物，减少产品的摩擦和碰撞。易失水的产品应在包装容器内加衬塑料薄膜等。由于各种果蔬抗机械伤的能力不同，为了避免上部产品将下面的产品压伤，下列果蔬的最大装箱（筐）高度为：苹果和梨 60 cm，柑橘 35 cm，洋葱、马铃薯和甘蓝 100 cm，胡萝卜 75 cm，番茄 40 cm。

果蔬销售小包装可在批发或零售环节进行，包装时剔除腐烂及受伤的产品。销售小包装应根据产品特点，选择透明薄膜袋或带孔塑料袋包装，也可放在塑料托盘或泡沫托盘上，再用透明薄膜包裹。销售包装上应标明重量、品名、价格和日期。销售小包装应具有保鲜、美观、便于携带等特点。

（四）包装生产线的建立

采后处理中的许多步骤可在设计好的包装生产线上一次完成。果蔬经清洗、药物防腐处理和严格挑选后，达到新鲜、清洁、无机械伤、无病虫害、无腐烂、无畸形、无冻害、无水浸的标准，然后按国家或地区有关标准分级、打蜡和包装，最后打印、封钉等成为整件商品。自动化程度高的生产线，整个包装过程全部实行自动化流水作业。以苹果、柑橘为例，具体做法是：先将果实放在水池中洗刷，然后由传送带送至吹风台上，吹干后放入电子秤或横径分级板上，不同重量的果实分别送至相应的传送带上，在传送过程中，人工拿下色泽不正和残次病虫果，同一级果实由传送带载到涂蜡机下喷涂蜡液，再用热风吹干，送至包装线上定量包装。

包装生产线应具备的主要装置有卸果装置、药物处理装置、清洗和脱水装置、分级打蜡装置、包装装置等。条件尚不具备的包装场，可采取简单的机械结合手工操作规程，来完成上述的果蔬商品化处理。

四、催熟和脱涩

（一）催熟

催熟是指销售前用人工方法促使果实加速完熟的技术。不少果树上的果实成熟度不一致，有的为了长途运输的需要提前采收，为了保障这些产品在销售时达到完熟程度，确保其最佳品质，常需要采取催熟措施。催熟可使产品提早上市，使未充分成熟的果实尽快达到销售标准或最佳食用成熟度及最佳商品外观。催熟多用于香蕉、苹果、洋梨、猕猴桃、番茄、蜜露甜瓜等。

1. 催熟的条件

被催熟的果蔬必须达到一定的成熟度，催熟时一般要求较高的温度、湿度和充足的 O_2，要有适宜的催熟剂。不同种类产品的最佳催熟温度和湿度不同，一般以温度 21～25 ℃、RH85％～90％为宜。湿度过高过低对催熟均不利，湿度过低，果蔬会失水萎蔫，催熟效果不佳，湿度过高，产品又易感病腐烂。催熟环境的温度和湿度都比较高，致病微生物容易生长，因此要注意催熟室的消毒。为了充分发挥催熟剂的作用，催熟环境应该有良好的气密性，催熟剂应有一定的浓度。此外，催熟室内的气体成分对催熟效果也有影响，CO_2 的累积会抑制催熟效果，因此催熟室要注意通风，以保证室内有足够

的 O_2。

乙烯是最常用的果实催熟剂，一般使用浓度为 0.2～1 g/L，香蕉的使用浓度为 1 g/L，苹果、梨的使用浓度为 0.5～1 g/L，柑橘的使用浓度为 0.2～0.251 g/L，番茄和甜瓜的使用浓度为 0.1～0.21 g/L。由于乙烯是气体，用乙烯进行催熟处理时需要相对密闭的环境。大规模处理时应有专门的催熟室，小规模时采用塑料密封帐为催熟室。催熟产品堆码时需留出通风道，使乙烯分布均匀。

乙烯利也是水果蔬菜常用的催熟剂。乙烯利的化学名称为 2-氯乙基磷酸。乙烯利是其商品名。在酸性条件下乙烯利比较稳定，在微碱性条件下分解产生乙烯，故使用时要加 0.05% 的洗衣粉，使其呈微碱性，并能增加药液的附着力。使用浓度因种类和品种而不同，香蕉的使用浓度为 21 g/L，绿熟番茄的使用浓度为 1～21 g/L。催熟时可将果实在乙烯利溶液里浸泡约 1 min 取出，也可采用喷淋的方法，然后盖上塑料膜，在室温下一般 2～5 d 即可催熟。

2. 各种果蔬的催熟方法

(1)香蕉的催熟。为了便于运输和贮藏，香蕉一般在绿熟坚硬期采收，绿熟阶段的香蕉质硬、味涩，不能食用，运抵目的地后应进行催熟处理，使香蕉皮色转黄，果肉变软，脱涩变甜，产生特有的风味和气味。具体做法是，将绿熟香蕉放入密闭环境中，保持 22～25 ℃和 90% 的相对湿度，香蕉会自行释放乙烯，几天就可成熟。有条件时，可利用乙烯催熟，在 20 ℃和 80%～85% 的相对湿度下，向催熟室内加入乙烯，使其浓度约为 1 g/m³，处理 24～28 h，当果皮稍黄时取出即可。为了避免催熟室内累积过多的 CO_2（CO_2 浓度超过 1% 时，乙烯的催熟作用将受影响），每隔 24 h 要通风 1～2 h，密闭后再加入乙烯，待香蕉稍显黄色取出，可很快变黄后熟。广州市果品公司用乙烯利的浓度因温度而异，在 17～19 ℃、20～23 ℃ 和 23～27 ℃ 下乙烯利的使用浓度分别为 2～4 g/L、1.5～2 g/L 和 1 g/L。将乙烯利稀释液喷洒在香蕉上，或使每个果实都蘸有药液，一般经过 3～4 d 香蕉就可变黄。此外，还可以用熏香法，将一串串的香蕉装在竹篓中，置于密闭的蕉房内，点线香 30 余支，保持室温 21 ℃ 左右，密闭 20～24 h 后，将密闭室打开，2～3 h 后将香蕉取出，放在温暖通风处 2～3 d，香蕉的果皮由绿变黄，涩味消失而变甜变香。

(2)柑橘类果实的脱绿。柑橘类果实，特别是柠檬，多在充分成熟以前采收，此时果实含酸量高，果汁多，风味好，但是果皮呈绿色，商品质量欠佳。上市前可以通入 0.2～0.3 g/m³ 的乙烯，保持 RH85%～90%，2～3 d 可脱绿。蜜柑上市前放入催熟室或密闭的塑料薄膜大帐内，通入乙烯，使帐内乙烯浓度为 0.5～1 g/m³，经过 15 h 果皮即可褪绿转黄。柑橘用 0.2～0.6 g/kg 的乙烯利浸果，在 20 ℃ 下 2 周即可褪绿。

(3)番茄的催熟。将绿熟番茄放在 20～25 ℃ 和 RH5%～90% 下，用 0.1～0.15 g/m³ 的乙烯处理 48～96 h，果实可由绿变红。也可直接将绿熟番茄放入密闭环境中，保持温度 22～25 ℃ 和 RH90%，利用其自身释放的乙烯催熟，但是催熟时间较长。

(4)芒果的催熟。为了便于运输和延长芒果的贮藏期，芒果一般在绿熟期采收，在常温下 5～8 d 自然黄熟。为了使芒果成熟速度趋于一致，尽快达到最佳外观，有必要对其进行催熟处理，目前国内外多采用电石加水释放乙炔催熟。具体做法是，按每千克果实需电石 2 g 的量，用纸将电石包好，放在芒果箱内，码垛后用塑料帐密封，24 h 后将芒果取出，在自然温度下很快转黄。

（5）菠萝的催熟。将 40％的乙烯利溶液稀释 500 倍，喷洒在绿熟菠萝上，保持温度 23～25 ℃和 RH85％～90％，可使果实提前 3～5 d 成熟。

（二）脱涩

脱涩主要是针对柿果而言。柿果分为甜柿和涩柿两大品种群。我国栽培涩柿品种居多。涩柿含有较多的单宁物质，成熟后仍有强烈的涩味，采后不能立即食用，必须经过脱涩处理才能上市。柿果的脱涩就是将体内的可溶性单宁通过与乙醛缩合，变为不溶性单宁的过程。据此，可采用下列方法，使单宁变性而使果实脱涩。

1. 温水脱涩

将涩柿浸泡在 40 ℃左右的温水中，使果实产生无氧呼吸，经 20 h 左右，柿子即可脱涩。温水脱涩的柿子质地脆硬，风味可口，是当前农村普遍使用的一种脱涩方法。用此法脱涩的柿子货架期短，容易败坏。

2. 石灰水脱涩

将涩柿浸入 7％的石灰水中，经 3～5 d 即可脱涩。果实脱涩后质地脆硬，不易腐烂，但果面往往有石灰痕迹，影响商品外观。最好用清水冲洗后再上市。

3. 混果脱涩

将涩柿与产生乙烯量大的果实如苹果、山楂、猕猴桃等混装在密闭的容器内，利用它们产生的乙烯进行脱涩。在 20 ℃左右室温下，经过 4～6 d 即可脱涩。脱涩后的果实质地较软，色泽鲜艳，风味浓郁。

4. 乙醇脱涩

将 35％～75％的乙醇或白酒喷洒于涩柿表面上，每千克柿果用 35％的乙醇 5～7 mL，然后将果实密闭于容器中，在室温下 4～7 d 即可脱涩。此法可用于运输途中，将处理过的柿果用塑料袋密封后装箱运输，到达目的地后即可上市销售。

5. 高 CO_2 脱涩

将柿果装箱后，密闭于塑料大帐内，通入 CO_2 并保持其浓度 60％～80％，在室温下 2～3 d 即可脱涩。如果温升高，脱涩时间可相应缩短。用此法脱涩的柿子质地脆硬，货架期较长，可进行大规模生产。但有时处理不当，脱涩后会产生 CO_2 伤害，使果心褐变或变黑。

6. 干冰脱涩

将干冰包好，放入装有柿果的容器内，然后密封 24 h 后将果实取出，在阴凉处放置 2～3 d 即可脱涩。处理时不要让干冰接触果实，每 1 千克干冰可处理 50 kg 果实。用此法处理的果实质地脆硬，色泽鲜艳。

7. 脱氧剂脱涩

把涩柿密封在不透气的容器内，加入脱氧剂后密封，使果实产生无氧呼吸而脱涩。

脱氧剂的种类很多，可以用亚硫酸、连二亚硫酸盐、硫代硫酸盐、草酸盐、活性炭、铁粉等各种还原性物质及其混合物。脱氧剂一般放在透气性包装材料制成的袋内，脱涩时间长短取决于脱氧剂的组成和柿果的成熟度。

8. 乙烯及乙烯利脱涩

将涩柿放入催熟室内，保持温度 18～21 ℃和 RH80％～85％，通入 1 g/m³ 的乙烯，2～3 d 后可脱涩。或用 0.25～0.5 g/kg 的乙烯利喷果或蘸果，4～6 d 后也可脱涩。果实用此法脱涩后，质地软，风味佳，色泽鲜艳，但不宜贮藏和长距离运输，必须及时就地销售。

五、预冷

(一)预冷的概念和作用

水果蔬菜预冷是指将收获后的产品尽快冷却到适于贮运低温的措施。水果和蔬菜收获以后，特别是热天采收后带有大量的田间热，再加之采收对产品的刺激，呼吸作用很旺盛，释放出大量的呼吸热，对保持品质十分不利。预冷的目的是在运输或贮藏前使产品尽快降温，以便更好地保持水果蔬菜的生鲜品质，提高耐贮性。预冷可以降低产品的生理活性，减少营养损失和水分损失，延长贮藏寿命，改善贮后品质，减少贮藏病害。

为了最大限度地保持果蔬的生鲜品质和延长货架寿命，预冷最好在产地进行，而且越快越好，预冷不及时或不彻底，都会增加产品的采后损失。

(二)预冷方式

1. 自然预冷

自然预冷就是将产品放在阴凉通风的地方使其自然冷却。例如，我国北方许多地区在用地沟、窑洞、棚窖和通风库贮藏产品，采收后阴凉处放置一夜，利用夜间低温，使之自然冷却，翌日气温升高前入贮。这种方法虽然简单，但冷却效果还是值得肯定的。

2. 风冷

风冷是使冷空气迅速流经产品周围使之冷却。风冷可以在低温贮藏库内进行。将产品装箱，纵横堆码于库内，箱与箱之间留有空隙，冷风循环时，流经产品周围将热量带走。这种方式适用于任何种类的水果蔬菜，预冷后可以不搬运，原库贮藏。但该方式冷速度较慢，短时间内不易达到冷却要求。

风冷的另一种方式是压差通风冷却。其方法是在产品堆靠近冷却器的一侧竖立一隔板，隔板下部安装一风扇，风扇转动使隔板内外形成压力差。产品堆上面设置一覆盖物，覆盖物的一边与隔板密接，使冷空气不能从产品堆的上方通过，而要水平方向穿过包装上缝或孔在产品缝隙间流动，将其热量带走。压差通风冷却效果较好，冷却所需时间只有普通冷库通风冷却方式的 1/5～1/2。

风冷方式还有隧道式空气循环冷却，即产品进入隧道后以 3～5 m/s 的风速鼓入冷空气使之冷却。这一方法可将葡萄在 1～1.5 h 内冷却到 5 ℃，比在库房内静止空气冷却快十几倍。产品可以装在容器中，从隧道一端向另一端推进，也可利用传送带运送。

3. 水冷

水冷却是以冷水为介质的一种冷却方式，将果蔬浸在冷水中或者用冷水冲淋，达到降温的目的。冷却水有低温水(一般在0~3℃)和自来水两种，前者冷却效果好，后者成本低。目前使用的水冷却方式有流水系统和传送带系统。水冷却降温速度快，产品失水少，但要防止冷却水对果蔬的污染。因此，应该在冷却水中加入一些防腐药剂，以减少病原微生物的交叉感染。商业上适合于用水冷却的果蔬有柑橘、胡萝卜、芹菜、甜玉米、网纹甜瓜、菜豆等。

4. 真空预冷

真空预冷是将果蔬放在真空室内，迅速抽出空气至一定真空度，使产品体内的水在真空负压下蒸发而冷却降温。压力减小时水分的蒸发加快，如当压力减小到533.29 Pa时，水在0℃就可以沸腾，说明真空冷却速度极快。在真空冷却时，大约温度每降低5.6℃失水量为1%，但被冷却产品的各部分几乎是等量失水，故一般情况下产品不会出现萎蔫现象。

真空冷却的效果在很大程度上取决于果蔬的比表面、组织失水的难易程度，以及真空室抽真空的速度。因此，不同种类的果蔬真空冷却的效果差异很大。生菜、菠菜、莴苣等叶菜最适合于用真空冷却，纸箱包装的生菜用真空预冷，在25~30 min内可以从21℃下降至2℃，包心不紧的生菜只需15 min。还有一些蔬菜如石刁柏、花椰菜、甘蓝、芹菜、葱、蘑菇和甜玉米也可以使用真空冷却。一些比表面小的产品如多种水果、根茎类蔬菜、番茄等果蔬由于散热慢而不宜采用真空冷却。真空冷却对产品的包装有特殊要求，包装容器要求能够通风。

总之，在选择预冷方式时，必须考虑现有的设备、成本、包装类型、距离销售市场的远近，以及产品本身的特性。在预冷期间要定期测量产品的温度，以判断冷却的程度，防止温度过低产生冷害或冻害，造成产品在运输、贮藏或销售过程中变质腐烂。

六、晾晒

采收下来的果实，经初选及药剂处理后，置于阴凉处或太阳下，在干燥、通风良好的地方进行短期放置，使其外层组织失掉部分水分，以增强产品贮藏性的处理称为晾晒。晾晒对于提高如柑橘、哈密瓜、大白菜及葱蒜类蔬菜等产品的贮运效果非常重要。

柑橘在贮藏后期易出现枯水现象，特别是宽皮橘类表现得更加突出。如果将柑橘在贮前晾晒一段时间，使其失重3%~5%，就可明显减轻枯水病的发生，果实腐烂率也相应减少。国内外很多的研究和生产实践证明，贮前适当晾晒是保持柑橘品质、提高耐贮性的重要措施之一。

大白菜是我国北方冬春两季的主要蔬菜，含水量很高，如果收获后直接入贮，贮藏过程中呼吸强度高，脱帮、腐烂严重，损失很大。大白菜收后进行适当晾晒，失重5%~10%，即外叶垂而不折时再行入贮，可减少机械伤和腐烂，提高贮藏效果，延长贮藏时间。但是，如果大白菜晾晒过度，不但失重增加，促进水解反应发生，还会刺激乙烯产生,从而促使叶柄基部形成离层,导致严重脱帮,降低耐贮性。

洋葱、大蒜收后在夏季的太阳下晾晒几日,会使外部鳞片快速干燥,成为膜质保护层,对抑制产品组织内外气体交换、抑制呼吸、减少失水、加速休眠都有积极的作用,有利于贮藏。此外,对马铃薯、甘薯、生姜、哈密瓜、南瓜等进行适当晾晒,对贮藏也有好处。

在自然环境下晾晒果蔬,不用能源,不需特殊设备,经济简便,适用性强。但是,由于它完全依赖于自然气候的变化,有时晾晒的时间长,效果不稳定。比如,在湿度较高的南方地区,如遇上连阴雨天气,就难以保证晾晒效果。为此,室内晾果时可辅以机械通风装置,加速空气流动,从而加快果皮内水分的蒸腾,缩短晾晒时间,提高晾晒效果。如果有条件进行降温,使预冷与晾晒两者结合进行,效果更好。

在露天晾晒时,有时要对产品进行翻动,以提高晾晒速度和效果。另外,晾晒过程中必须防止雨淋和水浸,如果遇到雨淋或水浸,应延长晾晒时间。

对于晾晒的果蔬而言,不论采用哪种晾晒方式,都应注意晾晒适度。

晾晒失水太少,达不到晾晒要求会影响贮藏效果;但晾晒过度,产品由于过多地失水,不仅会造成数量损失,也会对贮藏产生不利影响。

果蔬采后处理是上述一系列措施的总称。不同的果蔬产品有不同的特性和商品要求,有的需要采用上述全部处理措施,有的则只需要其中的几种,实际中可根据情况决定取舍。

※果蔬冷链

一、果蔬冷链物流市场

(一)果蔬及其加工产业现状

近年来,蔬菜、水果已成为继粮食之后我国种植业中的第二大和第三大产业,从1993年开始,水果产量跃居世界第一位,成为世界上水果第一大国。其中,苹果、梨、桃、李、柿的产量均居世界各国之首,苹果产量占世界总产量的40%以上,梨产量占60%左右,柑橘产量仅次于巴西和美国,列第三位,全世界荔枝70%产于中国。

我国的果蔬加工业取得了巨大的成就,在我国果蔬贸易中占据了重要地位。目前,我国的果蔬加工业已具备了一定的技术水平和较大的生产规模,外向型果蔬加工产业布局已基本形成。

(1)目前,我国果蔬产品的出口基地大都集中在东部沿海地区,近年来产业正向中西部扩展,"产业西移转"态势十分明显。我国的脱水果蔬加工主要分布在东南沿海省份及宁夏、甘肃等西北地区,而果蔬罐头、速冻果蔬加工主要分布在东南沿海地区。在果汁和果浆加工方面,建立了环渤海地区和西北黄土高原地区两大浓缩苹果汁加工基地,形成了以西北地区(新疆、宁夏和内蒙古)为主的番茄酱加工基地和以华北地区为主的桃浆加工基地,以及以热带地区(海南、云南等)为主的热带水果(菠萝、芒果和香蕉)浓缩汁与浓缩浆加工基地。而直饮型果蔬及其饮料加工则形成了以北京、上海、浙江、天津和广州等省市为主的加工基地。

（2）近些年，我国的果蔬速冻工艺技术有了许多重大发展。首先，速冻果蔬的形式由整体的大包装转向经过加工鲜切处理后的小包装；其次，冻结方式开始广泛应用以空气为介质的吹风式冻结装置、管架冻结装置、可连续生产的冻结装置、流态化冻结装置等，使冻结的温度更加均匀，生产效益更高；最后，作为冷源的制冷装置也有新的突破，如利用液态氮、液态 CO_2 等直接喷洒冻结，使冻结的温度显著降低，冻结速度大幅度提高，速冻蔬菜的质量全面提升。在速冻设备方面，我国已开发出螺旋式速冻机、流态化速冻机等设备，满足了国内速冻行业的部分需求。

（3）果蔬物流现状。主要果蔬，如苹果、梨、柑橘、葡萄、番茄、青椒、蒜薹、大白菜等贮藏保鲜及流通技术的研究与应用方面基本成熟，MAP 技术、CA 技术等已在我国主要果蔬贮运保鲜业中得到广泛应用。但是，由于保鲜产业落后，储藏方式和消费方式原始，我国每年有 8 000 万吨的果蔬腐烂，总价值近 800 亿元人民币，居世界榜首。业内人士分析，这是各环节的衔接出现断裂：生产部门的工作仅局限于地头，流通部门只管销售，而从采收后的选择分级、挑选、清洗、整理、预冷、药物处理、包装、冷藏，到运输过程中的冷链处理，再到销售过程中的保鲜处理，这些新兴的商品化处理的产业内容，就被人冷落了。

（二）果蔬冷链存在的问题

1. 果蔬速冻加工领域存在的问题

我国果蔬速冻工业，在加工机理和工艺方面的研究不足。尤其值得注意的是，国外在深冷速冻对物料的影响方面，已有较深入的研究，对一些典型物料"玻璃态"温度的研究，已通过建立数据库，转入实用阶段。解冻技术对速冻蔬菜食用质量有重要影响。在发达国家，随着一些新技术逐渐应用于冷冻食品的解冻，关于微波解冻、欧姆解冻、远红外解冻等机理的研究和技术开发成为热门。在速冻设备方面，目前国产速冻设备仍以传统的压缩制冷机为冷源，其制冷效率有很大限制，要达到深冷就比较困难。国外发达国家为了提高制冷效率和速冻品质，大量采用新的制冷方式和新的制冷装置。以液态氮、液态 CO_2 等直接喷洒的制冷装置自 20 世纪 80 年代以来逐渐运用到速冻机中，这些制冷装置可以使温度下降到比氨压缩机低得多的深冷程度。

2. 果蔬包装领域存在的问题

目前，水果多以"衣着光鲜"的外表出现在市场上，引起了消费者的重视，但由于每个人认识程度的不同，水果包装也出现了诸多不尽如人意之处，有相当多的水果包装仍然是老套的塑料编织袋，稍好一些的就是纸箱了。且不说这些包装美观与否，单从外观来看，粗笨的外表，没有特色，没有创新，让人看了也觉得不舒服，更无法适应市场发展的需求。

3. 果蔬流通领域存在的问题

我国在鲜切果蔬技术研究方面的工作才刚刚起步，如在鲜切后蔬菜的生理与营养变化及防褐保鲜技术方面开展了一些初步研究，但尚未形成成熟技术。在无损检测技术方面，我国尚处于初始研究阶段，与世界先进水平存在巨大差距。在整个冷链建设方面，预冷技术的落后已经成为制约性问题。现代果蔬流通技术与体系尚处于空白阶段。目前，我国进入流通环节的蔬菜商品未实现标准化，基本上是不分等级、规格，卫生质量未经任何检查便直接上市，而且没有建立完整且切实可行的卫生检验制度及检验方法，流通设施不配套，运输工具和交易方式还十分落后，因此导致我国的果蔬物流与交易成本非常高，与发达国家相比平均高20个百分点。

二、果蔬冷藏运输

(一)果蔬的运输方式

果蔬运输方式需根据果蔬种类、品种的特性而定。一般选择有利于保护商品、运输效率高且成本低廉，而又受季节、环境变化影响小的运输方式。目前我国铁路、公路、水路、航空等各种运输方式均已被广泛采用，它们优势互补，已逐渐形成较完整的运输网络，这为全国性的果蔬流通开创了前所未有的优越条件。

1. 公路运输

公路运输成本较高，运输量小，路面不平时振动大，产品易受损伤。但公路运输具有较强的灵活性和适应性，无须换包装即可直送销地，甚至可实现"门对门"地运输，还可深入非铁路沿线的偏远城镇或工矿企业。这是其他运输方式所不能替代的。随着国道的不断扩建、新建，以及"绿色通道"的确立，公路中短途及长途运输日趋发展。

短途公路运输可选择用人力或畜力拖车和拖拉机。中长途运输可选用汽车，有普通货运大卡车和冷藏汽车。长途调运不仅需要包装，还要合理装码。如用普通卡车则要有防冷防热的措施，最理想的是选用冷藏汽车。应先将果蔬预冷，散去田间热和部分呼吸热；装车后要调控到适宜的温度并保持其稳定。只有全面实施果蔬保鲜运输方案，才能达到最佳的贮运效果。但是汽车运输的最大弊病是运输途中颠簸较大，可能导致果蔬运输过程中产生机械伤。

2. 铁路运输

铁路运输运载量大，成本低，受季节变化影响小，虽中间环节多，灵活性、适应性差，但仍然是目前蔬菜运输的主要方式。适用于大宗蔬菜的中、长距离运输。

铁路运输可采用普通棚车、加冰冷藏车、机械冷藏车、冷藏集装箱进行运输。选择铁路运输工具时，主要要考虑所运输果蔬对温度的要求。一般来说，普通棚车是一种常温运输工具，车厢内无温湿度调控装置，因受自然气候影响大，仅能靠自然通风(或夹放冰块降温)，加盖草帘或棉被保温。虽然运费低廉，但品质下降快，损耗大。南菜北运在南热北凉的季节开展，损耗可高达40%～60%。所以，普通棚车只能用于对温度要求不严格的蔬菜。而机械冷藏车车体隔热，密封性能好，并安装了机械制冷设备，具有与冷库相同的效应，它能调控适宜的贮运条件，可起到保持品质、减少损耗的效果，是理想的铁路运输工具。

3. 水路运输

水路运输成本低，较平稳，运载量大，但水运连续性差，速度慢，联运中要中转、装卸，也会增加货损。故而它只适用于近距离运输，以及耐贮运果蔬或果蔬加工制品的远距离运输。

目前，常用的水路运输工具有冷藏船和冷藏集装箱。冷藏船运输是指带制冷设备，能控制较低运输温度的船舶。南果北运在国内当前多用海轮冷藏船，最小的冷藏船也在300 t以上，江轮冷藏船很少使用。应用冷藏船进行南果北运多集中在东南沿海诸省和对日本、韩国出口的水果。装运量大，海上行进平稳，不仅运费低廉，而且运输质量较高，但运输途中拖的时间较长。在船舶南果北运中，除了冷藏船专用运输，也有相当一部分南果采用普通运货船和客货混用船运输。在夏、秋季气温较高时多采用冷藏集装箱，采用大的包装物，装船运输；在冬春季气温较低时，则直接装船运输。

4. 航空运输

航空运输速度快，保质效果好，受损小，但运输成本高，运量少。空运特别适于新鲜柔嫩、易受机械伤害、易变质的高档次果蔬，如石刁柏、鲜食用菌和结球生菜等。有时也为特需供应而特运。

(二)果蔬运输的条件

运输可以看作动态贮藏，运输过程中产品的振动程度，环境中的温度、湿度和空气成分都对运输效果产生重要影响。如前所述，新鲜果蔬水分含量多，采后生理活动旺盛，易破损，易腐烂。因此，只有运用良好的运输设施和技术，才能达到理想的运输效果，保证应有的社会效益和经济效益。

1. 运输振动

振动是果蔬运输时应考虑的基本环境条件。振动的物理特征是以振幅与频率来描述的。振动强度以振动所产生的加速度大小来分级（达到一个振动加速度为1级，记为1 g）。据中村等的研究，1 g以上的振动加速度可直接造成果蔬的物理损伤，1 g以下的振动也可能造成间接损伤。

(1)运输车辆振动的因素。

①车辆状况。轮数少，亦即车体小、自重轻的车子，振动强度高。摩托车、三轮车的振动加速度可达3～5 g。车轮内压力高时，振动大。在同一车厢中，后部的振动强度高于前部，上方的振动强度高于下方。

②车速及路面状况。一般而言，铁路及高速公路最为平滑，因而运的振动很少超过1 g。而且在铁路及高速公路上，行车速度与振动关系不大。在不好的路面(未铺或失修)上行车时，车速越快，振动越大。道路状况常是运输中振动大小的决定因素(图3-1)。

③装载状况。空车或装货少的车厢振动强度高。另外，在货物码垛不合理、不稳固时，包装与包装之间的二次碰撞，常会产生更强的振动，记录到的振动加速度可达31 g。

④运输方式。铁路运输的振动较小。据中马等(1967)报道，垂直振动在0.1～0.6 g，

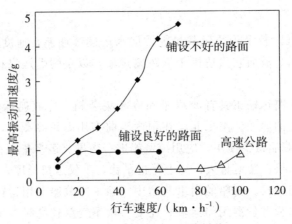

图 3 - 1　道路状况与运输振动

货车与货物发生共振时稍大。以公路运输的振动最大，在路况不好的情况下，常会发生
3 g 左右的振动。水上运输的振动最小。据报道，6 000 t 级的香蕉运输船振动 0.1～0.15
g。轮船的摇摆虽然相当大，但摆动周期长，因此振动加速度很小。

　　关于其他运输作业的振动，中村等(1976)曾报道了葡萄在运输前后的各种有关作业
的振动，结果列于表 3 - 9 中。从表可看出，认真处理的只有 1.0～2.0 g 左右的振动，粗
放作业时振动可达 3.0 g，互相碰撞或箱子跌落时振动可达 10.0～20.0 g。

表 3 - 9　葡萄货箱在运输前后各项作业中的振动强度(最高振级，g)

振动	装车		放上	卸下	碰撞		跌落	
方向	仔细	粗放	传送带	传送带	撞者	被撞者	10 cm	50 cm
上下	2.0	3.0	2.0	3.0	1.5	1.5	10.0	20.0
前后	1.5	1.5	1.0	1.5	5.0	5.0	2.0	3.0
左右	1.0	1.5	1.5	2.0	2.0	1.5	1.5	6.0

　　(2)振动对果蔬的危害。振动可以引起多种果蔬组织的伤害，主要为机械损伤及导致
生理失常两大类，它们最终导致果蔬品质的下降。

　　显而易见，外伤通常可刺激果蔬的呼吸代谢强度急剧上升，即使是在不至于造成外
伤的振动强度下，果蔬的呼吸也会有明显的上升。中村等(1975)对番茄的试验结果表明，
振动一开始，呼吸上升即开始，在停止振动后，呼吸异常还会持续一定时间。在一定的
振动时间范围内，振动越强，呼吸上升越显著，但在强振动区，呼吸反而被抑制
(图 3 - 2)。据此可以认为，番茄可忍耐一定强度的振动刺激，超出此范围，生理异常就
会出现。已观察到苹果、梨、温州蜜柑、茄子等也有大体相同的趋势。一般而言，由于
果蔬具有良好的黏弹性，可以吸收大量的冲击能量。因此，作为独立个体的抗冲击性能
很好。

　　中马等(1970)的试验表明，高达 45 g 的振动加速度才会造成单个苹果的跌伤。因
此，在不考虑其他因素时，通常运输中的加速度不至于造成果蔬的损伤。但是，实际上

1 g 以上的振动加速度就足以引起果蔬的损伤，这是因为货车车厢的振动常激发包装和包装内产品的各种运动。这些因素的叠加效应常可在一般的振动强度下形成对某些个体的果蔬造成损伤的冲击。此外，对于还不致发生机械损伤的振动，如果反复增加作用次数，那么水果蔬菜的强度也会急剧下降，此后如果遇到稍大的振动冲击，也有可能使果蔬产品受到损伤（O'Brien，1965）。中马等（1970）曾报道，草莓在运输中，由于微小的振动，包装上部的果实软化加重，运输距离越长，硬度下降越快。

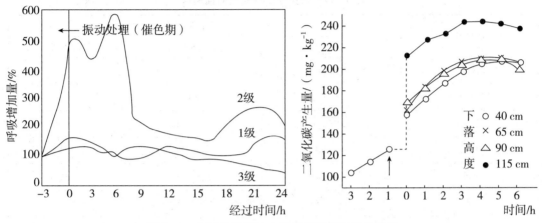

图 3-2　振动和跌落冲击对番茄呼吸强度的影响

在实际运输中，果蔬能忍耐的振动加速度是一个非常复杂的问题。一般而言，按照果蔬的力学特性，可把果蔬划分为耐碰撞和摩擦、不耐碰撞、不耐摩擦、不耐碰撞和摩擦等数种类型（表 3-10）。

表 3-10　各种果蔬对振动损伤的抵抗性

类型	种类	运输振动加速度的临界点/g
耐碰撞、摩擦	柿、柑橘类、青番茄、甜椒、根菜类	3.0
不耐碰撞	苹果、红熟番茄	2.5
不耐摩擦	梨、茄子、黄瓜、结球蔬菜	2.0
不耐碰撞、摩擦	桃、草莓、西瓜、香蕉、绿叶菜类	1.0
脱粒	葡萄	1.0

2. 温度

与在贮藏时一样，运输温度对产品品质起着决定性的影响，因而，温度也是运输中最受关注的环境条件之一。现代果蔬运输最大的特点，主要是对温度的控制。

果蔬运输可分为常温运输及冷藏运输两类。在运输中，果蔬产品装箱和堆码紧密，热量不易散发，呼吸热的积累常成为影响运输的一个重要因素。在常温运输中，果蔬产品的温度很容易受外界气温的影响。如果外界气温高，再加上果蔬本身的呼吸热（表 3-11），品温很容易升高。一旦果蔬温度升高，就很难降下来。这常使产品大量腐败。但在严寒季节，果蔬紧密堆垛的温度特性(呼吸热的积累)则有利于运输防寒。

在冷藏运输中，由于堆垛紧密，冷气循环不好，未经预冷的果蔬冷却速度通常很慢，而且各部分的冷却速度也不均匀。有研究表明，没有预冷的果蔬，在运输的大部分时间中，产品温度都比要求温度高。可见，要达到好的运输质量，在长途运输中，预冷是非常重要的。

表 3-11　常见果蔬呼吸热的推测值　　　　单位：kcal/(t·d)

品种名	呼吸热		
	0 ℃	4.5 ℃	15.5 ℃
欧洲葡萄	80～100		550～650
美洲葡萄	150	300	880
葡萄柚	100～250	180～330	550～1 000
柠檬	130～230	150～480	580～1 300
苹果	80～380	150～680	580～2 000
李	100～180	230～380	600～700
柑橘	100～250	330～400	930～1 300
桃	230～350	350～500	1 800～2 300
罗马甜瓜	330	500	2 100
洋梨	180～230		2 200～2 300
樱桃	330～450		2 800～3 300
草莓	680～1 000	900～1 700	3 900～5 100
马铃薯		330～450	380～650
黄瓜			550～1 700
洋葱	180～280	200	600
甘蓝	300	430	1 000
甘薯	300～600	430～860	1 100～1 600

至于如何确定最适的运输温度，从理论上来说，果蔬的运输温度与最适贮藏温度保持一致是最为理想的。因此，过去人们在冷藏车的设计及运输工艺处理上总是尽力考虑使运输温度与冷库的贮藏温度保持一致。但是，在实践中这样的运输代价往往非常高，不经济。实际上，果蔬的最适冷藏温度大多是为长期贮藏而确定的，在现代运输条件下，果蔬的陆上运输很少超过 10 d。因此，果蔬运输只相当于短期的贮藏，没有必要套用长期冷藏的指标。根据里田的研究，芹菜采收后，在 0 ℃和 RH90％～95％下可保存 60 d，平均呼吸热为 79.5 kJ/(t·h)；而在 4.4 ℃时，呼吸热为 117.2 kJ/(t·h)。在 4.4 ℃下

贮藏 40 d 的消耗与 0 ℃下 60 d 的消耗是相等的，如果以呼吸消耗来换算贮藏期的话，可以认为在 4.4 ℃下运输 1 d 的质量下降(不考虑其他因素)只相当于 0 ℃下运输 1.5 d 的质量下降。另据苏联学者 D. B. 策烈维提诺夫的计算，苹果在 4 ℃下运输一 d 的呼吸消耗只相当于 0 ℃的最适冷藏温度下 1.86 d 的消耗，即使运输期长达 15 d，也只是使整个一年的冷藏寿命缩短 13 d。这些研究结果表明，在运输中由于运输时间的相对短暂，略高于最适冷藏温度的运输温度对果蔬品质的影响不大。而采取略高的温度，在运输经济性上则具有十分明显的好处，例如，采用保温车代替制冷车，可减少能源消耗，降低冷藏车的造价等。

另外，运输所采用的最低温度的确定原则也与冷藏时基本相同，即以能够导致冷害的温度为限。实际上，在严寒地区需保温运输的条件下，亦可适当放宽低温限，因为大多数果蔬短期内对冷害的忍耐是较强的。

根据上述两方面的考虑，以及果蔬本身的特性，可确定果蔬的最适运输温度。邹京生(1979)认为，一般而言，果蔬的运输温度可以在 4 ℃以上。当然，最适运输温度的确定，还应考虑运输时间的长短。

一般而言，根据对运输温度的要求，可把果蔬分为四大类。

第一类为适于低温运输的温带果蔬，如苹果、桃、樱桃、梨，最适条件为 0 ℃，RH90％～95％。

第二类为对冷害不太敏感的热带、亚热带果蔬，如荔枝、柑橘、石榴，最适温度为 2～5 ℃。

第三类为对冷害敏感的热带、亚热带果蔬，如香蕉、芒果、黄瓜、青番茄，最适温度在 10～18 ℃。

第四类为对高温相对不敏感的果蔬，适于常温运输，如洋葱、大蒜等。

表 3-12、表 3-13 分别列示了国际制冷学会推荐的关于新鲜果蔬的运输和装载温度。

表 3-12　国际制冷学会推荐的新鲜蔬菜的运输与装载温度

蔬菜	1～2 d 的运输温度/℃	2～3 d 的运输温度/%	蔬菜	1～2 d 的运输温度/℃	2～3 d 的运输温度/%
石刁柏	0～5	0～2	菜豆	5～8	
花椰菜	0～8	0～4	食荚豌豆	0～5	
甘蓝	0～10	0～6	南瓜	0～5	
薹菜	0～8	0～4	青番茄	10～15	10～18
莴苣	0～6	0～2	红番茄	4～8	
菠菜	0～5		胡萝卜	0～8	0～5
辣椒	7～10	7～8	洋葱	-1～20	-1～13
黄瓜	10～15	10～13	马铃薯	5～20	5～10

表 3-13 是国际制冷学会推荐的新鲜果实的运输与装载温度

果实	2～3 d 的运输温度		5～6 d 的运输温度	
	最高装载温度/℃	建议运输温度/℃	最高装载温度/℃	建议运输温度/℃
杏	3	0～3	9	0～2
香蕉(大密舍)	≥12	12～13	≥2	12～13
香蕉	≥15	15～18	≥15	15～16
樱桃	4	0～4	建议运输时间≤3 d	
板栗	20	0～20	20	0～20
甜橙	10	2～10	10	4～10
柑和橘	8	2～8	8	2～8
柠檬	12～15	8～35	12～15	8～15
葡萄	8	0～8	6	0～6
桃	7	0～7	8	0～3
梨	5	0～5	3	0～3
菠萝	≥10	10～11	≥30	10～11
草莓	8	−1～2	建议运输时间≤3 d	
李	7	0～7	3	0～3

3. 湿度

在低温运输条件下,由于车厢的密封和产品堆积的高度密集,运输环境中的相对湿度常在很短的时间内即达到 95%～100%,在运输期间一直保持这个状态。一般而言,由于运输时间相对较短,这样的高湿度不至于影响果蔬的品质和腐烂率。但是,也有报道指出,日本运往欧洲的温州蜜柑,由于船舱内湿度过高,导致水肿病发病率增加,用蜡处理的果实表现尤为明显(栗山等,1972,1975)。此外,如果采用纸箱包装,高湿还会使纸箱吸湿,导致纸箱强度下降,果蔬容易受伤。为此,在运输时应根据不同的包装材料采取不同的措施:远距离运输用纸箱包装产品时,可在箱中用聚乙烯薄膜衬垫,以防包装吸水后引起抗压力下降;用塑料箱等包装材料进行远距离运输时,可在箱外罩以塑料薄膜以防产品失水。

4. 气体成分

从实际运输情况看,果蔬在常温运输中,环境中气体成分变化不大。在低温运输中,由于车厢体的密闭,运输环境中有 CO_2 的积累。但从总体来说,由于运输时间不长,CO_2 积累到伤害浓度的可能性不大。在使用干冰直接冷却的冷藏运输系统中,CO_2 浓度自然会很高,可达到 20%～90%,有造成 CO_2 伤害的危险。所以,果蔬运输所用的干冰冷却一般为间接冷却,但在控制的情况下,干冰直接制冷的同时还可提供气调运输所需的 CO_2 源。

气调在运输中的好处,同样由于运输的时间短暂而不能充分体现。美国曾做过大量利用气调车运输的试验,只有草莓、香蕉等极少数产品显示出明显的保鲜效果。此外,应当注意的是，即使使用气调冷藏车运输，也不能省去预冷步骤。

5. 运输工具的运行状态

运输工具在运输行驶中的状态也会直接影响果蔬的质量。其中振动是运输环境中最为突出的因素，它直接造成果蔬的物理性损伤，也可以发生由振动引起生理失常，降低其固有的抗病性和耐贮性，进而促进新鲜果蔬的后熟衰老和腐烂变质。

不同的运输方式、不同的运输工具、不同的行驶速度、货物所处的不同位置，其振动强度都不一样。一般铁路运输的振动强度小于公路运输，海路运输的振动强度又小于铁路运输。铁路运输途中，货车的振动强度通常小于1级。公路运输的振动强度则与路面状况、卡车车轮数有密切的关系。高速公路上一般不超过1级；振动较大，路面较差，以及小型机动车辆可产生3～5级的振动。就货物在车辆中的位置而言，后部上端的振动强度最大，前部下端的振动强度最小；因箱子的跳动还会发生二次相撞，使振动强度大大增强，造成新鲜果蔬的损伤。海上运输的振动强度一般较小，然而，由于摇摆会使船内的货箱和果蔬受压，而且海运一般途中时间较长，这些会对新鲜果蔬产生影响。此外，运输前后装卸时发生的碰撞、跌落等能够产生10～20级以上的撞击振动，对果蔬的损伤极大。

不同类型的果蔬对振动损伤的耐受力不同，表3-14列举出了一些不同类型的新鲜果蔬对振动损伤的最大耐受力。运输应该针对不同的果蔬种类因地制宜地选择运输的方式和路径，并做好新鲜果蔬的包装作业和运输中的堆码，尽量减少新鲜果蔬在运输途中的振动。要杜绝一切野蛮装卸，以保持新鲜果蔬品质和安全。

表3-14 一些新鲜果蔬的种类与其对振动损伤的耐受力

类型	种类	能够忍耐运输中振动加速度的临界点/级
耐碰撞、耐摩擦的	柿、柑橘类、绿熟番茄、根菜类、甜椒	3.0
不耐碰撞的	苹果、红熟番茄	2.5
不耐摩擦的	梨、茄子、黄瓜、结球类蔬菜	2.0
不耐碰撞、不耐摩擦的	桃、草莓、西瓜、香蕉、柔软的叶菜类	1.0
易脱粒的	葡萄	1.0

(三)果蔬运输操作与管理

1. 装车

(1)装车堆码方式。新鲜果蔬的装车方法属于留间隙的堆码法。按所留间隙的方式及程度不同，又可以分为以下几种。

①"品"字形装车法。该法是奇数层与偶数层货件交错骑缝装载方式，装后呈现出"品"字形状，适用于箱装货物。由于只能在货件的纵向形成通风道，在高温季节要求冷却或通风，而在寒冷季节则要求加温。该法适用于有强制循环装置的机械冷藏车。

②"井"字形装车法。"井"字形装车法灵活多样，各层货物纵横交错。实际装载时，根据车辆的有效装载尺寸，以及货件的包装规格，具体确定纵向或横向的放置件数。"井"字形装车法可使空气在每个井字孔之间上下流通，基本能够保证空气流通无阻。该法装载的货物较为牢靠，装载量也较大。

③筐口对装法。这种装载法主要适用于竹筐等包装件。竹筐在制作时，由于本身就留有空隙，不必再留有专门的通风空隙。筐口对装法有多种方式。总体来说，筐口对装法能够保证货物间的空气流通。

(2)堆码应遵循的原则。货物间留有适当的间隙，以使车内空气能顺利流通；每件货物都不能直接与车辆的底板和壁板相接触；货物不能紧靠机械冷藏车的出风口或加冰冷藏车的冰箱挡板，以免导致低温伤害。

就冷藏车运输而言，必须使车内温度保持均匀，同时保证每件货物都可以接触冷空气。就保温运输车而言，则应使货堆中部与产品周围的温度保持适中，应避免由于温度控制不好而导致货堆中心的呼吸热散发不出，而周围的产品又可能产生冷害等情况。

(3)装车注意事项。新鲜果蔬运输时，堆码与装卸是必不可少并且非常重要的环节。在堆码前，要对运输工具如水路运输的船舱等进行清洗，必要时还应进行消毒杀菌，并应尽量避免与其他不同性质的货物混装。合理地堆码，除了应减少运输过程中的振动，还应有利于保持产品内部良好的通风环境及车厢内部均衡的温度。

当必须同时装载货件大小不一的纸箱时，堆码时应将大而重的纸箱放置于车厢底层。此外，还应留有平行通道，以便空气在货堆间流通。

堆码完毕后，最后一排包装箱与车厢后门之间应由支撑架隔开，同时货堆还应加固绑牢，以免在运输过程中造成货件间的相对运动引起产品的振动。同时，还可避免货件间的运动影响货堆间的空气流通，以及产品运达目的地后，打开后门时，掉下的包装箱对工人可能造成的危险。因此，可以根据实际需要，通过安装一个简单的木质支架来解决这个问题。

在实际生产实践中，由于受货物批量的限制，往往很难做到同一车辆中仅装载同一品名的货物。不同品名的货物能否混装，主要遵循以下原则：不同贮运温度的果蔬不能混装；产生大量乙烯的果蔬不能和对乙烯敏感的果蔬混装；适宜相对湿度差异较大的果蔬不能混装；具有异常气味的果蔬不能与其他果蔬混装。

国际制冷学会对 85 种果蔬按要求的温度、湿度、气体成分等条件分为可以混装的 9 组。

2. 运输过程管理

果蔬产品在运输过程，承运单位要对所运输的产品进行控制和管理，最大限度地维持和保证果蔬运输所需要的条件，减少损失。

不同的运输方式和运输工具，在运输过程中的管理不尽相关，但总的来说，都应做好以下几件事。

(1)防止新鲜果蔬在运输途中受冻。原产于寒温带地区的苹果、梨、葡萄、核果类、猕猴桃、甘蓝、胡萝卜、洋葱、蒜薹等适宜储运温度在 0 ℃左右，而原产于热带和亚热带地区的果蔬对低温比较敏感，应在较高的温度下运输，如香蕉运输适温为 12～14 ℃，番茄(绿熟)、辣椒、黄瓜等运输温度为 10 ℃左右，低于 10 ℃就会导致冷害发生。冬季运输果蔬等应有草帘、棉被等保温防冻措施。

（2）防止运输中温度的波动。要尽量维持运输过程中恒定的适温，防止温度的波动。运输过程中温度的波动频繁或过大都对保持产品质量不利。新鲜果蔬的呼吸作用涉及多种酶的反应，在生理温度范围内，这些反应的速度随着温度的升高以指数规律增大，可以用温度系数 Q_{10} 来表示。Q_{10} 在 0～10 ℃范围内较高，最高可大于 7，而温度在 10 ℃以上时可降到 2～3。所以在较低的温度下，温度每波动 1 ℃，对新鲜果蔬造成的品质影响要比较高温度下严重。

（3）保证运输工具内的温度和湿度。在运输过程中，要严格控制不同果蔬运输中的温度和湿度。按照相关规定，每隔一定的时间对温度进行检查。比如，冷藏汽车运输果蔬时，要定期检查冷藏汽车上的温度计，如果温度过高，要及时开启制冷机。

（4）在运输过程中，要坚持"安全、快速、经济、准确"的运输四原则，确保运输工具的技术状况良好，准时到达目的地。当运输过程中发生机械事故或交通事故时，要及时采取补救措施，比如转车过货等。

3. 卸车

产品运达目的地后，首要工作就是要尽快卸车，然后通过批发商或直接上市交易。我国目前卸车方式大多以人工为主。无论是机械卸车还是人工卸车，都应避免粗放、野蛮的操作。可以使用斜面卸车，一定要使斜面足够宽且牢固，能同时承受货物和装卸工人的重量，也可以通过制造一个可以折叠的坚固的梯子来帮助卸车。

果蔬产品卸车完成后，要及时入库，否则，果蔬长时间在室外，可能会由于温度过高而腐烂。

（四）果蔬运输中的其他保鲜方法

随着水果后保鲜技术的发展，很多在水果储藏中应用的保鲜方法，也逐步应用到果蔬运输中，主要方法有如下几种。

1. 运输中的气调保鲜

气调贮藏是 20 世纪 60 年代发展起来的一种水果保鲜方法，近年来已推广运用到运输方面，具体办法有两种：一种是在运输过程中，将所需要的气体充入气密性好的运输容器内；另一种是运用塑料薄膜等材料包装货物，使包装内部自发调节气体。以上两种方法在适当的条件下配合使用会收到更好的效果。

2. 运输中的减压保鲜

该方法是用降低运输环境的气压以控制产品呼吸作用和微生物繁殖，从而达到保鲜目的的一种方法。这种方法可与冷藏法配合采用。国外多用气密式的冷藏拖车和集装箱。办法是将果蔬放在一个密封的容器内，用真空泵来降低容器内的气压，一般从 760 mmHg 降至 10～80 mmHg。减压后，通过压力调节阀和加湿器将新鲜空气送入容器内，每小时换气 1～4 次，以排出容器内多余的一氧化碳和乙烯等。在这样的条件下可控制植物体内乙烯的生成量，降低水果呼吸率，延长果蔬保鲜期。采用这种方法应该注意增加容器内空气湿度。减压运输一次性投资和操作费用昂贵，短时间内还不能在我国普遍应用，即便国外也尚未进入商品化应用阶段。

3. 水果表面涂膜保鲜

新鲜水果表面喷涂果蜡或一种由蛋白质、淀粉配制成的高分子溶液，在果皮上形成一层薄膜，可起到限制果实呼吸的作用，并可防止微生物侵入，减少水分蒸发，从而延长水果的新鲜程度。这样处理的水果可以不用冷藏车运输。

📖 知识拓展

项目实例：金涛（中山）果蔬物流有限公司

金涛（中山）果蔬物流有限公司由香港中淘国际有限公司管理，是亨泰消费品集团有限公司之附属机构。亨泰消费品集团是香港主板上市公司（0197），在内地经营快速消费品、家庭用品和新鲜果蔬超过20年。为了拓宽服务领域，亨泰集团在中国广东省中山市建立了全国性的物流及现代化的果蔬贸易中心。

新鲜果蔬消费占中国的食品零售市场中最大的部分。随着中国加入世界贸易组织，新鲜果蔬进出口贸易拥有巨大潜力和商机。可是大部分果蔬都在农贸市场和水果摊交易，卫生条件及仓储设施均有待改善。有鉴于此，亨泰消费品集团在广东中山成立了全国第一个金涛国际化一站式服务平台——金涛（中山）果蔬物流中心，提供了一个设施完备、功能齐全的现代化仓储及贸易场所。

金涛（中山）果蔬物流中心位于广东省中山市，临近繁忙的香港和深圳航运终点站，周边有成熟的铁路及公路网络配套。此外，金涛中心靠近南沙港口，是华南区未来重点发展的港口之一。这些优越的地理环境，不仅有利于把新鲜果蔬运送到广东各地及华东和华北的主要城市，还有利于进口，更方便国内果蔬在金涛中心内进行加工、展示、储存及包装，然后销往国际市场。

金涛（中山）果蔬物流中心拥有六层高的商务办公楼，除了办公室，还有展览中心、银行、餐厅、检测中心，以及其他配套场所，是国内外生产商及经销商进行贸易和交换信息的集中地。其中有两个独立的交易平台：上层为客户提供大约200个办公室；下层平台可停泊30个40尺冷冻集装箱，配有温湿控制，可有效减少损耗，延长产品保鲜期。

冷冻仓库可容纳25个40尺冷冻集装箱。平台拥有温湿控制，仓库还设有冷藏室、包装中心及催熟设备。卓越的营运能力，以及先进的信息系统，使该中心成为一个具有物流、仓储和贸易的多功能平台。

为缩短运输时间，避免交通堵塞及实现交易的高效和舒畅，该中心除了在交易区和仓库分别提供了60个、25个停车装卸泊位，另设有三个停车区域，可容纳100个40尺冷冻集装箱。

项目小结

采收时期和采收方法对提高果蔬的耐贮性、保持果蔬的贮藏品质起着很重要的作用。果蔬的采收成熟度在生产上常用表面色泽的显现、硬度或坚实度、果蔬主要化学物质的含量、生长期等指标来称量。果蔬采后到贮藏、运输前，要进行品质鉴定、预冷、愈伤、晾晒、挑选、分级、喷淋、涂蜡、包装等一系列处理，这些采后的处理对减少采后损失、提高果蔬产品的商品性和耐贮运性能都具有十分重要的作用。

果蔬运输的方式有铁路运输、水路运输、公路运输和航空运输等，在果蔬的运输中，要根据产品的种类、运输性能、经济效益来选择运输方式和工具。产品的低温冷链运输系统应用越来越广泛，果蔬后处理、贮藏、运输、销售等一系列流通过程中都应实施低温环境保藏，以保持其新鲜度，防止品质下降。

复习思考题

(1)确定果蔬采收成熟度的方法有哪些？

(2)叙述果蔬采后商品化处理的主要方法及流程。

(3)果蔬催熟和脱涩的常用方法有哪些？

(4)叙述影响产品质量的环境因素。

(5)运输过程应注意的问题有哪些？

项目四　果蔬的贮藏方式及管理

项目引入

　　我国是农业大国，随着科学技术的进步和发展，我国农产品产量逐年增加。据统计，我国 2021 年果蔬产量合计达 10.75 亿 t。果蔬采后容易腐烂，在贮运过程中会造成损失。全球范围内新鲜果蔬贮运过程中约有 25% 的产品因腐烂变质不能利用，有些易腐烂果蔬采后腐烂损失达 30% 以上。随着我国果树、蔬菜生产的迅速发展，果品、蔬菜产量逐年增加，但是往往因贮藏、运输而造成大量腐烂，出现"旺季烂、淡季断"的现象。因此，要实现果蔬的高附加值，产品保鲜技术的应用与发展是关键因素。

　　果蔬属于易腐性食品，目前主要采用常温贮藏、低温贮藏、气调贮藏及新技术贮藏等方法，根据不同果蔬采后的生理特性和其他具体条件，可以选择不同的贮藏方式和设施，以创造适宜的环境条件，最大限度延缓果蔬的生命活动，延长其寿命。本项目主要讲述各种贮藏方法的原理及管理技术要点。

　　我国目前园艺产品的贮藏方式很多，有不少行之有效的贮藏方式，现代化的冷藏和气调贮藏也在不断发展。园艺产品贮藏方式习惯上分为简易贮藏、通风库贮藏、机械冷藏、气调贮藏和减压贮藏五大类。而根据贮藏温度的调控方式，又可将其分为自然降温和人工降温贮藏两大类。前者包括各种简易贮藏和通风库贮藏，后者包括机械冷藏和气调贮藏等。各类贮藏方式的贮藏效果由其具备的有利条件程度和水平高低所决定。

　　根据不同园艺产品的采后生理特性，结合当地气候、土壤和现有条件，可选择适宜的贮藏方法和贮藏条件来保持园艺产品的营养价值和原有风味，延长贮藏寿命和上市时间。

学习目标

知识目标

　　了解各种贮藏方式的特点及设施，重点掌握机械冷库、气调贮藏的原理及管理技术要点。熟悉常用的制冷剂、冷库的冷却方式，以及冷库的使用和管理要点，了解冷库类型、建筑组成和构造特点等冷库建筑设计的一般知识。

技能目标

　　掌握各种贮藏方式的实施和管理技术要点，熟练掌握贮藏环境中的 O_2 和 CO_2 含量测定的操作技能。

素质目标

　　我国的果蔬贮运保鲜事业受到党和政府的高度重视，先后被列入"六五"和"七五"国家科技重点攻关项目。国家组织了有关科研和经营管理人员进行研究，获得了大量成果，对改善果品蔬菜采后处理、贮藏、运输等技术措施，减少产品损耗，保证质量，延长供应期和调剂市场余缺等方面，都起到了良好的示范作用。因此通过课程学习，可培养学生的悯农意识、爱岗敬业精神及踏实肯干、积极进取的工作作风。

任务一　贮藏环境中 O_2 和 CO_2 的测定

⌨ 任务分析

气调贮藏是一种有效的水果贮藏保鲜技术。根据气调方式的不同，可分为主动式气调贮藏和被动式气调贮藏。其主要区别是，前者依靠相应的机械设备强制性地对气体成分进行调控，而后者是依靠贮藏水果自身的呼吸作用来实现对周围气体成分的调整。

气调贮藏保鲜技术是通过控制贮藏空间的气体组分，主要是 O_2 和 CO_2 的浓度，来实现控制水果呼吸作用等生理活动的进行，以达到延长水果保质期的目的。通常空气中的 O_2 浓度在 21％ 左右，CO_2 浓度在 0.04％ 左右，不会对水果的呼吸作用产生限制。气调贮藏中，通过人为干预的方式降低 O_2 浓度，提高 CO_2 浓度，且 O_2 和 CO_2 的浓度配比依贮藏水果品种的不同而相应变化。一些研究显示，超低 O_2 和高 CO_2 气调技术在富士苹果和甜樱桃等水果的保鲜过程中取得了较好的效果。因此测定贮藏环境中 O_2 和 CO_2 的含量具有较重要的意义。

一、目的与要求

掌握用奥氏气体分析仪法测定贮藏环境中 O_2 和 CO_2 含量。

二、任务原理

用奥氏气体分析仪来测定 O_2 和 CO_2。以 NaOH 溶液吸收 CO_2，以焦性没食子酸的碱性溶液吸收 O_2，利用吸收后的气体体积变化计算出 O_2 和 CO_2 的含量。利用此方法可测定各种果蔬的呼吸系数。

三、材料、仪器及试剂

1. 仪器

奥氏气体分析仪。

2. 试剂

30％NaOH 溶液或 KOH 溶液、30％焦性没食子酸和 30％NaOH 的混合液。

3. 装置及各部分用途

奥氏气体分析仪是由一个带有多个磨口活塞的梳形管与一个有刻度的量气筒和几个吸气球管相连接而成的，并固定在木架上(图 4-1)。

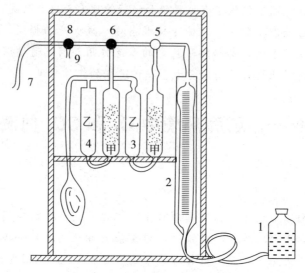

图 4-1 奥氏气体分析仪示意图

1—调节液瓶；2—量气筒；3、4—吸气球管；5、6、8—磨口活塞；7—吸气管；9—排气孔

(1)梳形管。梳形管是带有几个磨口活塞的梳形连通管，其右端与量气筒 2 连接，左端为取气孔 7，套上胶管即与欲测气样相连。磨口活塞 5、6 各连接一个吸气球管，它控制着气样进吸气球管。活塞 8 起调节进气或排气关闭的作用，梳形管在仪器中起着连接枢纽的作用。

(2)吸气球管。吸气球管 3、4 分甲、乙两部分，两者底部由一个小的 U 形玻璃连通，甲管内装有许多小玻璃管，以增大吸收剂与气样的接触面，甲管顶端与梳形管上的磨口活塞相连。吸收球管内装有吸收剂，用于吸收测定气样。

(3)量气筒。量气筒 2 为带有刻度的圆管，底口通过胶管与调节液瓶 1 相连，用来测量气样体积。刻度管固定在一圆形套筒内，套筒上下应密封并装满水，以保证量气筒的温度稳定。

(4)调节液瓶。调节液瓶是一个有下口的玻璃瓶，开口处用胶管与量气筒底部相连，瓶内装蒸馏水，由于它的升高与降低，造成瓶中的水位变动而形成不同的水压，使气样被吸入或排出或被压进吸气球管使气样与吸收剂反应。

(5)磨口三通活塞。磨口三通活塞带有丁字形通孔。转动活塞 5、6，可改变丁字形通孔的位置，使其呈⊥状、├状、┤状，可起到气、排气或关闭的作用。活塞 5、6 的通气孔一般呈⊥状，它切断气体与吸气球管的接触。改变活塞 5、6，使通孔呈├状，使气先后进出吸气球管洗涤 O_2 和 CO_2 气体。

四、操作方法

1. 清洗与调整

将仪器所有玻璃部分洗净，磨口活塞涂凡士林，并按图装配好。

2. 在各吸气球管中注入吸收剂

管 3 注入 30％的 NaOH 或 KOH 溶液（以 KOH 溶液为好，因 NaOH 与 CO_2 作用生成的 Na_2CO_3 多时会堵塞通道）以吸收 CO_2。管 4 装入浓度 30％的焦性没食子酸和等量的 30％NaOH 或 KOH 的混合液，以吸收 O_2。吸收剂要求达到球管口。在液瓶 1 和保温套筒中装入蒸馏水。最后将吸气孔上接上待测气样。将所有的磨口活塞 5、6、8 关闭，使吸气球管与梳形管不相通。转动 8，使其呈 ├ 状，高举 1，排出 2 中空气。后转 8，使其呈 ┤ 状，打开活塞 5，降下 1，此时 3 中的吸收剂上升，升到管口顶部时立即关闭 5，使液面停止在刻度线上，然后打开活塞 6，同样使吸收液面到达刻度线上。

3. 洗气

右手举起 1，同时用左手使 8 至呈 ├ 状，尽量排出 2 中空气，使水面达到刻度 100 时为止，迅速转动 8，使其呈 ┤ 状，同时放下 1 吸进气样，待水面降至 2 底部时立即转动 8 回到 ├ 状。再举起 1，将吸进的气样再排出。如此操作 2～3 次，目的是用气样冲洗仪器内原有的空气，保证进入 2 内的气样纯度。

4. 取样

洗气后转 8，使其呈 ┤ 状并降低 1，使液面准确达到零位，并将 1 移近 2，要求 1、2 两液面同在一水平线上并在刻度零处。然后将 8 转至 ┤ 状，封闭所有通道，再举起 1，观察 2 的液面，如果液面不断上升则表明漏气，要检查各连接处及磨口活塞。堵漏后重新取样。若液面在稍有上升后停在一定位置上不再上升，证明不漏气，可以开始测定。

5. 测定

转动 5 接通 3 管，举起 1，把气样尽量压入 3 中，再降下 1，重新将气样抽回到 2，这样上下举动 1 使气样与吸收剂充分接触。4～5 次后降下 1，待吸收剂上升到 3 的原来刻度线时，立即关闭 5，将 1 移近 2，在两液面平衡时读数。记录后，重新打开 5，上下举动 1，如上操作，再进行第二次读数。若两次读数相同即表明 CO_2 吸收完全，否则重新打开 5 再举动 1，直到读数相同为止。以上测定的是 CO_2 含量，再转动 6 接通 4 管，用上述方法测出 O_2 含量。

操作过程中会遇到哪些问题？需要注意什么？

五、结果计算

$$CO_2 \text{ 含量(\%)} = \frac{V_1 - V_2}{V_1} \times 100$$

$$O_2 \text{ 含量(\%)} = 100 \frac{V_2 - V_3}{V_1} \times 100$$

式中：V_1——量气筒初始体积(mL)；

　　　V_2——测定 CO_2 后残留气体体积(mL)；

　　　V_3——测定 O_2 后残留气体体积(mL)。

六、任务思考

对测定的结果进行认真分析，并提出合理化建议。

任务二　当地主要果蔬贮藏库种类、贮藏方法、贮藏量调查

一、目的与要求

了解当地主要果蔬贮藏库种类、贮藏方法、贮藏量、管理技术和贮藏效益。

二、用具

笔记本、笔、尺子、温度计等。

三、操作要点

1. 贮藏库的布局与结构

库的排列与库间距离；工作间与走廊的布置及其面积；库房的容积。

2. 建筑材料

隔热材料（库顶、地面、四周墙）的厚度；防潮隔热层的处理（材料、处理方法和部位）。

3. 设施

（1）制冷系统。冷冻机的型号和规格、制冷剂、制冷量、制冷方式（风机和排管）。

（2）制冷次数和每次所需时间。冲霜方法、次数。

（3）气调系统。库房气密材料、方式。

（4）密封门的处理。降氧机型号、性能、工作原理；O_2、CO_2和乙烯气体的调整和处理。

（5）温湿度控制系统。仪表的型号和性能及其自动化程度。

（6）其他设备。照明、加湿及覆盖、防火用具等。

4. 贮藏和管理的经验

（1）对原料的要求。种类、产品、产地；质量要求（收获期、成熟度、等级）；产品的包装用具和包装方法。

（2）管理措施。库房的清洁和消毒；入库前的处理（预冷、挑选、分级）；入库后的堆码方式（方向、高度、距离、形式、堆的大小、衬垫物等）；贮藏数量占库容积的百分数；如何控制温度、湿度、气体成分、检查制度，以及特殊的经验；出库的时间和方法。

5. 经济效益分析

根据贮藏量、进价、贮藏时期、销售价预估毛利、纯利。

6. 分析报告

分析存在的问题和不足，提出合理化的建议，并写出调查报告。

任务三　机械冷库的日常维护与管理

任务分析

机械冷藏是指在具有良好隔热性能的贮藏场所内，借助机械冷凝系统的作用，将库内的热空气送到库外，使库内温度降低并保持一定相对湿度的贮藏方式。该方式不受气候条件的影响，可终年维持库内需要的低温，是园艺产品贮藏的主要形式。

一、目的与要求

了解机械冷库的基本结构；掌握不同类型机械冷库的管理及日常维护操作。

二、任务原理

机械制冷是利用汽化温度很低的制冷剂汽化，来吸收贮藏环境中的热量，使库温迅速下降，再通过压缩机的作用，使之变为高压气体后冷凝降温，形成液体后循环的过程。

三、材料、仪器及试剂

1. 材料

贮藏用果蔬。

2. 仪器

贮藏冷库。

3. 试剂

硫酸铜溶液、乳酸、过氧乙酸溶液、福尔马林消毒液、漂白粉、硫黄等消毒剂。

四、方法步骤

（一）消毒

园艺产品腐烂的重要原因是有害菌类的污染，冷藏库在使用前必须进行全面的消毒。常用的消毒方法是将库内打扫干净，所有用具用0.5%的漂白粉溶液或2%～5%硫酸铜溶液浸泡、刷洗、晾干。然后对冷库用下列方法进行消毒。

1. 乳酸消毒

将浓度为80%～90%的乳酸和水等量混合，按每立方米库容用

为了避免冷库被病菌污染，对于在冷库工作的工作人员有何要求？

1 mL 乳酸的量，将混合液放于瓷盆内，于电炉上加热，待溶液蒸发完后，关闭电炉。闭门熏蒸 6~24 h，然后开库使用。

2. 过氧乙酸消毒

将 20% 的过氧乙酸按每立方米库容用 5~10 mL 的量，放于容器内，于电炉上加热，促使其挥发熏蒸，或按以上比例配成 1% 的水溶液全面喷雾。因过氧乙酸有腐蚀性，使用时应注意对器械、冷风机和人体的防护。

3. 漂白粉消毒

将含有效氯 25%~30% 的漂白粉配成 10% 的溶液，用上清液按每立方米库容 40 mL 的用量喷雾。使用时注意防护，用后库房必须通风换气除味。

4. 福尔马林消毒

按每立方米库容用 15 mL 福尔马林的量，将福尔马林放入适量高锰钾或生石灰，稍加些水，待发生气体时，将库门密闭熏蒸 6~12 h。开库通风换气后方可使用库房。

5. 硫黄熏蒸消毒

每立方米库容用硫黄 5~10 g，加入适量锯末，置于陶瓷器皿中点燃，密闭熏蒸 24~48 h 后，彻底通风换气。

(二)入库

园艺产品进入冷藏库之前要先预冷。由于园艺产品收获时田间热较高，会增加冷凝系统的负荷，若较长时间达不到贮藏低温，则会引起严重的腐烂败坏。进入冷贮的产品应先用适当的容器包装，在库内按一定方式堆放，尽量避免散贮方式。为使库内空气流通，以利降温和保证库内温度分布均匀，货物应离墙 30 cm 以上，与顶部约留 80 cm 的空间，而货与货之间应留适当空隙。

(三)温度管理

产品入库后应尽快达到贮藏适宜温度，在贮藏期间应尽量避免库内温度波动。园艺产品种类和品种不同，对贮藏环境的温度要求也不同。如有些切花(如菊花、郁金香等)可在 −0.5~0 ℃ 条件下包装贮藏，而黄瓜、四季豆、甜辣椒等蔬菜在 0~7 ℃ 就会发生伤害。冷藏库的温度要求分布均匀，可在库内不同的位置安放温度表，以便观察和记载冷藏库内各部温度的情况，避免局部产品受害。另外，结霜会阻碍热交换，影响制冷效果，必须及时冲霜。

(四)湿度管理

贮藏园艺产品的相对湿度要求在 85%~95%。在制冷系统运行期间，湿空气与蒸发管接触时，蒸发器很容易结霜，而经常性的结霜会使冷藏库内湿度不断降低，常低于贮藏园艺产品对湿度的要求。因此，贮藏园艺产品时要经常检查库内相对湿度，采用地面洒水和安装喷雾设备或自动湿度调节器的措施来达到对贮藏湿度的要求。

一些冷藏库相对湿度偏高，这主要是由于冷藏库管理不善，产品出入频繁，以致库外含有较高的绝对湿度的暖空气进入库房，在较低温度下形成较高的相对湿度，甚至达到露点，而出现"发汗"现象，解决这一问题的方法在于改善管理。

(五)通风换气管理

园艺产品贮藏过程中，会放出 CO_2 和乙烯等气体，当这些气体浓度过高时会不利于贮藏。冷藏库必须适度通风换气，保证库内温度均匀分布、降低库内积累的 CO_2 和乙烯等气体浓度，达到贮藏保鲜的目的。冷藏库通风换气要选择气温较低的早晨进行，雨天、雾天等外界湿度过大时暂缓通风。为防止通风而引起冷藏库温、湿度发生较大的变化，在通风换气的同时开动制冷机以减缓车内温度、湿度的升高。

任务四　气调冷库的日常维护与管理

📖任务分析

气调贮藏即调节气体成分贮藏，即在适宜的低温条件下减少贮藏环境空气中的 O_2 并增加 CO_2 的贮藏方法，是目前国际上园艺产品保鲜的现代化贮藏手段。

一、目的与要求

了解气调贮藏的原理及特点；了解气调贮藏的技术参数；掌握气调贮藏的方法。

二、任务原理

20 世纪初，Kidd 和 West 研究了空气组分对果实、种子的生理影响，创造了改变空气组成保存农产品的商业性贮藏技术，并将这种方法称为气调贮藏。在一定的范围内，降低贮藏环境中 O_2 浓度，提高 CO_2 的浓度，可以降低产品的呼吸强度和底物氧化作用，减少乙烯生成量，降低不溶性果胶物质分解速度，延缓成熟进程，延缓叶绿素分解速度，提高抗坏血酸保存率，明显抑制园艺产品和微生物的代谢活动，延长园艺产品的贮藏寿命。气调贮藏的原理就是在维持园艺产品的正常生命活动的前提下，通过调节贮藏环境中 O_2、CO_2 及其他一些气体的浓度来抑制园艺产品的呼吸作用、蒸发作用和微生物的侵染，达到延缓园艺产品的生理代谢，推迟后熟、衰老和防止变质的目的。

人为调节 O_2 和 CO_2 含量指标的贮藏方法被称为气调贮藏，用 CA 表示；而将产品置于密封的容器中依靠其呼吸代谢来改变贮藏环境的气体组成，基本不进行人工调节的气调贮藏称为自发气调或限气贮藏，用 MA 表示。气调贮藏仅靠调节气体组成难以达到预期的贮藏效果，还应该考虑温、湿等因素的调节，特别是温度因素的调节，其对延缓呼吸作用、减少物质消耗、延长贮藏及保鲜期限尤为重要，是其他手段不可替代的。因此对气调贮藏来说，控制和调节最适宜的贮藏温度是该方法的先决条件。特别要注意的是，CO_2 浓度过高或 O_2 浓度过低会引起或加重生理失调、成熟异常、产生异味、加重腐烂。

三、材料、仪器及试剂

1. 材料

贮藏用果蔬。

2. 仪器

气调设备。

3. 试剂

O_2、CO_2、乙烯、N_2。

四、方法步骤

气调贮藏大致可分为两大类，即自发气调（MA）和人工气调（CA）。

（一）自发气调

自发气调又称限气气调，是指利用果蔬呼吸自然消耗 O_2 和自然积累 CO_2 的一种贮藏方式。自发气调贮藏方法比较简单，但达到设定的 O_2 和 CO_2 浓度水平所需时间较长，操作上维持要求的 O_2 和 CO_2 浓度比例较困难，故贮藏效果不如 CA 贮藏。目前 MA 贮藏在国内最成功的范例应当是大蒜的塑料袋密封气调贮藏和苹果的硅胶窗气调贮藏。自发气调的主要方式有塑料大帐气调贮藏、塑料薄膜小袋气调贮藏、硅胶窗气调贮藏等。

1. 塑料大帐贮藏

将贮藏产品用透气的包装容器盛装，码成垛，垛底先铺一层薄膜，在薄膜上摆放垫木，使盛装产品的容器架空。码好的垛用塑料薄膜帐罩住，帐和垫底的薄膜的四边互相重叠卷起并埋入垛四周的土沟中，或用其他重物压紧，使帐密封（图 4-2）。塑料大帐一般为长方体，在帐的两端分别设置进气袖口和排气袖口，供调节气体之用。在帐的进气袖口和排气袖口的中部设置取气口，供取气样分析之需。大帐多选用 0.07～0.20 mm 的聚乙烯或无毒的聚氯乙烯薄膜制成，可置于普通冷库中，也可放入常温库或阴棚内。

2. 薄膜塑料小袋气调贮藏

该方法是将产品装在塑料薄膜袋内（一般为厚 0.02～0.08 mm 的聚乙烯薄膜），扎紧袋口或热合密封后放于库房中贮藏的一种简易气调贮藏方法。袋的规格、容量不一，大的有 20～30 kg，小的一般小于 10 kg，但苹果、梨、柑橘类等水果贮藏时大多为单果包装。在贮藏中，经常出现袋内 O_2 浓度过低而 CO_2 浓度过高的情况，故应定期放风，即每隔一段时间将袋口打开，换入新鲜空气后再密封贮藏。

3. 硅胶窗气调贮藏

硅胶窗气调贮藏是将果蔬产品贮藏在镶有硅胶窗的聚乙烯薄膜袋内，利用硅胶膜特有的透气性进行自动调节气体成分的一种简易的自发气调贮藏方法。

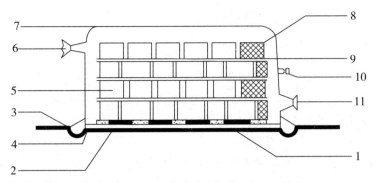

图 4 − 2   塑料薄膜大帐贮藏图

1—垫砖；2—石灰；3—卷边；4—帐底；5—贮藏箱；6—进气袖口；7—帐顶；
8—贮藏产品；9—木杆；10—取气嘴；11—排气袖口

利用硅胶膜特有的性能，在较厚的塑料薄膜(如 0.23 mm 厚的聚乙烯膜)做成的袋或帐上镶嵌一定面积的硅橡胶膜，袋内的园艺产品呼吸作用释放的 CO_2 可通过硅窗排出袋外，而消耗的 O_2 则可由大气通过硅窗进入而得以补充。因硅橡胶膜具有较大的 O_2 和 CO_2 的透气比，而且，袋内 CO_2 的透出量与袋内的浓度成正比。因此，从理论上讲，一定面积的硅胶窗，贮藏一段时间后，能调节和维持袋内的 O_2 和 CO_2 含量在一定的范围(图 4 − 3)。

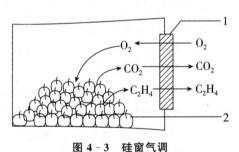

图 4 − 3   硅窗气调

1—硅窗；2—贮藏产品

不同产品有不同的贮藏气体组成，需各自相适宜的硅胶窗面积。硅胶窗的面积取决于产品的种类、成熟度、单位容积的贮藏量、贮藏温度和贮藏的质量等。关于硅窗面积的大小，根据产品的质量和呼吸强度，有如下经验参考公式：

$$S = 1\,013.25 \times \frac{M \times RI_{CO_2}}{P_{CO_2} \times Y}$$

式中：S——硅窗面积(cm^2)；

M——贮藏产品质量(kg)；

RI_{CO_2}——贮藏产品呼吸强度[L/(kg·d)]；

P_{CO_2}——硅膜渗透 CO_2 的速度[L/(cm^2·d·h·Pa)]；

Y——设定的 CO_2 的浓度(%)。

总之。应用硅窗气调贮藏，需要在贮藏温度、产品质量、膜的性质及厚度和硅窗面积等多方面综合考虑，才能获得理想的效果。

(二)人工气调

人工气调贮藏是指根据产品的需要和人为要求调节贮藏环境中各气体成分的浓度并保持稳定的一种气调贮藏方法。CA 贮藏由于 O_2 和 CO_2 的比例严格控制而做到与贮藏温度密切配合，故其比 MA 贮藏先进，贮藏效果好，是当前发达国家采用的主要类型，也是我国今后发展气调贮藏的主要目标。

CA 贮藏主要是通过气调贮藏库来实现的。气调贮藏库的库房结构与冷藏库基本相同，但在气密性和维护结构强度方面的要求更高，并且要易于取样和观察，能脱除有害气体和自动控制气体成分浓度。

1. 气调贮藏库的基本结构

气调库一般由气密库体、气调系统、制冷系统、加湿系统、压力平衡系统，以及温度、湿度、O_2、CO_2 自动检测控制系统构成。

(1)气密库体。气调保鲜库按建筑可分为两种类型：装配式和土建式。装配式气调库围护结构用彩镀聚氨酯夹心板组装而成，具有隔热、防潮和气密的作用。该类库建筑速度快，美观大方，但造价略高，是目前国内外新建气调库最常用的类型。土建式气密库为了增强库体的气密性，采用库内壁喷涂泡沫聚氨酯(聚氨基甲酸酯)方式。该类型的气密库具有非常优异的气密结构，并兼有良好的保温性能，在现代气调库建筑中广泛使用。$5.0 \sim 7.6$ cm 厚的泡沫聚氨酯与 10 cm 厚的聚苯乙烯保温效果相当。在喷涂泡沫聚氨酯之前，应先在墙面上涂一层沥青，然后分层喷涂，每层厚度约为 1.2 cm，直至喷涂达到所要求的厚度。

气调库建成后或在重新使用前都要进行气密性检查，检查结果如不符合要求，要查明原因，进行修补，气密性达标后方可使用。常用的气密性指标有半压降时间和气密系数两种。半压降时间法是指库内压力下降到限度压力一半时所用的时间，如用一个风速为 3.4 m³/min 离心鼓风机和一倾斜式微压计与库房边接(图 4-4)，关闭所有门洞，开动风机，把库房压力提高到 10 mm 水柱(100 Pa)后，停止鼓风机动转，观察库房压力降到 5 mm(50 Pa)所需要的时间，把所得记录与图 4-4 进行比较。

(2)气调库压力平衡系统。气调冷藏库内常常会发生气压的变化(正压或负压)。如吸除 CO_2 时，库内就会出现负压。为保证库房的气密性，可设置气压袋。气压袋常做成一个、软质不透气的聚乙烯袋子，体积为贮藏容积的 $1\% \sim 2\%$，设在贮藏室的外面，用管子与贮藏室相通。贮藏室内气压发生变化时，袋子膨胀或收缩，因而可以始终维持贮藏室内外气压基本平衡。但这种设备体积大，占地多，现多改用水封栓，保持 10 mm 厚的水封层，贮藏库内外气压差超过 10 mm 水柱时便发挥自动调节作用(图 4-5)。

(3)调气设备。整个气调系统包括制氮系统，CO_2 脱除系统，乙烯脱除系统，温度、湿度及气体成分自动检测控制系统。

制氮系统目前普遍采用碳分子筛、中空纤维膜分离制氮及 VSA 制氮。碳分子筛吸附制氮机碳分子筛制氮是采用变压吸附原理制氮，由于氧分子与氮分子的动力学直径不同，

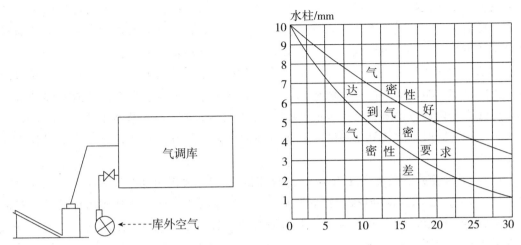

图 4-4 气密性测试装置及气密性能对照曲线

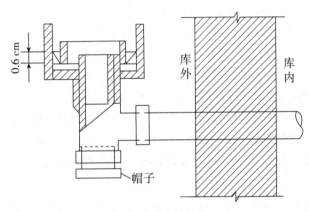

图 4-5 水封装置

氧分子的扩散速度比氮分子快数百倍。而吸附量与压力成正比，利用氧、氮短时间内吸附量差异较大的特点，由程序控制器按特定的时间程序在两个塔之间进行快速切换，结合加压氧吸附、减压氧解吸的过程，将氧从空气中分离出来。中空纤维膜分离制氮机的膜升离制氮是利用 O_2 与氮气透过中空纤维膜壁的速度差异特点，将 O_2 从空气中分离出来。中空纤维膜分离制氮机是目前气调贮藏使用最广泛的设备。它由压缩机、贮罐、冷干机、过滤器、加热器、中空纤维膜及管、阀组成。

CO_2 脱除系统主要用于控制气调库中 CO_2 的含量。通常的 CO_2 脱除装置有 4 种形式，即消石灰脱除装置、水清除装置、活性炭清除装置、硅橡胶膜清除装置。活性炭清除装置利用活性炭较强的吸附力，对 CO_2 进行吸附，待吸附饱和后鼓入新鲜空气，使活性炭脱附，恢复吸附性能，是当前气调库脱除 CO_2 普遍采用的装置。CO_2 脱除系统应根据贮藏果蔬的呼吸强度、气调库内气体自由空间体积、气调库的贮藏量、库内要求达到的 CO_2 气体成分的浓度确定脱除机的工作能力。

乙烯脱除系统目前普遍采用且相对有效的方法为高锰酸钾化学除乙烯法和空气氧化

去除法。化学除乙烯法是在清洗装置中充填乙烯吸收剂，做法是，将饱和高锰酸钾溶液吸附在碎砖块、蛭石或沸石分子筛等多孔材料上，乙烯在与高锰酸钾接触时因氧化而被清除。该方法简单，费用极低，但除乙烯的效率低，且高锰酸钾为强氧化剂，会灼伤皮肤。目前，空气氧化去除法利用乙烯在催化剂和高温条件下与 O_2 反应生成 CO_2 和水的原理去除乙烯。与高锰酸钾去除法相比，空气氧化去除法投资费用高，但除乙烯的效率高，可除去库内气体中所含乙烯量的 99%，可将贮藏间内乙烯浓度控制在 $1\sim5\ \mu L/L$。在去除乙烯的同时，空气氧化去除法还能对库内气体进行高温杀菌消毒，因而得到广泛应用。

(4) 自动检测控制系统。气调库内检测控制系统的主要作用是对气调库内的温度、湿度、O_2、CO_2 气体进行实时检查测量和显示，以确定是否符合气调技术指标要求，并进行自动(人工)调节，使之处于最佳气调参数状态。在自动化程度较高的现代气调库中，一般采用自动检测控制设备，它由(温度、湿度、O_2、CO_2)传感器、控制器、计算机及取样管、阀等组成，整个系统全部由一台中央控制计算机实现远距离实时监控，既可以获取各个分库内的 O_2、CO_2、温度、湿度数据，显示运行曲线，自动打印记录和启动或关闭各系统，还能根据库内物料情况随时改变控制参数，技术人员可以方便直观地获取各方面的信息。

(5) 加湿系统。与普通果蔬冷库相比，气调贮藏果蔬的贮藏期长，果蔬水分蒸发较多。为抑制果蔬水分蒸发，降低贮藏环境与贮藏果蔬之间的水蒸气分压差，要求气调库贮藏环境中具有最佳的相对湿度，这对于减少果蔬的消耗和保持果蔬的鲜脆有着重要意义。一般库内相对湿度最好能保持在 90%～95%。常用的气调库加湿方法有地面充水加湿、冷风机底盘注水、喷雾加湿、离心雾化加湿、超声雾化加湿。

2. 气调贮藏库的技术管理

气调贮藏库的管理在许多方面与机械冷藏库管理相似，包括库房的消毒，商品入库后的堆码方式，温度、相对湿度的调节和控制等，但也存在一些不同。

(1) 把控新鲜果蔬原始质量。气调贮藏的新鲜果蔬原始质量要求很高。没有贮前优质的原始质量为基础，强调果蔬气调贮藏的效果也就失去了意义。贮藏用的果蔬最好在专用基地生产，且加强采前的管理。另外，要严格把握采收的成熟度，并注意采后商品化处理措施的综合应用，以利于气调效果的充分发挥。

(2) 产品入库和出库的控制措施。新鲜果蔬入库时尽可能做到按种类、品种、成熟度、产地、贮藏时间要求等分库贮藏，不要混贮，以避免相互间的影响，从而确保提供最适宜的气调贮藏条件。气调条件解除后，应在尽可能短的时间内一次性出库。

(3) 温度、湿度管理。新鲜果蔬采收后应立即预冷，排除田间热后再入库贮藏。经过预冷可将果蔬一次入库，缩短装库时间并尽早达到气调条件，另外，在封库后应避免因温差过大导致内部压力急剧下降，从而增大库房内外压力差而造成对库体的伤害。贮藏期间的温度管理与机械冷藏相同。气调贮藏的温度一般比冷藏库的温度高约 1 ℃。

气调贮藏过程中，库房处于密闭状态，且一般不进行通风换气，故库内可维持较高的相对湿度，有利于产品新鲜状态的保持。气调贮藏对库房的相对湿度一般比冷藏库的要高，要求在 90%～93%。气调贮藏期间可能会出现短时间的高湿情况，一旦发生这种现象即需除湿（如用 CaO 等吸收）。

（4）空气洗涤。在气调贮藏条件下，果蔬易挥发出有害气体和异味物质，且逐渐积累，甚至达到有害的水平，而这些物质又不能通过周期性的库房内外通风换气被排除，故需增加空气气洗涤设备（如乙烯脱除装置、CO_2 洗涤器等）定期工作来保证空气的清新。

（5）气体调节。气调贮藏的核心是气体成分的调节。应根据新鲜果蔬的生物学特性、温度与湿度的要求决定气调的气体组分，通过调节，使气体指标在尽可能短的时间内达到规定的要求，并且整个贮藏过程中维持在合理的范围内。气调贮藏采取的调节气体组分的方法有调气法和气流法两种。在气调库房运行中要定期对气体组分进行监测。不管采用何种调气方法，气调结果要尽可能与预设的要求一致，气体浓度的波动最好能控制在 0.3% 以内。

（6）保证安全性。由于新鲜果蔬对低 O_2、高 CO_2 等气体的耐受力是有限度的，产品长时间贮藏在超过规定限度的低 O_2、高 CO_2 等气体条件下会受到伤害，导致损失。因此，气调贮藏时要注意对气体成分的调节和控制，以防止意外情况的发生。同时要做好记录，便于意外发生后原因的查明和责任的确认。另外，气调贮藏期间应坚持定期通过观察窗和取样孔加强对产品质量的检查。

除了果蔬产品安全性，工作人员的安全性不可忽视。气调库房中的 O_2 浓度一般低于 10%，这样的 O_2 浓度对人的生命安全是有危险的，且危险性随 O_2 浓度降低而增大。所以，气调库在运行期间门应上锁，工作人员不得在无安全保证下进入气调库。解除气调条件后应进行充分彻底的通风，工作人员才能进入库房操作。

气调库和保鲜库有什么区别？

🧰 知识准备

※简易贮藏

简易贮藏包括堆藏、沟藏（埋藏）和窖藏三种基本形式，以及由此衍生的假植贮藏和冻藏，另外，还包括切花的干包装贮藏。简易贮藏简单易行，设施构造简单，建造材料少，修建费用低廉，可因地制宜，充分利用当地气候条件。在缓解产品供需上，这种简易贮藏方式也能起到一定的作用，所以在我国许多水果和蔬菜产区使用非常普遍。其贮藏量在水果和蔬菜的总贮藏量上也占有较大的比重。虽然简易贮藏产品的贮藏寿命不太长，然而对于某些种类的园艺产品，却有其特殊的应用价值。例如：沟藏适用于贮藏萝卜；冻藏适用于贮藏菠菜；假植贮藏适用于芹菜、菜花；大白菜、苹果、梨等可以窖藏；白菜、洋葱可以堆藏或垛藏。

一、堆藏、沟藏

（一）堆藏

堆藏是将园艺产品按一定形式堆积起来，然后根据气候变化情况，表面用土壤、席子、秸秆等覆盖，维持适宜的温湿度，保持产品的水分，防止受热、受冻和风吹、雨淋的贮藏方式。按照地点不同，堆藏又可分为室外堆藏、室内堆藏和地下室堆藏。北方常用此方法贮藏大白菜、甘蓝、洋葱等，南方一些产区也用此方法贮藏柑橘类果实。

堆藏是将园艺产品直接堆积在地上。堆藏受地温影响较小，而主要受气温的影响。当气温过高或过低时，覆盖可发挥隔热或保温防冻的作用，从而缓解不适气温对园艺产品的不利影响。另外，覆盖还能保持贮藏环境的一定空气湿度，甚至能够积累一定的CO_2，形成一定的自发气调环境，故堆藏具有一定的贮藏保鲜效果。堆藏的效果主要取决于覆盖的方法、时间及厚度等因素，因此堆藏往往需要较多的经验。堆藏受气温的影响很大，故在使用上有一定的局限性。

(二)沟藏

沟藏也称为埋藏，是将园艺产品(主要是果蔬产品)按一定层次埋放在泥、沙等埋藏物里，以达到贮藏保鲜目的的一种贮藏方法。沟藏所用的沟一般是临时建造的，贮藏结束后即填平，不影响土地种植或其他用途，且主要用土来覆盖或遮挡阳光。北方冬季普遍用沟藏法来贮藏根菜类蔬菜(图 4-6)。

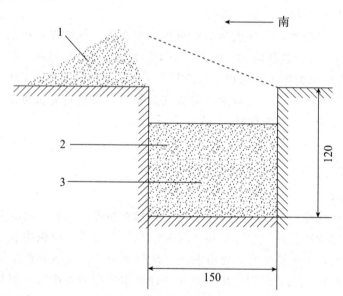

图 4-6 萝卜、胡萝卜沟藏示意图(单位：cm)
1—土堆；2—覆土；3—萝卜

沟藏法主要是利用较稳定的土壤温度来维持所需要的贮藏温度，而且沟藏法较易控制一定的湿度和积累一定的CO_2，来减少园艺产品的自然损耗和抑制其呼吸强度。沟藏法主要有以下特点：①构造简单，成本低；②在晚秋至早春这段时间内，可以得到适宜而又稳定的低温贮藏条件；③适合进行保湿、防冻处理。不过，沟藏也存在许多问题，例如，贮藏初期园艺产品散热易导致高温，贮藏期间不易对贮藏物进行检查，挖沟和管理需要较多的劳动力等。

二、窖藏

窖藏会用到苇。窖藏主要有棚窖和井窖两种类型。可根据当地自然地理条件，如土温，又可以利用简单的通风设备来调节窖内的温度，还能及时检查果蔬贮藏情况，因此窖藏在全国各地有广泛的应用

(一)棚窖

棚窖也称地窖，是一种临时或半永久性贮藏设施，在北方常用于贮藏苹果、葡萄、白菜等果蔬产品。棚窖的形式和结构，因地区气候条件和贮藏产品而大同小异。根据入土深浅，地窖可分为半地下式和地下式两种。在温暖或地下水位较低的地方，多采用半地下式地窖，即一部分窖身在地下，另一部分在地面上筑土墙，再加棚顶(图4-7)。在比较寒冷的地区多采用地下式地窖，即窖身全部在地下(一般入土深2.5～3m)，仅窖口露出地面。地下式地窖的保温效果比较好，可避免冻害。

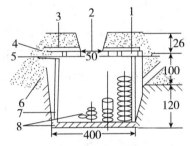

图4-7 棚窖(白菜窖)示意图(单位：cm)

1—秸秆；2—天窗；3—泥土；4—枕木；5—横梁；6—窖眼；7—支柱；8—大白菜

窖内的温度、湿度可通过通风换气来调节，因此建窖时需设天窗，而半地下式棚窖窖墙的基部及两端窖墙的上部也可开设天窗，起辅助通风的作用。

(二)井窖

在地下水位低、土质黏重坚实的地方，可修建井窖。井窖一次建成后，可连续使用多年。四川南充地区的甜橙地窖(图4-8)和山西井窖(图4-9)颇具代表性。

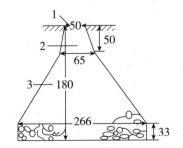

图4-8 南充地窖示意图(单位：cm)

1—窖口；2—窖颈；3—窖体

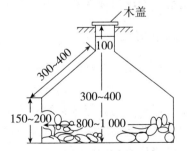

图4-9 山西井窖示意图(单位：cm)

井窖的窖身在地下，故能充分利用土壤的弱导热性和干燥土壤的绝缘作用保持稳定适宜的温湿条件，保证较好的贮藏效果。井窖又可分为室内窖和室外窖。室内窖在园艺产品贮藏初期，窖温较高，贮藏产品比室外窖腐烂严重。不过在开春以后，窖内温度上升比室外窖慢，因此贮藏期要长。而室外窖正好相反，贮藏前期窖内温度比较低，冬季腐烂比较轻，但在开春后，窖内温度上升快，从而使腐烂加重，致使园艺产品不能长久贮藏。

窖藏贮藏管理技术大致分为三个阶段。

1. 降温阶段

在产品入窖前，首先要对窖体进行清洁消毒杀菌处理。在产品入窖以后，夜间要经常打开窖口和通风孔，以尽量多导入外界冷空气，加速降低窖内及产品温度。冷空气导入快慢，取决于窖内外温差、通气口的面积和窖的高度，如果在排气的地方安装排风扇，则会加强降温效果。白天外界温度高于窖内温度，所以要及时关闭窖口和通气孔，防止外界热空气侵入。

2. 蓄冷阶段

冬季在保证贮藏产品不受冻害的情况下，应尽量充分利用外界低温，使冷量积蓄在窖体内。蓄冷量越大，则窖体保持低温时间越长，越能延长产品的贮藏期限。因此，冬季应经常揭开窖盖和通气孔，以达到积蓄冷量的目的。另外，还要定时清除腐烂产品。

3. 保温阶段

春季来临以后，窖外温度逐步回升。为了保持窖内低温环境，此时应严格管理窖盖和通气口，尽量少开窖盖和减少人员入窖时间。

三、其他简易贮藏

(一)冻藏

简易冻藏是指利用自然低温条件，使耐低温的园艺产品在冻结状态下贮藏的一种方式。冻藏主要适用于耐寒性较强的蔬菜，如菠菜、芹菜等绿叶菜。

用于冻藏的蔬菜在 0 ℃时收获，然后放入背阴处的浅沟内(深约 20 cm)，覆盖一层薄土。随着气温下降，蔬菜自然缓慢冻结，在整个贮藏期保持冻结状态，无需特殊管理。在出售前，则取出放在 0 ℃下缓慢解冻，仍可恢复新鲜品质。

(二)假植贮藏

假植贮藏是一种抑制生长的贮藏方法，是把带根收获的蔬菜或园艺苗木密集假植在沟或窖内，使它们处在极其微弱的生长状态，但仍保持正常的新陈代谢过程。这一方法主要用于芹菜、莴苣等蔬菜的贮藏保鲜，而园林苗木或果苗可用假植方式来贮藏越冬。

假植贮藏蔬菜实际上是给蔬菜换了一个环境，强迫蔬菜处于极微弱的生存状态。这样，蔬菜能从土壤中吸收少量的水分和养料，甚至进行光合作用，能较长期地保持蔬菜的新鲜品质，随时采收，随时供应市场消费。

(三)干包装贮藏

干包装贮藏适用于许多切花的长期贮藏，而在水中或保鲜液中进行湿藏则是切花短期贮藏(几天)的常用方法。用于长期贮藏的切花必须质量好，因此干贮藏的切花常在清晨膨压高时采收，迅速包在不透水的容器中。然后放在 0 ℃ 左右温度下贮藏，这样可以贮藏较长的时间。如 1939 年，Neff 报道，香石竹在 −0.5 ℃ 的温度下干包装贮藏 39 d 后，其瓶插寿命与鲜切花的寿命接近。商业上为赶节日供应的切花一般采用干包装贮藏 1～3 周。另外，用于干包装的容器要求具有保湿功能，如用蜡或透明胶作为衬里的纤维圆筒就较适用。而常规花卉运输箱中则常采用的是分隔薄膜或塑料袋。容器中应尽可能装满切花，以减少自由空气的空间，避免相对湿度的下降。不过不能太紧，以防压伤和发生褪色现象。

干包装贮藏切花时，要注意不同类型的切花有特殊的要求。如用此法贮藏月季时，可采用强风预冷，但不需要吸水处理，否则会增加"蓝变"现象发生。又如，金鱼草、唐菖蒲等带秆的花，必须直立贮藏，直立运输。

简易贮藏有哪些优点和缺点？

※通风库贮藏

通风库贮藏是利用通风贮藏库来保存园艺产品的一种方式。通风贮藏库是具有良好隔热性能的永久性建筑，设有灵活的通风系统。它以通风换气的方式排出库内热空气，维持比较稳定、适宜的贮藏温度。通风贮藏库的基本特点类似，且设施比较简单，操作简便，贮藏量也较大。不过，由于通风库是依靠自然条件来调节库内气温的，库内过高或过低的地方很难达到理想的贮藏温度，而且其中的湿度也较难控制，因此通风贮藏库在使用上受到一定的限制。

一、类型与特点

通风贮藏库可分为地下式、地上式、半地下式和改良式几种形式，可根据当地气候和地下水位高低选择。

(一)地上式通风库

地上式通风库的库身全部建在地上，故库温受外界气温的影响较大，适合地下水位较高的地方。地上式通风库可以把进气口设置在库的基部，在库顶设置排气口，这样两者有最大高差，便于库内空气自然对流，所以其通风降温效果较好。

(二)半地上式通风库

它的库身一半在地面以下，库温既受气温的影响，又受地温的影响。这种库一般建在地下水位较低的地方。

(三)地下式通风库

其库身全部在地下，仅库顶露出地面，故库温受气温影响较地温影响小。另外，由于其进出气口的高差较小，所以其通风降温效果较差。在冬季酷寒和地下水位低的地方，适宜于建地下式贮藏库，这样有利于防寒保温。

(四)改良式通风库

其库身在地面，石头墙，水泥地面，钢筋水泥库顶。其优点如下。

(1)隔热性能好，温度与湿度变化幅度小，且比较稳定。多数时间内，库内可以保持在 4 ℃左右，相对湿度可以调到 85%～95%。

(2)就地取材，经济适用。山区石料多，取料容易，因此建筑费用较低。同时，还可以在贮藏库上加盖住房，这样既可以节约资金与土地，又能提高贮藏库隔热保湿性能。

二、通风库的使用与管理

通风库管理工作的重点是创造库内适宜的贮藏温度和相对湿度。具体可从以下几个方面开展管理工作。

(一)贮藏库的清洁与消毒

通风贮藏库在产品入库之前和结束之后，都要进行清洁消毒处理，以减少微生物引起的病害。消毒的方法可采用硫黄熏蒸法，即关闭库门和通风系统，约以 10 g/m³ 的硫黄用量，点燃熏蒸 14～28 h 后，再密闭 24～48 h，然后打开库门和通风系统以彻底排除二氧化硫。其原理在于，二氧化硫溶于水生成的亚硫酸对微生物有强烈的破坏作用。此外，还可以用 1% 的甲醛溶液、4% 的漂白粉澄清液或含有效氯 0.1% 的次氯酸钠溶液喷洒库内用具、架子等设备及墙壁，密闭 24～48 h 即可。

(二)贮藏库温度管理

园艺产品入库初期，由于田间热及呼吸释放的热量，库内温度较高，产品入库后的主要管理工作是控制通风设备的开启，最大限度地导入外界冷空气，排除库内热空气，以迅速降低库温。在贮藏中期，外界气温和库温逐渐降到较低水平，此时应注意减少通风量和通风时间，以维持库内稳定的贮藏温度和相对湿度。在酷寒地区，此时要注意防止冷害。至贮藏后期，由于外界温度逐步回升，此时通风不宜过多，以尽量延缓库温上升。

(三)贮藏库湿度管理

库内若相对湿度过低，产品就会因水分蒸发而萎蔫，因此经常保持库内高的相对湿度是通风库管理中一项重要的措施。常用的比较简单的方法就是在库内地面泼水，或先在地面铺上细沙再泼水，或将水洒在墙壁上。总之，对大多数园艺产品而言，要求库内湿度保持在 85%～95%，加湿是必要的管理措施。不过对于相对湿度要求不高的洋葱、大蒜等，则不需要专门的加湿措施。

通风库贮藏除必须进行以上管理外，还要采取合理的品质检查措施。在贮藏初期，由于贮藏温度较高，此时贮藏物腐烂较多，因此应经常检查腐烂情况，及时清除腐烂物；在贮藏中期，库温已保持在较低水平，腐烂现象相对发生较少，此时应相应减少检查腐烂次数，避免影响库温和相对湿度的稳定；贮藏后期，由于库温将逐步回升，腐烂也将加重，因此应加强对腐烂和品质变化情况的检查，以便及时确定贮藏期限。

※机械冷藏

在我国北方农村，有传统的贮冰和冰窖贮藏新鲜果品、蔬菜和花卉的经验。不过由于冰窖贮藏劳动强度大，且受地域、气候和水源的限制，应用范围日益缩小。20 世纪 80 年代以来，随着机械冷藏设备和冷藏技术的发展及普及，机械冷藏已逐步取代冰窖贮藏。迄今为止，发达国家都将机械冷藏看作贮藏新鲜园艺产品的必要手段。

机械冷藏是指在一个适当建筑物中（机械冷藏库），借助机械冷凝系统的作用，将库内的热空气传送到库外，使库内温度降低并保持一定相对湿度的贮藏方式。机械冷藏的优点是受外界环境影响较小，可以终年维持库内需要的低温。并且，库内温度、相对湿度及空气流量都可以控制调节，以适应产品的贮藏。

一、机械冷藏库的类型及特点

机械冷藏库又简称冷库，目前主要有土建冷库和装备式冷库两种。土建冷库的主体结构形式主要有两种：①钢筋混凝土无横梁结构。该结构形式主要用于大中型冷库，其主要特点是，无横梁，冷库空间可充分利用，载荷能力大。②钢筋混凝土梁板式结构。该结构形式多用于小型冷库。其主要特点是：施工方便，技术简单，但由于板顶有横梁或次横梁通过，所以库容量受影响，且影响空气流通。装备式冷库在墙及屋顶面采用金属夹心隔热板进行保温隔热。这种夹心板通常用两块薄金属板，中间灌注聚氨酯泡沫塑料或聚苯乙烯泡沫塑料做成。其特点是建库速度快，施工周期短，但一旦停机后，库温回升快。

二、机械冷藏库制冷原理

机械制冷的基本作用在于，制造一个冷源，借助于传导、辐射和对流的方式来吸收所需降温物体的热量，从而降低贮藏物的温度，并维持低温，以达到贮藏保鲜的目的。机械制冷的工作原理是，借助制冷剂在循环不已的气态—液态互变过程中，把贮藏库内的热量传递到库外而使库内温度降低，并维持恒定。

（一）制冷系统

机械制冷是利用气化温度很低的液态制冷剂气化来吸收贮藏环境中的热量，使库温迅速下降，再通过压缩机的作用，使之变为高压气体后冷凝降温，形成液体后再次循环的过程。依靠液态制冷剂气化而吸热为工作原理的机械称为冷冻机。目前的冷冻机主要是压缩冷冻机，其组成有压缩机、蒸发器、冷凝器和调节阀（包括膨胀阀和吸收阀）四部分（图4-10）。制冷系统是冷藏库最重要的设备。

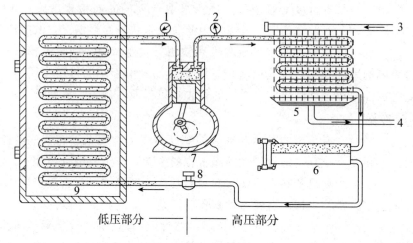

图4-10 冷冻机工作原理示意（直辖蒸发系统）

1—回路压力；2—开始压力；3—冷凝水入口；4—冷凝水出口；5—冷凝器；6—贮液（制冷剂）器；
7—压缩机；8—调节阀（膨胀阀）；9—蒸发（制冷）器

1. 蒸发器

蒸发器是由一系列蒸发排管构成的热交换器。液态制冷剂由高压部分经调节阀进入低压部分的蒸发器时达到沸点而蒸发，吸收载冷剂所含的热。蒸发器可安装在冷库内，也可安装在专门的制冷间。

2. 压缩机

在整个制冷系统中，压缩机起着心脏的作用，是冷冻机的主体部分，目前常用的是活塞式压缩机。压缩机通过活塞运动吸入来自蒸发器的气态制冷剂，将制冷剂压缩成为高温高压气体送往冷凝器中。

3. 冷凝器

冷凝器有风冷和水冷两类，主要是通过冷却水或空气把压缩机制冷剂蒸汽的热量带走，使之重新液化。

4. 调节阀

调节阀又叫作膨胀阀，它装置在贮液器和蒸发器之间，用来调节进入蒸发器的制冷剂流量，同时起到降压作用。

（二）制冷剂

在制冷系统中，蒸发吸热的物质称为制冷剂。制冷系统的热传递任务是靠制冷剂来进行的。制冷剂要具备沸点低、冷凝点低、对金属无腐蚀作用、不易燃烧、不爆炸、无刺激性、无毒、无味、易于检测、价格低廉等特点。

当前应用普遍的制冷剂是氨和卤代烃或氯氟碳化物。氨（NH_3）主要用于压缩冷冻机，其潜热比其他制冷剂高。在 0 ℃时，它的蒸发热是 1 260 kJ/kg。但氨有毒，若空气中含有 0.5%(体积分数)，人在其中停留 0.5 h 就会引起严重中毒，甚至有生命危险。若空气中含量超过 16%，会发生爆炸性燃烧。另外，氨的比体积较大，其含水量不能超过 0.2%。氨水对钢有腐蚀作用。

氯氟碳化物中，使用较多的是二氯二氟甲烷(氟利昂)，其蒸发热是 154.9 kJ/kg，是小型制冷设备中较好的制冷剂。但是氟利昂对臭氧层有破坏作用，目前已限制使用。许多国家在生产制冷设备时已采用了氟利昂的代用品，如溴化锂等制冷剂。我国也已生产出非氟利昂制冷的家用冰箱小型制冷设备。寻找和研究氟利昂代用品已经成为国际上极为关注的问题。

三、冷却方式

(一)直接蒸发系统

蒸发器直接装置于冷库中，利用制冷剂的蒸发降低库内温度。其冷却迅速，降温较低，但蒸发器上容易结霜，要经常"冲霜"，否则将会影响蒸发器的冷却效果。而且蒸发器降湿同时不断地降低库内湿度，使冷藏库内湿度比较小。接近蒸发器处的温度较低，远处的则较高，库内温度不均匀。

(二)水冷却系统

蒸发器不直接安装在冷库内，而是安装在盐水池内，将盐水冷却后，再输入安装在冷库内墙壁上的冷却管道，使不断循环从而降低库内温度。常用的盐主要有食盐和氯化钙，20%的食盐水溶液可降至 -16.5 ℃，20%的氯化钙溶液则可降至 -23 ℃。盐水冷却系统可避免有毒及有臭味的制冷剂在库内泄漏而损害贮藏的产品和管理人员，但食盐水和氯化钙溶液对金属都有腐蚀作用，并且必须在较低的温度下蒸发，因此还会增加耗电量。

(三)鼓风冷却系统

蒸发器或者盐水冷却管装在空气冷却器(室内)内，借助鼓风机的作用，将库内的空气抽吸进空气冷却器内而降温，将已冷却的空气通过鼓风机送入冷库内，如此循环降低库温。鼓风冷却系统冷却迅速，可保证库内温度、湿度较为均匀一致，并能在空气冷却同时调节空气湿度。

四、冷库管理

(一)消毒

园艺产品腐烂的重要原因是有害菌类的污染，冷藏库在使用前必须进行全面的消毒。常用的消毒方法是将库内打扫干净，所有用具用 0.5%的漂白粉溶液或 2%~5%硫酸铜溶液浸泡、刷洗、晾干。然后对冷库用下列方法进行消毒。

1. 乳酸消毒

将浓度为80%～90%的乳酸和水等量混合，按库容用1 mL/m³的比例，将混合液放于瓷盆内，于电炉上加热，待溶液蒸发完后，关闭电炉。闭门熏蒸6～24 h，然后开库使用。

2. 过氧乙酸消毒

将20%的过氧乙酸按库容用5～10 mL/m³的比例，放于容器内，于电炉上加热，促使其挥发熏蒸，或按以上比例配成1%的水溶液全面喷雾。因过氧乙酸有腐蚀性，使用时应注意对器械、冷风机和人体的防护。

3. 漂白粉消毒

将含有效氯25%～30%的漂白粉配成10%的溶液，用上清液按库容40 mL/m³的用量喷雾。使用时注意防护，用后库房必须通风换气除味。

4. 福尔马林消毒

按库容用15 mL/m³福尔马林的比例，将福尔马林放入适量高锰酸钾或生石灰，稍加些水，待发生气体时，将库门密闭熏蒸6～12 h。开库通风换气后方可使用库房。

5. 硫黄熏蒸消毒

每立方米库容用硫黄5～10 g，加入适量锯末，置于陶瓷器皿中密闭熏蒸24～48 h后，彻底通风换气。

(二)入库管理

园艺产品进入冷藏库之前要先预冷。由于园艺产品收获时田间热较高，增加了冷凝系统的负荷，若较长时间达不到贮藏低温，则会引起严重的腐烂败坏。进入冷贮的产品应先用适当的容器包装，在库内按一定方式堆放，尽量避免散贮方式。为使库内空气流通，以利降温和保证库内温度分布均匀，货物应离墙30 cm以上，与顶部约留80 cm的空间，而货与货之间应留适当空隙。堆放的总要求首先是"三离一隙"，"三离"指的是离墙、离地面、离天花板，"一隙"是指垛与垛之间及垛内要留有一定的空隙。其次注意果蔬的堆垛大小适度，同一品种堆一起，严格执行果蔬采后的分级、挑选、涂膜等处理，果蔬的进出库量每天应控制在10%左右。

(三)温度管理

产品入库后应使其尽快达到贮藏适宜温度，在贮藏期间应尽量避免库内温度波动。园艺产品种类和品种不同，对贮藏环境的温度要求也不同。如有些切花(菊花、郁金香等)可在−0.5～0 ℃条件下包装贮藏，而黄瓜、四季豆、甜辣椒等蔬菜在0～7 ℃就会发生冷害。冷藏库的温度要求分布均匀，可在库内不同的位置安放温度表，以便观察和记载冷藏库内各部温度的情况，避免局部产品受害。另外，结霜会阻碍热交换，影响制冷效果，必须及时冲霜。

(四)湿度管理

贮藏园艺产品的相对湿度要求在85%～95%。在制冷系统运行期间，湿空气与蒸发管接触时，蒸发器很容易结霜，而经常性的冲霜会使冷藏库内湿度不断降低，以致低于贮藏果蔬对湿度的要求。因此，贮藏园艺产品时要经常检查库内相对湿度，采用地面洒水和安装喷雾设备或自动湿度调节器的措施来达到对贮藏湿度的要求。

一些冷藏库相对湿度偏高，这主要是由于冷藏库管理不善，产品出入频繁，以致库外含有较高的绝对湿度的暖空气进入库房，在较低温度下形成较高的相对湿度，甚至达到"露点"，而出现"发汗"现象。解决这一问题的方法在于改善管理。

(五)通风换气管理

园艺产品贮藏过程中会放出CO_2和乙烯等有害气体，当这些气体浓度过高时不利于贮藏。冷藏库必须适度通风换气，保证库内温度均匀分布，降低库内积累的CO_2和乙烯等气体浓度，达到贮藏保鲜的目的。冷藏库的通风换气要选择气温较低的早晨进行，雨天、雾天等外界湿度过大时暂缓通风。为防止通风引起冷藏库温、湿度发生较大的变化，在通风换气的同时应开动制冷机以减缓库内温度、湿度的升高。

(六)贮藏果蔬的检查

对于不耐贮的新鲜果蔬产品，每间隔3～5 d检查一次，耐贮性好的可15 d甚至更长时间检查一次。为了达到控温目的，各个堆垛上装上温度表以观察记载库内的温度，发现问题及时处理。

(七)耗冷量计算

耗冷量就是冷库中冷凝系统的热负荷量。冷藏库耗冷量计算是设计和维护冷库的必要，也是配置制冷装置的参考依据。设备具备足够的制冷负荷才能使果蔬冷却到规定的温度范围。

耗冷量Q包括四部分，$Q=Q_1+Q_2+Q_3+Q_4$。

式中：Q_1——库房内外温差和库墙、库顶受太阳辐射热作用而通过围护结构传入的热量，简称传入热或漏热。

Q_2——果蔬在贮藏过程中呼吸作用放出的热量，简称呼吸热。

Q_3——通风或开库门时外界新鲜空气进入库内而带入的热量，简称换气热。

Q_4——冷库内工作人员操作设备、库内照明和各种动力设备运行时产生的热量，简称经营操作热。

耗冷量计算涉及当地炎热季节最具代表性的室外计算干球温度、相对湿度等数据，可查询《各主要城市部分气象资料》。

※气调贮藏

气调贮藏即调节气体成分贮藏，即在适宜的低温条件下减少贮藏环境空气中的O_2并

增加 CO_2 的贮藏方法，是目前国际上园艺产品保鲜的现代化贮藏方式。

一、气调贮藏的条件

气调贮藏多用于果蔬的长期贮藏。因此，无论是外观或内在品质都必须保证原料产品的高质量，才能获得高质量的贮藏产品，取得较高的经济效益。入贮的产品要在最适宜的时期采收，不能过早或过晚，这是获得良好贮藏效果的基本保证。另外，只有呼吸跃变型的果蔬采取气调贮藏，才能取得显著效果。果蔬气调贮藏寿命除取决于贮藏品种的遗传特性外，还受以下环境因素的影响。

(一)温度

降低温度对控制呼吸作用、延长贮藏寿命的重要性是其他因素不能替代的。在保证园艺产品正常代谢不受干扰的前提下，尽可能降低和稳定贮藏温度。当温度接近 0 ℃时，温度的稍微地波动都会对呼吸产生刺激作用，因此气调贮藏库的温度比冷藏库的稍高（1 ℃左右）。采用气调贮藏法贮藏果品或蔬菜时，在比较高的温度下，也可能获得较好的贮藏效果。新鲜果品和蔬菜之所以较长时间地保持其新鲜状态，主要是降低温度、提高 CO_2 浓度和降低 O_2 浓度等逆境的适度应用，抑制了果蔬的新陈代谢。各种果蔬其抗逆性都有一定的限度，苹果常规冷藏的适宜温度是 0 ℃，如果用 0 ℃再加以高 CO_2 和低 O_2 的气调贮藏，则苹果会出现 CO_2 伤害等病症。如在气调贮藏时，其贮藏温度提高到 3 ℃左右，就可以避免 O_2 伤害。绿色番茄在 20～28 ℃进行气调贮藏的效果，与在 10～13 ℃下普通空气中贮藏的效果相同。由此看出，气调贮藏法对热带、亚热带果蔬来说有非常重要的意义，因为它可以采用较高的贮藏温度从而避免产品发生冷害。当然这里的较高温度也是很有限的，气调贮藏必须有适宜的低温配合，才能获得良好的效果。

(二)气体浓度

1. 低 O_2 效应

气调贮藏中低 O_2 浓度在抑制后熟作用（调控乙烯的产生）和呼吸抑制中具有关键作用。贮藏温度升高时，叶绿素分解加速，低 O_2 有延缓叶绿素分解的作用。贮藏之前，将苹果放在 O_2 浓度为 0.2%～0.5% 的条件下处理 9 d，然后贮藏在 CO_2 和 O_2 浓度比为 1.0∶1.5 的条件下，对于保持史密斯苹果的硬度和绿色，以及防止褐烫病和红心病，都有良好的效果。气调贮藏中，O_2 浓度一般以能维持正常的生理活性、不发生缺氧（无氧）呼吸为底线，引起多数果蔬无氧呼吸的临界 O_2 浓度为 2%～2.5%。

2. 高 CO_2 效应

提高 CO_2 的浓度对延长多种园艺产品的贮期都有效果。刚采摘的苹果大多对高 CO_2 和低 O_2 的忍耐性较强，在气调贮藏前给以短时间高浓度 CO_2 处理，有助于加强气调贮藏的效果。将采后的果实放在 12～20 ℃下，CO_2 浓度维持在 90%，经 1～2 d 可杀死所有的介壳虫，而对苹果没有损伤。前期经 CO_2 处理的金冠苹果贮藏到 2 月，比不处理的硬度高，风味也更好些。但长时间 CO_2 浓度过高（超过 15%），就会导致风味恶化和 CO_2

中毒的生理病害。CO_2 的最有效浓度取决于不同种类的园艺产品对 CO_2 的敏感性，以及其与其他因素的相互关系。

3. O_2、CO_2 和温度的互作效应

气调贮藏中的气体成分和温度等诸因素，不仅能独立发挥作用影响产品贮藏效果，而且诸因素会对贮藏产品产生综合性的影响。贮藏效果的好坏正是这种互作效应是否被正确运用的反映。要取得良好贮藏效果，O_2 浓度、CO_2 浓度和温度必须有最佳的配合点。不同的贮藏产品都有各自最佳的贮藏条件组合（表 4-1），但这种最佳组合不是一成不变的。当某一因素发生改变时，可以通过调整别的因素来弥补这一因素改变所造成的不良影响。另外，气调贮藏在不同的贮藏时期还应控制不同的气调指标，以适应果实从健壮向衰老的不断变化中对气体成分的适应性也在不断变化的特点，从而有效地延缓其代谢过程，保持更好的食用品质。此法称为动态气调贮藏，简称 DCA。

表 4-1　部分果品蔬菜的气调贮藏条件

种类	O_2 含量/%	CO_2 含量/%	温度/℃	备注
元帅苹果	2~3	1~2	-1~0	美国
	5	2.5	0	澳大利亚
金冠苹果	2~3	1~2	-1~0	美国
	2~3	3~5	3	法国
巴梨	4~5	7~8	0	日本
	0.5~1	6	0	美国
柿	2	8	0	日本
桃	3~5	7~9	0~2	日本
香蕉	5~10	5~10	12~14	日本
草莓	10	5~10	0	日本
番茄(绿)	2~4	0~5	10~13	北京
	2~4	5~6	12~15	新疆
甜椒	3~6	2~5	7~9	沈阳
	3~6	2~8	10~12	新疆
蒜薹	2~3	0~3	0	沈阳
	2~5	2~5	0	北京
	1~5	0~5	0	美国

4. 乙烯的作用

低氧可以抑制乙烯的生成。CO_2 是乙烯的类似酶反应的竞争抑制剂，通过降低贮藏环境中 O_2 的浓度，提高 CO_2 的浓度，能达到减少乙烯生成量、降低乙烯作用的目的。

(三)相对湿度

相对湿度是影响气调贮藏效果的又一因素。维持较高湿度，对降低贮藏产品与周围

大气之间的蒸汽压差、减少园艺产品的水分损失具有重要作用。而气调贮藏园艺产品对库的相对湿度要求一般比冷藏库的高，一般贮藏果实的相对湿度要求在 $90\% \sim 93\%$。是否需要采取增湿措施，还要根据贮藏产品的要求来定。一般而言，气调贮藏库的自然相对湿度不能满足贮藏产品对湿度的要求，因而普遍需要采取增湿措施。

气调贮藏中，各种因素是通过综合作用来影响贮藏效果的。各个因素相互关联，相互制约。如高湿状态下能有效抑制园艺产品水分蒸发而减少损耗，但若此时 CO_2 浓度过高，就易产生碳酸而使园艺产品腐蚀，褐变，造成损失。

二、气调贮藏的类型与应用

(一)可控气调贮藏

可控气调贮藏是利用机械设备人为地控制贮藏环境中的气体组成。它是经济发达国家大量长期贮藏园艺产品的主要手段。它能够有效地控制贮藏中的气体组成，使园艺产品贮藏期延长。不足的是，这种方法所需设备条件高，贮藏成本也高，因而在一定程度上限制了它的广泛应用。

1. 气调贮藏库的组成和类型

气调贮藏库除有调温设备外，还主要有调气设备和气体分析设施。调气设备主要包括气体发生器、膜分离系统(利用特殊的膜的选择性分离功能，将压缩空气中氮与 O_2 分离的系统)、CO_2 清除装置、乙烯脱除装置(如 purafil，美国一种乙烯吸收剂商品名)。根据库内气体调节的方式不同，可将气调贮藏库分为普通气调库和机械气调库。普通气调库采用的气调方法是根据气体成分分析结果，通过开、关送风机来调控 O_2，开、关 CO_2 洗涤器来控制 CO_2。普通气调率的特点是降 O_2、增加 CO_2 的速度慢，冷藏气密性要求高，不宜在贮藏期间经常进出库或进行观察，适宜于贮藏一次性整进整出的园艺产品，所需费用低。机械气调库调气方式有冲气式和再循环式两种。冲气式调气是利用 N_2 发生器降氧，从而调节一定浓度的 O_2 和 CO_2 的比值来降低呼吸强度。再循环式调气是在冲气式的基础上，将库内气体通过循环式气体发生器处理，去掉其中的 O_2，然后将处理过的气体重新输入库内。这两种气调方式降 O_2 增 CO_2 的速度快，可随时出入库或观察。

2. 气调贮藏库的特点与使用管理

气调库在建筑结构和使用管理上有着完全不同于冷藏库的特点。首先，气调库不仅要求维护结构有良好的隔热性能，而且要求相当高的气密性能。其次，要求维护结构有较高的强度，因为气调库气密性高，在降温、调节的过程中，会使墙内外侧产生压差，若维护结构强度不够，就易出现维护结构胀裂或塌陷事故；最后，在气调库使用管理时，要入库快，除留必要的通风检查通道外，尽量堆高装满，以让园艺产品尽快进入气调状态。当进入气调状态后，尽量避免频繁开门进出货，最好一次或短期内分批出完。这一点与冷藏库不同。

气调库在使用管理方面主要可分为三个阶段：一是入库准备阶段。此时要求全面检查库的气密性、制冷和调气系统。库内气温下降不能太快，以防瞬间造成较大负压，造成库体损坏，破坏气密性。另外，在入库前，最好对库体内进行全面的消毒处理。二是园艺产品入库准备阶段。园艺产品入库前，要对其进行剔选、分级与包装。包装时由于库内湿度较大，纸箱易吸湿变软，最好用较硬的塑料周转箱或木箱包装。有时还需要对园艺产品进行预冷处理。三是监控阶段。在入库后几周内，要随时注意库内温湿度、O_2与CO_2含量的变化，并维持这些指标在规定范围内。同时要注意防冷害、CO_2中毒、缺氧与霉变等。另外，在产品出库时，应先向库内输入新鲜空气，恢复库内正常条件后方可入库取货。

(二)自发性气调贮藏——塑料薄膜包装或封闭贮藏

塑料薄膜包装或封闭贮藏是利用薄膜对水蒸气和气体的不同透性，包装或密封园艺产品，从而改变环境中的气体成分，控制水分过分蒸发散失，进而抑制呼吸、延缓衰老、延长贮藏期的贮藏方式。采用塑料薄膜进行包装不仅能够延缓园艺产品衰老，减轻和减缓某些生理病害，降低腐烂率，减少园艺产品的虫害，而且可以防止机械损伤，大大提高其商品性。塑料薄膜的种类、密度、厚度不同，对气体和水蒸气的透性也不一样，选择适宜的塑料薄膜就能够使贮藏环境达到适宜的气体组成和相对湿度，满足不同类型园艺产品的贮藏需要。塑料薄膜包装或密封贮藏通常与普通机械冷藏库或通风贮藏库贮藏方式相结合。这种贮藏方式也可运用于运输中，使用方便，成本低，贮藏效果也较好，是气调贮藏方法的一次革新。目前所用的塑料薄膜材料是符合卫生标准的聚乙烯、聚氯乙烯和聚丙烯。这些塑料透水性低，透气性高，无毒。

园艺产品所使用的具体方法有大帐法和袋封法。

1. 大帐法

大帐法也称垛封法，是将园艺产品堆垛的周围用薄膜封闭进行贮藏的方法。具体做法是：一般先在贮藏室地上垫上衬底薄膜，其上放上枕木，将园艺产品用容器包装后堆成垛，容器之间酌留通气孔隙。码好的垛用塑料薄膜帐罩住，帐子和垫底薄膜的四边互相重叠卷起埋入垛四周的土中，或用土、砖等压紧。实践中常配合充氮降氧，或充CO_2抽氧等实用技术，以使帐内加快形成适宜的气体组合。密封帐常用厚 0.1～0.2 mm、机械强度高、透明、耐热、耐低温老化的聚乙烯或聚氯乙烯(PVC)塑料薄膜。每垛贮藏量一般为 500～1 000 kg，垛成长方形状。无论在冷库还是常温贮藏场所，大帐法帐内常会有水珠凝结。解决措施是将园艺产品预冷，帐内产品之间留有适度通风空隙，并保持帐内温度恒定。另外，由于密封薄膜透气性不是很好，贮藏时间过长时则有可能造成帐内O_2浓度过低，或CO_2浓度过高而影响贮藏效果。解决办法通常是在帐内底部撒上消石灰或木炭以吸收过多的CO_2，或采用通风换气的办法来调节帐内气体组成。

2. 袋封法

袋封法是将产品装在塑料薄膜袋内(多为 0.02～0.08 mm 厚的聚乙烯)并扎紧袋口或热合密封的一种简易气调贮藏方法，在果蔬贮藏上应用较为普遍。袋的规格、袋的容量不一，大的有 20～30 kg，小的小于 10 kg，而柑橘等水果盛行单果包装。

(三)自发性气调贮藏——硅橡胶窗气调贮藏

塑料薄膜越薄，透气性就越好，但容易破裂，若薄膜加厚，虽然提高了薄膜强度，但透气性降低。因此，塑料薄膜在使用上受到一定限制，而硅橡胶窗气调贮藏弥补了这一缺陷。

硅橡胶窗气调贮藏是将园艺产品贮藏在镶有硅橡胶窗的聚乙烯薄膜袋内，利用硅橡胶膜特有的透气性自动调节气体成分的一种简易气调贮藏方法。硅橡胶薄膜的透气性比一般塑料强 $100\sim400$ 倍，而且具有较高的 CO_2 和 O_2 的透气比，CO_2、O_2、N_2 的透气比为 $1:6:(8\sim12)$。因此，利用硅橡胶膜特有的透气性能，使密封袋(帐)中过量的 CO_2 通过硅窗透出去，园艺产品呼吸过程中所需的 O_2 可从硅窗中缓慢透入，这样就可保持适宜的 O_2 和 N_2 浓度，创造有利的气调贮藏条件。硅窗塑料袋大小可根据需要而定，但硅窗面积却是一个非常重要的条件，因为从理论上讲，一定面积的硅橡胶窗，经过一定的时间后，就能调节和维持一定的气体组成，即不同园艺产品有各自的贮藏气体组成，有各自相适宜的硅窗面积。硅窗面积具体决定于园艺产品的种类、成熟度、贮藏数量和贮藏温度等。

总之，应用硅橡胶窗进行气调贮藏，需要在贮藏温度、产品数量、膜的性质和厚度及硅窗面积等多方面进行综合选择，才能获得理想的效果。对于一般果蔬而言，将 O_2 和 CO_2 的组成控制在 $2\%\sim3\%$ 和 5%，有利于减缓果蔬的氧化过程，减少果胶和叶绿素等的分解，延长果蔬的贮藏寿命。

※减压贮藏

减压贮藏是气调贮藏的发展，又称低压贮藏或真空贮藏。它是将园艺产品贮藏在一个密封的冷藏场所，然后使贮藏室中的气压降低(一般为 1/10 个大气压，即 10.132 5 kPa)，这样使贮藏室中的 O_2 和 CO_2 等各种气体的绝对含量下降，造成一个低氧条件，起到类似气调贮藏中的降氧作用；当贮藏室中达到所要求的低压时，新鲜空气则首先通过压力调节器和加湿器，使空气的相对湿度接近饱和后再进入贮藏室，使贮藏室内始终保持一个低压高湿的贮藏环境，达到贮藏保鲜的要求。减压贮藏是气调贮藏的进一步发展，它最先在苹果、番茄、香蕉等果实上进行试验，效果明显。后来证明，减压贮藏在其他蔬菜上也很有效，如在 10.132 5 kPa 下，可使芹菜、莴苣等贮藏期延长 0.2 倍到 0.9 倍。减压贮藏在诸如香石竹、菊花、月季、唐菖蒲、一品红等切花上的试验证明，它比常规冷藏寿命延长一倍。但关于减压贮藏能否在花卉生产中实际应用尚难预测。目前部分实验室试验和商业试验证明减压贮藏可行，而另一些试验则认为好处很少，而且减压贮藏的初期投资较高。

一、减压贮藏的原理

减压贮藏原理是：首先，在降低气压的同时，空气中各种气体组成的分压也降低，如气压降低到正常的 1/10，空气中 O_2 的绝对含量也只有原来的 1/10，即约为 2.1%，所以减压贮藏创造了一个类似气调贮藏的低氧条件；其次，减压处理能促进组织内气体向外扩散的速度，即能够促进组织体内产生的乙烯、乙醛、乙醇和芳香物质向外扩散，这种作用对防止园艺产品组织的完熟和衰老极其有利；另外，减压贮藏还具有保持绿色、防止组织软化、减轻冷害和一些贮藏生理病害的效应。简而言之，减压贮藏的原理在于：一方面不断地保持低压条件，稀释 O_2 的浓度，抑制园艺产品组织内乙烯的生成；另一方面把已释放的乙烯从环境中排除，从而达到贮藏保鲜的目的。

二、减压贮藏的主要设备

减压贮藏库主要包括减压室(减压罐)、加湿器、气流计和真空泵等(图4-11)。目前小规模的减压贮藏多采用钢质的贮藏罐，它贮藏量小，而贮藏量大的贮藏室必须用钢筋混凝土浇制。加湿器主要是使通入减压室的空气加湿，使贮藏中维持较高的相对湿度，防止园艺产品失水萎蔫。不过在贮藏中要想准确测定减压室内的相对湿度非常困难，通常的办法是通过观察库内安装的一个透明塑料板上的水分凝结状况，来大致确定室内的相对湿度。减压贮藏的减压处理主要有两种方式：定期抽气式和连续抽气式。前者是对贮藏容器抽气，达到要求的真空度后，就停止抽气，然后则只采取维持低压的措施。这种方式虽可以促进园艺产品组织内的乙烯等气体向外扩散，却不能使容器内的这些气体不断向外排出。连续抽气式则是在贮藏室的一端用抽气泵连续不断地抽气排空，另一端则不断输入新鲜空气。采用这种方式进行减压处理，可以使园艺产品始终处于低压低温的新鲜湿润的气流中。

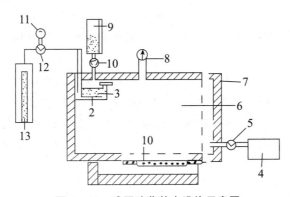

图4-11　减压贮藏基本设施示意图

1—冷却管；2—加湿器；3—水；4—真空泵；5—真空节流阀；6—减压贮藏库；7—隔热墙；
8—温度表；9—加水泵；10—加水阀门；11—真空表；12—真空调节器；13—空气气流计

三、减压贮藏的优点

减压贮藏室(库)与气调库和冷藏库的主要不同点在于，它有一个具有多方面作用的减压系统，这个减压系统由真空设备、冷却设备和增湿设备组成。在贮藏过程中，减压系统主要有四种作用，即减压作用、通风换气作用、增湿作用和制冷作用。与一般气调贮藏和冷藏法相比，减压贮藏有以下优点。

(1)与气调贮藏相比，减压贮藏进气简单，除空气外不需要提供其他的气体，因此，省去了气体发生器和 CO_2 清除设备等。

（2）减压贮藏室的制冷降温与抽真空是连续进行的，并维持压力的动态稳定，所以贮藏库降温速度快，所贮藏的园艺产品可以不预冷而直接入库。

（3）该法操作灵活简便，仅通过控制开关即可。

（4）经过减压贮藏的果实，在解除低压环境后，其后熟和衰老过程仍然缓慢，故经减压贮藏的果蔬仍具有较长的货架寿命。

（5）因为换气频繁，所以能及时排除有害气体，有利于园艺产品的长期保鲜贮藏。

（6）对贮藏物的要求也不如气调库和冷藏库高，它可以同时贮藏多种园艺产品。

另外，因为减压可以使 CO_2 维持在适当水平，可以促进乙醛等挥发性物质的排出，可以抑制微生物的发育和孢子的形成，所以，用该方法贮藏园艺产品，还可以减少贮藏过程中生理病害的发生。

四、减压贮藏的不足和管理特点

减压贮藏的不足首先在于对减压贮藏库的要求较高，要求贮藏库能承受 $1.013\ 25 \times 10^5\ Pa$ 以上的压力，这在建筑上是极大的难题，且建筑费用比气调库和冷藏库要高。其次，在减压条件下，果蔬组织极易散失水分而萎蔫，因此在管理上的第一个特点就是要注意经常保持高的相对湿度（95％以上）。但是，高湿度又会加重微生物的危害，因此在管理上的第二个特点是减压贮藏时要配合应用消毒防腐剂。再次，减压贮藏的园艺产品刚从减压室中取出来时，风味不好、不香，因此在减压贮藏后所取出的园艺产品要放置一段时间再上市出售，这样可以部分恢复原有的风味和香气。最后，在减压贮藏中，由于贮藏室中的气流速度大，园艺产品在库内可以密集堆积，仍可以维持均衡的温湿度和气体组成。

总之，在管理上，减压贮藏不仅要注意维持低压条件，还需要仔细控制温度和相对湿度。然而，正是由于减压贮藏存在以上的不足及管理上的高要求，限制了这种贮藏技术在生产中的推广应用，目前减压贮藏主要应用于长途运输的拖车或集装箱运输中。

※果蔬贮藏的辅助措施

一、辐射处理

从 20 世纪 40 年代开始，许多国家对原子能在食品保藏上的应用进行了广泛的研究，取得了重大成果。经辐射处理的马铃薯、洋葱、大蒜、蘑菇、石刁柏、板栗等蔬菜和果品早已大量上市。

（一）辐射对产品的影响

1. 干扰基础代谢，延缓成熟与衰老

各国在辐射保藏食品上主要是应用 ^{60}Co（^{60} 钴）或 ^{137}Cs（^{137} 铯）为放射源的 γ-射线来照射。γ-射线是一种穿透力极强的电离射线，当其穿过活机体时，会使其中的水和其他物质发生电离作用，产生游离基或离子，从而影响机体的新陈代谢过程，严重时会杀死细胞。由于照射剂量不同，所起的作用有差异。

低剂量：1 kGy 以下，影响植物代谢，抑制块茎、鳞茎类发芽，杀死寄生虫。

中剂量：1～10 kGy，抑制代谢，延长果品、蔬菜贮藏期，阻止真菌活动，杀死沙门氏菌。

高剂量：10～50 kGy，彻底灭菌。

用射线辐照块茎、鳞茎类蔬菜可以抑制其发芽，剂量为 50～150 kGy。用 20 kCy 照射姜时抑芽效果很好，剂量再高反而引起腐烂。

内蒙古农牧学院同位素室报道，应用 420 Gy 的射线照射青香蕉苹果和红星苹果，对其保鲜有良好效果。滁县地区农科所报道，应用 1 680 Gy 剂量的 γ-射线处理砀山酥梨，在 23～30 ℃、相对湿度 70%～90% 的条件下贮藏 15 d，好果率为 50%～80%，而对照组已无好果。广西植物研究所报道，采用 255 Gy γ-射线处理板栗，以薄膜袋包装，常温下贮藏 7 个月，可完全防止板栗发芽。

2. 辐射对产品品质的影响

用 600 Gy γ-射线处理 Carabao 芒果，在 26.6 ℃下贮藏 13 d 后，其胡萝卜素的含量没有明显的变化，维生素 C 也无大的损失；同剂量处理的 Okrong 芒果在 17.7 ℃下贮藏，其维生素 C 变化与 Carabao 芒果相同。与对照组相比，这些处理过的芒果可溶性固形物，特别是蔗糖都增加得较慢。同时，不溶于乙醇的固形物、可滴定酸和转化糖也降得较慢。

对芒果辐射的剂量，从 1 kGy 提高到 2 kGy 时，会大大增强其多酚氧化酶的活性，这也是较高剂量使芒果组织变黑的原因。

用 400 Gy 以下的剂量处理香蕉，其感官性状优于对照组。番石榴和人心果用 γ-射线处理后维生素 C 没有损失。500 Gy 剂量的 γ-射线处理菠萝后，不改变其理化特性和感官品质。

3. 抑制和杀死病菌及害虫

许多病原微生物可被射线杀死，从而减少贮藏产品在贮藏期间的腐败变质。炭疽病对芒果侵染致使果实腐烂是一个严重问题，在用热水浸洗处理之后，接着用 1 050 Gy γ-射线处理，会大大地减少炭疽病的侵害。用热水处理番木瓜后，再用 750～1 000 Gy γ-射线处理，收到了良好的贮藏效果。如果单用此剂量辐射，则没有起到控制腐败的效果。较高的剂量会对番木瓜有害，引起表皮褪色，成熟不正常。用 2 kGy 或更高一些的剂量的 γ-射线处理草莓，可以减少腐烂。1.5～2 kGy γ-射线处理法国的各种梨，能消灭果实上的大部分病原微生物。

用 1.2 kGy 的 γ-射线照射芒果，在 8.8 ℃下贮藏 3 个星期后，其种子内的象鼻虫会全部死亡。河南和陕西等地用 504～672 Gy γ-射线照射板栗，达到了杀死害虫的目的。

二、电磁处理

(一)磁场处理

产品在一个电磁线圈内通过，控制磁场强度和产品移动速度，使产品受到一定剂量的磁力线切割作用。或者流程相反，产品静止不动，而磁场不断改变方向（S、N极交替变换）。日本公开特许（1975）介绍，水分较多的水果经磁场处理，可以提高活力，增强抵抗病变的能力。水果在磁力线中运动，其组织生理上总会产生变化，就同闭合电路的部分导体在磁场中做切割磁力线的运动时要产生电流一样。这种磁化效应虽然很小，但应用电磁测量的办法，可以在果蔬组织内测量出电磁场反应的现象。

Boe和Salunle（1963）将番茄放在强度很大的永久磁铁的磁极间试验，发现果实后熟加速，并且靠近S极的比靠近N极的熟得快。他们认为其机制可能是：①磁场有类似激素的特性，或具有活化激素的功能，从而起到催熟作用；②激活或促进酶系统而加强呼吸；③形成自由基，加速呼吸，促进后熟（农业文摘，农学及园艺，1964，8）。

（二）高压电场处理

一个电极悬空；另一个电极接地（或做成金属板极放在地面），两者间便形成不均匀电场。产品置电场内，接受间歇的或连续的或一次性的电场处理。可以把悬空的电极做成针状负极，用导线将这些长针并联。针极的曲率半径极小，在升高的电压下针尖附近的电场特别强，达到足以引起周围空气剧烈游离的程度而进行自激放电。这种放电局限在电极附近的小范围内，形成流注的光辉，犹如月环的晕光，故称电晕。因为针极为负极，所以空气中的正离子被负电极所吸引，集中在电晕套内层针尖附近。负离子集中在电晕套外围，并有一定数量的负离子向对面的正极板移动，这个负离子气流正好流经产品并与之发生作用。改变电极的正负方向则可产生正离子空气。另一种装置是在贮藏室内用悬空的电晕线代替上述的针极，作用相同。

可见，高压电场处理时除了电场的作用，还有离子空气的作用。此外，在电晕放电中产生O_3。O_3是极强的氧化剂，有灭菌消毒、破坏乙烯的作用。这几方面的作用是同时产生而不可分割的。因此，高压电场处理起的是综合作用，在实际操作中，有可能通过设备调节电场强度、负离子浓度和O_3浓度。

（三）负离子和O_3处理

正离子对植物的生理活动起促进作用，负离子起抑制作用。因此，在果蔬贮藏中多用负离子空气处理。当只需要负离子的作用而不要电场作用时，可改变上述处理方法，产品不在电场内，而是按电晕放电使空气电离的原理，制成负离子空气发生器，借风扇将离子空气吹向产品，使产品在发生器的外面接受离子淋沐。

※果蔬保鲜材料

一、乙烯脱除剂

乙烯脱除剂能抑制呼吸作用，防止后熟老化，包括物理吸附剂、氧化分解剂、触媒型脱除剂。

二、防腐保鲜剂

防腐保鲜剂利用化学或天然抗菌剂防止霉菌和其他污染菌滋生繁殖来防病防腐保鲜。

三、涂被保鲜剂

涂被保鲜剂能抑制呼吸作用，减少水分散发，防止微生物入侵，包括蜡膜涂被剂、虫胶涂被剂、油质膜涂被剂、其他涂被剂。

四、气体发生剂

1. 二氧化硫发生剂

此药剂适用于贮藏葡萄、芦笋、花椰菜等容易发生灰霉菌病的果蔬，使用浓度一般为 0.5%～1%。

2. 卤族气体发生剂

将碘化钾 10 g、活性白土 10 g、乳糖 80 g 放在一起充分混合，用透气性的纤维质材料如纸、布等包装使用。使用量通常按每 kg 果实使用无机卤化物 10～1 000 mg。

3. 乙醇蒸气发生剂

将 30 g 无水硅胶放在 40 mL 无水乙醇中浸渍，令其充分吸附。吸附完了后除掉余液，装入耐湿透气性的容器中，与 10 kg 绿色香蕉一起装入聚乙烯薄膜袋内，密封后置于温度 20 ℃左右的环境中保存，经 3～6 d 香蕉即可成熟。这种催熟方法最适合由南方向北方长途运输的果蔬，到达目的地后就可出售。

五、气体调节剂

1. CO_2 发生剂

碳酸氢钠 73 g、苹果酸 88 g、活性炭 5 g 放在一起混合均匀（量多按此比例配制），即得到能够释放出 CO_2 气体的果蔬保鲜剂。为了便于使用和充分发挥保鲜效果，应将保鲜剂分装成 5～10 g 左右的小袋。使用时将其与保鲜的果蔬一起封入聚乙烯袋、瓦楞纸果品箱等容器中即可。

2. 脱氧剂

果蔬贮藏保鲜中，使用脱氧剂必须与相应的透气透湿性的包装材料如低密度聚乙烯薄膜袋、聚丙烯薄膜袋等配合使用，才能取得较好的效果。将铁粉 60 g、硫酸亚铁 10 g、氯化钠 7 g、大豆粉 23 g 混合均匀（量大时按此比例配制），装入透气性的小袋内，与待保鲜果蔬一起装入塑料等容器中密封即可。一般 1 克保鲜剂可以脱除 1.0×10^3 mL 密闭空间的 O_2。

3. CO_2 脱除剂

低浓度的 CO_2 气体能抑制果蔬的呼吸强度，但必须根据不同的果蔬对 CO_2 的适应能力，相应地调整气体组成成分。将 500 g 氢氧化钠溶解在 500 mL 水中，配制成饱和溶液，然后将活性炭投入氢氧化钠水溶液中，搅动，其充分吸附、过滤后控干即可使用。使用时将此保鲜剂装入透气性的薄膜袋中。

六、生理活性调节剂

用 0.1 g 苄基腺嘌呤溶解于 5×10^3 mL 水中，配制成 0.002％的溶液，用浸渍法处理叶菜类，能够抑制呼吸和代谢，有效地保持品质。这种保鲜剂适用于芹菜、莴苣、甘蓝、青花菜、大白菜等叶菜类和菜豆角、青椒、黄瓜等的保鲜，使用浓度通常为 0.000 5％～0.002％。

七、湿度调节剂

果蔬贮藏过程中，为保持一定的湿度，通常采取在塑料薄膜包装内使用水分蒸发抑制剂和防结露剂的方法来调节，以达到延长贮藏期目的。将聚丙乙烯酸钠包装在透气性的小袋内，与果蔬一起封入塑料薄膜内，当袋内湿度降低时，它能放出已捕集的水分以调节湿度，使用量一般为果蔬重量的 0.06％～2％。此保鲜剂适用于葡萄、桃、李、苹果、梨、柑橘等水果和蘑菇、菜花、菠菜、蒜薹、青椒、番茄等蔬菜。

八、其他常用的保鲜包装材料

保鲜包装材料是在普通包装材料的基础上加入保鲜剂或经特殊加工处理，赋予保鲜机能的包装材料。目前有保鲜包装纸、保鲜箱、触媒型乙烯脱除剂充填到造纸原料中或者浸涂在造好的纸上，使其具有保鲜性能。保鲜袋有硅橡胶窗气调袋，防结露薄膜袋，微孔薄膜袋和混入抗菌剂、乙烯脱除剂、脱氧剂、脱臭剂等制成的塑料薄膜袋。

项目小结

果蔬的贮藏方式很多，常用的有简易贮藏、土窑洞贮藏、通风库贮藏、机械冷藏和气调贮藏。根据贮藏温度的控制方式可将其归纳为自然降温贮藏和人工降温贮藏两大类，前者包括各种简易贮藏、土窑洞贮藏和通风库贮藏，后者包括机械冷藏和气调贮藏。机械冷藏是保持果蔬采后的鲜活品质、减少果蔬腐烂损失的重要手段，也是我国果蔬保鲜的主要发展趋势。冷库的使用和管理包括库房的清扫和消毒、入库堆垛要求、库房温度湿度管理，以及通风换气等，其目的是使贮藏果蔬达到预期的保鲜效果。

复习思考题

(1)果蔬贮藏的方式有哪些？各有什么特点？

(2)机械冷库和气调库贮藏管理的技术要点各有哪些？

(3)说明贮藏库常用的消毒剂名称及其使用方法。

(4)冷库常用的隔热材料和防潮材料有哪些？

(5)气调贮藏的原理是什么？

项目五　常见果蔬的贮藏保鲜技术

项目引入

新鲜水果、蔬菜是日常必需维生素、矿物质和膳食纤维的重要来源，是促进食欲，具有独特的形、色、香、味的保健食品。果蔬组织柔嫩，含水量高，易腐烂变质，不耐储存，采后极易失鲜，从而导致品质降低，甚至失去营养价值和商品价值，但通过贮藏保鲜及加工手段就能消除季节性和区域性差别，满足各地消费者对果蔬的消费要求。

果品蔬菜需求量在世界上仅次于粮食。《国际商报》报道，经过多年的发展，我国已成为世界上最大的果蔬生产国，栽培历史悠久，种质资源丰富，是世界上多种果蔬的发源地，堪称"世界园林之母"。果蔬贮藏保鲜是农业生产的延续，保持果蔬质量和鲜度是人们追求的重要目标之一，是在果蔬贮藏、运输、流通过程中必须解决的问题。

目前我国果品贮藏能力不高，其中冷藏能力较低，而发达国家的果蔬贮藏能力达到商品量的70%～80%。据统计，发达国家蔬菜水果产品损失率不到5%。在我国，果蔬采收不当、采后商品化处理技术落后、贮藏条件不当等原因造成的腐烂损失率占总产量的25%～30%。如果我们运用正确的保鲜技术使产品贮藏损失率降低一半，每年即可减少500多万t水果和3000多万t蔬菜的损失。因此，贮藏设施的配套问题必须引起高度重视。

搞好果蔬的贮藏保鲜，必须根据不同原料的生理特性及它们对贮藏环境的要求，选择适宜贮藏的品种，并进行良好的栽培管理，适时采收。在此基础上，尽量创造一个相对适宜的贮藏环境，尽可能保持果蔬的新鲜品质，增加耐贮性，延长贮期。本项目主要介绍中国主要果蔬种类的贮藏特性、实用有效的贮藏方法和技术措施、贮藏中存在的主要问题以及某些新技术的应用等。

学习目标

知识目标

理解果蔬主要品种的贮藏特性、贮藏条件、适宜的贮藏方式、贮藏病害及其控制措施；重点掌握当地主要果蔬的贮藏技术，并能应用于生产实践。

技能目标

能够运用所学知识对各类果蔬进行合理贮藏，能解决不同果蔬原料贮藏中的常见问题，熟悉不同果蔬原料的贮藏特性及管理要点，熟练掌握果品保鲜效果鉴定的操作技能。

素养目标

培养学生拥有不断创新的理念及遵纪守法的意识，引导学生树立正确的价值观。

任务一　果品贮藏保鲜效果鉴定

任务分析

果品贮藏保鲜方法主要有低温贮藏、防腐保鲜剂处理、辐射保鲜、气调保鲜等。常用的方法有感官评价、理化指标评定等。

感官评价主要评价水果的外观、气味、质地及腐烂程度；理化指标主要有失重率（称重法）、硬度、呼吸强度、维生素 C 含量、可溶性固形物含量、酶活性等。

一、目的与要求

掌握果品贮藏效果鉴定的内容和方法；了解果品贮藏特性；了解果品贮藏前后的变化，及时采取管理措施，提高贮藏效果。

延长果蔬贮藏期的
方法有哪些？

二、材料及仪器

选择一种或几种贮藏场所、不同贮藏方法贮藏的果品及台秤、天平、糖度计等。

三、方法步骤

随机称取经过贮藏保鲜的果品 20 kg，平均分成 4 份。贮藏效果鉴定主要包括颜色、饱满度、可溶性固形物和硬度、病虫害损耗等。可通过感官或仪器鉴定。记入表 5-1。

表 5-1　柑橘的贮藏效果鉴定表

品种	贮藏时间		含汁量/%		固形物		色泽		风味	采后药剂处理		烂耗
	入贮期	贮藏天数	果汁	滤渣	贮前	贮后	果皮	橘瓣		种类	浓度	好果率/%

制定分级标准，即将样品食用价值和商用价值标准分 3～5 级。最佳品质的级别为最高级，损耗的级值为 0 级，品质居中的个体按标准分别划入中间级值。级值的大小反映个体间品质的差异，因此，拟定分级标准时，要求级间差别应当相同，且指标明确。然后进行鉴定分级，并按下面公式计算保鲜指数。保鲜指数越高，说明保鲜效果越好。

$$指数 = \frac{\sum(各级级数 \times 数量)}{最大级数 \times 总量} \times 100\%$$

四、任务作业

（1）对贮藏结果进行描述分析，总结出比较理想的贮藏组合。

(2)实训中出现了哪些问题？你是如何解决的？

任务二　常见的1～2种蔬菜的贮藏保鲜

📖 任务分析

蔬菜的贮藏方法很多，有低温冷藏、气调贮藏和冰温保鲜等。

在很多的贮藏法中低温冷藏技术应用最为广泛。低温保鲜技术主要是通过低温贮藏，减弱果蔬的呼吸强度，延缓代谢，达到保鲜效果，其次是通过低温作用抑制微生物的繁殖，减缓果蔬的氧化和腐败速度。同时，低温保鲜是目前食品保鲜方式中成本最低、保鲜期较长、效果较好的一种方法。与其他方法相比，低温冷藏法更能使果蔬保持新鲜度、营养价值和原有风味。

气调贮藏技术的原理是将蔬菜放在一个相对密闭的贮藏环境中，人为控制贮藏环境中 O_2、CO_2、N_2、乙烯等成分的比例，以及温度（冰冻临界点以上）、湿度、气压，通过抑制蔬菜细胞的呼吸量来延缓其新陈代谢过程，使之处于近休眠状态，而不是细胞死亡状态，从而较长时间地保持蔬菜采摘时的新鲜度，延缓蔬菜后熟，抑制老化，进而达到长期保鲜的效果。

冰温是指从 0 ℃以下至生物体冻结温度为止的狭带区域，是继冷藏、气调之后的第三代保鲜新技术。当蔬菜的贮藏温度保持在冰温的范围内时，蔬菜组织细胞的新陈代谢率最小，所消耗的能量也最小，达到一种休眠的状态，因此，可有效地贮藏蔬菜。冷藏保鲜时，蔬菜的后熟会导致腐败速度较快，因而很难长期贮存；气调贮藏保鲜技术对于生命力较弱的成熟蔬菜的保存时间短，易发生内部腐败；而冰温保鲜贮藏技术则具有不破坏细胞、最大限度地抑制有害微生物的活动、最大限度地抑制呼吸作用、延长保鲜期，且在一定程度上能提高蔬菜的品质等优点，弥补了上述保鲜技术的不足。

一、目的与要求

掌握本地区蔬菜适宜的贮藏环境条件，如温度、湿度、气体成分等。在贮藏期间进行定时观察，借助仪器和感官对其外观、质地、病害、腐烂度、损耗等进行综合评定，通过评定分析蔬菜贮藏前后的变化，进行及时的管理，提高贮藏效果。

不同用途的番茄，采收时期一样吗？

二、材料及用具

1. 材料

辣椒、番茄等常见蔬菜。

2. 用具

温度计、湿度计、气体分析仪、台秤、天平、果实硬度计、糖度计等。

三、方法步骤

(1)贮藏前先对产品的外观、色泽、病虫害、硬度、含糖量、含酸量进行观察测定，然后将其分成几个不同的处理组合，在温度、湿度、气体成分均不同情况下进行贮藏，例如，温度、湿度、气体成分各取3个数值时最多应分成27组，每变换条件之一时即做一组试验。

(2)每隔一定时间(不宜过长或太短，一般为5 d)对贮藏产品进行观察和测定。每测定完一次要做好详细记载。

(3)贮藏到每组产品开始腐烂变质为止。时间短些也行，只是对比结果不明显。

(4)只有对每一个贮藏条件多设参数段，才能得出更准确适宜的贮藏条件，如温度应分为0 ℃、2 ℃、4 ℃、6 ℃、8 ℃、10 ℃等。

(5)如有最适宜的贮藏条件，应做参考对照。

四、检查记载与结果分析

(1)记载辣椒、番茄入贮前的各项指标，如品种、收获日期、是否预贮、呼吸强度、含糖量、含酸量等。

(2)贮藏期间观察不同条件下各项指数的变化情况，并给出曲线图进行平行对比。

(3)得出最适贮藏条件。

任务三　苹果贮藏技术(案例)

任务分析

苹果是我国北方栽培的主要仁果类果实，其分布广泛，产量高。搞好苹果的贮运保鲜，对保证果品市场需求、出口创汇，以及苹果产业的持续稳定发展具有重要意义。

一、目的与要求

了解品种的不同贮藏方式和条件；增加感性认识，为实际生产提供理论依据。

二、任务原理

苹果耐贮性较好，但不同品种耐贮性差异较大。早熟品种(7~8月成熟)如黄魁、红魁、早金冠等，采收早，果实糖分积累少，质地疏松，采后呼吸旺盛，内源乙烯发生量大，因而后熟衰老变化快，不耐贮藏。红星、金冠、华冠、元帅、乔纳金等中熟品种

(8～9月成熟)生育期适中，贮藏性优于早熟品种，冷藏条件下，可贮至翌年3～4月。红富士、国光、秦冠等晚熟品种(10月以后成熟)生育期长，果实糖分积累多，呼吸水平低，乙烯产生晚且水平较低，耐贮性好。这些品种采用冷藏或气调贮藏，贮期可达八九个月，故用于长期贮藏的苹果必须选用晚熟品种。

我国常见的苹果贮藏保鲜方法是什么？

三、材料、仪器及试剂

1. 材料

贮藏用苹果、0.1～0.2 mm厚的聚氯乙烯薄膜、0.04～0.07 mm厚的低密度PE或PVC薄膜袋、包装苹果的专用纸箱等。

2. 仪器

贮藏冷库、气调库、手持糖量计、硬度计、测定贮藏环境气体浓度的设备(如奥氏气体分析仪)、温度计、湿度计、贮藏货架、电子秤等。

3. 试剂

乳酸或福尔马林或漂白粉等消毒剂。

四、方法步骤

(一)市场调查

调查拟打算贮藏苹果在目标市场每年的总体销售量，以及哪种苹果品种销售量最好，即调查目标市场的某种苹果的需求量，以其作为确定某种苹果产品贮藏量的一个依据。根据市场调查确定总体的贮藏量后，可以确定自己的贮藏量。

(二)采收

苹果采收过早，果实的颜色和风味就会比较差，并且更易出现生理失调，如苦痘病和虎皮病等；如果采收过晚，果实过熟变软，易发生机械伤和产生生理性病害，如水心病和果实衰败，并且更容易感染侵染性病害。因此，在果实完全成熟之前采收，虽能够延长苹果的贮藏期，但是成熟度较低，果实的品质特性如风味较差。适度早采用于长期贮藏的果实与成熟度较高的果实相比，虽然前者风味差强人意，但因其有较好的质地，消费者还是可以接受的。苹果上市期，难度最大的就是给每个品种确定各自适宜的采收期，以满足国内外市场的需求。

判断苹果贮藏的适宜采收成熟度的参考指标有果实发育期、果皮的颜色或底色、果实硬度、主要化学物质含量(可溶性固形物含量、可滴定酸含量或糖酸比、乙烯释放速率或内源乙烯浓度)等。在一定的栽培条件下，从落花到果实成熟，需要一定的天数，即果实发育期。各地可根据多年的经验得出当地各苹果品种果实的平均发育天数。一般情况下，以果实盛花后发育的天数作为成熟指标对大多数品种来说是比较可靠的。表5-2列出了主要苹果品种果实的发育天数，可作为采收时期的参考。

表 5 - 2　主要苹果品种果实的发育期

品种	果实发育期/d	品种	果实发育期/d
富士	170～185	珊厦	90～110
美国 8 号	95～110	嘎啦	110～120
津轻	120～125	金冠	135～150
新红星	135～155	乔纳金	135～150
红玉	135～145	国光	160～175
王林	145～165	陆奥	160～170
粉红女士	180～195	澳洲青苹	165～180

苹果成熟时，果皮的颜色可作为判断果实成熟度的标志之一。未成熟果实的果皮中有大量的叶绿素，随着果实的成熟，叶绿素逐渐分解，果皮底色由深绿色逐渐转为黄绿色，这可以作为果实成熟的标志。也可借助标准比色卡、色差仪或凭经验来判断。对于一些双色苹果品种的果实，底色被认为是一个重要的判断成熟度指标。成熟果实的种子呈黄褐色，种子颜色的深浅作为和果实成熟度相关。果实硬度和可溶性糖含量等其他指标多作为品质指标而不作为成熟度指标，因为光照程度等果园因素对这些指标的影响极大。采收期之前，果实硬度下降，但糖含量却持续增加。同时，这些品质指标可为预测果实在贮藏期间的特征提供信息。

乙烯含量通常通过测定果实的内源乙烯浓度来衡量，淀粉指数通过淀粉水解的程度来衡量，这两个指标被广泛用来判断果实的成熟度。因为乙烯生成量的增加与果实开始成熟密切相关，所以有人主张乙烯的生成速率或内源乙烯的浓度作为确定采收期的一个重要指标。然而，乙烯的生成与最佳采收时间的相关性很低，乙烯产生的时间、部位及乙烯生成速率的增加在不同品种间的差异很大，即使同一品种也深受其生长的地区、同一地区的不同果园、栽培的品系、生长季节的自然条件和营养状况等因素的影响。因此，某一栽培品种苹果果实乙烯的生成与其采收期的关系并不密切。

通常认为，没有哪个单一成熟度指标适用于所有品种，实践中常用多种成熟度指标来综合判断果实的成熟度。

苹果要避免在雨天和雨后采收，晴天时避开高温和有露水的时段采收。用于鲜食贮藏的果实要人工采摘，根据成熟度分期采收，留果梗，但部分品种的果梗要剪短（如富士）。采收全过程要轻拿轻放，避免机械损伤。采后的果实在田间地头要搭建遮阳棚保护，以免发生日灼。

(三)商品化处理

苹果采后商品化处理主要包括分级、包装和预冷。苹果要严格按照相应的产品质量标准进行分级，出口苹果必须按照国际标准或者协议标准分级。包装采用定量大小的木箱、塑料箱和瓦楞纸箱，每箱装 10 kg 左右。机械化程度高的贮藏库，可用容量大约 300 kg 的大木箱包装。出库时再用纸箱分装。

预冷处理是提高苹果贮藏效果的重要措施。国外果品冷库都配有专用预冷间，而国内则不然，一般将分级包装的苹果放入冷藏间，采用强制通风冷却，迅速将果温降至接近贮藏温度后再堆码贮藏。

苹果预冷就是采收后将果实温度由室温降到贮藏温度、去除田间热的过程。苹果预冷的速度影响其品质的保持程度，这种影响的重要性会因苹果的品种、采收成熟度、果实营养状况和贮藏期的不同而各异。对于早熟品种来说，快速冷却非常重要，因为它们比晚熟品种软化得快。对于同一品种，成熟度高的果实要比成熟度低的果实软化得快，因而预冷也要快。贮藏期越长，延迟预冷造成的影响也越大。因此，采后未能快速预冷的效应会在果实贮藏后期，当果实硬度不能满足市场需要时才显现出来。例如，对于旭苹果来说，采后在 21 ℃下延迟 1 d 预冷果实，就将导致贮藏期缩短 7～10 d。苹果预冷的方式有冷库预冷、强制通风预冷及水预冷。强制通风预冷和水预冷可以快速降低果实的温度。在大多数地区，冷库预冷是主要的方法，是在冷库中通过正常空气流动来降低果实的温度。

(四)库房消毒

1. 福尔马林消毒

按每立方米库容用 15 mL 福尔马林的比例，在福尔马林中放入适量高锰酸钾或生石灰，稍加些水，待发生气体时，将库门密闭熏蒸 6～12 h。开库通风换气后方可使用库房。

2. 硫黄熏蒸消毒

用量为每立方米库容用硫黄 5～10 g。加入适量锯末，置于陶瓷器中点燃，密闭熏蒸 24～48 h 后，彻底通风换气。库内所有用具用 0.5% 的漂白粉溶液或 2%～5% 硫酸铜溶液浸泡、刷洗、晾干后备用。

(五)贮藏与管理

1. 沟藏选择

选择地势平坦的地方挖沟，深 1.3～1.7 m，宽 2.0 m，长度根据贮藏量来定。当沟壁已冻结 3.3 cm 时，即把经过预冷的苹果入沟贮藏。先在沟底铺约 33 cm 厚的麦秸，放下果筐，四周围填麦秸约 21 cm 厚，筐上盖草。到 12 月中旬沟内温度达 -2 ℃时，再覆土 6～7 cm 厚，以盖住草为限。要求在整个贮藏期不能渗入雨、雪水，沟内温度保持 -2～-4 ℃。至 3 月下旬以后沟温升至 2 ℃以上时，便不能继续贮藏。

沟藏是山东烟台地区广泛用于贮藏晚熟苹果的一种简易方式。在果园地势高、地下水位在 1 m 以下的地方，沿东西向挖宽 1～1.5 m、深 1 m、长度根据容量而定的沟。贮藏前，将沟底整平，并铺上 3～7 cm 厚的细沙，干燥时可洒水增湿。沟内每隔 1 m 砌一个 30 cm 见方的砖垛，上套蒲包以防伤果，也可供检查苹果时立脚。入贮前地沟应充分预冷。在 10 月下旬至 11 月上旬，将经预贮并挑选好的苹果入沟。果实分段堆放，厚度 60～80 cm，每隔 3～5 m，竖立一通风口。随气温下降，分次加厚覆盖层。为防止雨雪进入沟中，可用玉米秸秆搭成屋脊形棚盖门、窗、气眼，以调节沟内温度。

2. 窑窖贮藏

我国的山西、陕西、甘肃、河南等产地多采用窑窖（土窑洞）贮藏苹果。一般苹果采收后要经过预冷，待果温和窑温下降到 0 ℃左右入贮。将预冷的苹果装入箱或筐内，在窑的底部垫枕木或砖，苹果堆码在上面，各果箱（筐）要留适当的空隙，以利于通风。堆码离窑顶有 60~70 cm 的空隙，与墙壁、通气口之间要留空隙。

3. 机械冷藏

苹果冷藏入库时果筐或果箱采用品字或井字形码垛。码垛时要充分利用库房空间，且不同种类、品种、等级、产地的苹果要分别码放。垛码要牢固，排列整齐，垛与垛之间要留有出入通道。每次入库量不宜太大，一般不超过库容量的 15%，以免影响降温的速度。

入贮后，库房管理技术人员要严格按冷藏条件及相关管理规程定时检测库内的温度和湿度，并及时调控，维持贮温 -1~0 ℃，上下波动不超过 1 ℃。适当通风，排除不良气体。及时冲霜，并进行人工或自动的加湿、排湿处理，贮藏环境中的相对湿度调至 85%~90%。

苹果出库前，应有升温处理，以防止结露现象的产生。升温处理可在升温室或冷库预贮间进行，升温速度以每次高于果温 2~4 ℃为宜，相对湿度 75%~80% 为好。当果温升到与外界相差 4~5 ℃时即可出库。

4. 气调贮藏

（1）塑料薄膜袋贮藏。在苹果箱中衬以 0.04~0.07 mm 厚的低密度 PE 或 PVC 薄膜袋，装入苹果，扎口封闭后放置于库房中，每袋构成一个密封的贮藏单位。初期 CO_2 浓度较高，以后逐渐降低，在贮藏初期的 2 周内，CO_2 的上限浓度 7% 较为安全，但富士苹果的 CO_2 浓度应不高于 3%。

（2）塑料薄膜大帐气调贮藏，即限气（MA）贮藏。在冷库内，用 0.1~0.2 mm 厚的聚氯乙烯薄膜黏合成长方形的帐子将苹果贮藏垛封闭起来，容量可根据需要而定。用分子筛充氮机向帐内充氮降氧。取帐内气体测定 O_2 和 CO_2 浓度，以便准确控制帐内的气体成分。贮藏期间每天取气分析帐内 O_2 和 CO_2 的浓度。当 O_2 浓度过低时，向帐内补充空气；CO_2 浓度过高时可用 CO_2 脱除器或消石灰脱除 CO_2，消石灰用量为每 100 kg 苹果用 0.5~1.0 kg。

在大帐壁的中下部粘贴上硅橡胶窗，可以自然调节帐内的气体成分，使用和管理更为简便。硅胶窗的面积依贮藏量和要求的气体比例来确定。如贮藏 1 t 金冠苹果，为使 O_2 浓度维持在 2%~3%、CO_2 浓度为 3%~5%，在 5~6 ℃条件下，硅胶窗面积为 0.6 m×0.6 m 较为适宜。塑料大帐内因湿度高，经常在帐壁上出现凝水现象，凝水滴落在果实上易引起腐烂病害。凝水产生的主要原因是果实罩帐前散热降温不彻底，贮藏中环境温度波动过大。因此，减少帐内凝水的关键是果实罩帐前要充分冷却，保持库内稳定的低温。

（3）气调库贮藏。苹果气调库贮藏要根据不同品种的贮藏特性，确定适宜的贮藏条件，并通过调气保证库内所需要的气体成分及准确控制温度、湿度。对于大多数苹果品种而言，控制 2%～5% O_2 浓度和 3%～5% CO_2 浓度比较适宜，而温度可以较一般冷藏高 0.5～1.0 ℃。在苹果气调贮藏中容易产生 CO_2 中毒和缺氧伤害。贮藏过程中，要经常检查贮藏环境中 O_2 和 CO_2 的浓度变化，及时进行调控，防止伤害发生。

苹果气调贮藏的温度可比一般冷藏高 0.5～1 ℃，对 CO_2 敏感的品种，贮温还可再高些，因为提高温度既可减轻 CO_2 伤害，又可防止对低温敏感品种造成的冷害。

任务四　柑橘贮藏技术(案例)

任务分析

柑橘是世界上的主要水果之一，产量居各种果品之首。柑橘也是我国的主要水果之一，栽培面积占世界第一，产量在巴西、美国之后，居第三位。柑橘营养丰富，深受消费者喜爱。我国柑橘主要分布在长江以南省区。由于柑橘成熟采收时间比较集中，大量的柑橘同时进入市场，对价格造成不小的冲击，对果农的收益造成不小的影响。如果采用贮藏保管，既可缓解采收旺季销售难、市价低、易腐烂的情况，又能满足人们的反季节消费需求，从而达到调节市场、增值增收的目的。

一、目的与要求

了解柑橘的贮藏特性及采收后常见问题及解决方法；掌握柑橘的贮藏条件及不同贮藏方法。

二、任务原理

柑橘类果实种类包括柠檬、柚、橙、柑、橘 5 个种类，每个种类又有许多品种。由于不同品种、种类间的果皮结构和生理特性不同，它们的耐贮性差别很大。一般来说，柠檬、柚耐贮性最强，其次为橙类，再次为柑类，橘类最不耐藏。同一种类不同品种间的耐贮性也不尽相同，晚熟品种耐贮性最强，中熟品种次之，早熟品种最不耐贮，有核品种比无核品种耐藏。一般认为，晚熟，果皮细胞含油丰富，瓣瓣中糖、酸含量高，果心维管束小是柑橘耐藏品种的特征。在适宜贮藏条件下，柠檬可贮 7～8 个月，甜橙可贮 6 个月，温州蜜柑可贮 3～4 个月，而橘仅可贮 1～2 个月。

三、材料、仪器及试剂

1. 材料

贮藏用柑橘、20～40 μm 厚的聚乙烯袋。

2. 仪器

贮藏冷库、温度计、湿度计、测定贮藏环境气体浓度的设备(如奥氏气体分析仪)、贮藏货架、电子秤、果剪等。

3. 试剂

植物生长调节剂(赤霉素)和杀菌剂(多菌灵、甲基硫菌灵、抑霉唑、噻菌灵、双胍辛胺乙酸盐等)。

四、方法步骤

(一)采收

1. 采收期

采收期指标以果皮色泽、果汁可溶性固形物含量、果汁固酸比作为柑橘采收期确定的指标。果实七八成成熟，果皮已转色，且转色程度为充分成熟的 70%～80%。脐橙固酸比≥9.0，低酸甜橙固酸比≥14.0，其他甜橙固酸比≥8.0；温州蜜柑固酸比≥8.0，椪柑固酸比≥13.0，其他宽皮柑橘固酸比≥9.0；沙田柚固酸比≥20.0，其他柚类固酸比≥8.0；柠檬有机酸固酸比≥3.0%，果汁固酸比≥20.0%。

2. 采收条件

采收前1周不应灌水，下雨、有雾、落雪、打霜、刮大风等天气和果面水分未干时不宜采收。

3. 采收用具

圆头果剪，内壁平滑或有防伤衬垫的盛果箱、采果袋或采果篓，木质人字梯。

4. 采收操作

用复剪法采收，第一剪在离果蒂 1 cm 处剪下，再齐果蒂复剪一刀，剪平果蒂，萼片完整。采果人员戴软质手套，采果时轻拿轻放，避免机械伤。

(二)挑选分级

剔除病虫果、畸形果、脱蒂果和损伤果后，按分级标准或不同消费对象进行分级。分级方法有分级板人工分级、直径分级机分级。

(三)防腐保鲜

柑橘采收后 48 h 内可使用植物生长调节剂(赤霉素)或杀菌剂(多菌灵、甲基硫菌灵、抑霉唑、噻菌灵、双胍辛胺乙酸盐)浸泡 1～2 min，处理后尽快晾干水分，这样具有较好的护蒂、防腐、保鲜作用。目前，柑橘采后常用的杀菌剂种类及浓度见表 5-3。

表 5-3　柑橘采后常用的杀菌剂种类及浓度

杀菌剂名称	使用浓度/(mg·kg^{-1})	杀菌剂名称	使用浓度/(mg·kg^{-1})
噻菌灵	1 000	苯菌灵	250～500
咪鲜胺	1 000	抑霉唑	2 000
多菌灵	500		

（四）预贮

预贮具有愈伤、预冷散热、发汗、减少柑橘枯水病等作用。方法是将采后果实置于干燥、阴凉、通风的场所，时间为 2～5 d。一般橙类预贮 2～3 d，果皮稍软化，失水约 3％即可，宽皮柑橘类则以预贮 3～5 d，失水 3％～5％为好。

（五）包装

预贮后的果实，再严格精选，挑出无蒂果、损坏果后，用透明聚乙烯薄膜袋单果包装（柚类果袋膜厚 0.015～0.03 mm，其他柑橘果袋膜厚 0.01 mm），拧紧袋口，袋口朝下放置。也可以用机械在 150～170 ℃高温下进行塑料包封。塑料薄膜袋单果包装（包封）可大幅度降低柑橘贮藏中的失重、交叉感染和腐烂损耗，是提高柑橘果实耐贮性、减少烂果的有效措施。

贮藏包装用木箱或塑料箱，箱内最上层留有 5～10 cm 高的空间，每箱装果 15～25 kg 为宜。

出库包装使用双瓦楞纸板箱或单瓦楞塑板箱，箱体大小以装果 5～15 kg 为宜。

（六）贮藏与管理

柑橘因种类、品种不同，对贮藏环境条件的要求各异，加之贮期长短和各地自然条件、经济条件的差异，贮藏方法可以多种多样。

1. 常温 MA 贮藏

我国的柑橘产区冬季气温不高，可利用普通民房或仓库进行 MA 贮藏。华南地区的农户主要采用这种方式贮藏柑橘。此法贮藏甜橙、椪柑，贮藏期一般可达 4～5 个月。

柑橘常温 MA 贮藏可采用架贮法，即在房屋内用木板搭架，将药物处理后的塑料薄膜单果袋包装的果实堆放在木板上，一般放果 5～6 层，上用塑料薄膜覆盖，但不能盖得太严，天太冷的地方，顶上可覆盖稻草保温；MA 贮藏也可采用箱贮法，即将单果袋包装好的果实装箱后堆码直接存放在室内贮藏。贮藏期间检查 2～3 次，发现烂果立即捡出。

2. 通风库贮藏

通风库贮藏是目前国内柑橘产区大规模贮藏柑橘采取的主要贮藏方式。自然通风库一般能贮至 3 月，总损耗率为 6％～19％。

果实入库前 2～3 周，库房要彻底消毒（每立方米可用 10 g 硫黄粉和 1 g 氯酸钾点燃熏蒸，密闭 5 d 后，通风 2～3 d）。果实入库后 15 d 内，应昼夜打开门窗和排气扇，加强通风，降温排湿。甜橙类和宽皮柑橘类适宜库温为 5～8 ℃，柚类的为 5～10 ℃，柠檬的为 12～15 ℃；贮藏甜橙类和柠檬的库内适宜相对湿度为 90％～95％，宽皮柑橘和柚类的为 85％～90％。为此，12 月至翌年 2 月上旬气温较低，库内温度、湿度比较稳定，应注意保暖，防止果实遭受冷害和冻害。当库内湿度过高时，应进行通风排湿或用消石灰吸潮。当外界气温低于 0 ℃时，一般不通风。开春后气温回升，白天关闭门窗，夜间开窗通风，以维持库温稳定。若库内湿度不足可洒水补湿。

3. 冷库贮藏

冷库贮藏可根据需要控制库内的温度和湿度，又不受地区和季节的限制，是保持柑橘商品质量、提高贮藏效果的理想贮藏方式，但成本相对较高。

柑橘经过装箱，最好先预冷再入库贮藏，以减少结露和冷害发生。不同种类、品种的柑橘不能在同一个冷库内贮藏。设定冷库贮藏的温度和湿度要根据不同柑橘种类和品种的适宜贮藏条件而定。柑橘适宜温度都在 0 ℃以上，冷库贮藏时要特别注意冷害。

柑橘出库前应在升温室进行升温，果温和环境温度相差不能超过 5 ℃，相对湿度以 55% 为好，当果温升至与外界温度相差不到 5 ℃即可出库销售。

4. 留树贮藏

留树贮藏也称为留树保鲜，是指在果实成熟以后，继续让其挂在树上进行保藏的贮藏方式。挂果期间，应对树体加强综合管理。

(1)果实管理。在柑橘基本成熟，果实颜色从深绿色变为浅绿色时(红橘在 10 月上旬，甜橙在 10 月中下旬)，向树冠喷赤霉素 10 mg/kg＋磷酸二氢钾 0.2%，以后每隔 45 d 喷施 1~2 次，并注意盖膜(盖棚)防寒、防霜。

(2)土壤管理。及时增施有机肥，保证土壤养分的充足供应。若果实果皮松软，应及时浇水，保持土壤湿润。

通常甜橙可留树保鲜至翌年 3 月，红橘、中熟温州蜜柑及金柑可保鲜至翌年 2 月。据报道，美国加利福尼亚州甜橙可留树贮藏 6 个月之久，留树果实果色光亮，果肉充实，果汁多，风味浓。近年来，美国、日本、澳大利亚、墨西哥等许多国家都在推广柑橘留树贮藏。

柑橘留树贮藏需要注意什么？

任务五　葡萄贮藏技术(案例)

📖 任务分析

葡萄是世界四大果品之一。中国葡萄主产区在长江流域以北，葡萄是国内浆果类中栽植面积最大、产量最高、特别受消费者喜爱的一种果品。葡萄贮运保鲜业较落后，基本上是季产季销，地产地销，从而导致价格低、果难卖的现象严重存在，因此普通贮运保鲜技术的研究是推动葡萄产业发展的关键。随着人们生活水平的提高，鲜食葡萄的需求量增长很快，因此，贮藏保鲜是解决鲜食葡萄供应的主要途径。

一、目的与要求

了解葡萄的贮藏特性及采收后常见问题及解决方法；掌握葡萄的防腐保鲜处理及不

同贮藏方法。

二、任务原理

葡萄品种多，耐贮性差异较大。一般来说，晚熟品种较耐贮藏，中熟品种次之，早熟品种不耐贮藏。另外，深色品种耐贮性强于浅色品种。晚熟、果皮厚、果肉致密、果面富集蜡质、穗轴木质化程度高、糖酸含量高等是耐贮运品种所特有的性状，如龙眼、玫瑰香、红宝石、黑龙江的美洲红等品种耐贮性均较好。近年我国从美国引种的红地球（商品名叫美国红提）、秋红（又称圣诞玫瑰）、秋黑等品种已显露出较好的耐贮性和经济性状；果粒大、抗病强的巨峰、先锋、京优等耐贮性中等；无核白、新疆的木纳格等，贮运中果皮极易擦伤褐变，果柄断裂，穗粒脱落，耐贮性较差。

葡萄属于非跃变型果实，无后熟变化，应该在充分成熟时采收。在条件允许的情况下，采收期应尽量延迟，以求获得质量好、耐贮藏的果实。

葡萄多数品种的最佳贮藏温度为$-1\sim1\ ℃$，且保持稳定的贮温，贮藏期间库房内相对湿度保持在$90\%\sim95\%$，温度以果梗不发生冻害为前提，葡萄采后要及时入库、预冷、快速降温，以降低其呼吸等代谢强度。湿度在95%以上时易导致多种病原菌产生，造成果梗霉变、果粒腐烂，低于85%则会使果梗失水。

三、材料、仪器及试剂

1. 材料

贮藏用葡萄、$0.02\sim0.03\ mm$厚的高压低密度聚乙烯塑料袋、纸箱或塑料箱或木箱等。

2. 仪器

贮藏冷库、手持糖量计、温度计、湿度计、贮藏货架、电子秤等。

3. 试剂

防腐保鲜剂、库房消毒剂。

四、方法步骤

(一)市场调查

调查拟打算贮藏后葡萄在目标市场每年的总体销售量以及哪种葡萄品种销售量最好，也就是调查在目标市场的某种葡萄的需求量，以此作为确定该葡萄产品贮藏量的依据。根据市场调查确定总体的贮藏量后，可以确定自己的合适贮藏量。

(二)采收

葡萄是非跃变型果实，不存在后熟过程。用于贮藏的葡萄应在充分成熟时采收，在不发生冻害的前提下可适当晚采，晚采收的葡萄含糖量高，果皮较厚，韧性强，着色好，果粉多，耐贮藏，多数葡萄品种采收时可溶性固形物达到15%以上。采收成熟度可依据葡萄的可溶性固形物含量、生育期、生长积温、种子的颜色或有色品种的着色深浅等综合确定。

采前 7~10 d 应停止浇水,如遇雨天则应推迟采收时间,采摘时最好在晴天的上午露水干后进行,若在阴雨天或有露水的时候采,果实带水,容易腐烂。采收时应轻拿轻放,避免损伤,并尽量保护果实表面的果粉。采后挑选穗大、果粒紧密均匀、成熟一致的果穗贮藏。凡破裂损伤、遭病虫损伤的果粒及青绿穗尖和未成熟的小粒均除去,然后按自然生长状态装箱,及时放置阴凉通风处,散去田间热。

(三)包装

外包装可采用厚瓦楞纸板箱、木条箱、塑料周转箱等。箱体不宜过高,应呈扁平形。纸箱容量以不超过 8 kg 为宜,箱体应清洁,干燥,坚实牢固,耐压,内壁平滑,箱两侧上、下有直径 1.5 cm 的通气孔 4 个。木条箱和塑料周转箱,容量不超过 10 kg,内衬包装纸,放 1~2 层葡萄。内包装宜采用洁白无毒、适于包装食品的 0.02~0.03 mm 高压低密度聚乙烯塑料袋。袋的长宽与箱体一致,长度要便于扎口,袋的上面、底面铺纸,便于吸湿。

(四)防腐保鲜剂处理

防腐保鲜剂处理是葡萄保鲜的必需环节,在生产上应用较广泛的是释放二氧化硫的各种剂型的保鲜剂,即亚硫酸盐或其络合物,一般分为粉剂和片剂两种。粉剂是将亚硫酸盐或其络合物用纸塑复合膜包装,片剂是将亚硫酸盐或其络合物加工成片,再用纸塑复合膜包装。实际生产应用的主要有以下几种。

(1)亚硫酸氢钠和吸湿硅胶混合粉剂。亚硫酸氢钠的用量为果穗重量的 0.3%,硅胶用量为果穗重量的 0.6%。二者在应用时混合后分成 5 包,按对角线法放在箱内的果穗上,利用其吸湿反应时生成的 SO_2 保鲜贮藏。一般每 20~30 d 换一次药包,在 0 ℃ 的条件下即可贮藏到春节以后。

(2)焦亚硫酸钾和硬脂酸钙、硬脂酸与明胶或淀粉混合保鲜剂。保鲜剂配方是 97% 焦亚硫酸钾加 1% 硬脂酸钙和 1% 硬脂酸,与 1% 淀粉或明胶混合溶解后制成片剂。在贮藏 8 kg 葡萄的箱子里,放 5 g(每片 0.5 g)防腐保鲜剂,置于葡萄上部,在 0~1 ℃ 的温度和 87%~93% 的相对湿度下,贮藏 210 d 后,只有 6% 的腐烂率。

(3)S—M 和 S—P—M 水果保鲜剂。每千克葡萄只需 2 片药(每片药重 0.62 g),能贮存 3~5 个月,可降低损耗率 70%~90%,适于贮藏龙眼、巨峰、新玫瑰等葡萄品种。

(4)SO_2 熏蒸。SO_2 处理的方法之一是燃烧硫黄粉:葡萄入库后,按每立方米容积用硫黄 1.5~2 g,使之完全燃烧生成 SO_2,密闭 20~30 min 以后,开门通风,熏后 10 d 再熏一次,以后每隔 20 d 熏一次。另一方法是从钢瓶中直接放出 SO_2 气体充入库中,在 0 ℃ 左右的温度下,每千克二氧化硫汽化后约占 0.35 m^3 的体积,熏蒸时可按库内容积的 SO_2 占 0.6% 比例熏 20~30 min。以后熏蒸可把 SO_2 浓度降至 0.2%。为了使箱内葡萄均匀吸收 SO_2,包装箱应具有通风孔。

采用药剂处理方法：一般于入贮预冷后放入药剂，扎口封袋。但需异地贮藏或需经过较长时间运输的葡萄，应在采收后立即放药。片剂包装的保鲜剂每包药袋上用大头针扎 2 个孔，最多不超过 3 个孔(袋两面合计 4～6 个孔)。需异地贮藏或采收的葡萄距冷库较远时，应扎 3 个孔，这样可能会使受伤果粒产生不同程度药害，但为防止霉菌引起的腐烂，仍需这样做。由于保鲜剂释放出的 SO_2 密度比空气大，所以保鲜剂应放在葡萄箱的上层。

(五)预冷

采后立即对葡萄进行预冷，暂不能进行预冷的，需把葡萄放置在阴凉通风处，但不得超过 24 h。预冷时打开箱盖及包装袋，温度可在 -1～0 ℃。巨峰等欧美杂交品种，预冷时间过长容易引起果梗失水，因此应限定预冷时间在 12 h 左右，预冷超过 24 h，贮藏期间容易出现干梗脱粒。对欧洲种中晚熟、极晚熟品种的预冷时间，则要求果实温度接近或达到 0 ℃时再放药封袋。为实现快速预冷，应在葡萄入贮前 3 d 开机，空库降温至 -1 ℃。另外，入贮葡萄要分批入库，避免集中入库导致库温骤然上升和降温困难。

葡萄入库贮藏前为什么要进行预冷？

(六)库房消毒

冷藏库被有害菌类污染常是引起葡萄腐烂的重要原因。因此，冷藏库在使用前需要进行彻底的消毒，以防葡萄腐烂变质。葡萄贮藏库的消毒主要采用 SO_2 熏蒸杀菌法。

(七)贮藏与管理

1. 机械冷库贮藏

机械冷库结合塑料小包装是葡萄贮藏的主要形式。入库葡萄箱要按品种和不同入库时间分等级码箱，以不超过 200 kg/m³ 的贮藏密度排列。一般纸箱依其抗压程度确定堆码高度，多为 5～7 层，垛间要留出通风道。入满库后应及时填写货位标签，并绘制平面货位图。在冷库不同部位摆放 1～2 箱观察果，扎好塑料袋后不盖箱盖，以便随时观察箱内变化。

葡萄多数品种的最佳贮藏温度为 -1～1 ℃，在整个冷藏期间要保持库温稳定，波动幅度不得超过 0.5 ℃，贮藏期间库房内相对湿度保持在 90%～95%。为确保库内空气新鲜，要利用夜间或早上低温时进行通风换气，但要严防库内温度、湿度的波动过大。

定期检查葡萄贮藏期间的质量变化情况，如发现霉变、腐烂、裂果、SO_2 伤害、冻害等变化，要及时销售。

2. 气调贮藏

首先应控制适宜的温度和湿度条件，在低温高湿环境下，大多数品种的气体指标是 O_2 浓度 3%～5%、CO_2 浓度 1%～3%。用塑料袋包装贮藏时，袋子最好用 0.03～0.05 mm 厚聚乙烯薄膜制作，每袋装 5 kg 左右。葡萄装入塑料袋后，应该敞开袋口，待库温稳定在 0 ℃左右时再封口。

采用塑料帐贮藏时，先将葡萄装箱，按帐子的规格将葡萄堆码成垛，待库温稳定在
0 ℃左右时罩帐密封。定期逐帐测定 O_2 和 CO_2 含量，并按贮藏要求及时进行调节，使
气体指标尽可能接近贮藏要求的范围。气调贮藏时亦可用二氧化硫处理，其用量可减少
到一般用量的 $1/3\sim3/4$。

3. 棚窖贮藏

将经过处理的葡萄装筐或箱，置于预冷场所，下垫砖块或枕木以利于通风。上盖芦
苇遮阳，直至小雪后入窖。窖内用木板搭成离地面 $60\sim70$ cm 的垫架，果筐放在垫架上。
在筐或箱上搁木条，上面再放筐或箱，依次摆放 3 层，呈品字形。每窖摆 $3\sim4$ 行，中间
留人行道。入窖后采用通风、洒水、封闭等办法来保持贮藏的温度和湿度。在贮藏过程
中不宜翻动葡萄，并应严防鼠害。

任务六　香蕉贮藏技术(案例)

📖 任务分析

香蕉是一种热带水果，甘甜可口，富含人体所需的多种元素及碳水化合物。但是受
气候和自然生长环境限制，我国只有海南、广西、云南、广东这几个有限的地区生产香
蕉，并且一年只能收获一次。香蕉是典型的后熟型水果。采收时摘下的蕉果为绿色，质
地坚硬，含有单宁，味涩，因此，必须经过一段时间的贮存，使香蕉果体中的叶绿素转
化为胡萝卜素，果皮由绿色转为黄色，香蕉中所含的淀粉转化为糖，生涩才能转变为香
甜，这时就可以销售和食用。这也就是为什么香蕉在运达目的地之后，必须经过人工催
熟，几天之后才可上市销售的真正原因。由于香蕉果肉软，皮薄，自然黄熟的香蕉果实
基本上经不起远途运输的折腾。香蕉北运距离较远，因此，香蕉贮藏保鲜技术的研究显
得尤为重要。

一、目的与要求

了解香蕉贮藏特性及条件；掌握香蕉采收、防腐保鲜的方法；掌握香蕉不同贮藏方
式的特点及催熟方法。

二、任务原理

香蕉是典型的呼吸跃变型果实。跃变期间，果实内源乙烯明显增加，促使呼吸作用
加强。随着呼吸高峰的出现，占果实 20％左右的淀粉不断水解为糖，单宁物质发生转
化，果逐步从硬变软，果皮由绿转黄，涩味消失，香气浓郁。当全黄的果皮出现褐色、
斑点(梅花斑)时，已属过熟期。香蕉一旦出现呼吸跃变，就意味着进入不可逆的衰老阶

段。为此，贮藏香蕉就是要尽量延迟呼吸跃变的出现。

香蕉适宜贮藏温度为 13 ℃，相对湿度 85%～90%。

三、材料、仪器及试剂

1. 材料

贮藏用香蕉、聚乙烯袋。

2. 仪器

贮藏冷库、温度计、湿度计、测定贮藏环境气体浓度的设备（如奥氏气体分析仪）、手套、箱或筐、贮藏货架、电子秤等。

3. 试剂

乙烯吸收剂和 CO_2 吸收剂、防腐剂（多菌灵或甲基硫菌灵或抑霉唑）等。

四、方法步骤

（一）采收

用于长途运输的香蕉应在 70%～80% 饱满度时采收。采收时需两人合作，一人托果穗，一人砍倒果轴，使果穗直接落到肩上，然后系结悬挂到索道上或放在衬垫有柔软物的地方。切忌托着走或乱堆放，以避免果实重压、摩擦和刺伤，保证蕉果商品质量。

（二）去轴落梳

去轴落梳时，可将香蕉吊起或竖起，用半弧形落梳刀分割，刀口须平整。也可直接在水池中落梳，以减少机械伤。

（三）清洗修整

将落梳的香蕉浸入含 0.6% 的明矾或漂白粉的水池漂洗，同时去除蕉乳、残果，剔除伤果、残次果，修平落梳伤口，淘汰质量较差的尾梳、"鬼头黄蕉"、"回水蕉"之后，再转入清水中复洗，起到清洁和提高商品质量的作用。

（四）防腐保鲜

喷洒 500 mg/kg 多菌灵或甲基硫菌灵或用 500 mg/kg 抑霉唑溶液浸果 0.5 min，稍沥干即可进行包装贮运，这样可有效减少果实病害。防腐处理后用保鲜剂浸泡或将其洒在果蒂处，能防止蕉柄脱落。

（五）包装

香蕉按大小和成熟度进行分级包装，不宜统装。外包装用竹筐和纸箱两种。国外多使用天地盖的瓦楞纸箱包装。我国香蕉包装目前也正在逐步以纸箱取代竹筐（箩）。选用的瓦楞纸箱必须较坚硬耐压。国外标准的香蕉包装纸箱规格为 30 cm×53 cm×23 cm，每箱装 4～6 梳(12～13 kg)。

纸箱内部最好衬垫聚乙烯薄膜袋。装箱时，先在纸箱内部套好聚乙烯薄膜袋，蕉指对蕉指，蕉头靠箱边朝下，果弓背朝上，蕉指紧密排齐，梳蕉与梳蕉之间加垫泡沫塑料纸(海绵纸)，将每梳香蕉隔开，以避免香蕉之间的碰、压、擦伤。再将聚乙烯薄膜袋口扎紧，这样能起到自发性气调的作用。最好一边收拢袋口，一边抽气(可使用吸尘器)扎紧袋口，这样可起到简易真空包装的效果。

如长期贮运或高温运输，包装时则要在袋内加放乙烯吸收剂和 CO_2 吸收剂(用纱布或微孔薄膜袋进行小包装)，然后置于包装蕉果的聚乙烯袋内，切忌吸收剂与香蕉接触。

(六)贮藏与管理

1. 低温冷藏

经过预冷(12～13 ℃)后的香蕉可进行冷藏。冷藏能降低香蕉呼吸强度，推迟呼吸跃变期，减少乙烯生成量，延缓后熟过程。但香蕉对低温十分敏感，多数品种于 12 ℃ 以下易遭受冷害，冷藏贮运温度以 13～14 ℃(短期贮藏可用 11 ℃)、湿度 85%～95% 为宜，并注意通风换气，以排除自身产生的乙烯，防止自然催熟。

2. 气调贮藏

应用气调贮藏对香蕉果实的贮藏、运输和后熟具有明显的作用。在拉丁美洲国家，运输商业香蕉主要采用气调集装箱，或者是采用冷藏船，船上装有冷藏保存设备，还可控制 O_2 和 CO_2 的浓度水平，此为 CA 贮藏。

在香蕉的国际贸易中，通常也采用聚乙烯塑料薄膜袋包装来进行 MA 贮藏：香蕉经防腐剂处理，稍风干后，装入 0.03～0.04 mm 厚的聚乙烯薄膜袋中，同时加入乙烯吸收剂并密封包装。乙烯吸收剂可用高锰酸钾浸泡碎砖块、珍珠岩、沸石或活性炭等生孔性物质制成，用量为每 12～15 kg 香蕉用高锰酸钾 4～5 g。另外，可同时在袋内加入占香蕉果重 0.8% 的熟石灰来吸收过量的 CO_2，以免造成 CO_2 毒害(青果变软，有异味)。采用 MA 贮藏，贮藏期和保鲜效果都得以提升：30 ℃ 下香蕉可贮存 2 周而不致黄熟；20 ℃ 下存放 6 周以上；12～13 ℃ 下冷藏，保鲜效果更佳，贮藏期会更长。

3. 催熟

香蕉在催熟过程中温度不能过低，但也不能过高，一般在 20～25 ℃；初期相对湿度为 90%，中后期为 75%～80%。同时，根据香蕉的饱满度、催熟时间的长短及催熟温度，确定催熟剂的用量；在催熟前要选择饱满度适宜、无机械伤和冷伤的香蕉果实；用乙烯催熟时要注意密封和事后的通风。

民间常用熏香催熟、自然(混果)催熟法；商业上主要用乙烯催熟、乙烯利催熟等方法。

(1)乙烯催熟。把香蕉放在不通风的密室或塑料帐内，通进乙烯气体。乙烯与香蕉的量为 1∶1 000。

(2)乙烯利催熟。17～19 ℃ 时，用 2 000～3 000 mg/kg 乙烯利催熟，70 h 后果皮大黄；20～25 ℃ 时，用 1 500～2 000 mg/kg 乙烯利催熟，

乙烯和乙烯利催熟
有什么区别？

60 h 后果皮大黄；25 ℃以上时，用 1 000 mg/kg 乙烯利催熟，48 h 后果皮大黄。方法是将香蕉的每个蕉果蘸到药液中（不用浸湿整个蕉果），然后放入塑料袋中并扎紧袋口，3～4 d 变黄熟。

任务七　蒜薹贮藏技术（案例）

任务分析

蒜薹，又称蒜苗或蒜毫，是大蒜的花茎。蒜薹是抽薹大蒜经春化后在鳞茎中央形成的花薹和花序。花长 60～70 cm。蒜薹味道鲜美，质地脆嫩，含有丰富的蛋白质、糖分和维生素，还含有杀菌力强的蒜氨酸（大蒜素）。蒜薹是我国目前果蔬贮藏保鲜业中贮量最大、贮藏供应期最长、经济效益颇佳的一种蔬菜，极受消费者的欢迎。我国山东、安徽、江苏、四川、河北、陕西、甘肃等省均盛产蒜薹。因此，贮藏技术的研究，对蒜薹的季产年销有积极重大的意义。

一、目的与要求

了解蒜薹的贮藏特性及条件；掌握蒜薹的采收、采收后处理技术；掌握蒜薹贮藏准备、贮藏前处理、贮藏方式及管理措施。

二、任务原理

蒜薹采后新陈代谢旺盛，表面缺少保护层，加之采收期一般为 4～7 月份的高温季节，所以在常温下极易失水、老化和腐烂，薹苞会明显增大，总苞也会开裂变黄，形成小蒜，薹梗自下而上脱绿、变黄、发糠，蒜味消失，失去商品价值和食用价值。蒜薹对低氧有很强的耐受能力，尤其当 CO_2 浓度很低时，蒜薹长期处于低氧环境下，仍能保持正常。但蒜薹对高 CO_2 的忍受能力较差，当 CO_2 浓度高于 10%，贮藏期超过 3～4 个月时，就会发生高 CO_2 伤害。

蒜薹收获后仍是活体，继续呼吸代谢，消耗体内养分，蒸发水分，放出热量，随之不断衰老、腐败。一般采收后的蒜薹在常温（25～30 ℃）和正常大气环境（O_2 21%，CO_2 0.03%）下存放 7 d 后便会失去商品价值。大量研究结果表明：蒜薹本身的呼吸代谢随温度的降低而减缓，同时低浓度 O_2 和高浓度 CO_2 也可以大大降低呼吸强度和营养成分消耗。

三、材料、仪器及试剂

1. 材料

贮藏用蒜薹、聚乙烯硅窗袋或聚氯乙烯透湿硅窗袋、塑料绳等。

2. 仪器

贮藏冷库、温度计、湿度计、测定贮藏环境气体浓度的设备（如奥氏气体分析仪）、贮藏货架、电子秤等。

3. 试剂

消毒剂（分贮藏场所消毒用和蒜薹消毒用两种）。

四、方法步骤

（一）市场调查

调查蒜薹每年在本地区的总体销售量，也就是在本地区的需求量，以此作为产品贮藏量的依据。根据市场调查确定总体的贮藏量后，可以确定自己的贮藏量。

（二）采收

1. 采收和质量要求

适时采收是确保贮藏蒜薹质量的重要环节。蒜薹的产地不同采收期不同，一般在薹苞下部发白、蒜薹顶部开始弯曲时采收。我国南方蒜薹采收期一般在4～5月，北方一般在5～6月。每个产区的最佳采收期往往只有3～5 d。一般情况下，在适合采收的3 d内采收的蒜薹质量好，晚1～2 d采收的蒜薹，薹苞偏大，质地偏老，入贮后效果不好。采收时应选择无病虫害的原料产地。

2. 采收方式

采收前7～10 d停止灌水，雨天和雨后采收的蒜薹不宜贮藏。采收时以抽薹方式采收最好，忌用刀割或用针划破叶鞘的方式采收蒜薹，收后应及时放在包装容器内，避免日晒、雨淋，迅速运到阴凉通风的预冷场所，散去田间热，降低品温。

（三）贮前准备

1. 材料准备

贮藏蒜薹要求袋装、架藏，所以在入库前要把贮藏架和包装袋准备好。贮藏架一定要牢固、安全。其尺寸要求是，架层间距35～40 cm，架间距60 cm，最上层距库顶50 cm以上，最下层距地面20 cm。要求架体平滑，避免损伤包装袋。包装袋主要有聚乙烯硅窗袋和聚氯乙烯透湿硅窗袋等。

2. 库房消毒

冷藏库被有害菌类污染常是引起蒜薹腐烂的重要原因。因此，冷藏库在使用前需要进行彻底的消毒，以防止蒜薹腐烂变质。

常用的消毒方法有以下几种。

（1）乳酸消毒。将浓度为80％～90％的乳酸和水等量混合，按每立方米库容用1 mL乳酸混合液的比例，将混合液放于瓷盆内于电炉上加热，待溶液蒸发完后，关闭电炉。

闭门熏蒸 6~24 h，然后开库使用。

（2）过氧乙酸消毒。按每立方米库容用 5~10 mL 的比例，将 20%的过氧乙酸放于容器内于电炉上加热，促使其挥发熏蒸；或按以上比例配成 1%的水溶液全面喷雾。因过氧乙酸有腐蚀性，使用时应注意对器械、冷风机和人体的防护。

（3）漂白粉消毒。将含有效氯 25%~30%的漂白粉配成 10%的溶液，用上清液按库容 40 mL/m³ 的用量喷雾。使用时注意防护，事后库房必须通风换气除味。

（4）福尔马林消毒。按每立方米库容用 15 mL 福尔马林的比例，在福尔马林中放入适量高锰酸钾或生石灰，稍加些水，待发生气体时，将库门密闭熏蒸 6~12 h。开库通风换气后方可使用库房。

（5）硫黄熏蒸消毒。用量为每立方米库容用硫黄 5~10 g，加入适量锯末，置于陶瓷器皿中点燃，密闭熏蒸 24~48 h 后，彻底通风换气。库内所有用具用 0.5%的漂白粉溶液或 2%~5%硫酸铜溶液浸泡、刷洗，晾干后备用。

3. 冷库降温

为确保蒜薹入库后能迅速降到贮藏的适宜温度，蒜薹入库前 10 d 要对空库进行缓慢降温，至入库前 2 d 将库温降到 0 ℃左右。

（四）采后运输

蒜薹采后应尽快组织装运，运输时间一般以不超过 48 h 为宜。运输时应避免日晒雨淋，装量大的汽车，堆内要设置通风塔（道），避免蒜薹伤热。

（五）贮前处理

贮藏用的蒜薹应质地脆嫩，色泽鲜绿，成熟适度，不萎缩，不糠心，无病虫害，无机械损伤，无划薹，无杂质，无畸形，无霉烂，薹茎粗细均匀，长度大于 30 cm，薹茎基部无老化，薹苞白绿色，不膨大，不坏死。经过高温和长途运输后的蒜薹体温较高，老化速度快。因此，到达目的地后，要及时卸车，在阴凉通风处加工整理；有条件的最好放在 0~5 ℃预冷间进行预冷，并在预冷过程中进行挑选、整理。在挑选时要剔除过细、过嫩、过老、虫咬、带病和有机械伤的薹条，剪去薹条基部衰老部分（1 cm 左右），然后将蒜薹的薹苞对齐后，用聚丙烯塑料绳（带）在距离薹苞 3~5 cm 的薹茎部位上捆扎、打捆，每捆质量 0.5~1.0 kg。

（六）预冷

加工后蒜薹放入 0 ℃冷库，产品入库后继续预冷，当蒜薹温度降到 0 ℃时装入硅窗保鲜袋，不扎口，继续预冷。

（七）贮藏方式及管理

1. 冰窖贮藏

冰窖贮藏是采用冰来降低和维持低温高湿的一种方式。蒜薹收获后，经分级、整理、包装。先在窖底及四周放 2 层冰块，再一层蒜薹、一层冰块交替码至 3～5 层，上面再压 2 层冰块，各层空隙用碎冰块填实。

贮藏期间应保持冰块缓慢地融化，窖内温度保持在 0～1 ℃，相对湿度接近 100%。冰窖贮藏蒜薹在我国华北、东北等地已有数百年历史。贮藏至第二年，损耗约为 20%。但冰窖贮藏不易发现蒜薹的质量变化，所以蒜薹入窖后应每 3 个月检查一次，如个别地方下陷，必须及时补冰。如发现异味，则要及时处理。用冰窖贮藏蒜薹的优点是环境温度较为稳定，相对湿度接近饱和湿度，蒜薹不易失水，色泽较好；缺点是窖容量小，工作量大，贮藏中途不易处理，一旦发生病害，损失较大。

2. 气调贮藏

(1)塑料薄膜袋贮藏。可采用自然降氧结合人工调控袋内气体成分的方式进行贮藏。用 0.06～0.08 mm 厚度的聚乙烯薄膜做成长 100～110 cm、宽 70～80 cm 的袋子。将蒜薹装入袋中，每袋装 18～20 kg，待蒜薹温度稳定在 0 ℃后扎紧袋口。每隔 1～2 d，随机检测袋内 O_2 和 CO_2 浓度，当 O_2 浓度降至 1%～3%，CO_2 浓度升至 8%～13%时，松开袋口换气。每次放风换气 2～3 h，使袋内 O_2 浓度升至 18%，CO_2 浓度降至 2%左右。如袋内有冷凝水，要用干毛巾擦干，然后再扎紧袋口。贮藏前期可 15 d 左右放风一次，贮藏中后期，随着蒜薹对 CO_2 的忍耐能力减弱，放风周期逐渐缩短，中期约 10 d 一次，后期约 7 d 一次。贮藏后期，要经常检查质量，观察蒜薹质量变化情况，以便采取适当的对策。

(2)塑料薄膜大帐贮藏。先将捆成小捆的蒜薹薹苞朝外均匀地码在架上预冷，每层厚度为 30～35 cm，待蒜薹温度降至 0 ℃时，即可罩帐密封贮藏。具体做法是，先在地面上铺长 5～6m、宽 1.5～2.0m、厚 0.23 mm 的聚乙烯薄膜。将处理好的蒜薹放在箱中或架上，箱或架成并列两排放置。在帐底放入消石灰，每 10 kg 蒜薹放约 0.5 kg 的消石灰。每帐可贮藏 2 500～4 000 kg 蒜薹，大帐比贮藏架高 40 cm，以便帐身与帐底卷合密封。另外，在大帐两面设取气孔，两端设循环孔，以便抽气检测 O_2 和 CO_2 的浓度，帐身和帐底薄膜四边互相重叠卷起，再用沙子埋紧密封。

大帐密封后，降氧的方法有两种：一种是利用蒜薹自身呼吸使帐内 O_2 含量降低；另一种是快速充氮降低 O_2 含量，即先将帐内的空气抽出一部分，再充入 N_2，反复几次，使帐内的 O_2 浓度下降至 4%左右。有条件的可采用气调机快速降氧。降低 O_2 浓度后，由于蒜薹的呼吸作用，帐内的 O_2 浓度进一步下降。当降至 2%左右时，再补充新鲜空气，从而使 O_2 浓度回升至 4%左右。如此反复，使帐内的 O_2 浓度控制在 2%～4%，CO_2 也会在帐内逐步积累，当 CO_2 浓度高于 8%时，可被消石灰吸收或气调机脱除。用此法贮藏比较省工，贮藏时间长达 8～9 个月，质量良好，好菜率可达 90%，且薹苞不膨大，薹梗不老化，贮藏量大。缺点是帐内的相对湿度较高，包装材料易感染病菌而引起蒜薹腐烂。

(3)硅窗袋藏。将一定大小的硅橡胶膜镶嵌在聚乙烯塑料袋或帐上，利用硅橡胶对 O_2 和 CO_2 的渗透系数比聚乙烯薄膜大的特点，使帐内蒜薹释放的 CO_2 透出，而大帐外的氧又可透入，从而使 O_2 和 CO_2 浓度维持在一定的范围。采用硅橡胶袋或大帐贮藏时，最主要的是计算好硅橡胶的面积，因不同品种、不同产地的蒜薹呼吸强度不同，且硅橡胶的规格也有差别。中国科学院兰州化学物理研究所研制成功 FC－8 硅橡胶气调保鲜膜，按每 1 000 kg 蒜薹 0.38～0.45m² 硅橡胶面积的比例，制成不同大小规格的硅橡胶袋或硅橡胶帐，在 0 ℃ 条件下，可使袋内或帐内的 O_2 浓度达到 5％～6％，CO_2 浓度达到 3％～7％。蒜薹贮藏前应经过预冷、装袋、扎口，再放置在温度为 0 ℃ 的架上。贮期一般可达 10 个月，损失率在 10％左右。

3. 冷藏

将选择好的蒜薹经充分预冷(12～14 h)后，装入箱中，或直接码在架上。库温控制在 0～1 ℃。采用这种方法，贮藏时间较长，但容易脱水及失绿老化。

🧰 知识准备

※苹果采收处理及病害控制

一、采收处理

采收期对苹果贮藏寿命影响很大。苹果属于呼吸跃变型果实，故贮藏的苹果必须适时采收。早熟品种不能长期贮藏，只可当时食用或者短期贮藏，应适当晚采；晚熟品种可长期贮藏后陆续上市，故应适当早采。一般来说：晚采可以增加果重和干物质含量，但贮藏中的腐烂率显著增加；采收过早，果实中的干物质积累少，不但不耐贮藏，而且自然损耗较大。

苹果的采后处理措施主要有分级、包装和预冷。

1. 分级、包装

采收后，集中在包装场所进行处理。分级时必须严格剔除伤果、病果、畸形果及其他不符合要求的果实，将符合贮藏要求的果实用一定规格的纸箱、木箱或塑料箱包装，其中以瓦楞纸箱包装在生产中应用最普遍。

2. 预冷

预冷是提高苹果贮藏效果的重要措施。国外冷库一般都配有专用的预冷间，而国内一般将分级包装好的果品放入冷藏间，采用强制通风冷却，迅速将果温降至接近贮藏温度后再堆码存放。

二、采后病害及控制

1. 苹果苦痘病

苦痘病是苹果贮藏初期易发生的一种皮下斑点病害。最初的浅层果肉发生褐变，外表不易识别。之后果面出现圆斑，绿色品种圆斑呈深绿色，红色品种呈暗红色，圆斑周围有黄绿色或深红色晕圈。斑下果肉坏死干缩，深及果肉 2～3 mm。病斑常以皮孔为中心，直径 3～5 mm，后扩大至 1 cm，坏死组织有苦味。

防治措施：苦痘病发病与果实含钙量及氮钙比关系密切，采前喷 0.5％氯化钙或

0.8%硝酸钙，采后用3%～5%氯化钙真空浸钙，均可防止苹果苦痘病。

2. 虎皮病

虎皮病又名褐烫病，是苹果贮藏后期易发生的生理病害。病果出现规则褐色或暗褐色，微凹陷，果皮下仅6～7层细胞变褐，故病斑不深入果肉。发病严重时果肉发绵，稍带酒味，病皮易撕下，病果易腐烂。

防治措施：适期采收，防止贮藏后期温度升高，并注意通风，减少氧化产物积累；采用气调贮藏；化学药剂处理，用含有2 mg二苯胺(DPA)或2 mg乙氧基喹包果纸包果，或用二苯胺溶液浸果，或用浓度为0.25%～0.35%的乙氧基喹液浸果，均可有效地防治虎皮病。

3. 低温伤害

苹果贮藏中低温伤害较轻的果实，外观不易察觉，严重时果面出现烫伤褐变，果皮凹陷，果心及其周围的果肉褐变。对低温敏感的品种，冷藏时可缓慢降温，也可进行短期升温处理。贮藏中高浓度CO_2和高湿度均可加重低温伤害。

4. 气体伤害

气体伤害是苹果在气调贮藏中常见的生理性病害。CO_2伤害的发生及其部位与苹果的品种、贮藏环境的气体成分等有关。如红星苹果在2%～4%O_2、16%～20%CO_2条件下只发生果心伤害，而在6%～8%O_2、16%～18%CO_2条件下则果肉果皮均发生褐变。

苹果的CO_2伤害与氧浓度也有关。一般O_2浓度降低，会加重CO_2伤害；在低温条件下，随着CO_2在细胞液中溶解度增大，伤害相应加重。贮藏过程中，应经常检测环境CO_2、O_2含量及果实品质变化，防止伤害发生。

5. 侵染性病害

苹果的侵染性病害主要有轮纹病、青霉病、炭疽病、褐腐病、红腐病等。这些病害主要是在果园生长期或采收处理、运输过程中感染的，在贮藏中遇适宜条件，就大量发病。故应加强采前果园病虫害综合防治，减少采后各环节中机械伤产生，果实采后用0.1%～0.25%噻苯达唑或0.05%～0.1%甲基硫菌灵、多菌灵浸果，可防治青霉病和炭疽病的发生。也可用100～200 mg/L仲丁胺防治青霉病和轮纹病。控制适宜低温，采用高CO_2、低O_2，抑制病菌发展，减少腐烂损失。

※柑橘采收处理及病害控制

一、采收处理

适时采收和无伤采收是搞好柑橘贮藏保鲜的关键。柑橘的绝大多数品种贮后品质得不到改善，因此应在成熟时采收。一般认为，果汁的固酸比值可作为判断柑橘果实成熟度的指标。如短期贮藏的锦橙果实，采收时固酸比值应为9:1；若长期贮藏，则应在果面有2/3转黄、固酸比为8:1时采收。橘类以固酸比达(12～13):1时采收为宜。当果实成熟度不一致时，应分期分批采收。在采收及装运过程中，做到轻摘、轻放、轻装、轻运、轻卸，尽量避免碰、撞、挤、压以及跌落引起的机械损伤。

二、采后病害及控制

1. 枯水病

枯水病在柑橘类表现为果皮发泡，果肉淡而无汁，在甜橙类表现为果皮呈不正常饱满，油胞突出，果皮变厚，囊瓣与果皮分离，且囊壁加厚，果汁细胞失水，但果实外观与健康果无异。柑橘果实贮藏后期普遍出现枯水现象，这是限制贮期的主要原因。

防治措施：适时采摘，采前 20 d 用 $20 \sim 50$ mL/L 赤霉素喷施树冠；采后用 $50 \sim 150$ mL/L 赤霉素、$1\,000$ mL/L 多菌灵、200 mL/L 的 2，4 - D 浸果；采后用前述方法预贮，用薄膜单果包装。

2. 水肿病

水肿病发病初期果皮无光泽，颜色变淡，以手按之稍觉绵软，口尝果肉，稍有苦味；后期整个果皮转为淡白色，局部出现不规则的半透明水渍状，食之有煤油味。严重时整个果实呈半透明水渍状，表面饱胀，手指按之，柑类感到松浮，橙类感到软绵，均易剥皮，食之有乙醇味。

防治措施：根据柑橘的品种特性，保持适宜温度，加强通风，排除过多的 CO_2 和乙烯，使库内 CO_2 不超过 1%。这些均有较好的预防作用。

3. 侵染性病害

柑橘侵染性病害造成的损失常迅速而严重。蒂腐、青绿霉、炭疽病和黑腐病等是贮藏期间最常见的病害。

防治措施：加强柑橘生长季节果实病害的综合防治；定期喷杀菌剂；减少采收、包装、贮运过程中机械伤产生；果实采后用杀菌剂结合 2，4 - D 处理，这是目前控制柑橘真菌性腐烂的最经济有效的方法。

※葡萄采收处理及病害控制

一、采收处理

葡萄采收宜在晴朗、气温较低的清晨或傍晚进行。采摘时，用剪刀剪下果穗，剔除病粒、破粒，剪去穗尖。如果挂贮，可在穗轴两侧各留 $3 \sim 4$ cm 长的新梢，以便吊挂。采收后按质量分级，然后将果穗平放于内衬有包装纸的筐或箱中，果穗间空隙越小越好。尽快预冷或运往冷库。

为防止葡萄贮藏中的灰霉病、黑霉病等发生，在葡萄贮藏保鲜中普遍进行药剂处理。SO_2 对葡萄常见的真菌病害如灰霉病有较强的抑制作用，同时可降低葡萄的呼吸率。生产上应用较多的是亚硫酸氢钠、焦亚硫酸钠等盐类。药剂与硅胶混合，缓慢释放 SO_2，达到防腐、保鲜的目的。硅胶的作用是吸收周围的水分，避免亚硫酸盐迅速吸水，集中释放 SO_2，造成药包附近 SO_2 浓度过高，产生药害。配制药粉时先将亚硫酸盐和硅胶研碎，以亚硫酸盐：硅胶＝1：(0.5～2) 的比例混合后包成小包，每包 $4 \sim 6$ g，按葡萄重量 0.3% 的比例放入亚硫酸盐药包。放入保鲜剂后，及时扎袋。

为了更好地保鲜，葡萄的采收时期应该注意什么？

为了更好地保鲜，葡萄的采收时期应该注意什么？

用 SO_2 处理葡萄时要注意，葡萄品种、成熟度不同，对 SO_2 的耐受能力是有差异的。熏硫时葡萄所处环境中的 SO_2 浓度达到 $10\sim20$ mg/m³ 比较适合。

二、贮藏病害及控制

1. 葡萄灰霉病

葡萄灰霉病是贮藏后期的主要病害，病原菌是灰绿色葡萄孢属灰葡萄孢。果粒果梗在贮藏期间易受感染，病斑早期为圆形，凹陷状，色浅褐或黄褐，蓝色葡萄上颜色变异小，感病部位润湿，会长有灰白色菌丝。烂果通过接触传染，密集短枝的果穗尤其严重。

防治措施：采前用多菌灵、波尔多液等杀菌喷果。采收应选择晴天。贮藏过程中定期用 SO_2 熏蒸，采用低温贮藏等。

2. 葡萄 SO_2 中毒

葡萄 SO_2 中毒是葡萄贮藏中常见的生理病害，主要是葡萄贮藏中使用的 SO_2 熏蒸浓度不当引起的。中毒葡萄粒上产生许多黄白色凹陷的小斑，与健康组织的界限清晰，通常发生于蒂部，严重时一穗上大多数果粒局部成片褪色，甚至整粒果实呈黄白色，最终被害果实失水皱缩，但穗茎能较长时间保持绿色。

防治措施：在贮藏过程中，严格控制 SO_2 的使用量，并注意通风。

※香蕉贮藏常见问题及解决办法

香蕉在贮藏过程中由于贮藏环境的温度过低和 CO_2 浓度过高，以及病菌的侵染，易发生生理病害和病理病害。

一、生理病害

1. 冷害

香蕉对低温极为敏感，冷害的临界温度为 12 ℃。轻度冷害的果实果皮发暗，不能正常成熟。严重冷害的果实，果皮变黑，果肉生硬无味，极易感染病菌，完全丧失商品价值。

2. CO_2 伤害

香蕉常温运输时的损失常常是 CO_2 伤害造成的。受害香蕉果皮青绿如常，轻则果肉产生异味，重则果肉呈黄褐色糖浆状，完全失去商品价值。在包装袋中放入熟石灰，可以降低袋中 CO_2 浓度，减少伤害，但石灰不能与香蕉直接接触。

CO_2 浓度对香蕉贮运有何影响？

二、侵染性病害

1. 炭疽病

炭疽病是香蕉采后最主要的病害之一，属真菌性病害，主要在果园感染，运销期发病。成熟和未成熟的香蕉均可被感染，在被害的青果果皮上首先出现褐色或黑褐色的小圆斑，随果实成熟衰老，病斑迅速扩大，形成大斑块，后期还会下陷。非潜伏型炭疽病通常发生在收获期或收获后果实的损伤处，在贮运中病斑迅速扩大，危害整个果实，采收、包装、运输过程中尽量减少机械损伤。潜伏型炭疽病通常发生在田间未受损伤的绿色果实上，病菌多以菌丝体潜伏在表皮下，很少见到危害症状，在采后果实变黄时才表现症状。采后用 1 000 mg/kg 噻菌灵或多菌灵或苯来特浸果，防治炭疽病效果明显。

2. 黑腐病

黑腐病是仅次于炭疽病的主要病害，无论在田间还是在收获后的果实上都可发生。病原菌可危害花、主茎，主要是导致果实贮运期间的腐烂。它可引起香蕉轴腐、冠腐、果指断落和果实腐烂。采后用 1 000 mg/kg 噻菌灵处理果实，能有效防止发病。

※蒜薹贮藏条件及贮藏病害及控制

一、贮藏条件

1. 温度

蒜薹的冰点为 −1～−0.8 ℃，因此贮藏温度控制在 −1～0 ℃为宜。贮藏温度要保持稳定，避免温度波动过大，否则会造成结露现象，严重影响贮藏效果。

2. 湿度

蒜薹的贮藏湿度以 85％～95％为宜。湿度过低易失水，过高又易腐烂。

3. 气体成分

蒜薹贮藏适宜的气体成分为 O_2 2％～3％、CO_2 5％～7％。O_2 过高会使蒜薹老化和霉变；过低又会出现生理病害。CO_2 过高会导致比缺氧更厉害的 CO_2 中毒。

二、贮藏病害及控制

1. 侵染性病害

蒜薹中含有大蒜素，具有较强的抗菌力，但贮藏条件不适宜时也会发生病害。常见的主要是白霉菌和黑霉菌两种病原菌。当感染病菌后，在蒜薹的根蒂部和顶端花球梢处出现白色绒毛斑(白霉菌)和黑色斑(黑霉菌)，继而引起腐烂。高温高湿条件会加速腐烂。为防止腐烂，首先应减少伤口，同时促进伤口愈合。另外，严格控制温度、湿度和 CO_2 浓度，还要做好库房消毒工作。

2. 生理病害

蒜薹的生理病害主要为高 CO_2 伤害。当贮藏环境中 CO_2 浓度过高时，会产生高 CO_2 中毒，其症状为，在蒜薹的顶端和梗柄上出现大小不等的黄色的小干斑。病变会造成蒜薹呼吸窒息，组织坏死，最终导致腐烂。

※果品贮藏技术

一、仁果类

苹果和梨是我国北方栽培的主要仁果类果实，其分布广泛，产量高，搞好苹果和梨的贮运保鲜，对保证果品市场需求、出口创汇，以及苹果和梨产业的持续稳定发展具有重要意义。

什么是仁果类果树？
常见的仁果类果树
有哪些？

(一)苹果、梨的贮藏特性

苹果耐贮性较好，但不同品种耐贮性差异较大。早熟品种(7～8月成熟)，如黄魁、红魁、早金冠等，采收早，果实糖分积累少，质地疏松，采后呼吸旺盛，内源乙烯发生量大，因而后熟衰老变化快，不耐贮藏。红星、金冠、华冠、元帅、乔纳金等中熟品种(8～9月成熟)生育期适中，贮藏性优于早熟品种，冷藏条件下，可贮至翌年3～4月。红富士、国光、印度、秦冠等晚熟品种(10月以后成熟)生育期长，果实糖分积累多，呼吸水平低，乙烯产生晚且水平较低，耐贮性好。晚熟品种采用冷藏或气调贮藏，贮期可达八九个月，故用于长期贮藏的苹果必须选用晚熟品种。

梨的品种很多，耐贮性差异较大。从梨的系统来分，有白梨、砂梨、秋子梨和西洋梨四大梨系统。白梨系统的梨果肉脆嫩多汁，耐贮性好，如河北昌黎的蜜梨、山东黄县的长把梨、山西宁武县的油梨和黄梨、新疆的库尔勒香梨、吉林的苹果梨等，都是品质好又耐贮的品种，可贮至翌年3～7月。秋子梨系统中除南果梨、京白梨较耐贮外，多数品种石细胞多，品质差，也不耐贮藏。沙梨系统中的黄金梨、新高梨、二十世纪等品种较耐贮。西洋梨系统的巴梨、康德梨等采后因肉质极易软化而不耐藏。

(二)采收处理及病害控制

1. 采收处理

采收期对苹果、梨贮藏寿命影响很大。苹果、梨属于呼吸跃变型果实，故贮藏的苹果、梨必须适时采收。早熟品种不能长期贮藏，只可当时食用或者短期贮藏，可适当晚采；晚熟品种可长期贮藏后陆续上市，故应适当早采。一般来说：晚采可以增加果重和干物质含量，但贮藏中的腐烂率显著增加；采收过早，果实中的干物质积累少，不但不耐贮藏，而且自然损耗较大。

苹果、梨的采后处理措施主要有分级、包装和预冷。

(1)分级、包装。采收后，集中在包装场所进行处理。分级时必须严格剔除伤果、病果、畸形果及其他不符合要求的果实，将符合贮藏要求的果实用一定规格的纸箱、木箱或塑料箱包装，其中以瓦楞纸箱包装在生产中应用最普遍。

(2)预冷。预冷是提高苹果、梨贮藏效果的重要措施。国外冷库一般都配有专用的预冷间，而国内一般将分级包装好的果品放入冷藏间，采用强制通风冷却，迅速将果温降至接近贮藏温度后再堆码存放。

2. 采后病害及控制

(1)苹果苦痘病。苦痘病是苹果贮藏初期易发生的一种皮下斑点病害。最初的浅层果肉发生褐变，外表不易识别。之后果面出现圆斑，绿色品种圆斑呈深绿色，红色品种呈暗红色，圆斑周围有黄绿色或深红色晕圈。斑下果肉坏死干缩，深及果肉2～3 mm。病斑常以皮孔为中心，直径 3~5 mm，后扩大至 1 cm，坏死组织有苦味。

防治措施：苦痘病发病与果实含钙量及氮钙比关系密切，采前喷 0.5％氯化钙或 0.8％硝酸钙，采后用 3％~5％氯化钙真空浸钙，均可防止苹果苦痘病。

（2）虎皮病。虎皮病又名褐烫病，是苹果贮藏后期易发生的生理病害。病果出现规则褐色或暗褐色，微凹陷，果皮下仅 6~7 层细胞变褐，故病斑不深入果肉。发病严重时果肉发绵，稍带酒味，病皮易撕下，病果易腐烂。

防治措施：适期采收，防止贮藏后期温度升高，并注意通风，减少氧化产物积累；采用气调贮藏；化学药剂处理，用含有 2 mg 二苯胺（DPA）或 2 mg 乙氧基喹包果纸包果，或用二苯胺溶液浸果，或用浓度为 0.25％~0.35％的乙氧基喹液浸果，均可有效地防治虎皮病。

（3）鸭梨黑皮病。黑皮病是鸭梨、酥梨在贮藏后期易发生的生理病害，在二三月份发病率较高。发病严重的果实，50％~90％果面呈黑褐色，病斑连结成片状，不仅影响果实外观，且严重降低商品质量。鸭梨黑皮病发病机理与苹果虎皮病类似，贮藏温度过高或过低，CO_2 偏高，采摘过早，采前灌水或果实受雨淋，均会加重黑皮病的发生。

防治措施：适期采收，控制贮藏环境中 CO_2 浓度，增大库房通风量，维持适宜的贮藏温度，均有较好的防治效果。

（4）黑心病。鸭梨、香梨、莱阳梨、雪花梨和长把梨等贮藏过程中均有黑心病发生，以鸭梨最为严重。黑心病可分为早期黑心（入库后 30~50 d）和后期黑心（次年 3~4 月）两种。早期黑心病症状是果肉为白色，果心及其周围出现褐色斑块，目前认为，这是降温过快引起的。后期黑心病症状是果心及周围果肉变为褐色，果肉组织疏松，果皮色泽暗淡，严重时有酒味，一般认为这是果实衰老引起的症状。

防治措施：适期采收，冷藏条件下缓慢降温、脱除 CO_2 是控制前期黑心病的有效措施；根据品种掌握适当贮藏期限，控制稳定库温，可减轻后期黑心病发生。

（5）低温伤害。苹果、梨贮藏中低温伤害较轻的果实，外观不易察觉，严重时果面出现烫伤褐变，果皮凹陷，果心及其周围的果肉褐变。对低温敏感的品种，冷藏时可缓慢降温，也可进行短期升温处理。贮藏中高浓度 CO_2 和高湿度均可加重低温伤害。

（6）气体伤害。气体伤害是苹果、梨在气调贮藏中常见的生理性病害。CO_2 伤害的发生及其部位与苹果、梨的品种、贮藏环境的气体成分等有关。如红星苹果在 2％~4％ O_2、16％~20％CO_2 条件下只发生果心伤害，而在 6％~8％O_2、16％~18％CO_2 条件下则果肉果皮均发生褐变。鸭梨在 0.6％CO_2、7％O_2 贮藏 50 d 后，出现果心褐变，当环境中无 CO_2，O_2 降至 5％时，果心组织出现褐变。

苹果和梨的 CO_2 伤害与氧浓度也有关。一般 O_2 浓度降低，会加重 CO_2 伤害；在低温条件下，随着 CO_2 在细胞液中溶解度增大，伤害相应加重。贮藏过程中，应经常检测环境 CO_2、O_2 含量及果实品质变化，防止伤害发生。

（7）侵染性病害。苹果、梨的侵染性病害主要有轮纹病、青霉病、炭疽病、褐腐病、红腐病等。这些病害主要是在果园生长期或采收处理、运输过程中感染，在贮藏中遇适宜条件，就大量发病。故应加强采前果园病虫害综合防治，减少采后各环节中机械伤产生，果实采后用 0.1%～0.25% 噻苯达唑或 0.05%～0.1% 甲基硫菌灵、多菌灵浸果，可防治青霉病和炭疽病的发生。也可用 100～200 mg/L 仲丁胺防治青霉病和轮纹病。控制适宜低温，采用高 CO_2、低 O_2，抑制病菌发展，减少腐烂损失。

(三)贮藏条件及方法

1. 贮藏条件

适宜的贮藏环境条件会明显延缓果品的衰老。

(1)温度。适宜的低温可有效地抑制苹果和梨的呼吸作用，延缓后熟衰老并抑制微生物的活动。多数苹果品种的贮藏适温为 $-1～0$ ℃，如果贮藏温度过低，易引起果实冷害或冻害，尤其对于一些早熟品种，其适宜的贮藏温度为 $2～4$ ℃。

中国梨的适宜贮温为 0 ℃，大多数西洋梨品种适宜的贮温为 -1 ℃。梨贮藏期的长短也因品种而异：康佛仑梨在 1 ℃ 可贮 12 周，0 ℃ 可贮 18 周，在 -1 ℃ 可贮 24 周。巴梨在 -1 ℃ 可贮藏 2.5～3 个月，而安久梨可贮 4～6 个月。冬香梨可贮 6～7 个月。

(2)相对湿度。苹果贮藏的相对湿度以 85%～95% 为宜，当果实失水率达到 5%～7% 时，果皮易皱缩，影响外观，但贮藏湿度过大，同样加速苹果衰老和腐烂。利用自然低温贮藏苹果时，贮藏窖内湿度往往过大，增加了真菌病害的发生，使腐烂损失加重。

梨皮薄汁多，很易失水皱皮。较高的相对湿度可以有效地阻止梨的水分蒸发散失，降低自然损耗，故梨贮藏的适宜相对湿度为 90%～95%。

(3)气体成分。调节贮藏环境中的气体成分，适当降低空气中 O_2 含量，可有效地抑制苹果呼吸代谢，减少一些生理病害如虎皮病的发生，延长果实贮藏寿命。低浓度 O_2 可抑制果实乙烯生成，从而抑制苹果的成熟过程。在降低 O_2 浓度的同时，增加 CO_2 浓度，贮藏效果更明显，CO_2 浓度一般不超过 2%～3%，否则易产生 CO_2 伤害。当然，不同苹果品种对气体成分要求不同，须通过试验和生产实践来确定。

一般苹果贮藏的适宜气体组分为：O_2 浓度 2%～5%，CO_2 浓度 3%～5%。梨的品种不同，适宜的气体组分差异较大：鸭梨适宜的 O_2 浓度为 10%，CO_2 浓度小于 1%；西洋梨的早熟、中熟品种适宜的 O_2 浓度为 2%，CO_2 浓度为 1%～3%，晚熟品种适宜的 O_2 浓度 2%～3%，CO_2 浓度小于 1%。

2. 贮藏方法

(1)沟藏。沟藏是山东烟台地区广泛用于贮藏晚熟苹果的一种简易方式。在果园地势高、地下水位在 1 m 以下的地方，沿东西向挖宽 1～1.5 m、深 1 m、长度根据容量而定的沟。贮藏前，将沟底整平，并铺上 3～7 cm 厚的细沙，干燥时可洒水增湿。沟内每隔 1 m 砌一个 30 cm 见方的砖垛，上套蒲包以防伤果，也可供检查苹果时立脚。入贮前地沟应充分预冷。在 10 月下旬至 11 月上旬，将经预贮并挑选好的苹果入沟。果实分段堆放，厚度 60～80 cm，每隔 3～5 m，竖立一通风口。随气温下降，分次加厚覆盖层。为防止雨雪进入沟中，可用玉米秸秆搭成屋脊形棚盖门、窗、气眼，以调节沟内温度。

(2)贮藏库通风。贮藏库是苹果产地和销地应用较广泛的贮藏场所。苹果采收后应进行待库温降至 10 ℃ 时，挑选无伤果装箱、装筐后入库。果筐(箱)在库内的堆码方式以花埂形式为好。埂底垫枕木或木板，果埂与墙壁间应留间隙和通道，以利通风和操作管理。通风库的管理主要是调节库内的温度和湿度。一般需在库内有代表性的部位设置干湿球温度计，由专人负责检查记录，以此作为调控库内温度、湿度的参考。

（3）冷藏库贮藏。在产品入库前对贮藏库进行整理、清扫，并进行消毒处理。消毒方法：通常 100 m^3 空间用 1～1.5 kg 硫黄，拌锯末点燃并密闭门窗熏蒸 48 h，然后通风。或用福尔马林 1 份加水 40 份，配成消毒液，喷洒地面及墙壁，密闭 24 h 后通风；也可用漂白粉溶液喷洒处理。入库摆放时要注意以下三点：一要利于库内的通风，通风不好会造成库温不均，影响贮藏效果；二要便于管理，利于人员的出入和对产品的检查；三要注意产品的摆放高度，防止上下层之间的挤压，以免造成损失。不同品种的苹果、梨要分库存放，有利于贮藏管理和防止产品之间的串味。

贮藏期间经常进行产品检查，有问题及时处理。产品出库前将库温升至室温，防止果实表面结露，以免微生物侵入造成危害。

（4）气调贮藏。苹果是应用气调贮藏最早和最普遍的水果。气调贮藏的苹果出库后基本上保持了原有品种的色泽、硬度和风味，同时还抑制了红玉斑点病、虎皮病等生理病害的发生，使货架期明显延长。

气调贮藏主要采用气调库贮藏和机械冷库内加塑料薄膜帐（或袋）两种方式。

①气调库贮藏。气调库具有制冷、调控气体组成、调控气压、测控温湿度等功能，管理方便，容易达到贮藏要求的条件，是商业中大规模贮藏苹果、梨的最佳方式。其贮藏时间长，效果好，但设备造价高，操作管理技术比较复杂，在苹果、梨贮藏上应用不广泛。对于大多数苹果品种而言，O_2 浓度为 2%～5%，CO_2 浓度为 3%～5% 时比较适宜，但富士系苹果对 CO_2 比较敏感，目前认为该品系贮藏的气体组分为 O_2 2%～3%、CO_2 2% 以下。

苹果气调贮藏的温度可比一般冷藏高 0.5～1 ℃，对 CO_2 敏感的品种，贮温还可再高些，因为提高温度既可减轻 CO_2 伤害，又可防止对低温敏感品种造成的冷害。

②塑料薄膜大帐气调贮藏即限气（MA）贮藏。在冷库内用塑料薄膜帐贮藏，薄膜帐由五个面的帐顶及一块大于底面积的帐底塑料组成。帐顶设有充气、抽气和取样袖口。安装后形成一个简易的气密室。大帐所用的材料是 0.1～0.2 mm 厚的聚乙烯，其容量根据贮藏量而定。

帐内的调气方式分为快速降氧和自发气调两种。快速降氧法是用抽气机将帐内气体抽出一部分，使帐子紧贴在果筐（箱）上，然后用制氮机通过充气口向帐内充 N_2，使帐子鼓起。如此反复几次，使帐内 O_2 降低。贮藏期间每天要对帐内气体进行测定并进行调整。O_2 浓度过低时向帐内补充空气，CO_2 浓度过高时及时吸收排除。目前多用消石灰吸收 CO_2。消石灰的用量为 100 kg 苹果或梨用 0.5～1 kg。

因塑料大帐内湿度高，帐壁上经常会出现凝水现象，凝水滴落在果实上易引起腐烂病害。凝水产生的主要原因是果实罩帐前散热降温不彻底，贮藏中环境温度波动过大。因此，减少帐内凝水的关键是果实罩帐前要充分冷却和保持库内稳定的低温。

二、核果类

桃和李属核果类果实，色鲜味美，肉质细腻，营养丰富，深受消费者欢迎。但桃和李果实成熟期正值一年中气温较高的季节，果实采后呼吸旺盛，而且其果实皮薄，肉软，汁多，贮运易受机械损伤，低温贮藏易发生褐心，高温易腐烂，故不耐长期贮藏。

什么是核果类果树？
常见的核果类果树
有哪些？

（一）贮藏特性

桃、李品种间耐贮性差异较大，一般晚熟品种比早熟品种、中熟品种耐藏。如水蜜桃、五月鲜桃一般不耐藏，而硬肉桃中的晚熟品种，如山东青州蜜桃、肥城桃、中华寿桃、陕西冬桃、河北的晚熟桃等均有较好的耐贮性。离核品种、软溶质品种等耐贮性较差。李的耐贮性与桃相似，黑龙江的牛心李、河北冰糖李的耐贮性均较好。

桃、李属呼吸跃变型果实，呼吸强度是苹果的 $3\sim4$ 倍，果实乙烯释放量大，果实变软败坏迅速，这是桃、李不耐贮藏的重要生理原因。低温、低 O_2 和高 CO_2 都可以减少乙烯的生成量，抑制乙烯作用，从而延长贮藏寿命。

（二）采收处理及病害控制

1. 采收处理

桃、李的采收成熟度对耐贮性有很大影响。采摘过早，果实成熟后风味差且易受冷害；采收过晚，果实过软易受机械损伤，不耐贮运。用于贮运的桃应在果实充分肥大，呈现固有色泽，略具香气，肉质尚紧密，八成熟时采收。李应在果皮由绿转为该品种特有颜色，表面有一薄层果粉，果肉仍较硬时采收，采收时应带果柄，减少病菌入侵机会。果实成熟度不一致时，应分批采收。适时无伤采收，是延长桃、李贮藏寿命的关键。

桃、李采收时气温高，果实新陈代谢旺盛，采后要迅速选果、分级、包装和预冷，否则果实很快后熟软化，品质和耐贮性均下降。目前常采用鼓风冷却法和冰水冷却法。鼓风冷却是用鼓风机将 $-1\ ℃$ 的冷空气吹过果箱而使果实降温，此法易导致果实失水萎蔫；冰水冷却是直接用冰水浸果，或用冰水配防腐药剂预冷，此法可以有效防止果实萎蔫失水。

2. 采后病害及控制

（1）褐腐病。果实褐腐病出现在田间，贮期可蔓延侵染其他果实。果实受害后，初期在果面产生褐色水渍状圆形病斑，24 h 内，果肉变成褐色和黑色，在 15 ℃ 以上时病斑增大较快，腐坏处常深达果核，数日内便使全果褐变软腐，长出灰白色、灰色、黄褐色绒状霉层，最后病果完全腐烂不能食用，失水后变僵果。

防治措施：加强采前田间病害防治及盛装容器等用具的消毒；尽量减少在采收、分级、包装和贮运等一系列操作中机械伤的发生；采前用 1 000 mg/L 多菌灵或 750 mg/L 速克灵、65％代森锌 500～600 倍液、70％的甲基硫菌灵 800～1 000 倍液等药剂喷果处理；采后用 50%扑海因 1 000～2 000 倍液、900～1 200 mg/L 氯硝胺、0.5%邻苯酚钠、1 000 mg/L 特克多浸果；快速预冷，将采后果实温度尽快降到 4.5 ℃以下。这些措施能有效地抑制褐腐病的发生和发展。

(2)生理病害。桃、李对温度较敏感，桃在 0 ℃仅能贮藏 2～4 周，在 5 ℃只能贮藏 1～2 周。在低温下延长桃的贮藏期，易发生低温伤害，表现为近果核处果肉变褐、变糠、木渣化，风味变淡，桃核开裂。

控制低温冷害措施：冷藏中定期升温，果实在−0.5～1 ℃下贮藏 15 d，然后升温至 0 ℃贮 2 d，再转入低温贮藏，如此反复；低温气调结合间隙升温处理，桃 0 ℃气调贮藏，每隔 3 周将其升温至 20 ℃，放 2 d，然后恢复到 0 ℃，9 周后出库，在 18～20 ℃放置熟化。用此法，桃的贮藏寿命比一般冷藏延长 2～3 倍，果实褐变程度低。

桃、李对 CO_2 很敏感，当 CO_2 浓度高于 5%时，易发生伤害。症状为果皮出现褐斑、溃烂，果肉及维管束褐变，果实汁液少，生硬，风味异常，因此在贮藏过程中要注意保持适宜的气体指标。

(三)贮藏条件及方法

1. 贮藏条件

(1)温度。数桃、李品种的贮藏适温为 0～1 ℃，但桃又对低温特别敏感，0 ℃贮藏 3～4 周后易发生冷害。

(2)相对湿度。对湿度以 90%～95%为宜。

(3)气体组分。桃在 O_2 浓度为 1%～3%、CO_2 浓度为 4%～5%的气调条件下，贮期可达 6～9 周，但桃气调贮藏目前尚处研究阶段。O_2 浓度为 3%～5%、CO_2 浓度为 5%是李的气调适宜条件。李对 CO_2 较敏感，长期高 CO_2 易引起果顶开裂。

2. 贮藏方法

(1)常温贮藏。桃不宜采取常温贮藏方式，但由于运输和货架保鲜的需要，采用一定的措施尽量延长桃的常温保鲜寿命还是必要的。

①钙处理。将桃用 0.2%～1.5%的氯化钙溶液浸泡 2 min 或真空浸泡数分钟，沥干放于室内，可提高中熟、晚熟品种的耐贮性。钙处理是桃保鲜中简便有效的方法，但是不同品种适宜于不同的氯化钙浓度，浓度过小无效，浓度过大易引起果实伤害。其表现为，果实表面逐渐出现不规则褐斑，整果不能正常软化，风味变苦。资料报道，大久保、早香玉分别适宜于 1.5%、0.3%的氯化钙浓度。

②薄膜包装。可用 0.02～0.03 mm 厚的聚乙烯袋单果包装。此法与钙处理法组合使用效果更好。

(2)机械冷藏。冷库贮藏桃、李的关键是控制好冷藏库的温度和相对湿度。在 0 ℃、相对湿度 90%的条件下，桃可贮藏 15～30 d。果实入库前，冷库地面和墙壁要用石灰水消毒，并用 SO_2 或甲醛进行空气消毒。桃在入库前在 21～24 ℃放置 2～3 d，再入库冷藏。桃、李入库冷藏 14～15 d 后移入 18～20 ℃环境中处理 2 d，再转入冷库贮藏。如此反复，直至贮期结束。

贮藏期间要加强通风管理，排除果实产生的乙烯等有害气体。入库初期的1～2周内，每隔2～3 d通风一次，每次30～40 min。后期通风换气的次数和时间可适当减少。每隔15～20 d检查一次，发现软果、烂果及时剔除，以免影响整库的贮藏效果。

果实在出库时，应逐渐提高贮藏温度，以免果实表面凝结水气而导致病原菌侵染。经冷藏的桃、李，在销售和加工前须转入较高的温度下自然后熟。桃的后熟温度一般为18～23 ℃，李大多数品种后熟温度为18～19 ℃。后熟要求迅速，时间过长易使果实的风味发生变化。

杏的贮藏管理及病害防治同桃、李。

三、浆果类

葡萄和猕猴桃是我国浆果类果实的主产品种。由于贮运保鲜业较落后，浆果类果实基本上是季产季销、地产地销，从而导致价格低、果难卖的现象严重存在，因此，浆果类果品贮运保鲜技术的研究是推动葡萄和猕猴桃产业发展的关键。

什么是浆果类果树？
常见的浆果类果树有哪些？

(一)葡萄贮藏

葡萄是世界四大果品之一，也是国内浆果类中栽植面积最大、产量最高、特别受消费者喜爱的一种果品。随着人们生活水平的提高，鲜食葡萄的需求量增长很快，因此，贮藏保鲜是解决鲜食葡萄供应的关键。

1. 贮藏特性

葡萄品种多，耐贮性差异较大。一般来说，晚熟品种较耐贮藏，中熟品种次之，早熟品种不耐贮藏。另外，深色品种耐贮性强于浅色品种。晚熟、果皮厚、果肉致密、果面富集蜡质、穗轴木质化程度高、糖酸含量高等是耐贮运品种所特有的性状，如龙眼、玫瑰香、红宝石、黑龙江的美洲红等品种耐贮性均较好。近年我国从美国引进的红地球（商品名叫美国红提）、秋红（又称圣诞玫瑰）、秋黑等品种已显露出较好的耐贮性和经济性状；果粒大、抗病强的巨峰、先锋、京优等耐贮性中等；无核白、新疆的木纳格等，贮运中果皮极易擦伤褐变，果柄断裂，穗粒脱落，耐贮性较差。

葡萄属于非跃变型果实，无后熟变化，应该在充分成熟时采收。在条件允许的情况下，采收期应尽量延迟，以求获得质量好、耐贮藏的果实。

2. 采收及采后药剂处理

葡萄采收宜在天气晴朗、气温较低的清晨或傍晚进行。采摘时，用剪刀剪下果穗，剔除病粒、破粒，剪去穗尖。如果挂贮，可在穗轴两侧各留3～4 cm长的新梢以便吊挂。采收后按质量分级，然后将果穗平放于内衬有包装纸的筐或箱中，果穗间空隙越小越好。尽快预冷或运往冷库。

为防止葡萄贮藏中的灰霉病、黑霉病等发生，在葡萄贮藏保鲜中普遍进行药剂处理，SO_2对葡萄常见的真菌病害如灰霉病有较强的抑制作用，同时可降低葡萄的呼吸率。生产上应用较多的药剂是亚硫酸氢钠、焦亚硫酸钠等盐类。药剂与硅胶混合，可缓慢释放

SO_2，达到防腐保鲜的目的。硅胶的作用是吸收周围的水分，避免亚硫酸盐迅速吸水，集中释放 SO_2，造成药包附近 SO_2 浓度过高，产生药害。配制药剂时先将亚硫酸盐和硅胶研碎，以二者的重量比为 1∶(0.5～2) 的比例混合后包成小包，每包 4～6 g，按葡萄重量 0.3％ 的比例放入亚硫酸盐药包。放入保鲜剂后，及时扎袋。

用 SO_2 处理时要注意，葡萄因品种不同，成熟度不同，对 SO_2 的耐受力是有差异的。熏硫时葡萄所处环境中的 SO_2 浓度以 10～20 mg/m³ 为宜。

3. 贮藏病害及控制

(1)葡萄灰霉病是贮藏后期的主要病害，病原菌是灰绿色葡萄孢属灰葡萄孢。果粒果梗在贮藏期间易受感染，病斑早期呈圆形，凹陷状，色浅褐或黄褐，蓝色葡萄上颜色变异小，感病部位润湿，会长有灰白色菌丝。烂果通过接触传染，密集短枝的果穗尤其严重。

防治措施：采前用多菌灵、波尔多液等杀菌喷果，采收应选择晴天，贮藏过程中定期用 SO_2 熏蒸，采用低温贮藏等。

(2)葡萄 SO_2 中毒是葡萄贮藏中常见的生理病害，主要是由于葡萄贮藏中使用 SO_2 熏蒸浓度不当。SO_2 中毒通常发生于蒂部，中毒葡萄粒上产生许多黄白色凹陷的小斑，与健康组织的界限清晰，严重时一穗上大多数果粒局部成片褪色，甚至整粒果实呈黄白色，最终被害果实失水皱缩，但穗茎能较长时期保持绿色。

防治措施：在贮藏过程中，严格控制 SO_2 的使用量，并注意通风。

4. 贮藏条件

(1)温度。多数葡萄品种适宜的贮藏温度是 −1～1 ℃，保持稳定的温度是葡萄保鲜的关键。

(2)湿度。多数葡萄品种贮藏的适宜相对湿度是 90％～95％，保持适宜湿度，是防止葡萄失水干缩和脱粒枯梗的关键。

(3)气体成分。在一定的低 O_2 和高 CO_2 条件下，可有效地降低葡萄果实的呼吸水平，抑制果胶质和叶绿素的降解，延缓果实的衰老，对抑制微生物病害也有一定作用，可减少贮藏中的腐烂损失。有关葡萄贮藏的气体指标中，CO_2 指标的高低差异比较悬殊，这缘于品种、产地，以及试验的条件和方法的不同。一般认为，O_2 浓度 3％～5％ 和 CO_2 浓度 1％～3％ 的组合，能够保证大多数葡萄品种的贮藏效果。

5. 贮藏方法

传统贮藏葡萄的方式很多，如窖藏、通风库贮藏等，目前主要采用机械冷藏法。果实采后必须立即预冷，不经预冷就放入保鲜剂封袋，袋内将出现结露使箱底积水，故葡萄装入内衬 0.05 mm 厚的聚乙烯袋的箱中，入库后应敞口预冷，待果温降至 0 ℃ 左右，放入保鲜剂后封口贮藏。

在葡萄贮藏过程中主要是控制贮藏温度为 −1～1 ℃，并保持稳定。若库温波动过大，会造成袋内结露，引起葡萄腐烂。同时要保持库内温度均衡一致，注意堆垛与库顶的距离，采用强制循环制冷方式。在送风口附近的葡萄要防止受冻，要经常检查，一般情况下不开袋，发现葡萄果梗干枯、变褐、果粒腐烂或有较重的药害时，及时处理和销售。

(二)猕猴桃贮藏

猕猴桃是原产于我国的一种藤本植物果实，被誉为"果中珍品"。猕猴桃外表粗糙多毛，颜色青褐，其风味独特，营养丰富，每100 g果肉中含维生素C 100～420 mg，是其他水果的几倍至数十倍。

1. 贮藏特性

猕猴桃种类很多，以中华猕猴桃分布最广、经济价值最高。中华猕猴桃包括很多品种，各品种的商品性状、成熟期及耐贮性差异甚大。早熟品种9月初即可采摘，中、晚熟品种的采摘期在9月下旬至10月下旬。从耐贮性来看，一般晚熟硬毛品种耐贮性较强，明显优于早熟、中熟品种。大部分软毛品种耐贮性较差。秦美、亚特、海沃德等是商品性状好、比较耐藏的品种，在最佳条件下能贮藏5～7个月。

猕猴桃属典型的呼吸跃变型浆果，有明显的生理后熟过程，采后必须经过后熟软化才能食用。猕猴桃又是一种对乙烯非常敏感的特殊浆果，常温下即使有微量的乙烯存在，也足以提高其呼吸水平，加速呼吸跃变进程，促进果实的成熟软化。

2. 采收及采后处理

适时采收是猕猴桃贮藏保鲜的关键。猕猴桃的采收时期因品种、生长环境条件等有所不同。生产上一般以果实可溶性固形物含量为标准准确判断猕猴桃的采摘期。用于长期贮藏的果实，以可溶性固形物在6.5%～8.0%时采收为宜。用于即食、鲜销或加工果汁的，可溶性固形物含量达到10%左右时采收比较合适。

3. 贮藏病害及控制

蒂腐病是猕猴桃贮藏过程中的主要病害。受害果起初在果蒂处出现明显水渍状，然后病斑均匀地向下扩展，切开病果，果蒂处无腐烂，腐烂在果肉中向下扩展蔓延，但果顶一般保持完好。腐烂的果肉为水渍状，略有透明感，有酒味，稍有变色。随着病害的发展，病部长出一层白色霉菌，病果外部的霉菌常常向邻近果实扩展。

防治措施：做好田间防治工作，减少菌源；采果前20 d左右喷洒65%代森锌600倍液或扑海因1 000倍液；采果24 h内及时用京2B膜剂20倍液加500 mg/L多菌灵或甲基硫菌灵进行防腐保鲜处理。

4. 贮藏条件

(1)温度。大量研究表明，-1～0 ℃是贮藏猕猴桃的适宜温度。

(2)湿度。常温库相对湿度85%～90%比较适宜，在冷藏条件下90%～95%为宜。

(3)气体成分。猕猴桃对乙烯非常敏感，并且易后熟软化，只有在低O_2和高CO_2的气调环境中，才能明显使内源乙烯的生成受到抑制。猕猴桃气调贮藏的适宜气体组合是O_2 2%～3%和CO_2 3%～5%。

5. 贮藏方法

(1)通风库贮藏。采后猕猴桃用SM-8保鲜剂8倍稀释液浸果，晾干后装筐，每筐

12.5 kg，入通风库内贮藏。在夜晚或凌晨通风，排出湿热空气及乙烯等有害气体。通风换气时，排风扇风速以 0.3m/s 为宜。采用此法贮藏 160 d 后，果实仍然新鲜，色香味俱佳。

（2）冷藏。果实入库前库温应稳定在 0 ℃。将经过挑选、分级、预冷后的果实装箱（塑料薄膜）码放在冷库的货架上，也可直接在地上堆放 4～6 层，留出通风道。贮藏温度为 0 ℃±0.5 ℃，并尽量减少波动，湿度为 90％～95％，若库内湿度不足，可在地面洒水加湿。注意定时通风换气，排除乙烯等有害气体。冷库内不得与苹果、梨等释放乙烯的水果混贮，果实出库时应逐渐升温，以防表面凝结水分，引起腐烂。

（3）气调贮藏。将分级预冷的果实装入果箱，每箱装 10～15 kg，用 0.06～0.08 mm 厚的塑料袋套在箱外，袋上通气孔扎紧，成为密闭容器。在冷库中进行抽气、充气操作，快速降氧，充入氮气，重复 2～3 次后，使 O_2 浓度达到 2％～3％。

四、柑橘类

柑橘是世界上的主要水果之一，产量居各种果品之首。我国柑橘栽培面积占世界第一，产量在巴西、美国之后，居第三位。柑橘营养丰富，深受消费者喜爱。

（一）贮藏特性

柑橘类果实种类包括柠檬、柚、橙、柑、橘 5 个种类，每个种类又有许多品种。由于不同品种、种类间的果皮结构和生理特性不同，它们的耐贮性差别很大。一般来说，柠檬、柚耐贮性最强，其次为橙类，再次为柑类，橘类最不耐贮。同一种类不同品种间的耐贮性也不尽相同，晚熟品种耐贮性最强，中熟品种次之，早熟品种最不耐贮，有核品种比无核品种耐贮。一般认为，晚熟，果皮细胞含油丰富，瓤瓣中糖、酸含量高，果心维管束小是柑橘耐贮品种的特征。在适宜贮藏条件下，柠檬可贮 7～8 个月，甜橙可贮6 个月，温州蜜柑可贮 3～4 个月，而橘仅可贮 1～2 个月。

（二）采收处理及病害控制

1. 采收处理

适时采收和无伤采收是搞好柑橘贮藏保鲜的关键。柑橘的绝大多数品种贮后品质得不到改善，因此应在成熟时采收。一般认为，果汁的固酸比值可作为判断柑橘果实成熟度的指标。如短期贮藏的锦橙果实，适宜采收的固酸比值为 9∶1；若长期贮藏，则应在果面有 2/3 转黄、固酸比为 8∶1 时采收。橘类以固酸比达（12～13）∶1 时采收为宜。当果实成熟度不一致时，应分期分批采收。在采收及装运过程中，做到轻摘、轻放、轻装、轻运、轻卸，尽量避免碰、撞、挤、压，以及跌落引起的机械损伤。

2. 采后病害及控制

（1）枯水病。在柑橘类枯水病表现为果皮发泡，果肉淡而无汁，甜橙类枯水病表现为果皮呈不正常饱满，油胞突出，果皮变厚，囊瓣与果皮分离，且囊壁加厚，果汁细胞失水，但果实外观与健康果无异。柑橘果实贮藏后期普遍出现枯水现象，这是限制贮期的主要原因。

防治措施：适时采摘，采前 20 d 用 20～50 mL/L 赤霉素喷施树冠；采后用 50～150 mL/L 赤霉素、1 000 mL/L 多菌灵、200 mL/L 的 2，4－D 浸果；采后用前述方法预贮，用薄膜单果包装。

(2)水肿病。发病初期果皮尤光泽，颜色变淡，以手按之稍觉绵软，口尝果肉，稍有苦味；后期整个果皮转为淡白，局部出现不规则的半透明水渍状，食之有煤油味。严重时整个果实呈半透明水渍状，表面饱胀，手指按之，柑类感到松浮，橙类感到软绵，均易剥皮，食之有乙醇味。

防治措施：根据柑橘的品种特性，保持适宜温度，加强通风，排除过多的 CO_2 和乙烯，使库内 CO_2 不超过 1%。这些措施均有较好的预防作用。

(3)侵染性病害。柑橘侵染性病害造成的损失常迅速而严重，蒂腐、青绿霉、炭疽病和黑腐病等是贮藏期间最常见的病害。

防治措施：加强柑橘生长季节果实病害的综合防治；定期喷杀菌剂；减少采收、包装、贮运过程中的机械伤；果实采后用杀菌剂结合 2，4－D 处理，这是目前控制柑橘真菌性腐烂的最经济有效的方法。

(三)贮藏条件及方法

1. 贮藏条件

(1)温度。柑橘贮藏的适宜温度因种类、品种、栽培条件及成熟度的不同而有差异。通常认为：甜橙、伏令夏橙的适宜贮藏温度为 1～3 ℃，蕉柑为 7～9 ℃，柠檬为 12～14 ℃。

(2)相对湿度。多数柑橘品种贮藏的适宜相对湿度为 80%～90%，甜橙的稍高，为 95%。另外，还应以环境温度来确定湿度，温度高时湿度宜低些，而温度低时湿度则可相应提高。若高温高湿，则可导致严重的柑橘腐烂病和枯水病。

(3)气体成分。一般认为，柑橘对 CO_2 很敏感，不适宜气调贮藏。有的则认为，适当的高浓度的 CO_2，可减少冷藏中的果皮凹陷病。因此，柑橘是否适于气调贮藏，必须针对各品种进行试验。目前，国内推荐的几种柑橘贮藏的适宜气体条件是：甜橙 O_2 浓度 10%～15%，CO_2 浓度＜3%；温州蜜柑 O_2 浓度 5%～10%，CO_2 浓度＜1%。

2. 贮藏方法

(1)通风库贮藏是目前国内柑橘产区大规模贮藏柑橘的主要方式，自然通风库一般能贮至 3 月份，总损耗率为 6%～19%。

果实入库前 2～3 周，库房要用硫黄熏蒸，彻底消毒。果实入库后的主要管理工作就是适时通风换气，以降低库内温度。入库后 15 d 内，应昼夜打开门窗和排气扇加强通风，以降温排湿。每年 12 月至次年 2 月上旬气温较低，库内温、湿度比较稳定，应注意保暖，防止果实遭受冷害和冻害。当外界气温低于 0 ℃时，一般不需要通风。开春后气温回升，白天关闭门窗，夜间开窗通风，以维持库温稳定。

(2)冷库贮藏可根据需要控制库内的温度和湿度，又不受地区和季节的限制，是保持柑橘商品质量、提高贮藏效果的理想贮藏方式。

柑橘装箱后，最好先预冷再入库贮藏，以减少结露和冷害发生。不同种类、品种的柑橘不能在同一个冷库内贮藏。冷库贮藏的温度和湿度要根据不同柑橘种类和品种的适宜贮藏条件而定。柑橘适宜温度都在 0 ℃以上，冷库贮藏时要特别注意冷害。

柑橘出库前应在升温室进行升温，果温和环境温度相差不能超过 5 ℃，相对湿度以55％为好，当果温升至与外界温度相差不到 5 ℃即可出库销售。

五、坚果类

(一)板栗贮藏

什么是坚果类果树？
常见的坚果类果树
有哪些？

板栗是我国著名的特产干果之一，营养丰富，种仁肥厚甘美。由于板栗收获季节气温较高，呼吸作用旺盛，导致果实内淀粉糖化，品质下降，所以每年都有大量的板栗因生虫、发霉、变质而损耗，因此，搞好板栗的贮藏保鲜很有必要。

1. 贮藏特性

不同板栗品种的贮藏性差异较大，一般中熟、晚熟品种强于早熟品种，北方品种板栗的耐贮性优于南方品种。较耐藏的有锥栗、红栗、油栗、毛板红、镇安大板栗等。

板栗属呼吸跃变型果实，呼吸作用十分旺盛，呼吸中产生的呼吸热如不及时除去会使栗仁"烧死"。烧坏的种仁组织僵硬，发褐，有苦味。板栗贮藏中，因为外壳和涩皮对水分的阻隔性很小，故极易失水，栗实很快干瘪、风干。失水是板栗贮藏中重量减轻的主要原因。板栗自身的抗病性较差，易发霉腐烂，贮藏期间还会发生象鼻虫虫卵生长而蛀食栗实的情况。此外，板栗虽有一定的休眠期，但当贮藏到一定时期会因休眠的打破而发芽，从而缩短贮藏寿命而造成损失。

2. 采收及采后处理

板栗采收最好在连续几个晴天后进行，用竹竿全部打落，堆放数天，待栗苞全部开裂后取栗果。采收后苞果温度高，水分多，呼吸强度大，大量集中堆积易引起发热腐烂，须选择阴凉、通风之地，将苞果摊开，通风，降温，时间为 7～10 d。然后将坚果从栗苞中取出，剔除腐烂、裂嘴、虫蛀和不饱满（浮籽）的果实，再在室内摊晾 5～7 d 即可入贮。

3. 贮藏病害及控制

(1)板栗黑霉病发生在采后一个月内。高温、高湿会促使板栗发病。该病采前侵入栗果，待果实贮藏 1～2 个月后发病，病菌蔓延，栗果尖端或顶部出现黑色斑块，果肉组织疏松，由白变黑，最后全果腐烂。

防治措施：主要是用化学药剂处理，如用 2 000 mg/L 甲基甲基硫菌灵、500 mg/L2，4－D 加 2 000 mg/L 甲基甲基硫菌灵或 1 000 mg/L 特克多浸泡果实。板栗采收时间对腐烂发生也有一定影响，避免阴雨天或带潮采收板栗。

(2)栗象鼻虫主要蛀食栗果，防治方法是在预贮期间用 40～60 g/m³ 溴甲烷熏 5～

10 h，效果较好，用磷化铝处理也有效。

4. 贮藏条件

(1)温度。板栗适宜的贮藏温度为0～2 ℃。

(2)湿度。板栗贮藏适宜的相对适度为90%～95%。湿度过低，栗果易失水干瘪、风干；湿度过大，有利于微生物生长，容易发生腐烂。

(3)气体成分。O_2 3%～5%，CO_2 1%～4%。

5. 贮藏方法

(1)沙藏。在阴凉的室内地面上铺一层稻草，然后铺沙，深7～10 cm，沙的湿度以手捏不成团为宜。分层堆放栗果，以一份栗果二份沙混合堆放，或栗果和沙交互层放，每层3～7 cm厚，最后覆沙7～10 cm，上用稻草覆盖，高度约1 cm。每隔20～30 d翻动检查一次。为防止堆中的热不能及时散失出来和加强通风，可扎草把插入板栗和沙中。管理上注意，表面干燥时要洒水，底部不能有积水。

(2)冷藏。冷藏是目前栗果保鲜的最好方法之一。冷藏时将处理并预冷好的板栗装入包装袋或箱等容器，置于冷藏库中贮藏。库温在0～2 ℃，相对湿度85%～90%。相对湿度较低时，可每隔4～5 d喷水1次。板栗包装时在容器内衬一层薄膜或打孔薄膜袋，既可减少栗果失重，又可以减少CO_2的积累，避免CO_2的伤害，正常贮藏可达一年。在贮藏中维持库温恒定，并注意通风，防止栗果失水。堆放时要注意留有足够的间隙，或用贮藏架架空，以保证空气循环的畅通。贮藏期间要定期检查果实质量变化情况。

(二)核桃贮藏

核桃种仁芳香味美，营养丰富，种仁脂肪含量为40%～63%，蛋白质为15%，含碳水化合物10%，还含有钙、磷、铁、锌、胡萝卜素、核黄素及维生素A、B、C、E等，具有很高的营养医疗价值。核桃多分布在我国北方各省，如山西的光皮绵核桃、河北的露仁核桃、山东的麻皮核桃、新疆的薄皮核桃等。核桃含水量低，易于贮运。

1. 贮藏特性

核桃脂肪含量高，贮藏期间脂肪在脂肪酸酶作用下水解成脂肪酸和甘油，低分子脂肪酸可进行α-氧化、β-氧化等反应，生成醛或酮等有蛤油味物质，光照可加速此反应。将充分干燥的核桃仁贮于低氧环境中可以部分解决腐败问题。

2. 采收及采后处理

核桃果实青皮由深绿变为淡黄，部分外皮裂口，个别坚果脱落时即达到成熟标准。国内主要采用人工敲击方式采收；美国加利福尼亚州则采用振荡法振落采收。当95%的青果皮与坚果分离时，即可收获。采收过早，果皮不易剥离，种仁不饱满，出仁率低，不耐贮藏。

3. 贮藏条件

核桃适宜的冷藏温度为1～2 ℃，相对湿度为75%～80%，贮藏期可达两年以上。

4. 贮藏方法

(1)塑料薄膜帐贮藏。采用塑料帐贮藏，可抑制呼吸，减少消耗，抑制霉菌，防止霉烂。将适时采收并处理后的核桃装袋后堆成垛，贮放在低温场所用塑料薄膜帐罩起，使帐内 CO_2 浓度达到 $20\%\sim50\%$，O_2 浓度达到 2% 时，可防止由脂肪氧化而引起的腐败及虫害。

（2）冷藏。用于贮藏核桃的冷库，应事先用二硫化碳或溴甲烷熏蒸 $4\sim10$ h 消毒、灭虫。然后将晒干的核桃装在袋中，置于冷藏库内，保持温度 $1\sim2$ ℃，相对湿度为 $70\%\sim80\%$，产品不致发生明显的变质现象。

※蔬菜贮藏

一、根菜类

根菜类蔬菜包括萝卜和胡萝卜等。萝卜、胡萝卜在各地都有栽培，也是北方重要的秋贮蔬菜，二者贮藏量大，供应时间长，对调剂冬春蔬菜供应有重要的作用。

（一）贮藏特性

萝卜原产我国，胡萝卜原产中亚细亚和非洲北部，性喜冷凉多湿的环境条件。萝卜、胡萝卜均以肥大的肉质根供食。萝卜和胡萝卜没有生理上的休眠期，在贮藏期若条件适宜便萌芽抽薹，这样就使水分和营养向生长点转移，从而造成糠心。温度过高及机械伤都会促使呼吸作用加强、水解作用旺盛，使养分消耗增加，促使糠心。萌芽与肉质根失重，糖分减少，又使组织绵软，风味变淡，降低食用品质。所以防止萌芽是萝卜和胡萝卜贮藏最关键的问题。

贮藏后的萝卜空心
是什么原因造成的？

（二）采收处理及病害控制

1. 采收处理

贮藏的萝卜以秋播的皮厚、质脆、含糖和水分多的晚熟品种为主，地上部分比地下部分长的品种，以及各地选育的一代杂种耐贮性较高，如北京产的心里美、青皮脆，天津产的卫青，沈阳的翘头青等。另外，青皮种比红皮种和白皮种耐贮。胡萝卜中以皮色鲜艳、根细长、根茎小、心柱细的品种耐藏，如小顶金红、鞭杆红等耐贮性较好。

适时播种和收获，对根菜类贮藏影响很大。播种过早易抽薹，不利于贮藏。在华北地区，萝卜大约在立秋前后播种，霜降前后收获，而胡萝卜生长期较长，一般播种稍早，收获稍晚。收获过早因温度高不能及时下窖，或下窖后不能使菜温迅速下降，容易导致萌芽、糠心、变质，影响耐贮性；收获过晚则直根生育期过长，易造成生理病害，引起糠心甚至大量腐烂。因此，应注意加强田间管理，适时收获，这样既可改善贮藏品质，又可以延长贮藏寿命。

2. 采后病害及控制

（1）萝卜黑腐病。萝卜黑腐病是一种侵染维管束的细菌性病害，由黄单孢杆菌致病。该病菌的发育适温为 $25\sim30$ ℃，低于 5 ℃时发育迟缓。病菌主要从气孔、水孔及伤口处侵入。其侵染方式为田间带菌贮期发病，潜育期限为 $11\sim21$ d。贮藏遇有高温高湿条件时有利于该病的侵染与蔓延。萝卜感病后表面无异常表现，但肉质根的维管束坏死变黑，严重时内部组织干腐空心。萝卜黑腐病是萝卜贮藏中常见的采后病害。

（2）胡萝卜腐烂病。胡萝卜的黑腐、黑霉、灰霉等腐烂病是在田间侵染贮藏期发病的，使胡萝卜脱色，被侵染的组织变软或呈粉状。高温高湿下胡萝卜易发此病。病菌多从伤口侵入使肉质根软腐。胡萝卜在收获及贮运中要避免机械伤害，并贮于 0 ℃的低温环境下，这是预防腐烂的重要措施。

（三）贮藏条件及方法

1. 贮藏条件

（1）温度。萝卜的贮藏适温为 1～3 ℃，当温度高于 5 ℃时，萝卜会在较短时间内发芽、变糠，而在 0 ℃以下时很容易遭受冻害。胡萝卜的贮藏适温为 0～1 ℃。

（2）相对湿度。萝卜、胡萝卜含水量高，皮层缺少蜡质层、角质层等保护组织，在干燥的条件下易蒸腾失水，造成组织萎蔫、内部糠心，加大自然损耗。因此，萝卜、胡萝卜要求较高的相对湿度，一般为 90%～95%。

（3）抑制发芽。适宜的氧浓度为 1%～2%，CO_2 的浓度为 2%～4%时可有效抑制发芽。

2. 贮藏方法

（1）沟藏。萝卜和胡萝卜要适时收获，防止风吹雨淋、日晒、受冻，及时入沟贮藏。沟的宽度为 1～1.5 m，过宽难以维持沟内适宜而稳定的低温，沟的深度，应比当地冬季的冻土层稍深一些。例如，在 1～3 月份，北京地区 1 m 深的土层处，其温度在 0～3 ℃，比较接近萝卜、胡萝卜的贮藏适温。

贮藏沟应设在地势较高、地下水位低、土质黏重、保水力较强的地方。沟一般呈东西向，将挖出的土堆在沟的南侧，起遮阴作用。萝卜、胡萝卜可以散堆在沟内，最好利用湿沙，层积贮藏，以利于保持湿润并提高直根周围 CO_2 浓度。直根在沟内堆积的厚度一般不超过 0.5 m，以免底层受热，下窖时在贮藏产品的面上覆一层薄土，随气温的逐步下降分次添加，覆土总厚度一般为 0.7～1 m，湿度偏低可浇清水，使土壤含水量达 18%～20%为宜。

（2）窖藏和通风贮藏库贮藏。窖藏和通风贮藏库贮藏根菜是北方常用的方法。窖藏贮藏量大，管理方便。根菜经过预冷，待气温降到 1～3 ℃，再将根菜移入窖内，散堆或码垛均可。萝卜堆高 1.2～1.5 m，胡萝卜的堆高 0.8～1 m，堆不宜过高，否则堆中心温度不宜散发，造成腐烂。为促进堆内热量散发和便于翻倒检查，堆与堆之间要留有空隙，堆中每隔 1.5 m 左右设一通风塔。贮藏前期一般不倒堆，立春后，可视贮藏状况进行全面检查和倒堆，剔除腐烂的根菜。贮藏过程中，注意调节窖内温度。前期窖内温度过高时，可打开通气孔散热；中期要将通气孔关闭，以利保温；贮藏后期，天气逐渐转暖，要加强夜间通风，以维持窖内低温。窖内用湿沙与产品层积效果更好，便于保湿并积累 CO_2。

通风贮藏库贮藏方法与窖藏相似，其特点是通风散热比较方便，贮藏前期和后期不宜过热。但由于通风量大，萝卜容易失水糠心；中期严寒时外界气温低，萝卜容易受冻。因此，保温、保湿是通风贮藏库贮藏根菜的两个主要问题。为搞好通风库贮藏，最好采用库内层积法，检查、倒垛管理同窖藏。

二、地下茎菜类

地下茎菜类的贮藏器官是变态的茎，其中马铃薯为块茎，洋葱、大蒜等为鳞茎，虽然形态各异，贮藏条件不同，但收获后都有一段休眠期，有利于长期贮藏。

(一)马铃薯贮藏

马铃薯属茄科蔬菜，食用部分为其块茎。马铃薯在我国栽培极为广泛，既是很好的蔬菜，又可作为食品加工的原料，是人们十分喜爱的粮菜兼用作物。具体内容见项目三任务四。

(二)洋葱贮藏

洋葱又称葱头、圆葱，属百合科植物，食用部分为其鳞茎。洋葱可分为普通洋葱、分蘖洋葱和顶生洋葱三个类型，我国主要以栽培普通洋葱为主。普通洋葱按其鳞茎颜色，可分为红皮种、黄皮种和白皮种。黄皮种属中熟或晚熟品种，品质佳，耐贮藏；红皮种属晚熟种，产量高，耐贮藏；白皮种为早熟品种，肉质柔嫩，但产量低，不耐贮。

1. 贮藏特性

洋葱具有明显的休眠期，休眠期长短因品种而异，一般 1.5～2.5 个月。收获后处于休眠期的洋葱，外层鳞片干缩成膜质，能阻止水分的进出和内部水分的蒸发，呼吸强度降低，具有耐热和抗干燥的特性，即使外界条件适宜，鳞茎也不萌芽。度过休眠期的洋葱遇到合适的外界环境条件便能出芽生长，有机物大量被消耗，鳞茎部分逐渐干瘪，萎缩而失去原有的食用价值。所以，如果有效延长洋葱的休眠期，就能有效延长洋葱的贮藏期。

2. 采收及采后处理

用于贮藏的洋葱，应充分成熟，组织紧密。一般在地上部分开始倒伏、外部鳞片变干时收获。收获过早的洋葱，产量组织松软，含水量高，贮藏期间容易腐烂萌芽。采收过迟，地上假茎易脱落，还易裂球，不利于编挂贮藏。

采收后的洋葱，要严格挑选，去除掉头、抽薹、过大过小，以及受机械损伤和雨淋的。挑选出的用于贮藏的洋葱，首先要摊放晾晒，一般晾晒 6～7 d，当叶子发黄变软，能编辫子才停止晾晒。然后，编辫晾晒，晒至葱叶全部退绿，鳞茎表皮充分干燥时为止。晾晒过程中，要防止雨淋，否则，易造成腐烂。

3. 贮藏病害及控制

洋葱采后的侵染性病害主要有细菌性软腐病、灰霉病。细菌性软腐病是由欧氏杆菌属细菌通过机械损伤侵染传播的，在高温高湿的条件及通风不良的条件下危害加重。灰霉病菌也是从伤口或自然孔道侵入的，在湿度高时发病快且严重。

4. 贮藏条件

（1）温度。洋葱刚采收时，需要高温低湿处理，使得洋葱组织内水分蒸发，使鳞茎干燥，避免温湿度过高造成病变和腐烂。洋葱的贮藏适温为 $0\sim1$ ℃，这样可延长其休眠期，降低呼吸作用，抑制发芽和病菌的发生。但温度低于 -3 ℃时，会产生冻害。

（2）湿度。洋葱适应冷凉干燥的环境，相对湿度过高会造成大量腐烂，一般以 $65\%\sim75\%$ 为宜。

（3）气体成分。适当的低氧和高 CO_2 环境，可延长洋葱的休眠期及抑制发芽。采用氧浓度 $3\%\sim6\%$、CO_2 浓度 $8\%\sim12\%$ 时，对抑芽有明显的效果。

5. 贮藏方法

（1）垛藏。选择地势高、土质干燥、排水好的场地，先铺枕木，上铺秸秆，秸秆上放葱辫，码成垛，垛长 $5\sim6$ m，宽 1.5 m，高 1.5 m，每垛 5 000 kg 左右。采用该法，要严密封垛，防止日晒雨淋，保持干燥。封垛初期可视天气情况，倒垛 $1\sim2$ 次，排除堆内湿热空气。每逢雨后要仔细检查，如有漏水要及时晾晒。当气温下降后要加盖草帘保温，以防受冻。

（2）冷库贮藏。在洋葱脱离休眠期，发芽前半个月，将葱头装筐码垛，贮于 0 ℃、相对湿度低于 80% 的冷库内。试验证明：洋葱在 0 ℃冷库内可以长期贮藏，有些鳞茎虽有芽露出，但一般都很短，基本上无损于品质。一般情况下冷库湿度较高，鳞茎常会长出不定根，并有一定的腐烂率，所以库内可适当使用吸湿剂如无水氯化钙、生石灰等吸湿。为防止洋葱长霉腐烂，也可在入库时用 0.01 mL/L 的美帕曲星熏蒸。

三、果菜类

果菜类包括茄果类的番茄、辣椒及瓜果类的黄瓜、南瓜、冬瓜等，此类蔬菜原产于热带或亚热带，不适合低温条件贮藏，否则易产生冷害。与其他蔬菜相比，果菜类不耐贮藏。

（一）番茄贮藏

番茄又称西红柿、洋柿子，属茄科蔬菜，起源于秘鲁，在我国栽培已经有近 100 年的历史。栽培种包括普通番茄、大叶番茄、直立番茄、梨形番茄和樱桃番茄 5 个变种，后两个品种果形较小，产量较低。番茄营养丰富，经济价值高，是人们喜爱的水果兼蔬菜品种。番茄果实皮薄多汁，不易贮藏。

番茄冬季如何贮藏？

1. 贮藏特性

番茄性喜温暖，不耐 0 ℃以下的低温，但不同成熟度的果实对温度的要求不尽相同。番茄属呼吸跃变型果实，成熟时有明显的呼吸高峰及乙烯高峰，同时对外源乙烯反应也很敏感。

不同的番茄品种耐贮性差异较大，用于贮藏的番茄首先要选择耐贮藏品种。贮藏时应选择种子腔小、皮厚、子室小、种子数量少、果皮和肉质紧密、干物质和糖分含量高、含酸量高的耐贮藏品种。一般来说，黄色品种最耐藏，红色品种次之，粉红色品种最不耐藏。此外，早熟的番茄不耐贮藏，中晚熟的番茄较耐贮藏。适宜贮藏的番茄品种有橘黄佳辰、农大 23、红杂 25、日本大粉等。

2. 采收及采后处理

番茄采收的耐贮性与成熟度密切相关。采收的果实过青，累积的营养不足，贮后品质不良；果实过熟，容易腐烂，不能久藏。番茄果实生长至成熟时会发生一系列的变化，叶绿素逐渐降解，类胡萝卜素逐渐形成，呼吸强度增加，乙烯产生，果实软化，种子成熟。

根据色泽的变化，番茄的成熟度可分为绿熟期、发白期、转色期、粉红期、红熟期 5 个时期。

绿熟期：全果浅绿或深绿，已达到生理成熟。

发白期：果实表面开始微显红色，显色小于 10%。

转色期：果实浅红色，显色小于 80%。

粉红期：果实近红色，硬度大，显色率近 100%。

红熟期：又叫软熟期，果实全部变红而且硬度下降。

番茄果皮较薄，采收时应十分小心。番茄分批成熟，所以一般采用人工采摘。番茄成熟时产生离层，采摘时用手托着果实底部，轻轻扭转即可。人工采摘的番茄适宜贮运鲜销。发达国家用于加工的番茄多用机械采收，但果实受伤严重，不适宜长期贮藏。

3. 贮藏病害及控制

(1)番茄灰霉病。该病多发生在果实肩部，病部果皮变为水浸状并皱缩，上生大量土灰色霉层，在果实遭受冷害的情况下更易大量发生。

(2)番茄根霉腐烂病。引起番茄腐烂的部位一般不变色，但其内部组织溃烂，果皮皱缩，其上长出污白色至黑色小球状孢子囊，严重时整个果实软烂呈一泡儿水状。该病害在田间几乎不发病，仅在收获后引起果实腐烂。病菌多从裂口处或伤口处侵入，无病果与患病果接触可很快被传染。

(3)番茄软腐病。这是一种真菌病害，一般由果实的伤口、裂缝处侵入果实内部。该病菌喜高温高湿，番茄在 24～30 ℃下很易感染此病。病害多发生在青果上，绿熟果极易感染。染病果实表面出现水渍状病斑，软腐处外皮变薄，半透明，果肉腐败。病斑迅速扩大，以至整个果实腐烂，果皮破裂，呈暗黑色病斑，有臭味。这种病蔓延很快，危害较大。

4. 贮藏条件

(1)温度。用于长期贮藏的番茄，一般选用绿熟果，适宜的贮藏温度为 10～13 ℃，温度过低，易发生冷害；用于鲜销和短期贮藏的红熟果，其适宜的贮藏温度为 0～2 ℃。

(2)湿度。番茄贮藏适宜的相对湿度为 85%～95%。湿度过高，病菌易侵染造成腐烂，湿度过低，水分易蒸发，还会加重低温伤害。

(3)气体成分。O_2 浓度 2%～5%、CO_2 浓度 2%～5% 的条件下，绿熟果可贮藏 60～80 d，顶红果贮藏 40～60 d。

5. 贮藏方法

(1)冷藏。根据番茄冷藏的国家标准，冷藏时应注意以下事项。

①贮前准备。番茄贮藏1周前，贮藏库可用硫黄熏蒸（10 g/m³）或用1%～2%的甲醛（福尔马林）喷洒，熏蒸时密闭24～48 h，再通风排尽残药。所有的包装和货架等用0.5%的漂白粉或2%～5%硫酸铜液浸渍，晒干备用。同等级、同批次、同一成熟度的果实须放在一起预冷，一般情况下，预冷与挑选同时进行。将番茄挑选后放入适宜的容器内预冷，待温度与库温相同时进行贮藏。

②贮藏条件。绿熟期或变色期的番茄的贮藏温度为12～13 ℃，红熟期的番茄贮藏温度为0～2 ℃，空气相对湿度保持在85%～95%。为了保持稳定的贮藏温度和相对湿度，须安装通风装置，使贮藏库内的空气流通，适时更换新鲜空气。

(2)气调贮藏。塑料薄膜帐气是用0.1～0.2 mm厚的聚乙烯或聚氯乙烯做成的，塑料帐内气调容量为1 000～2 000 kg。番茄自然完熟速度快，因此采后应迅速预冷、挑选、装箱、封垛。一般采用自然降氧法，用消石灰（用量为果重的1%～2%）吸收多余的CO_2。氧不足时从袖口充入新鲜空气。塑料薄膜封闭贮藏番茄时，垛内湿度较高，番茄易感病，要设法降低湿度，并保持库温稳定，以减少帐内凝水。可用防腐剂抑制病菌活动。通常用氯气，每次用量为垛内空气体积的0.2%，每2～3 d施用一次，防腐效果明显。也可用漂白粉代替氯气，一般用量为果重的0.05%，有效期为10 d。

(二)黄瓜贮藏

黄瓜原产于南亚，性喜温暖，在我国已有2 000多年的栽培历史。幼嫩黄瓜质脆肉细，清香可口，营养丰富，深受人们的喜爱。

1. 贮藏特性

黄瓜每年可栽培春、夏、秋三季，贮藏用的黄瓜，一般以秋黄瓜为主。

黄瓜属于非跃变型果实，但成熟时有乙烯产生。黄瓜产品鲜嫩多汁，含水95%以上，代谢活动旺盛。黄瓜采收时气温较高，表皮无保护层，果肉脆嫩，易受机械伤害。黄瓜的贮藏中，要解决的主要问题是后熟老化和腐烂。

2. 采收及采后处理

采收成熟度对黄瓜的耐贮性有很大影响，一般嫩黄瓜贮藏效果较好，越大越老的越容易衰老变黄。贮藏用瓜最好采用植株主蔓中部生长的果实（俗称"腰瓜"），果实应丰满壮实、瓜条匀直、全身碧绿；下部接近地面的瓜条畸形的较多，且易与泥接触，果实带较多的病菌，易腐烂。黄瓜采收期多在雌花开花后8～18 d，采摘宜在晴天早上进行，最好用剪刀将瓜带3 cm长的果柄摘下，放入筐中，注意不要碰伤瘤。若为刺黄瓜，最好用纸包好放入筐中。认真选果，剔除过嫩、过老、畸形及受病虫侵害和机械伤的瓜条。入库前，用软刷将0.2%甲基甲基硫菌灵和4倍水的虫胶混合液涂在瓜条上，阴干，这对贮藏有良好的防腐保鲜效果。

3. 贮藏病害及控制

(1)炭疽病。染病后，瓜体表面出现淡绿色水渍状斑点，并逐步扩大、凹陷，在湿度较高的条件下，病斑常出现许多黑色小粒，即分生孢子，病斑可深入果肉，使风味品质明显下降，甚至变苦，不堪食用。该病菌发病适宜温度为 24 ℃，4 ℃以下分生孢子不发芽，10 ℃以下病菌停止生长。防治此病，主要搞好田间管理，剔除病虫果，采后用 1 000～2 000 mg/L 的苯来特、甲基硫菌灵处理。

(2)绵腐病。染病后瓜面变黄，病部长出长毛绒状白霉，应严格控制温度，防止温度波动太大导致凝结水滴在瓜面上，也可结合使用一定的药剂。

(3)低温冷害。黄瓜性喜温暖，不耐低温，温度低于 10 ℃条件下，易遭受冷害。发生冷害的黄瓜表面出现不规则凹陷及褐色斑点，果实呈水渍状，受害部位易感病。

4. 贮藏条件

(1)温度。一般认为黄瓜的贮藏适温为 10～13 ℃。低于 10 ℃可能出现冷害；高于 13 ℃代谢旺盛，加快后熟，品质变劣，甚至腐烂。

(2)湿度。黄瓜需高湿贮藏，相对湿度高于 90%。低于 85% 会出现失水萎蔫、变糠等问题。

(3)气体成分。黄瓜对气体成分较为敏感，适宜的 O_2 浓度和 CO_2 浓度均为 2%～5%，CO_2 浓度高于 10% 时，会引起高 CO_2 伤害，瓜皮出现不规则的褐斑。乙烯会加速黄瓜的后熟和衰老，贮藏过程中要及时消除，如贮藏库里放置浸有饱和高锰酸钾的蛭石。

5. 贮藏方法

(1)水窖贮藏。在地下水位较高的地区，可挖水窖保鲜黄瓜。水窖为半地下式土窖，一般窖深 2 m，窖内水深 0.5 m，窖底宽 3.5 m，窖口宽 3 m。窖底稍有坡度，低的一端挖一个深井，以防止窖内积水过深。窖的地上部用土筑成厚 0.6～1 m，高约 0.5 m 的土墙，上面架设木檩，用秫秸棚顶并覆土。顶上开两个天窗通风。靠近窖的两侧壁用竹条、木板做成贮藏架，中间用木板搭成走道。窖的南侧架设 2 m 的遮阳风障，防止阳光直射使窖温升高，待气温降低拆除。

黄瓜入窖时，先在贮藏架上铺一层草席，四周也围以草席，以避免黄瓜与窖壁接触碰伤。用草秆纵横间隔成 3～4 cm 见方的格子，将黄瓜瓜柄朝下逐条插入格内。要避免黄瓜之间摩擦，摆好后用薄湿席覆盖。

主要利用夜间的低温进行通风降温。黄瓜入窖贮藏初期，白天关闭窖门与通风窗，晚间通风。天冷后，可拆除遮阳风障，白天通风，窖温控制在 5～10 ℃。

黄瓜贮藏期间不必倒动，但要经常检查。如发现瓜条变黄发蔫，应及时剔除以免变质腐烂。

(2)塑料大帐气调贮藏。将黄瓜装入内衬纸或蒲包的筐内，重约 20 kg，在库内码成垛，垛不宜过大，每垛 40～50 筐。垛顶盖 1～2 层纸以防露水进入筐内，垛底放置消石灰吸收 CO_2，用棉球蘸取美帕曲星药液(用量按千克果实 0.1～0.2 mL)或仲丁胺药液(用量按每千克黄瓜 0.05 mL)，分散放到垛、筐缝隙处，不可放在筐内与黄瓜接触。在筐或垛的上层放置包有浸透饱和高锰酸钾溶液的碎砖块的布包或透气小包，用于吸收黄瓜释放的乙烯，用量为黄瓜质量的 5%。用 0.02 mm 厚的聚乙烯塑料帐覆罩，四周封严。用快速降氧或自然降氧的方式将 O_2 含量降至 5%。实际操作时，每天进行气体测定和调节。每 2～3 d 向帐内通入氯气消毒，每次用量为每 m³ 帐容积通入 120～140 mL，防腐效果明显。这种贮藏方式严格控制气体条件，因此，效果比小袋包装好，在 12～13 ℃ 条件下，黄瓜可贮 45～60 d，在贮藏期间定期检查，一般贮藏约 10 d 后，每隔 7～10 d 检查一次，将变黄、开始腐烂的瓜条清除，贮藏后期注意质量变化。

除上述贮藏方法外，黄瓜还有缸藏、沙藏等方法。

四、叶菜类

叶菜类包括白菜、甘蓝、芹菜、菠菜等，叶菜类的产品器官既是同化器官，又是蒸腾器官，所以代谢强度很高，不耐贮藏。但不同的产品对贮藏要求的条件也不一样，各有其特点。

(一)大白菜贮藏

大白菜为十字花科芸薹属的两年生植物，原产我国山东、河北一带，是我国特产之一。其栽培历史悠久栽培面积广，产量高，贮藏量大，贮藏期长，可以调剂冬季蔬菜供应，是北方秋冬季供应的主要蔬菜。

1. 贮藏特性

不同品种大白菜的耐贮性和抗病性有一定的差异，一般中晚熟的品种比早熟品种耐贮藏，青帮类型比白帮类型耐贮藏，青白帮类型的耐贮性介于两者之间。耐贮性也与叶球的成熟度有关，叶球太紧的大白菜不利于长期贮藏，包心八成紧的大白菜能长期贮藏。

2. 采收及采后处理

适时收获有利贮藏。收获过早，气温与窖温均高，不利于贮藏，也影响产量；收获过迟，白菜易在田间受冻。采收应选择晴朗的天气，在菜地干燥时进行，以七八成熟、包心不太坚实的为宜，以减少或防止春后抽薹、叶球爆裂的现象发生。

收获后的白菜要进行晾晒，使外叶失水变软，达到菜棵直立而不垂的程度，这样既可减少机械损伤，又可以增加细胞液浓度，提高抗寒能力，同时可以减小体积。但晾晒也不宜过度，否则组织萎蔫会破坏正常

东北地区冬天家家户户都存白菜，在存储前为什么要先在户外晾晒？

的代谢机能，增强水解作用，从而降低大白菜的耐贮藏性、抗病性，并促使离层活动而脱帮。

3. 贮藏病害及控制

(1)细菌性软腐病。病部呈半透明水渍状，随后病部迅速扩大，表皮略陷，组织腐烂，黏滑，色泽为淡灰至浅褐，腐烂部位有腥臭味。发病时或叶缘枯黄，或从叶柄基部向上引起腐烂，或心叶腐烂及枯干呈薄纸状。该病菌一般从伤口侵入。这种病菌在 2～5 ℃ 的低温下也能生长发育，是大白菜低温贮藏期间常见病害的致病菌，但该病菌在干燥环境下会受到抑制。因此，在采收、贮运过程中应尽量减少机械伤，采后适度晾晒。

(2)大白菜霜霉病，又称霜叶病。白菜染病后，一般由外层叶向内层叶扩展，初期只在叶片呈现出淡黄绿色至淡黄褐色斑点，潮湿时病斑背面出现白霜霉，严重时霉层布满

整个叶片，干枯死亡。该病在高湿环境下易严重发生，因此，适度的晾晒和通风能抑制该病的发生。

(3)生理性脱帮。脱帮主要发生在贮藏初期，是指叶帮基部形成离层而脱落的现象。贮藏温度高时，离层形成快，空气湿度过高或晾晒过度也会促使其脱帮。采前 2～7 d 用 25～50 mg/L 的 2，4 - D 药剂进行田间喷洒或采后浸根，可明显抑制脱帮。

4. 贮藏条件

(1)温度。用于长期贮藏的大白菜，温度范围在(0±1)℃为宜。

(2)湿度。大白菜贮藏过程中易失水萎蔫，因此要求较高的湿度，空气相对湿度 85％～90％。

(3)气体成分。大白菜气调贮藏的报道较少。据美国相关报道：大白菜在 0 ℃、相对湿度 85％～90％、O_2 的浓度为 1％的条件下贮藏 5 个月，叶片组织内维生素 C 损失较少，无低氧伤害症状。但当 CO_2 的浓度高于 20％时，就会引起生理病害甚至腐烂而失去食用价值。

5. 贮藏方法

(1)窖藏。方法简单，贮藏量大，贮藏时间也较长。窖藏一般选择地势高、地下水位低的地块，以免窖内积水造成腐烂。白菜采收期一般在霜降前后。白菜采后放在垄上晾 1～2 d，然后送到菜窖附近，码在背风向阳处，堆码时菜根向下，四周用草或秸秆覆盖，以防低温受冻。

菜窖的形式有多种：在南方，菜窖多为地上式；在北方，菜窖多采用地下式；中原地区，多采用半地下式。窖藏白菜多采用架贮或筐贮。架贮是将已晾晒过的大白菜架上，架高 170 cm、宽 130 cm、层高 100 cm 左右。贮藏架之间间隔 130 cm 左右，以方便检查和倒菜。大白菜摆放 7～8 层，贮菜距离上面的夹板应有 20 cm 的间隙。入窖初期，窖温较高，大白菜易腐烂和脱帮，如采用地面堆码贮藏，必须加强倒菜，以利通风散热。外界气温高时，要把门窗通气孔关闭，防止高温气体侵入库内。夜间打开通风设施引进冷凉气体，降低窖温。入窖中期，外界气温急剧下降，必须注意防冻，要关闭窖的门窗和通气孔，中午可适当通风。架式贮藏应在春节前倒菜 1～2 次，垛藏要倒菜 2～3 次。入窖后期(立春以后)，气温和地温均升高，造成窖温和菜温升高，这时要延缓窖温的升高，白天将窖封严，防止热空气侵入，晚上打开通风系统，尽量利用夜间低温来降低窖温。

(2)机械冷藏。大白菜先经过预处理，再装箱后堆码在冷藏库中，库温保持在 0± 0.5 ℃，相对湿度控制在 85％～90％，贮藏期间应定期检查。机械冷藏的优点是温湿度可精确控制，贮藏质量高，但设备投资大，成本高。

(二)甘蓝

甘蓝贮藏特性同大白菜相似，对贮藏条件的要求也基本相同。因此，大白菜的贮藏措施同样适用于甘蓝，但甘蓝比大白菜更耐寒一些，贮藏温度可控制为 -1～0 ℃，收获期可稍晚一些，相对湿度控制在 85％～95％。

五、花椰菜及蒜薹

(一)花椰菜贮藏

花椰菜，又名花菜、菜花，属十字花科植物，是甘蓝的一个变种，原产于地中海及英、法滨海地区，在我国已引种多年，为我国南部地区秋冬季主栽蔬菜之一。花椰菜的供食器官是花球，花球质地嫩脆，营养价值高，味道鲜美，而且食用部分粗纤维少，深受消费者的喜爱。

1. 贮藏特性

花椰菜喜冷凉低温和湿润的环境，不耐霜冻，不耐干旱，对水分要求严格。贮藏期间，外叶中积累的养分能向花球转移，使之继续长大充实。花椰菜在贮藏过程中有明显的乙烯释放，这是花椰菜衰老变质的重要原因。

2. 采收及采后处理

(1)采收成熟度的确定。从出现花球到采收的天数因品种、气候而异。早熟品种在气温较高时，花球形成快，20 d 左右即可采收；而中晚熟品种，在秋季、冬季需一个月左右才能采收。采收的依据为：花球硕大，花枝紧凑，花蕾致密，表面圆正，边缘尚未散开。花球球大而充实，收获期较晚的品种适于贮藏；球小松散，收获期较早的品种，收获后气温较高，不利于贮藏。

(2)采收方法。用于假植贮藏的花椰菜，要连根带叶采收。用于其他方法贮藏的花椰菜，保留距离花球最近的三四片叶，连同花球割下，以减少运输中机械损伤。因为花球形成时间不一致，所以要分批采收。

3. 贮藏病害及控制

(1)侵染性病害主要是黑斑病，染病初期花球脱色，随后褐变，花球上出现褐斑而影响其感官品质，此外还有霜霉病和菌核病。防治上述病害要注意尽量减少机械损伤，避免贮藏期间温度波动过大而"出汗"，另外，入贮前喷洒 3 000 mg/L 甲基硫菌灵可抑制发病。

(2)失重、变黄和变暗失重是水分蒸腾所造成的，贮藏期间相对湿度过低时症状尤为严重。花椰菜在贮藏期间出现的质量变化，如变黄、变暗，是花椰菜外部无保护组织，球体脆嫩，在运输过程中遭受机械伤所导致的，另外，贮藏期间乙烯浓度高也会使花球变色。

4. 贮藏条件

(1)温度。花椰菜适宜的贮藏温度为 0～1 ℃。温度过高会使花球变色，失水萎蔫，甚至腐烂；但温度过低(小于 0 ℃)，花椰菜容易受冷害。

(2)湿度。花椰菜贮藏适宜的相对适度为 90%～95%。湿度过低，花球易失水萎蔫；湿度过大，有利于微生物生长，容易发生腐烂。

(3)气体成分。适宜贮藏的气体成分为：O_2 3%～5%，CO_2 5%。低氧对抑制花椰菜的呼吸作用和延缓衰老有显著作用，且花球对 CO_2 有一定的忍受力。另外，贮藏库内放置乙烯吸收剂来吸收乙烯，可延缓花球衰老变色。

5. 贮藏方法

(1)冷藏。根据中华人民共和国商业行业标准——《花椰菜冷藏技术》(SB/T 10285—1997)花椰菜冷藏应按照以下要求进行。

①冷藏前的准备。花椰菜入贮前 1 周，进行扫库、灭菌。花椰菜的包装应符合《花椰菜冷藏技术》(SB/T 10158—1997)中第 4、第 5 章的有关规定。单花球包装时，可用 0.015 mm 厚的聚乙烯薄膜袋。采收后的花椰菜要尽快放到阴凉通风处或冷库中预冷，去掉携带的田间热。预冷后的花椰菜按等级、规格、产地、批次分别码入冷库间，距蒸发器至少 1 m。

②冷藏方法。一般冷藏时，花椰菜装箱(筐)时，花球应朝上；箱(筐)码放时，不要伤害下层花椰菜的花。单花球套袋冷藏时，应将单个花球装入 0.015 mm 厚的聚乙烯塑料袋中，扎口，放入箱(筐)中，码放时要求花球朝下，以免袋内产生的凝结水滴在花球上造成霉烂。

③冷藏条件及管理。冷度应保持在 0 ℃±0.5 ℃，库内相对湿度为 90%～95%，冷藏期间应定时检测库内温湿度。在此条件下，根据花椰菜品种和产地不同，一般冷藏方法，冷藏期限为 3～5 周；单花球套袋方法，冷藏期限为 6～8 周。

(2)气调贮藏。花椰菜在整个贮藏期间乙烯的合成量较大，采用低氧高 CO_2 可以降低花椰菜的呼吸作用，从而减少乙烯的释放量，有效防止花椰菜受乙烯伤害。因此，气调法贮藏花椰菜能收到较好的效果。气调贮藏花椰菜的气体成分一般控制在 O_2 2%～4%，CO_2 5%。采用袋封法或帐封法均可。在封闭的薄膜帐内放入适量的饱和高锰酸钾可吸收乙烯。气调贮藏可以保持花椰菜的花球洁白，外叶鲜绿。采用薄膜封闭贮藏时，要特别注意防止帐壁或袋壁的凝结水滴落到花球上。

(二)蒜薹贮藏

1. 贮藏特性

蒜薹采后新陈代谢旺盛，表面又缺少保护层，加之采收期一般为 4～7 月的高温季节，所以在常温下极易失水、老化和腐烂，薹苞会明显增大，总苞也会开裂变黄，形成小蒜，薹梗自下而上脱绿、变黄、发糠，蒜味消失，失去商品价值和食用价值。蒜薹对低氧有很强的耐受能力，尤其当 CO_2 浓度很低时，蒜薹长期处于低氧环境下，仍能保持正常。但蒜薹对高 CO_2 的忍受能力较差，当 CO_2 浓度高于 10%，贮藏期超过 3～4 个月时，就会发生高 CO_2 伤害。

2. 采收及采后处理

贮藏用蒜薹适时采收是确保贮藏质量的重要环节。蒜薹的采收时间因产区分布而异，往往每一个产区采收期只有 3～5 d，在一个产区适合采收的 3 d 内采收的蒜薹质量好，晚 1～2 d 采收，薹苞便会偏大，薹基部发白，质地偏老，入贮后效果不佳。一般来说，生长健壮、无病害、皮厚、干物质含量高、表面蜡质较厚、基部黄白色短的蒜薹较耐贮藏。蒜薹的收获期可以总苞下部变白、蒜薹顶部开始弯曲为标志。采收时间应选在晴天，以早晨露水干后为宜，雨后、浇水后不能采。采收的方法有两种：一种是用长约 20 cm 的钩刀，在离地面 10～13 cm 处剖开假茎，抽出蒜薹，此法产量高，但划薹形成的机械伤容易引起微生物侵染，不耐贮藏。另一种方法是，待蒜薹抽出叶鞘 3～6 cm 时，直接抽枝，此法造成的机械伤少，但产量低。

蒜薹运至贮藏地，应立即放在已降温的库房内或在荫棚下尽快整理、挑选、修剪。整理时要求剔除病虫、机械伤、老化、褪色、开苞等不适合贮藏的蒜薹，理顺薹条，对齐薹苞，除去残余的叶鞘。薹条基部伤口大、老化变色、干缩的部分均应剪掉，剪口要整齐，不要剪成斜面。断口平整、已愈合成一圈干膜的可不剪，整理好后即入库上架。

3. 贮藏病害及控制

(1)侵染性病害。蒜薹中含有大蒜素，具有较强的抗菌力，但贮藏条件不适宜时也会发生病害。常见病害主要是白霉菌和黑霉菌两种病原菌，当感染病菌后，在蒜薹的根蒂部和顶端花球梢处出现白色绒毛斑(白霉菌)和黑色斑(黑霉菌)，继而引起腐烂。特别是高温高湿条件会加速腐烂。为防止腐烂，首先应减少伤口，同时促进伤口愈合。另外，严格控制温度、湿度和 CO_2 浓度，还要做好库房消毒工作。

(2)生理病害。生理病害主要为高 CO_2 伤害。当贮藏环境中 CO_2 浓度过高时，会产生高 CO_2 中毒，其症状为在蒜薹的顶端和梗柄上出现大小不等的黄色的小干斑。病变会造成呼吸窒息，组织坏死，最终导致腐烂。

4. 贮藏条件

(1)温度。蒜薹的冰点为 $-1.0～-0.8$ ℃，因此贮藏温度控制在 $-1～0$ ℃为宜。贮藏温度要保持稳定，避免温度波动过大，否则会造成结露现象，严重影响贮藏效果。

(2)湿度。蒜薹的贮藏湿度以 85％～95％为宜。湿度过低易失水，过高又易腐烂。

(3)气体成分。蒜薹贮藏适宜的气体成分为 O_2 浓度 2％～3％、CO_2 浓度 5％～7％。O_2 浓度过高会使蒜薹老化和霉变，过低又会导致生理病害。CO_2 浓度过高会导致比缺氧症状更厉害的 CO_2 中毒。

5. 贮藏方法

蒜薹属于冬季人们喜爱的细菜类。我国华北、东北利用冰窖贮藏蒜薹已有数百年历史，效果较好。近年来，由于机械冷库的发展，沈阳、北京、哈尔滨等地，均在机械冷藏库内采用塑料薄膜帐或袋进行气调贮藏蒜薹，并取得良好的效果。

(1)塑料薄膜袋贮藏法。可采用自然降氧并结合人工调控袋内气体成分进行贮藏。用 0.06～0.08 mm 厚的聚乙烯薄膜做成长 100～110 cm、宽 70～80 cm 的袋子，将蒜薹装于袋中，每袋装 18～20 kg，待蒜薹温度稳定在 0 ℃后扎紧袋口，每隔 1～2 d，随机检测袋中气体成分的浓度，当氧浓度降至 1％～3％，CO_2 浓度升至 8％～13％时，松开袋口，每次放风 3 h 左右，使袋内氧浓度升至 18％，CO_2 浓度降至 2％左右。贮藏前期可 15 d 左右放风一次，贮藏中后期，随着蒜薹对 CO_2 的忍耐能力减弱，周期逐渐缩短；中期约 10 d 放风一次；后期 7 d 放风一次。贮藏后期，要经常检查质量，观察蒜薹变化情况，以便采取适当的对策。

(2)冷藏法。将选好的蒜薹充分预冷(12~14 h)后装入箱中,或直接码在架上,库温控制在0~1 ℃。采用这种方法,贮藏时间较长,但容易脱水及失绿老化。

六、食用菌

贮藏工艺要点

(1)适时采收。食用菌采收过早,菌盖未长足,影响质量,采收过迟菌体不耐贮藏,品质下降。平菇应在菌盖充分展开、颜色变浅,下凹处有白色茸状物,边缘刚向上翻卷,而未大量散发孢子时采收。双孢蘑菇在菌盖不超过4 cm、未开伞时采收,采收过晚易开伞褐变,缩短贮藏期。金针菇应在菌柄停止生长、菌盖的直径达到1.5~2.0 cm、菌盖边缘开始放平时采收,过迟采收菇体失重自溶。

(2)采收方法。采收前,可于清晨少量喷水。采收时,将单个蘑菇向上转动采收,菌盖向外倾斜,不要直接从菌体上拔出。用左手手指夹紧菌托,右手用刀切断菌托基部;当菌实体丛生时,如平菇,可用刀贴近床面从菌柄基部整丛切开;金针菇则轻轻握住菇丛拔下即可。采收后,菇柄朝上放入筐中。

(3)采后修整。在冷凉处将菇柄修理装筐。个体较大、菌柄较短的品种,剪短菇柄可延长贮藏期。如平菇采后留柄长2~3 cm为好,双孢蘑菇采收时柄长一般为5~10 cm。金针菇的主要食用部位是菌柄,不宜剪短。修整时,将不宜贮藏的开伞菇、病菇、虫菇和有机械伤的剔除。修整后尽快冷藏。

(4)贮藏与管理。蘑菇的贮藏方法很多,有低温贮藏法、自然冷冻贮藏法、气调贮藏法、辐射贮藏法、化学贮藏法等。

①低温贮藏。将整理好的蘑菇剪去菇柄,用清水冲洗后,放入0.01%焦亚硫酸钠水溶液中漂洗3~5 min,迅速用冰水对菇体进行预冷处理,然后将蘑菇贮藏于温度为0~3 ℃、相对湿度为90%~95%的冷库中。注意经常通风,控制冷库内CO_2浓度不超过3%。该方法可贮藏鲜蘑菇8 d左右。

②缸藏。在洗净的缸底部放3~4 cm深的冷水,水上设木架,蘑菇在架上码放,然后用薄塑料封口,置于低温下贮藏。

③气调贮藏。可采用自然降氧的方式,将蘑菇装在0.04~0.06 mm厚的聚乙烯袋中,蘑菇自身呼吸可造成袋内的低氧、高CO_2环境。包装袋不宜过大,每袋装1~2 kg,在0 ℃下贮藏5 d品质保持不变。可在同样厚的袋中冲入N_2和CO_2,使其浓度分别保持在2%~4%和5%~10%,在0 ℃下可抑制开伞和褐变。可采用真空包装,袋厚为0.06~0.08 mm,抽真空降低氧含量。0 ℃可保持7 d。

除上述贮藏方式外,还可采用盐水腌制方法保藏,也可以制成罐头保藏。这些方法保藏时间长,但品质和风味有所下降。

※常见花卉贮藏技术

花卉产品从生产者到消费者手中,其间可能要经过多个渠道。花卉的销售环节或分销渠道越多,其贮藏保鲜越重要。花卉市场的产品类型有鲜切花、盆花、观叶植物等几大类,其中,鲜切花的采后贮藏量最大。生产者、批发商或零售商因销售市场的局限,都存在或多或少、或长或短的贮藏问题。

目前，在国际花卉市场上广为流行的切花品种并不是很多，主要有月季、菊花、香石竹、唐菖蒲、百合和郁金香等数种。特别是月季、菊花、香石竹（康乃馨）和唐菖蒲，被称为世界四大切花，深受人们喜爱。本节着重介绍月季、菊花、香石竹、唐菖蒲、百合和郁金香等切花的贮藏保鲜技术。

一、贮藏特性

切花种类、品种不同，其耐贮性有一定的差异。常见花卉的贮藏特性见表5-4。

表5-4 常见花卉的贮藏特性

花卉名称	贮藏特性
月季	①月季切花保鲜期短，不能长时间运输； ②花瓣质地较厚、花型较小的月季品种耐插性强； ③不同品种花朵的开放和衰老对乙烯的反应不一，但大多数品种属于典型的呼吸跃变型
百合	对乙烯的敏感性因种类和品种的不同而异，亚洲百合对乙烯极其敏感，去掉其小花苞，能够延长整枝花的瓶插寿命
香石竹	①为典型的乙烯跃变型切花，对乙烯反应极其敏感； ②其叶片细长，有蜡层覆盖，加之茎秆木质化程度较高，水分不容易散失，即使在萎蔫状态，复水也容易
菊花	①较耐贮运，具有较长的瓶插寿命； ②为典型的乙烯非跃变型切花，花朵开放与衰老对乙烯不敏感，但其叶片对乙烯处理敏感，且容易形成离层而脱落
郁金香	花朵开放呈现朝开夜闭的节律，花苞在每天的开闭节律中逐渐开大，通常持续5~6 d，最终以花苞脱落而结束瓶插寿命

二、贮藏条件

创造和维持低温与高湿的贮藏条件有利于切花的鲜度保持，但不同种类的切花要求的贮藏条件略有差异，其贮藏寿命差异较大（表5-5）。

表5-5 常见花卉的贮藏条件及贮藏寿命

花卉	温度/℃	相对湿度/%	CO_2/%	O_2/%	贮藏寿命/d
月季	0~2	90~95	5~10	3	7~14
百合	0~1	90~95			15~20
香石竹	0	90~95	5~15	3~5	30~60
菊花	0~1	85~90			21~28
郁金香	0~1	90~95			5~7

三、贮藏方式

与果蔬不同，除少数花卉外，多数花卉(切花)需采用冷库贮藏和气调贮藏的方式进行保藏。冷藏又分干藏和湿藏两种方式，干藏是指鲜切花在冷库中不提供任何补水措施的贮藏方式；湿藏是指在冷库中将花材茎秆基部直接浸入水中，或用湿棉球等保湿材料包扎茎基切口处，以保持水分不断供给的贮藏方式。

不同种类的花卉，其适宜的贮藏方式有所不同(表5-6)，但不管是哪一种类的花卉，冷库贮藏都是其最适宜的贮藏方式。

表5-6　常见花卉的适宜贮藏方式

花卉种类	常温贮藏	冷库贮藏		气调贮藏
		干藏	湿藏	
月季	-	+++	++	++
百合	-	+++	-	-
香石竹	-	+++	+	++
菊花	-	+++	++	-
郁金香	-	++	+++	-

四、花卉的化学药剂(保鲜剂)处理

1. 花卉保鲜剂的主要成分和作用

(1)碳水化合物。碳水化合物是切花的主要营养源和能量来源。蔗糖是保鲜剂中使用最广泛的碳水化合物之一，在一些配方中还采用葡萄糖和果糖。常将蔗糖置于保鲜液中，分别对采收后贮藏前、贮藏后上市前、上市后观赏时的切花进行保鲜处理。不同的阶段、不同切花种类和品种，蔗糖的使用浓度各不相同。最适糖浓度还与处理方法和时间长短有关，一般保鲜液中的糖浓度与处理切花的时间呈负相关关系。不同的切花保鲜液中其糖含量也不同，一般预处理液浓度大于催花液浓度，催花液浓度大于瓶插液浓度。

(2)杀菌剂。花瓶水中的微生物大量繁殖后阻塞花茎导管，影响切花吸收水分，并产生乙烯和其他有毒物质，这会加速切花衰老，缩短切花寿命。最常用的杀菌剂8-羟基喹啉盐类，特别是8-羟基喹啉柠檬酸盐，其使用效果十分显著，可以抑制酵母、细菌、真菌的生长。噻菌灵(TBZ)是一种广谱杀真菌剂，通常与某种杀细菌剂混用。把花茎插在1 000~1 500 mg/kg硝酸银溶液中数分钟，就能有效地延长若干切花的采后寿命。

(3)乙烯抑制剂。硫代硫酸银(STS)是目前花卉业使用最广泛的最佳乙烯抑制剂，STS的生理毒性较硝酸银低，对花朵内乙烯合成有高效抑制作用，并使切花对外源乙烯作用不敏感，可有效地延长多种切花的瓶插寿命。通常用STS的混合悬浮液对鲜切花进行处理，将它喷洒在植株表面或添加在保鲜液中，但STS浓度过高或处理时间过长会对花瓣和叶片造成损害。由于硫代硫酸银是一种很不稳定的化合物，通常都是花卉保鲜者自行制备的，其存放时间最好不要超过4周。氨氧乙烯基甘氨酸(AVG)和氨基氧化乙酸

（AOA）均可拮抗组织中乙烯的产生，但 AVG 非常昂贵，尚未在商业上应用。

（4）生长调节剂。许多植物激素会对花卉的衰老产生不同的影响。细胞分裂素可降低切花对乙烯的敏感性，抑制乙烯产生，从而延长切花寿命。生长素很少用作花卉保鲜剂。赤霉素对切花的寿命无明显的影响。脱落酸一般被认为是很强的生长抑制剂和衰老的刺激因子。由于植物激素价格昂贵，生产中主要采用的是对花卉保鲜效果基本相同的植物生长物质，常用的有 6-苄基腺嘌呤（BA）、激动素（KT）、萘乙酸（NAA）等。

（5）其他延长采后寿命的化合物。柠檬酸、酒石酸和苯甲酸等有机酸能够降低水溶液的 pH，促进花茎水分吸收和平衡，减少花茎的阻塞。放线酮、叠氮化钠和整形素等抑制剂，可以抑制呼吸作用和某些生化过程。钾盐、钙盐、铜盐和锌盐等能抑制水溶液中微生物活动，控制切花一些生化反应和代谢活动。

（6）水。水中含盐量是影响切花质量和瓶插寿命的一个非常重要的因子。不同切花种类对含盐量的敏感性不同。水中特殊离子的浓度、酸碱性也影响切花瓶插寿命。一般最好采用去离子水或蒸馏水浸泡切花，尤其是配制各种保鲜液。去离子水不含有污染物，配制的保鲜剂活性较稳定。如果没有去离子水，也可用煮沸、冷却并过滤的自来水，煮过的水空气含量比冷水少，更易被切花茎吸收和向上运输。热水处理对于轻微萎蔫的切花效果尤佳，38～40 ℃的热水可促进切花吸收。

2. 切花保鲜剂的种类

（1）预处理液。在切花采切分级后，贮藏运输或瓶插前要处理保鲜液。其主要目的是促进花枝吸水，补充外来糖源，防止微生物的危害，延长瓶插寿命。预处理液一般要用去离子水配制，其成分有糖、杀菌剂、活化剂和有机酸。预处液糖浓度一般较高，唐菖蒲的最适浓度为 20%，香石竹的最适浓度为 10%，月季、菊花的最适浓度为 2%～3%。

（2）催花液。催花液即促使花蕾期采收的切花开花所用的保鲜液。一般在出售前用其对切花进行处理。其成分与预处理液相似，所用蔗糖浓度为 1.5%～2.0%，杀菌剂浓度200 mg/L，有机酸浓度 75～100 mg/L。处理工作在高湿度条件下进行，时间比预处液处理长，有的鲜切花需要结合补光措施。掌握好花蕾发育阶段最适宜的采切时间十分重要，如采切时花蕾过小，即使使用催花液处理，花蕾也不能开放或不能充分开放。

（3）瓶插液。瓶插液即在零售展示或瓶插观赏时使用的保鲜液。瓶插液配方因切花种类而异，主要有糖、有机酸和杀菌剂（表 5-7）。已用 STS 处理过的切花，就不必再行处理。水仙花等鲜切花在瓶插过程中从茎端分泌有害物质，会产生毒害，每隔一段时间应该更换瓶插液。

表 5-7　几种常见切花保鲜液配方

用途	保鲜液成分与浓度
月季瓶插液	1.5%蔗糖，0.320 mg/L 柠檬酸
通用切花保鲜液	1.5%蔗糖，0.250 mg/L 8-HQC
菊花催花液	20%蔗糖，0.250 mg/L 8-HQC

3. 切花保鲜剂处理法

（1）吸水或硬化。用去离子水配制含有杀菌剂和柠檬酸（但不加糖）的溶液，pH 值为 4.5～5.0，装在塑料容器内，先在室温下把切花茎斜放于 38～44 ℃热水中再剪截，后插在深 10～15 cm 的同一温度的上述水溶液中浸泡几个小时，之后将切花连同水溶液移至冷室中过夜。如此处理的目的是使萎蔫的切花恢复细胞膨压。

（2）茎端浸渗。把茎末端浸在浓度约 1 000 mg/L 硝酸银溶液中 5～10 min，可防止微生物生长或茎自身腐烂引起切花茎端导管阻塞而致吸水困难，从而延长香石竹、唐菖蒲和菊花等切花的采后寿命。

（3）脉冲或填充。切花脉冲处理常用的化合物有糖类、杀菌剂（硝酸银或 8 - HQC）、STS、细胞激动素（BA，KT）、赤霉素。把花茎下部置于含有较高浓度的糖和杀菌剂溶液（又称为脉冲液）中数小时至 2 d，目的是给切花补充外来糖源，这对长期贮藏或远距离运输的切花作用更大。但脉冲液浓度过高，处理时间过长，处理时温度过高，均会导致花朵和叶片的伤害。把切花茎端插入 20 ℃的硫代硫酸银（STS）溶液中处理 20 min，可有效抑制切花中乙烯的产生和作用。对乙烯敏感的香石竹、百合等切花进入国际市场之前，都要求进行 STS 处理，但只能进行一次。

五、贮藏技术

（一）月季贮运工艺要点

1. 采收

月季红色和粉红色品种在头两片花瓣开始展开、萼片处于反转位置时采收，黄色品种比其稍早，白色品种稍晚。大花月季品系，用于贮藏或远距离运输时，采收期相对较早，应在花萼略松散时采收，用于近距离运输或就近批发出售时，在外层花瓣开始松散时采收。采收过早，花蕾会出现弯头或不能正常开放；采收过晚（内层花瓣开始松散时），会增加运输中的损耗。

2. 保鲜处理

用于贮藏的月季采后立即插入 500 mL 的柠檬酸溶液中，分级后置于热的（40 ℃）花卉保鲜液中。保鲜液可以选用 200 mg/L 的 8 - HQC＋50 mg/L 的醋酸银＋5 g/L 的蔗糖或 300 mg/L 的 8－HQC＋100 mg/L 的苯甲酸钠＋3 g/L 的蔗糖。月季花蕾的催花方式是，将采切后的花蕾先置于 500 mg/L 柠檬酸溶液中，在 0～1 ℃冷藏条件下过夜，然后把花蕾置于开放液中，在 23～25 ℃温度、80％相对湿度和 1 000～3 000 lx 的连续光照下处理 6～7 d，花蕾可达到能出售的发育阶段。

3. 包装运输

按月季颜色进行分类，再根据花梗长短分级，然后剪截切花花茎，最后每 20 枝一束进行捆绑，码入箱内。通常采用 75 cm×30 cm×30 cm 的衬膜瓦楞纸箱进行包装，注意衬膜、瓦楞纸箱上要设置透气孔。月季切花可采用包装纸包装后横置于纸箱中干运，或纵置于水中湿运。采用湿运的方式能较好保持切花鲜度，但是运输中温度高，开花进程加快。一般远距离运输采用干运，近距离运输以湿运为好。远距离运输之前要用预处液处理，运输结束后用瓶插液处理。

4. 贮藏与管理

月季切花属于不耐贮藏的花卉，经保鲜液处理过后立即转入 $-1\ ℃$ 的冷室中，可贮存约 7 d。或者将其包裹在纸中，置于密封的膜袋中干贮，能贮存 $10\sim14$ d。但低温干藏之前不宜放在水中贮藏，从干藏库中取出后，需将茎基再度剪切，并放在 $38\sim43\ ℃$ 的温热保鲜液中。用 $0.04\sim0.06$ mm 的聚乙烯膜包装，保持 3% 的 O_2 浓度、$5\%\sim10\%$ 的 CO_2 浓度，可以得到很好的效果。短期贮藏（$4\sim5$ d），最常用的方法是采后立即剪切，置于去离子水或保鲜液中，采用干藏的方式。

(二)百合贮运工艺要点

1. 采收

百合类切花因种类不同采收标准差别很大，干贮的切花应在花序上最低的花蕾开始显色时采切，开放的花朵在采后处理过程中易受损伤。采收过早时，多数花苞不能充分开放，且易使叶片黄化。百合鳞茎在秋季地上部分枯萎时采挖，分级后晾晒 $1\sim2$ d，进行种球贮藏。

2. 保鲜处理

亚洲百合一般用 STS 为主要成分的保鲜剂处理，防止乙烯伤害。通常在保鲜剂中加入 GA 以防叶片黄化。贮运前用浓度为 0.65 g/L 的硫代硫酸银溶液（STS）和浓度为 1 g/L 的赤霉素（赤霉酸）的保鲜液浸渍，可以延长切花的瓶插寿命。百合切花对乙烯敏感，花茎在含有 STS 的保鲜液中脉冲处理 20 min 有利于延长瓶插寿命。脉冲处理后的切花应转入保鲜液中，也可直接将切花插于浓度为 30 g/L 的蔗糖＋浓度为 200 mg/L 的 8-羟基喹啉柠檬酸盐（8-HQC）等保鲜液中。百合鳞茎起球后，用浓度为 40% 的苯莱特 1 000 倍液进行灭菌处理。

3. 包装运输

百合切花通常采用纸箱包装，每 10 支捆成一扎，去掉花茎基部叶片，采用干运方式。百合鳞茎包装时，先把塑料薄膜放入箱内，塑料薄膜按 $14\sim18$ 个/m^2 的密度打孔，然后箱底放一层 3 cm 厚的湿木屑或草炭土填充物，含水量以手捏不出水为准，再放一层种球，依次进行，放满后将塑料箱封闭，箱上挂标签。百合切花适合在 5 ℃ 的条件下运输。未经贮藏直接运输时，运输前切花应在含有 STS 和赤霉酸的保鲜液中进行水合处理。有低温运输条件时，运输前必须进行预冷，最好是将预处液处理与预冷结合起来。

4. 贮藏与管理

干贮的切花采切后，立即用含有 STS、70 g/L 蔗糖和 1 g/L 赤霉酸的水合液，在 20 ℃ 下处理 24 h。湿贮的切花应在花蕾期采切，先进行水合处理（同干贮），放入盛水容器中。在 $-1\ ℃$ 下贮存 4 周。贮后，切花茎端再剪截，并置于保鲜液中。百合在 $0\sim$

1.7 ℃的条件下可以贮藏 2～3 周。一般亚洲百合在 2 ℃的条件下能存放 35 d，但是贮藏前必须进行预处液处理并结合快速预冷。用 0.05 mm 厚的聚乙烯薄膜包装贮藏铁炮百合，在 2 ℃条件下可以贮藏 4～6 周。

需长时间贮藏的百合鳞茎，必须采用冷冻处理，方法是将装有百合鳞茎的塑料箱预冷后，在冷库里一层层叠放，箱子与冷库墙壁之间要留出 10 cm 的空隙，每层箱子之间及箱子与冷库顶部之间也要留一定空隙。整个冷冻室温度要一致，否则可能引起冻害或发芽。解冻的百合鳞茎不能再冷冻，以免产生冻害。一般亚洲百合杂种系鳞茎可以贮藏 1 年，东方百合杂种系和麝香百合杂种系鳞茎最多贮藏 7 个月，超过 7 个月就会发芽或产生冻害。

(三)香石竹(康乃馨)贮藏工艺要点

1. 采收

香石竹采切的适期为花瓣刚开始松散时，近些年来，越来越多的切花在大花蕾期 (2～2.5 cm 直径)采切，以延长贮藏期和远距离运输。标准香石竹花蕾阶段切花，准备延期干贮的香石竹应在花瓣充满花托，或花瓣刚刚从花托中显露出来的大花蕾(紧实)阶段采收。

2. 保鲜处理

香石竹切花对乙烯极其敏感，在贮藏前或销售前用 1 mmol/L 的 STS 于 20 ℃的温度下浸泡花茎基部 30 min，或用其他乙烯抑制剂做脉冲处理，以减少乙烯的伤害。把切花置于水中或保鲜剂中之前，应再剪截花茎末端。常用的保鲜液有 200 mg/L 的 8－HQC＋3 g/L 的蔗糖或 300 mg/L 的 8－HQC＋100 mg/L 的苯甲酸钠＋5 g/L 的蔗糖或 400 mg/L 的 8－HQC＋500 mg/L 的 B_9＋5 g/L 的蔗糖。保鲜液应用无离子水或蒸馏水配制，一般水质越纯净，切花越能持久。常用的花蕾开放液为 50 mg/L 硝酸银、200 mg/L 8－HQC 和 70 g/L 蔗糖的混合液，开放液的深度勿超过 5 cm。

3. 包装运输

切花预冷后根据长度和花蕾大小仔细分级，20～25 枝花捆成一束。切花应在接近 0 ℃的低温下包装，先用软纸裹住，再放入薄膜袋中密封。通常采用 75 cm×30 cm×25 cm 的衬膜瓦楞纸箱进行包装，注意衬膜、瓦楞纸箱上要设置透气孔。香石竹切花长途运输前，用含有 STS 的花卉保鲜剂进行水合处理，包装在标准的保湿包中，再装箱干运，运输温度 1 ℃。不作贮藏而直接运输的花材，采切后通常结合预冷进行保鲜剂处理，一般采用干运方式。也可用 0.04 mm 左右厚的聚乙烯膜包装，但包装袋内必须放置乙烯吸收剂，保持 3%～5% 的 O_2 浓度、5%～15% 的 CO_2 浓度。

4. 贮藏与管理

香石竹切花长期贮藏最好采用干藏方法，干藏前用保鲜液处理，用纤维纸等将花与湿的聚乙烯膜隔开，避免结露，防止灰霉病发生。温度维持在 0 ℃，相对湿度保持在 90%～95%。空气湿度较低的贮藏环境有时会造成香石竹裂萼。存放地点不需要光照，注意环境通风，避免乙烯积累。贮藏结束后，应先把包装箱置于 8～10 ℃温度下 2～3 h，以避免温度的剧烈波动。然后在室温下解开切花包装。花茎应从基部剪截去 3～5 cm，接着进行花蕾开放处理。小花枝香石竹贮藏期较短，在 0 ℃温度下，不进行任何化学处理，可在水中或保湿包装箱中存放 2 周左右。标准香石竹切花可以长期贮藏，在冷库中可干贮约 2 个月。

(四)菊花贮藏工艺要点

1. 采收

用于远距离运输和贮藏的大菊品种，应在舌状花序紧抱，其中一两个外层花瓣开始伸出时采收；近距离运输和就近批发出售的大菊品种，可适当晚采。小菊品种当主枝上的花盛开、侧枝上有 3 朵花色泽鲜艳时即可采收。采收过早，往往因吸水能力较弱、糖分不足而不能正常开放。采收时切口要整齐，一般还要在水中进行第二次剪切。因花茎基部硬化和木质化，水分吸收会受影响，切花应在基部之上 10 cm 处采切，或在采后把木质化部分剪截掉。菊花舌状花瓣娇嫩，极易受损而不能正常展开，一般在花蕾期采收。

2. 保鲜处理

菊花保鲜液可用 200 mg/L 的 8－HQC＋2 g/L 的蔗糖配制而成，此保鲜液适用于蕾期采收的菊花。菊花对糖极其敏感，糖质量分数不能超过 3%，否则容易引起伤害。蕾期采收的菊花，必须进行催花处理才能保证正常开放。瓶插液为 25 mg/L 硝酸银、75 mg/L 柠檬酸、20 g/L 糖的混合液。菊花切花的开花液可用 2%～5% 的糖＋200 mg/L 的 8-羟基喹啉柠檬酸盐或 25 mg/L 的硝酸银＋75 mg/L 的柠檬酸配制而成。催花的条件可维持在温度为 18～20 ℃，空气的相对湿度为 60%～80%，光照度为 1 000 lx。

3. 包装运输

菊花通常采用 120 cm×40 cm×30 cm 的衬膜瓦楞纸箱进行包装，衬膜、瓦楞纸箱上要设置透气孔。也可用纸箱包装，每 50 枝装一层，共两层，每层用薄纸包扎花朵，防止花朵在运输中受伤。菊花一般干运，有时在纸箱内贴一层薄的耐水性树脂，以提高纸箱内湿度，减缓花材萎蔫。长时间运输之前，应喷药预防灰霉病。菊花在运输途中极易发热，引起叶片黄化，因此应在 1 ℃温度下运输。运输后轻微萎蔫的切花，浸没于热水中 60s 即可恢复。

4. 贮藏与管理

菊花属于耐贮藏的品种，采收的菊花预冷后进行分级，每 10 枝一束进行捆绑码入箱内，然后立即将其置于相对湿度为 90%～95% 的环境中进行贮藏，存放地点不需要光照；贮藏温度为 0 ℃，可贮藏 3～4 周或更长的时间。菊花既可干藏也可湿藏。干藏中最大的问题是贮藏中的水分损失。干藏或干运后的花材在浸入水中前要将切口端置入 80～90 ℃的热水中浸泡 2～3 min，也可插入开水中浸泡 30 s 左右，其目的是排出导管中的气泡和对伤口进行消毒、杀菌，使花材顺利吸收水分，这对于保证花朵正常开放、延长瓶插寿命有很大作用。

(五)唐菖蒲贮藏工艺要点

1. 采收

远距离运输和贮藏的唐菖蒲切花，应在花序最下部一两朵小花都显色而花瓣仍然紧卷时采收。唐菖蒲花开后 40~45 d，叶片约 1/3 变黄时，是收获球茎的最适时期。

2. 保鲜处理

保鲜液可以选用 100 mg/L 的苯甲酸钠＋3 g/L 的蔗糖或 600 mg/L 的 8 - HQS＋4 g/L 的蔗糖。瓶插唐菖蒲切花的保鲜可于 1 000 mg/L 硝酸银溶液中预处理 10 min 后再瓶插，也可直接插入 4％蔗糖＋300 mg/L 8 -羟基喹啉柠檬酸盐等瓶插液中。

3. 包装运输

唐菖蒲切花预冷后进行分级，每 20 枝一束进行捆绑码入箱内，通常采用 120 cm×40 cm×20 cm 的衬膜瓦楞纸箱进行包装，衬膜、瓦楞纸箱上要设置透气孔。为了避免负向地性弯曲，唐菖蒲以立式运输为理想方式。但一般采用横置、保湿材料包裹、纸箱包装的方式。

4. 贮藏与管理

唐菖蒲切花采切后可先让其吸透水，按一定数目扎成束，再吸去切花表面的水分，每束花最好都用聚乙烯薄膜包裹以防压伤或失水，置于 2~5 ℃下贮藏。唐菖蒲切花以干藏为主，大多数唐菖蒲品种不适宜长期贮存，贮运前将其在 20％的蔗糖溶液中预冷 16~20 h，可使唐菖蒲寿命明显增加。唐菖蒲切花的向地性很强，运输中应使其保持直立状态来或立放在有杀菌剂的容器中。唐菖蒲种球常规贮藏温度控制在－10 ℃，干燥通风，相对湿度不超过 70％。低温库贮藏温度 2~4 ℃，相对湿度保持在 70％~80％，可实现种球的延期贮藏。

(六)郁金香贮藏工艺要点

1. 采收

郁金香一般在花蕾充分着色时采切，用于远距离运输和贮藏的，通常花苞发育到半透色，但未膨大时采收。当郁金香叶片有 1/3 以上变黄时，将鳞茎从土中掘出，然后把它们按不同品种归类，在分级后进行晾晒。

2. 保鲜处理

郁金香切花属于非跃变型切花，国外通常不用保鲜剂处理，但以糖分和杀菌剂为主要成分的保鲜剂对于促进花苞开放是有效的。

3. 包装运输

郁金香采切后，待其充分吸水后即可包装上市。需贮运的切花，则待其稍许凋萎后再包装于保湿箱内在 1 ℃下干运，注意切花宜垂直放置，运输时包装箱内不宜装得太满，应松散一些。理想的运输方式是直立在容器内进行湿运，但操作难度大。鳞茎收获后进行清洗、消毒、分级处理。

4. 贮藏与管理

郁金香切花属于不耐贮藏的花卉，贮藏前结合预处液处理进行预冷，可干贮于-2℃的环境下，花茎应紧密包裹，水平放置。如湿贮于水中，应再剪截花茎基部，将其插于蒸馏水中。为减缓花茎向光弯曲，可于瓶插时在水中加入25 mg/L吡啶醇或用50~100 mg/L吡啶醇溶液喷布切花。瓶插保鲜可直接插于5%蔗糖＋300 mg/L 8-羟基喹啉硫酸盐＋50 mg/L矮壮素等瓶插液中。

六、花卉贮藏中常见的问题

花卉贮藏过程中，除发生一些病害外，还会出现弯茎、褐变、叶片黄化等现象。切花贮藏中常见的主要问题及防止措施见表5-8。

表5-8 花卉贮藏中常见的问题及防止措施

花卉名称	常见问题	防止措施
月季	①出现瓶插后的"弯头""蓝变"（出现在红色品种）、"褐变"（多出现在黄色品种）以及不能正常开放等现象；②干藏前若将月季切花置于水中会令其瓶插寿命缩短，蓝化现象增加	进行STS处理，使保鲜液pH在3.5左右
百合	百合切花采收过早，花朵不能充分开放，叶片黄化、脱落	①适时采收；②用STS为主要成分的保鲜剂处理，并在保鲜剂中加入GA
香石竹	①很容易遭受乙烯伤害，表现为开花进程过快，花瓣凋萎；②长期贮藏的香石竹应注意防治灰霉病	①在采切前喷布杀菌剂，或在采切后把整个切花浸入杀菌剂溶液中几秒钟后，进行水合处理；②没有进行预冷处理或表面潮湿的切花不应进行包装
菊花	①菊花切花采收太早，花瓣不能正常展开；②若运输途中发热，则叶片黄化，花瓣褐变，易脱落	①适时采收；②低温运输
郁金香	贮藏中常出现花朵不能充分开放、茎弯、花瓣脱落、负向地性弯曲、花枝基部腐烂等问题	栽培中使用乙烯利能够抑制花枝的伸长和花苞的开放，减轻弯茎现象

项目小结

本项目主要介绍了栽培数量较大、市场上比较常见果品和蔬菜的贮藏特性、贮藏方式、贮藏管理技术要点等。果品包括苹果、梨、柑橘、桃、李、葡萄、猕猴桃、柑橘、核桃、板栗等，主要从各种果品的贮藏特性、贮藏方式及贮藏技术要点进行阐述，给出了每种果品适宜的贮藏条件。蔬菜包括萝卜、胡萝卜、洋葱、番茄、黄瓜、大白菜、花椰菜、蒜薹等，主要从各种蔬菜的贮藏特性、主要贮藏方式及贮藏管理技术要点进行阐述，给出了每种蔬菜适宜的贮藏基本条件。通过学习，掌握各种果蔬贮藏保鲜理论知识。

复习思考题

(1)调查当地主要果蔬的种类、品种，并简述其贮藏特性、贮藏基本条件和贮藏方式。

(2)阐述当地主要果蔬的关键贮藏技术措施。

(3)分析当地主要果蔬在贮藏过程中存在的主要问题，并提出相应的解决措施。

(4)从每一类蔬菜中各选择1~2个具有代表性的蔬菜种类，叙述其贮藏保鲜的技术要点。

第二模块

果蔬加工制品生产技术

项目六　果蔬罐制品加工

项目引入

　　我国是世界上最大的果蔬生产国。据统计，我国水果和蔬菜种植面积连年上升。果蔬既是鲜食佳品，也是良好的加工原料，主要加工产品有罐头、果脯、果汁、蜜饯等。罐头行业是中国传统的出口产业，也是目前食品工业最重要的出口产品。进入21世纪以来，在国内外市场需求的拉动下，我国罐头行业保持良好增长的态势。以原料供应地为龙头，罐头产业分布已趋向明朗化，如桃罐头以河北为主产区，番茄酱以新疆为主产区，柑橘罐头以浙江、湖南等地为主产区。因此，果蔬罐头产业已成为食品产业的重要分支。随着消费者对即食产品的需求日渐增长，市场上方便即食产品的种类和数量不断增加，大大刺激了果蔬加工新技术的发展。我国果蔬罐头工业也取得了重大的技术突破，如低温连续杀菌技术和连续去囊衣技术在酸性罐头（如柑橘罐头）中的运用、智能控制的新型杀菌技术在小包装罐头产品中的运用极大地促进了产业的快速发展。

学习目标

知识目标

　　了解不同果蔬罐头制品的分类、特征及其包装材料种类与特征；理解果蔬罐头制品的加工原理；掌握果蔬罐头制品的加工工艺流程，以及各工艺流程的操作要点；掌握果蔬罐头制品加工过程中常见问题的分析与控制。

技能目标

　　能制作罐头，对常见问题能进行分析和控制。能对上述加工品进行成本分析。

素质目标

　　认真贯彻落实习近平总书记对食品安全工作作出的重要指示，即"坚持最严谨的标准、最严格的监管、最严厉的处罚、最严肃的问责"，通过本项目的学习，培养学生精益求精的工匠精神和一丝不苟的工作态度。

职业岗位

　　果蔬加工员、食品检验员。

任务一　罐头生产工艺

任务分析

食品罐藏就是将原料进行预处理后装入能密封的容器，再经过排气、密封、杀菌、冷却等一系列过程制成的产品。罐藏加工技术是由尼克拉·阿培尔在18世纪发明的，距今已经有200多年历史。当初因为对引起食品腐败变质的原因还没有认识，故技术上发展较慢。到1864年，巴斯德发现了微生物，为罐藏技术奠定了理论基础，才使罐藏技术得到较快发展，并成为食品工业的重要组成部分。这类食品有一些共同的特点：必须有一个能够密闭的容器(包括复合薄膜制成的软袋)；必须经过预处理、排气、杀菌、冷却这四个工序；从理论上讲必须杀死致病菌、腐败菌、产毒菌，达到商业无菌，并使酶失活。

果蔬罐头是果蔬加工利用中的一个大类。我国果蔬罐头在国际市场上占据较大市场份额，约占世界水果贸易量的1/6，主要销往美国、欧盟、日本及一些新兴市场。通过本任务学习，熟悉果蔬罐头生产的基本工艺，打好理论基础。

一、任务原理

罐藏食品能长期保藏主要是借助罐藏条件(排气、密封、杀菌)杀灭罐内引起败坏、产毒、致病的微生物，破坏原料组织中酶的活性，并保持密封状态，使食品不再受外界微生物污染来实现的。

(一)果蔬的杀菌方法

罐头食品中含有需氧性芽孢杆菌，如嗜热性芽孢杆菌和嗜温性芽孢杆菌，厌氧性芽孢杆菌如热性解糖状芽孢杆菌、致黑梭状芽孢杆菌，以及大肠杆菌、液化链球菌、嗜热链球菌、酵母菌、霉菌等。根据微生物对生长环境的要求及对高温的承受能力，果蔬罐头的杀菌方法有三种。

1. 巴氏杀菌法

该方法一般采用的温度是65～95 ℃，用于不耐高温且含酸较多的产品，如一部分水果罐头、糖醋菜、番茄汁、发酵蔬菜汁等。

2. 常压杀菌法

所谓常压杀菌即将罐头放入常压的热沸水中进行杀菌，pH<4.5的蔬菜罐头制品均可用此法进行杀菌。常见的如去皮番茄罐头、番茄酱、酸黄瓜罐头。一些含盐较高的产品如榨菜、雪菜等也可用此法。

3. 加压杀菌法

将罐头放在加压杀菌器内，在密闭条件下增加杀菌器的压力，由于锅内的蒸汽压力升高，水的沸点也升高，从而维持较高的杀菌温度。大部分蔬菜罐头，由于含酸量较低，杀菌需较高的温度，一般需 115～121 ℃。特别是富含淀粉、蛋白质及脂肪类的蔬菜，如豆类、甜玉米及蘑菇等，必须在高温下进行较长时间处理才能达到杀菌的目的。为提高杀菌罐制品的保存效果，有效地防止内部菌体的进一步活化及杂菌的感染，生产上必须配合使用排气和密封工艺，从而阻止内容物的氧化及降低酶活性。

什么是巴氏杀菌法？

(二)影响杀菌的因素

杀菌是罐藏工艺中的关键工序，影响杀菌效果的因素主要是微生物，包括需氧性芽孢杆菌、厌氧性芽孢杆菌、非芽孢细菌、酵母菌和霉菌等。

1. 微生物

微生物的种类、抗热力和耐酸能力对杀菌效果有不同的影响，但杀菌还受其他因素的影响。果蔬中细菌的数量，尤其是孢子存在的数量越多，抗热能力越强。果蔬所处环境条件可改变芽孢的抵抗能力，干燥能增加芽孢的抗热力，而冷冻有减弱抗热力的趋势。在微生物一定的情况下，随着杀菌温度的提高，杀菌效率会升高。

2. 果蔬原料特点

果蔬原料的品种繁多，组织结构和化学成分不一，从杀菌角度看，应考虑以下方面的因素。

(1)原料的酸度(pH)。绝大多数细菌在中性介质中有最大的抗热性，细菌的孢子在低 pH 条件下是不耐热处理的。pH 越低，酸度越高，芽孢杆菌的耐热性越弱。酸度对微生物活性的影响，在罐头杀菌的实际应用中有重要的意义。

(2)糖。糖对微生物孢子有一定的保护作用，因糖使孢子的原生质部分脱水，可防止蛋白质凝结，使细胞具有更稳定的状态参数，但较低的糖浓度差异则不易看出这种作用，所以装罐果蔬填充液的浓度越高，杀菌时间越长。

(3)无机盐。浓度不高于 4% 的食盐溶液对孢子有保护作用，高浓度的食盐溶液可降低孢子的抗热力。食盐可有效地抑制腐败菌的生长，亚硝酸盐会降低芽孢的抗热性，磷酸盐能影响孢子的抗热性。

(4)酶。酶在酸性和高酸性果蔬中易引起风味、色泽和质地的败坏。在较高温度下，酶蛋白结构受破坏而失去活性。一般情况下以过氧化物酶系统的钝化作为酸性罐头食品杀菌的指标。

(5)其他成分。果蔬中不溶性成分对孢子的抗热性有一定的保护作用，如淀粉能有效地吸附抑制微生物生长的物质，为微生物生长提供有利条件，果胶能显著减缓传热等。

(三)罐头杀菌的理论依据

罐头食品杀菌时，酶类、霉菌类和酵母菌类是比较容易控制和杀灭的。罐头热杀菌的主要对象是抑制无氧或微量氧条件下仍然活动且产生孢子的厌氧性细菌，这类细菌的孢子抗热力是很强的。要达到杀菌的要求就必须考虑杀菌温度和时间的关系。热致死时间就是杀菌操作的指导数据，是指罐内细菌在某一温度下被杀死所需要的时间。热对细菌致死的效应是操作时温度与时间控制的结果，温度越高，处理时间越长，效果越显著，但也加大了对食品营养的破坏作用，因而合理的热处理必须同时满足以下条件。

（1）达到抑制食品中最抗热的致败菌、产毒微生物所需的温度和时间。

（2）了解产品的包装和包装容器的热传导性能，温度只要超过微生物生长所能够忍受的最高限度，就具有致死的效应。

（3）在流体和固体食品中，升温最慢的部位有所不同，罐头杀菌必须以这个最冷点作为标准，热处理要让这个部位满足杀菌的要求，才能使罐头食品安全保存。

二、罐藏容器

容器对罐藏食品的保存有重要作用，应具备无毒、耐腐蚀、能密封、耐高温高压、不与食品发生化学反应、质量轻、便于携带等特点。常见罐藏容器种类及其结构与特性见表 6-1。

表 6-1 罐头容器的分类及特点

项目	容器种类			
	马口铁罐	铝罐	玻璃罐	软包装
材料	镀锡（铬）薄钢板	铝或铝合金	玻璃	复合铝箔
罐形或结构	两片罐、三片罐，罐内壁有涂料	两片罐，罐内壁有涂料	卷封式、旋转式、螺旋式、爪式	外层：聚酯膜 中层：铝箔 内层：聚烯烃膜
特性	质轻，传热快，避光，抗机械损伤	质轻，传热快，避光，易成形，易变形，不适于焊接，抗大气腐蚀，成本高，寿命短	透光，可见内容物，可重复利用，传热慢，易破损，耐腐蚀，成本高	质软而轻，传热快，包装、携带、食用方便，避光，阻气，密封性能好

三、工艺流程

原料→预处理（选别→分级→清洗→去皮→切分、去核→烫漂→抽真空）→装罐→注入汤汁或不注→排气（抽气）→密封→杀菌→冷却→保温处理→贴标→成品。

四、关键控制点及相应措施

1. 原料选择

原料选择是保证制品质量的关键。一般要求原料具备优良的色、香、味，糖酸含量高，粗纤维少，无不良风味，耐高温等。常用的水果原料有柑橘、桃、梨、杏、菠萝等。常用的蔬菜原料有竹笋、石刁柏、四季豆（青刀豆）、甜玉米、甜玉米、蘑菇等。

2. 原料预处理

预处理是指剔除不适的和腐烂霉变的原料，去除果蔬表面的尘土、泥沙、部分微生物及残留农药，并按原料大小、质量、色泽和成熟度进行分级、去皮、去核、去心并修整，然后烫漂的操作。

3. 装罐

(1)空罐的准备。空罐在使用之前应检查，要求罐型整齐，缝线标准，焊缝完整均匀，罐口和罐盖边缘无缺口或变形，马口铁皮上无锈斑或脱锡现象。玻璃罐应形状整齐，罐口平坦、光滑、无缺口，罐口正圆，厚度均匀，玻璃内无气泡裂纹。对于回收的旧玻璃瓶，应先用温度为 40~50 ℃，浓度为 2%~3% 的 NaOH 溶液浸泡 5~10 min，以便使附着物润湿而易于洗净。具有一定生产能力的工厂多用洗瓶机清洗，常用的有喷洗式洗瓶机、浸喷组合式洗瓶机等。

(2)填充液配制。目前生产的各类水果罐头，要求产品开罐后糖液浓度为 14%~18%，大多数罐装蔬菜装罐用的盐水含盐量 2%~3%。填充液的作用包括：调味；充填罐内的空间，减少空气；有利于传热、提高杀菌效果；等等。生产上使用的主要是蔗糖，另外还有果葡糖浆、玉米糖浆、葡萄糖等，常用直接法和稀释法进行配制。装罐时所需糖液浓度一般根据水果种类、品种和产品等级而定，还要结合水果本身可溶性固形物含量、每罐装入果肉量及装罐实际注入的糖水液量，按下式进行计算：

$$Y = \frac{W_3 Z - W_1 X}{W_2}$$

式中：W_1——每罐装入果肉量(g)；

W_2——每罐装入糖液量(g)；

W_3——每罐净重(g)；

Z——要求开罐时糖液浓度(%)；

X——装罐前果肉可溶性固形物含量(%)；

Y——注入罐的糖液浓度(%)。

(3)装罐。原料准备好后应尽快装罐。装罐的方法有人工装罐和机械装罐两种。装罐时注意合理搭配，力求做到大小、色泽、形态、成熟度等均匀一致，排列美观。同时要求装罐量必须准确，净重偏差不超过 ±3%。还要注意保持一定的顶隙，即实装罐内由内容物的表面到盖底之间所留的空间。罐内顶隙的作用很重要，需要大小适中，一般装罐时为 6.35~9.6 mm，封盖后为 3.29~4.7 mm。

4. 排气

原料装罐注液后封罐前要进行排气，将罐头和组织中的空气尽量排除，使罐头封盖后能形成一定程度的真空度，有助于保证和提高罐头食品的质量，防止败坏。为了提高排气效果，在排气前可以先进行预封。所谓预封就是用封口机将罐身初步钩连上，其松紧程度以能使罐盖沿罐身旋转而不会脱落为度。此时空气能流通，在热排气或在真空封罐过程中，罐内的气体能自由出入，而罐盖不会脱落。

(1)排气的目的。抑制好氧性微生物的活动，抑制其生长发育；减缓食品色、香、味的变化，特别是减少维生素等营养物质的氧化损耗；减轻加热杀菌过程中内容物膨胀对容器密封性的影响，保证缝线安全；使罐头内部保持真空状态，从而使实罐的底盖维持一种平坦或向内陷入的状态；排除空气后，减轻容器的铁锈蚀。

排气程度一般用真空度来进行表示。罐头食品的真空度指罐外的大气压与罐内气压的差，常用真空计测定，过去多用 mmHg 表示，现用 Pa 或 kPa 表示。

（2）排气方法。常用的排气方法有热排气、真空封罐排气和蒸汽喷射排气三种。

①热力排气法。热力排气法是利用食品和气体受热膨胀的原理，使罐内食品和气体膨胀，罐内部分水分汽化，水蒸气分压提高来驱赶罐内的气体。排气后立即密封，这样经杀菌冷却后，食品的收缩和水蒸气的冷凝使得罐内获得一定的真空度。常用的热力排气方法有热装法和加热排气法两种。

②真空封罐排气法。真空封罐排气法是将罐头置于真空封罐机的真空仓内，借助其抽气并密封的排气方法。这种方法的特点是能在短时间内使罐头获得较高的真空度，可减少受热环节，能较好地保存维生素和其他营养，适用于各种罐头的排气，并且封罐机体积小，占地少，被各罐头厂广泛使用。

③蒸汽喷射排气法。蒸汽喷射排气法也称蒸汽密封排气法，是在封罐的同时向罐头顶隙内喷射具有一定压力的高压蒸汽，利用蒸汽驱赶、置换罐头顶隙内的空气，密封、杀菌、冷却后顶隙内的蒸汽凝结而形成一定的真空度。这种方法只能适用于空气含量少、食品溶解及吸附的空气较少的食品。该法的特点是速度快，设备紧凑，但排气不充分，使用上受到一定的限制。

5. 密封

密封是使罐头与外界隔绝，不致受外界空气及微生物污染而引起败坏。排气后要立即封罐，封罐是罐头生产的关键环节。不同种类、型号的罐使用不同的封罐机。封罐机的类型很多，有半自动封罐机、自动封罐机、半自动真空封罐机、自动真空封罐机等。

6. 杀菌

罐头食品在装罐、排气、密封后，罐内仍有微生物存在，会导致内容物腐败变质，所以在封罐后必须迅速杀菌。罐头杀菌一般分为低温杀菌和高温杀菌两种。低温杀菌，又称常压杀菌，温度 80～100 ℃，时间 10～30 min，适合于含酸量较高（pH 在 4.6 以下）的水果罐头和部分蔬菜罐头。高温杀菌，又称高压杀菌，温度 105～121 ℃，时间 40～90 min，适用于含酸量较少（pH 在 4.6 以上）和非酸性的肉类、水产品及大部分蔬菜罐头。在杀菌中热传导介质一般采用热水和热蒸汽。

7. 冷却

杀菌后的罐头应立即冷却，如果冷却不够或拖延冷却时间会引起不良现象的发生，如罐头内容物的色泽、风味、组织、结构受到破坏，促进嗜热性微生物的生长等。罐头杀菌后一般冷却到 38～42 ℃即可。冷却方法常用加压冷却也就是反压冷却。杀菌结束的罐头必须在杀菌釜内维持一定压力的情况下冷却。加压冷却主要用于一些高温高压杀菌，特别是高压杀菌后容易变形损坏的罐头。常压冷却主要用于常压杀菌的罐头和部分高压杀菌的罐头，罐头可在杀菌釜内冷却，也可在冷却池中冷却，可以泡在流动的冷却水中冷却，也可采用喷淋冷却。冷却时应注意，金属罐头可直接进入冷水中冷却，而玻璃罐冷却时要分阶段逐级降温，以避免其破裂损失。冷却的速度越快，对罐内食品质量的影响越小，但提高冷却速度的同时要保证罐藏容器不受破坏。冷却所需时间因食品种类、罐头大小、杀菌温度、冷却水温等因素而异，但无论什么方法，罐头都必须冷透，一般要求冷却到 40 ℃左右不烫手为止。此时罐头尚有一定的余热以蒸发罐头表面的水膜，防止罐头生锈。用水冷却罐头时，要特别注意冷却用水的卫生，以免冷却水质差而引起罐头腐败变质。一般要求冷却用水必须符合饮用水标准。

8. 保温处理

将杀菌冷却后的罐头放入保温室内，中性或低酸性罐头在 37 ℃下保温一周，酸性罐头在 25 ℃下保温 7～10 d，未发现胀罐或其他腐败现象，即检验合格。

9. 成品的贴标包装

保温处理合格后就可以贴标签。标签要求贴得紧实、端正、无皱折，贴标中应注明营养成分等。

五、成品检验与贮藏

成品检验与贮藏，是罐头食品生产的最后一个环节。

(一)检验方法

1. 感观检验

容器密封完好，无泄漏现象存在。容器外表无锈蚀，内壁涂料无脱落。内容物具有该品种果蔬类罐头食品的正常色泽、气味和滋味，汤汁清晰或稍有浑浊。

2. 细菌检验

将罐头抽样，进行保温试验，检验细菌。

3. 化学指标检验

化学指标检验包括对罐头总重、净重、汤汁浓度、罐头本身的条件等进行评定和分析。水果罐头要求：总酸 0.2%～0.4%，总糖为 14%～18%（以开罐时计）。蔬菜罐头要求：含盐量 1%～2%。

4. 重金属与添加剂指标检验

重金属指标见表 6-2，添加剂指标按国家标准执行。

表 6-2　重金属指标

项目	锡(以 Sn 计)	铜(以 Cu 计)	铅(以 Pb 计)	砷(以 As 计)
指标/(mg·kg^{-1})	≤200	≤5.0	≤1.0	≤0.5

5. 微生物指标

微生物指标应符合罐头食品商业无菌要求，罐头食品经过适度杀菌后，不含有致病性微生物，也不含有在通常温度下能在其中繁殖的非致病性微生物。

(二)常见败坏现象及其原因

罐头食品败坏的原因有很多，根据生产经验归纳为以下几类。

1. 罐形损坏

罐形损坏是罐头外形不正常的损坏现象，一般用肉眼就可以鉴别。

(1)胀罐。胀罐的形成是由于细菌的存在和活动产生气体，导致罐头内容物发生恶臭味和产生毒物。根据发生阶段的不同有轻微胀罐和严重胀罐之分。轻微胀罐(如撞胀或弹胀)是装罐过量、排气不够或杀菌时热膨胀所致，这种胀罐无害。硬胀是最严重的，施加压力也不能使其两端底盖子平坦或凹入。

(2)氢胀。氢胀是指罐壁因腐蚀而释放出氢气，产生内压，使罐头底盖外突。这种胀罐多发生在酸性菇类罐头中，如汤液中加了太多的柠檬酸且用马口铁包装的罐头，常发生这类胀罐。这类胀罐不危及人体健康安全。

(3)漏罐。漏罐是指由罐头缝线或孔眼渗漏出部分内容物。封盖时缝线形成的缺陷铁皮腐蚀生锈穿孔，或是腐败微生物产生气体而引起过大的内压损坏缝线的密封，或机械损伤等，都可造成这种漏罐。

(4)变形罐。变形罐是指罐头底盖不规则地突出成峰脊状，很像胀罐。这是由于冷却技术掌握不当，消除蒸汽压过快，罐内压力过大造成严重张力而使底盖不整齐地突出，冷却后仍保持其突出状态。这种状态是在冷却后出现的，而不是在罐头贮存过程中形成的。因罐内并无压力，如稍加压力即可恢复正常。这种类型的变形对罐内固体品质无影响。

(5)瘪罐。瘪罐多发生于大型罐上，罐壁向内陷入变形。这是罐内气体排出后真空度增高、过分的外压或反压冷却等操作不当造成的，对罐内固体品质无影响。

2. 绿色蔬菜罐头色泽变黄

叶绿素在酸性条件下很不稳定，即使采取了各种护色措施，也很难达到护绿的效果，而且叶绿素具有光不稳定性，所以玻璃瓶装绿色蔬菜经长期光照，也会变黄。如果生产上能调整绿色蔬菜罐头罐注液的 pH 至中性或偏碱性，采取适当的护绿措施，例如，热烫时添加少量锌盐，绿色蔬菜罐头最好选用不透光的包装容器等，在一定程度上能缓解这种现象的发生。

3. 果蔬罐头加工过程中发生褐变

果蔬原料加工罐头时，通常容易发生酶促褐变。采用热烫技术护色时，必须保证热烫处理的温度与时间；采用抽空处理技术护色时，应彻底排净原料中的 O_2，同时在抽空液中加入防止褐变的护色剂；果蔬原料进行前处理时，严禁与铁器接触。

4. 果蔬罐头固形物软烂与汁液混浊

在生产上一定要选择成熟度适宜的原料，尤其是不能选择成熟度过高而质地较软的原料；热处理要适度，特别是烫漂和杀菌处理，要求既起到烫漂和杀菌的目的，又不能使罐内果蔬软烂；热烫处理期间，可配合硬化处理；避免成品罐头在贮运与销售过程中的急剧震荡、冻融交替，以及微生物的污染。

(三)罐头食品的贮藏

仓库选址合理便于进出库，库房的设计要便于操作管理，防止不利环境的影响。库内的通风、光照、加热、防火等设备和操作要达标，以利工作和保管的安全。贮存库要有严密的制度，按顺序编排号码，安置标签，说明产品名称、生产日期、批次和进库日期或预定出库日期。管理人员必须详细记录，便于管理。贮存库要避免过高或过低的温度，也要避免温度的剧烈波动。空气温度和湿度是决定罐装材料外表是否发生锈蚀的因素，因此，在仓库管理过程中，应防止湿热空气流入库内，避免含腐蚀性的灰尘进入。对贮存的罐应经常进行检查，以检出损坏罐，避免污染好罐。

任务二　黄桃罐头的加工

任务分析

我国黄桃资源丰富，品种众多，如晚金油桃、金油桃、金星桃等。黄桃味美鲜甜、营养丰富，每 100 g 果肉含有糖 7～14 g、蛋白质 0.8 g、脂肪 0.1 g，还含有多种微量元素、维生素、必需氨基酸。黄桃罐头营养丰富，所含的维生素、类胡萝卜素、硒等营养素均高于普通桃子。黄桃罐头加工量大，黄桃罐头是我国第二大出口罐头产品，深受消费者喜爱。通过本任务学习，掌握黄桃罐头的生产标准，掌握黄桃罐头工艺流程及技术要点，掌握黄桃罐头加工过程中常见问题的分析与控制方法。

参考标准：《桃罐头》(GB/T 13516—2014)。

一、黄桃罐头加工的知识准备

(一)罐头的定义

罐头指原料经预处理→装罐(装入能密封的容器内)→ 排气、密封、杀菌、冷却，经这一系列过程制成的产品。

特点：①必须有一个能够密闭的容器(包括复合薄膜制成的软袋)。②必须经过排气、密封、杀菌、冷却这四个工序。③从理论上讲，必须杀死致病菌、腐败菌、中毒菌，这在生产上叫作商业无菌，并使酶失活。

什么是商业无菌？

酸度对罐头杀菌的影响

(二)罐头制品介绍

罐头加工技术是由尼克拉·阿培尔在 18 世纪发明的，后来很快传到欧洲各国。罐头生产在 19 世纪才传入我国，而且旧中国内外交困，因此我国罐头工业受到严重摧残。中华人民共和国成立后，我国的罐头工业在总产量与种类等方面均迅速发展，特别是随着科学技术的发展，罐头加工技术由最初的手工操作发展到今日的机械化大生产。

　　果蔬罐头是果蔬原料经前处理后，装入能密封的容器内，再进行排气、密封、杀菌，最后制成别具风味、能长期保存的食品。罐头食品具有耐贮藏、易携带、品种多、食用卫生的特点。果蔬罐头按包装容器分为玻璃瓶罐头、铁盒罐头、软包装罐头、铝合金罐头，以及其他罐头，例如塑料瓶装罐头。按照罐头内食品的 pH 大小将果蔬罐头分为低酸性罐头食品和酸性罐头食品。低酸性罐头食品是指杀菌后 pH 大于 4.6、水活性大于0.85 的罐头食品。酸性罐头食品是指杀菌后平衡 pH 在 4.6 及以下的罐头食品。

(三)加工原理

新鲜果蔬	抑制或破坏引起果品蔬菜的腐败变质的酶，有效地预防微生物的侵染，从而达到长期保存的目的。
加热	杀灭大部分微生物，抑制酶的活性，软化原料组织，固定原料品质。
排气	除去果蔬原料组织内部及罐头顶隙的大部分空气，抑制好气性细菌和霉菌的生长繁殖，有利于罐头内部形成一定的真空度，保证大部分营养物质不被破坏。
密封	使罐内与外界环境隔绝，防止有害微生物的再次侵入而引起罐内食品腐败变质。
加热杀菌	杀死一切有害的产毒致病菌，以及引起罐头食品腐败变质的微生物，改善食品质地和风味，实现罐头内食品长期保藏的目的。

二、黄桃罐头生产工艺流程

黄桃罐头生产工艺如图 6－1 所示。

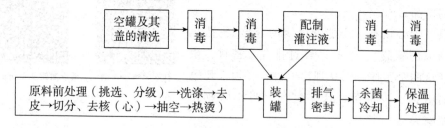

图 6－1　黄桃罐头生产工艺流程

三、技术要点

(一)原料选择

　　果实宜八成熟时采收。果实应新鲜饱满、成熟适度，风味正常，黄桃应为黄色至浅黄色。无严重畸形、霉烂、病虫害和机械伤引起的腐烂现象，加工性能良好。常用品种有丰黄、黄露、黄金等。

视频：黄桃罐头生产

(二)选果清洗

选用成熟度一致、果个均匀、无病虫、无机械损伤果，用流动清水冲洗，洗去表皮污物。

(三)切半挖核

沿缝合线用刀对切，注意防止切偏。切半后桃片立即浸在 1%～2% 的食盐水中护色。然后用挖核刀挖去果核，防止挖破，保持核离处光滑。

(四)去皮漂洗

配制 4%～8% 的氢氧化钠溶液，加热至 90～95 ℃，倒入桃片，浸泡 30～60 s。经浸碱处理后的桃片，用清水冲洗，反复搓擦，使表皮脱落。再将桃片倒入 0.3% 的盐酸液中，中和 2～3 min。

(五)预煮冷却

将桃片盛于钢丝笼筐中，在 95～100 ℃ 的热水中预煮 4～8 min，以煮透为度，煮后急速冷水冷却。

(六)修整装罐

用小刀削去毛边和残留皮屑，挖去斑疤等。选出果片完整、表面光滑、萼洼圆滑、果肉呈金黄色或黄色的桃块，供装罐用，将合格桃片装入罐中，排列成覆瓦状。装罐量为净重的 55%～60%。注入糖水(每

罐头加工留顶隙的作用是什么?

75 kg 水加 20 kg 的砂糖和 150 g 柠檬酸，煮后用绒布过滤，糖水温度不低于 85 ℃)，注意留顶隙，以 6～8 mm 为度。罐盖与胶圈在 100 ℃ 沸水中煮 5 min。将罐头放入排气箱，热力排气温度为 85～90 ℃，排气 10 min(罐内中心温度达 80 ℃ 以上)。从排气箱中取出后要立即密封，罐盖放正、压紧，旋口瓶立即旋紧。

(七)杀菌冷却

密封后及时杀菌，500 g 玻璃罐在沸水中煮 25 min，360 g 四旋瓶在沸水中煮 20 min，杀菌后的玻璃罐头要用冷水分段冷却至 35～40 ℃。

(八)擦罐

擦去罐头表面水分，放在 20 ℃ 左右的仓库内贮存 7 d。敲验后贴商标、装箱出厂。

四、产品的感官要求

产品的感官要求应符合表 6-3 的规定。

表 6-3　感官要求

项目	优级品	一级品
色泽	黄桃呈金黄色至黄色，同一罐内色泽一致，无变色迹象，糖水澄清较透明	黄桃呈金黄色至黄色，同一罐内色泽基本一致，无变色迹象，核窝附近允许稍有变色
滋味、气味	具有桃罐头应有的滋味和气味，香味浓郁，无异味	
组织及形态	肉质均匀，软硬适度，无核窝松软现象；块形完整，同一罐内果块大小均匀。过度修整、毛边、机械伤、去核不良、瘫软缺陷片数总和不得超过总片数的 25%，不得残存果皮。两开和四开桃片：最大果肉的宽度和最小果肉的宽度之差不得大于 1.5 cm，允许有极少量果肉碎屑	肉质较均匀，软硬较适度，核窝有少量松软现象；块形基本完整，同一罐内果块大小较均匀。过度修整、毛边、机械伤、去核不良、瘫软缺陷片数总和不得超过总片数的 35%，不得残存果皮。两开和四开桃片：最大果肉的宽度和最小果肉的宽度之差不得大于 2.0 cm，允许有少量果肉碎屑
	两开和四开桃片：单块果肉最小的重量分别为 23 g 和 15 g	两开和四开桃片：单块果肉最小的重量分别为 20 g 和 12 g
杂质	无外来杂质	

五、常见问题分析与控制

(一)胀罐

合格的罐制品其底、盖部中心部位略平或呈凹陷状态(玻璃罐只有盖部略平或凹陷)。当罐制品内部压力大于外界空气压力时，造成罐制品底、盖鼓胀，称为胀罐或胖听。胀罐分物理性胀罐、化学性胀罐、细菌性胀罐。

1. 物理性胀罐

发生原因是内容物装得太满，顶隙过小，或排气不足，或贮藏温度过高等。黄桃罐头易出现此类胀罐。解决途径是：严格控制装罐量，装罐时顶隙大小要合适，控制在 3～8 mm；提高排气时罐内中心温度，排气要充分；选择适宜的贮藏温度。

2. 化学性胀罐

发生原因是高酸性食品中的有机酸与罐藏容器(马口铁罐)内壁起化学反应产生 H_2，导致内压增大而引起胀罐。黄肉桃罐制品加工中多用玻璃罐，且瓶盖用注塑胶密封，使得内容物中的有机酸接触不到马口铁，所以不致发生此类胀罐。

3. 细菌性胀罐

发生原因是杀菌不彻底或密封不严，细菌分解内容物产生气体，使罐内压力增大而造成胀罐。解决途径是防止原料及半成品受污染，对原料进行热处理，以杀灭致病微生物。再就是封罐要严，杀菌要严格，按杀菌方式操作。

(二)罐内汁液出现混浊与沉淀

1. 产生原因

加工用水中钙、镁离子含量过高，水的硬度大；原料成熟度过高，热处理过度；杀菌不彻底或密封不严，微生物生长繁殖等。

2. 解决途径

加工用水应软化处理；原料成熟度适宜，热处理适度，并及时冷却。黄肉桃罐制加工工艺中碱液去皮时，应注意碱液浓度适宜，温度不宜过高，处理时间不宜过长，且应及时漂洗冷却。

六、产品质量评价

学生制作黄桃罐头产品后，对照《桃罐头》(GB/T 13516—2014)，组织小组互评和教师点评(表6-4)。

表 6-4 作品感官评分

项目	产品性状描述	学生小组评分	教师评分
色泽			
滋味、气味			
组织及形态			
杂质			

分析总结：

(1)获得的经验有哪些？

(2)有哪些需要改进之处？

任务三 青豌豆罐头的加工

任务分析

青豌豆是健康饮食中广泛使用的鲜食豆类，营养价值很高，具有香、甜、脆、嫩、绿的特点，在中国深受人们喜爱。每100 g青豌豆中含水分78 g、蛋白质7.2 g、脂肪0.3 g、碳水化合物12 g、热量335 kJ、粗纤维1.3 g、灰分0.9 g、钙13 mg、磷90 mg、铁0.8 g、胡萝卜素0.15 mg、硫胺素0.54 mg、核黄素0.08 mg、烟酸2.8 mg、抗坏血酸14 mg。鲜青豌豆粒中蛋白质含量是豆角和菜豆的4倍，是番茄和黄瓜的8倍；维生素C含量为15~50 mg/100 g，高于多种蔬菜。另外，鲜豌豆中必需氨基酸如赖氨酸和亮氨酸，矿物质如 K、P、Ca、Cu、Fe 和 Zn 含量也很高。还有研究认为，鲜青豌豆中的铁易消化吸收，并且与其他蔬菜相比，青豌豆含赤霉素和植物凝集素等物质具有抗菌消炎、增强新陈代谢的功能，因此，嫩豌豆享有"绿色珍珠"的美誉。利用罐藏或冷冻等加工方法将青豌豆加工成速冻青豌豆，不仅可延长保鲜期，而且可出口创汇。罐藏青豌豆与原料青豌豆的营养价值相当，在整个罐装加工中，营养损失很少。冷冻贮藏 12 个月后，青豌豆中的维生素 C、胡萝卜素、叶酸、泛酸、维生素 B_1 和维生素 B_2，除泛酸损失 29% 以外，其他损失都在 20% 以下。通过本任务学习掌握青豌豆罐头的生产标准，掌握青豌豆罐头工艺流程及技术要点、青豌豆罐头加工过程中常见问题的分析与控制方法。

参考标准：中华人民共和国国家标准《青豌豆罐头》(GB/T 13517—2008)。

一、青豌豆罐头加工的知识准备

青豌豆罐头定义：以鲜嫩的青豆为原料，经过清洗、装罐、密封、杀菌等工艺加工制成的罐头制品。

斑点豆：有污染物或有明显的黑色或褐色斑点的青豌豆。

轻度斑点豆：原料因积压等原因而产生轻度小黑点的豌豆。

红花豆：在扬花期开红花，加热后显紫褐色的豌豆。

黄色豆：整粒豆几乎完全是黄色的豌豆。

虫害豆：受虫蛀带有痕迹的豌豆。

破片：单片叶子、破损子叶和脱落的豌豆皮，不包括已脱皮但仍完整的豌豆。

外来植物性物质：豆蔓、豆叶、豆荚或非故意添加的无害的植物性物质。

简述青豌豆的
营养价值

二、生产工艺

1. 实验材料与设备

豌豆、番茄酱(产地新疆)；食盐、蔗糖(均为市售)；氯化锌、氯化钙；高压锅、配料桶、高压灭菌锅、罐装机。

2. 工艺流程

原料选择→浸泡→预煮漂洗→拌酱→入罐→排气→封盖→杀菌→冷却→成品。

3. 工艺操作要点

(1)选料。将生长良好、无污染的豌豆放在筛子上，筛掉细小的石子、细沙、豆粒，选出豆粒较大且相对均匀的豌豆。

(2)浸泡。按豌豆、水和食盐的质量比为 1∶2.5∶0.01 的配比加料，置于室温下浸泡 16～36 h，直至豌豆胀大到原来体积的 2 倍，手感柔软，呈色泽青黄时为止。

(3)煮沸漂洗。将浸泡好的豌豆放入高压锅中煮沸 10～15 min，至豌豆熟透，需注意掌握火候，使豌豆熟透而不煮烂，出锅后立即用冷水漂洗 5～6 遍，冷却至室温。

(4)拌酱。按净质量 1 kg 的豌豆中加入番茄酱 52～60 g、蔗糖 30～36 g、食盐 10～12 g，然后均匀搅拌。

(5)装罐排气。将搅拌均匀的豌豆装入已消毒的玻璃罐中或袋中，采用加热排气法，使罐中心温度达到 80 ℃，保持 5 min。

(6)杀菌冷却。采用高温高压杀菌，杀菌温度 118 ℃，净质量284 g、397 g、425 g 罐头的杀菌时间为 35 min。净质量为822 g 的罐头杀菌 45 min，冷却采用反压式，冷却至温度 27 ℃左右。杀菌时控制合适温度，使杀菌既彻底，又不损害豌豆品质。

(7)产品检验。感官要求：组织软硬适度，同一罐中豆粒大小大致均匀；污斑豆、红豆、红花豆、虫害豆的总量不超过固形物质量(下同)的 1％；轻度污斑豆不超过 4％；破片不超过 8％；青色豆不超过 1.5％。产品感官质量要求见表 6-5。

理化指标：净质量公差≤±3％；固形物含量大于 60％±9％；食盐含量为 0.8％～1.5％；总酸含量≥0.35％。

(8)微生物指标。细菌总数≤100 CFU/g；大肠菌数≤3 个/100 g；致病菌不得检出。

表 6-5　产品的感官质量要求

项目	优级品	一级品
色泽	豆粒为青黄色或淡黄绿色，允许汤汁略有混浊	豆粒为青黄色或淡黄色，允许汤汁中有少量混浊
滋味、气味	具有青豌豆罐头应有的滋味及香味，无异味	
组织形态	质地软硬适度，同一罐中豆粒大小大致均匀。污斑豆、红花豆、虫害豆的总量不超过固形物质量(下同)的 1％；轻度斑点豆不超过 4％；破片不超过 8％；黄色豆不超过 1.5％；外来植物性物质不超过 0.5％。以上五项总量不超过 10％	质地软硬适度，同一罐中豆粒大小大致均匀。污斑豆、红花豆、虫害豆的总量不超过固形物质量(下同)的 1％；轻度斑点豆不超过 5％；破片不超过 10％；黄色豆不超过 2％；外来植物性物质不超过 0.5％。以上五项总量不超过 13％

三、产品质量评价

学生制作青豆罐头产品后，对照《青豌豆罐头》(GB/T 13517—2008)标准，组织小组互评和教师点评，见表 6-6。

表 6-6　作品感官评分

项目	产品性状描述	学生小组评分	教师评分
色泽			
滋味、气味			
组织及形态			
杂质			

分析总结：

(1)获得的经验有哪些？

(2)需要改进之处有哪些？

任务四 罐制品加工设备的使用与维护

任务分析

自从 1852 年高压蒸汽锅被发明，热力杀菌就成为科学杀菌的开始。经过十年探索，1862 年，法国巴斯德实验室试验证实，密封罐装食品在高压蒸汽锅内经过一段时间后，罐装食品的活性酶和有害微生物会失去生命力，基本可以达到商业无菌的条件。对罐头杀菌设备的要求是：①最大限度地保障罐头食品的安全性；②罐头营养成分保留的最优化；③在确保相应的食品安全的杀菌条件下尽可能地减少能源的消耗和人力资源的浪费。

通过本任务学习，掌握果蔬罐制品加工常用的设备如清洗设备、分级设备、杀菌设备等的使用和维护方法。

一、卧式杀菌锅的使用与维护

卧式杀菌锅主要由锅体、锅盖、杀菌车、蒸汽系统、冷却水系统、温度压力监控系统等组成，如图 6-2 所示。锅体为圆柱形筒体，锅体的前部铰接着可以左右旋转开关的锅盖(门盖)，末端焊接成椭圆封头。锅体底部装有两根平行导轨。导轨应与地面水平，才能使杀菌车顺利进出，故锅体下部比车间地面低 200~300 mm。

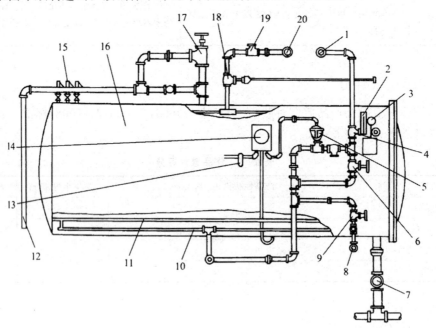

图 6-2 卧式杀菌锅

1—蒸汽管；2—温度计；3—压力表；4—蒸汽阀；5—传感器；6—辅助蒸汽阀；7—排水阀；8—空气管；
9—加压空气阀；10—蒸汽喷射管；11—杀菌车导轨；12—排气管；13—电源；14—温控仪；15—安全阀；
16—锅体；17—溢流阀；18—弹簧式安全阀；19—冷却水阀；20—减压阀

蒸汽系统包括蒸汽管、蒸汽阀和蒸汽喷射管等。蒸汽阀采用自激式或气动式装置，既能控制温度，又能控制压力。为保证锅内蒸汽量供给的操作要求，还设有旁路管路及辅助蒸汽阀。蒸汽喷射装置位于导轨之下，一般是沿蒸汽管壁均匀钻出喷射孔，也有采用特殊喷嘴结构的，无论采用哪种结构，其喷口总面积应等于进气管最窄截面积的1.5～2倍。当采用蒸汽加热、空气加压杀菌时，蒸汽压力与压力表显示的锅内压力不相符，原因是锅内压力包括蒸汽压力和空气压力。当采用热水为加热介质时，还应设有热水贮罐。

冷却水系统主要包括冷却水管、冷却水阀及溢流阀等。冷却水通常沿锅体上部喷入。溢流阀安装在锅体上部。为维持冷却时锅内压力一致，防止罐头类容器变形或破损而采用加压方式冷却时，还需配有空气压缩系统或蒸汽加压系统。气、水排泄装置包括排气阀及排水阀。排气阀用于排除锅内空气，也可与溢流管并用。

杀菌时，把待杀菌的容器制品（如罐头类制品）置于杀菌车中，制品的堆放要保证蒸汽在制品周围可以充分对流换热。然后将杀菌车逐个推入杀菌锅内，盖上锅盖后，锁紧密封装置。

用蒸汽杀菌时，打开所有排气阀，同时通过蒸汽阀向锅内通入蒸汽，待锅内空气被充分排除后关闭排气阀。随蒸汽量的增加，锅内压力和温度不断升高。当达到规定的杀菌温度时，逐渐关闭辅助蒸汽阀，注意调节锅内压力和温度至稳定值，并开始杀菌计时。杀菌计时终了，关闭蒸汽阀，缓缓开启排气阀、排水阀，使锅内压力降至常压，杀菌操作结束。

用热水杀菌时，打开所有排气阀，将热水贮罐内预先制备的热水（缩短加热时间）送入杀菌锅内，热水将罐头淹没后，关闭排气阀、溢流阀，打开加压空气阀，使杀菌器内压力升至需要的压力，并在杀菌过程中保持稳定。将蒸汽送入杀菌器内，对水加热杀菌。杀菌结束后，排出杀菌热水，并对罐头进行冷却。杀菌制品的冷却一般采用蒸汽和水或空气和水加压冷却来实现。

二、回转式杀菌机的使用与维护

回转式杀菌机是为了提高盛装半流质制品（如罐头类食品）的热穿透能力而设计的。使用这种设备的杀菌过程中，罐头内容物是处于不断被搅动状态下完成灭菌的，故也称搅动式杀菌机。该机杀菌时罐头受热均匀，可避免局部过热引起的品质改变，尤其适宜大号、固形物含量高或有某些特殊要求的罐头杀菌。另外，由于搅动可提高杀菌温度，在传热速率、杀菌时间及杀菌质量等方面都优于静置式杀菌锅。其运行方式仍属于间歇式。

回转式杀菌机如图 6-3 所示。这种设备的结构组成与静置杀菌锅基本相同，除装有蒸汽系统、冷却水系统、压缩空气系统、温度压力监控系统及安全装置等外，还设有贮水锅（上锅）和杀菌锅（下锅）回转装置。贮水锅通常安装在杀菌锅之上，主要用于贮存由蒸汽加热的杀菌用循环水。这样既能重复利用热水，又能节省蒸汽用量，缩短杀菌周期。杀菌锅的回转装置由锅内旋转体和锅外传动装置组成。

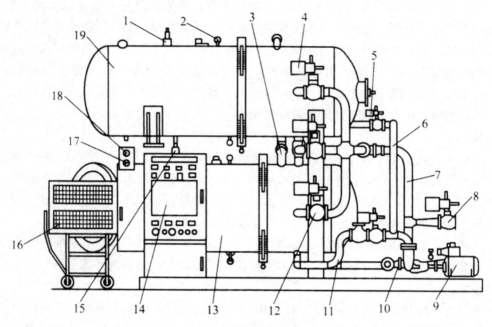

图 6-3　回转式杀菌机

1—安全阀；2—空气阀；3—上、下锅连接管路；4—上锅加热阀；5—进水阀；6—水管；7—蒸汽管；8—蒸汽阀；

9—电动机；10—循环水泵；11—循环水管；12—下锅加热阀；13—下锅(杀菌锅)；14—控制柜；

15—下锅安全阀；16—杀菌篮；17—温度表；18—压力表；19—上锅(贮水锅)

　　杀菌时，罐头竖直装入杀菌篮中，由压紧装置将杀菌篮与旋转体固定，使之不能与旋转体产生相对运动。旋转体由锅外的电机通过无级变速器带动旋转，转速一般在 5～45 r/min 范围内无级调节。旋转体可朝一个方向旋转，也可正反交替旋转。交替旋转时，动作换向由时间继电器设定。另外，在传动装置上安置有一个定位器，以保证旋转体停止在某一特定位置上，使杀菌篮能顺利从锅中取出。罐头随转体旋转，其内容物的搅动是靠罐内顶隙气体产生的，如图 6-4 所示。罐体在做跟头式运动的过程中，顶隙气体在罐内上下翻滚，起到了搅动固形物的作用，从而实现罐头迅速升温、均匀受热的目的。

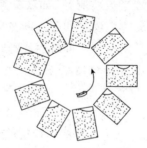

图 6-4　罐身做跟头运动时内容物搅动示意图

　　回转式杀菌机的一个杀菌周期可分为 8 个操作程序，由可编程序控制器组成的自控系统按设定的程序参数自动控制完成一个杀菌周期全过程的操作。

三、间歇式热杀菌设备的使用与维护

1. 罐头堆放

罐头在杀菌车内放置的形式对热的传导有影响，通常应直立排列。罐头的堆放形式以蒸汽能够充分自由流通，有利于热的传递为宜。

2. 升温时间

升温时间是指自开始送入蒸汽到杀菌器内达到预定杀菌温度所需的时间。升温时间越短越好，因此，在升温阶段，一般都通过辅助蒸汽阀和蒸汽阀同时向杀菌器供应蒸汽，缩短升温时间。

3. 杀菌压力

杀菌时，罐头内的压力会增大。当罐头内压力与罐外压力差超过罐头临界压力差（铁罐的为 0.2～0.3MPa，玻璃罐的小些）时，就会使罐头变形或损坏。这时就需用压缩空气向杀菌器内补充压力，补充压力的大小应等于或大于罐内外压力差与允许压力差之差。一般为 0.1～0.15 MPa，大型罐的要低些，玻璃罐允许压力差更小一些。

4. 冷却

冷却时采用喷淋冷却效果较好。在常压下冷却，罐头内压过大易造成膨胀或破裂，因此必须采用加压冷却即反压冷却方式，使杀菌器内的压力稍大于罐头内压力。压力不能过大或过小：太小容易造成胀罐、凸角等缺陷，玻璃罐会产生跳盖现象；太大时铁罐容易瘪罐。

冷却时冷水不能直接冲到罐上，否则容易造成破损。冷却水应符合自来水卫生标准。

冷却时应使罐头充分冷透。某些果酱罐头或番茄酱罐头如果未冷透即送入库房，易使产品的色泽变深或影响风味，使质量下降。

5. 维护

对安全阀和压力表应定期进行校验。对传动系统定期润滑保养。

⌨ 知识拓展

罐头食品杀菌技术研究进展

现阶段，我国现代技术手段不断提升，以往的罐头食品杀菌技术也得到了优化与提升。当前国内已经引入了一些全新的罐头食品杀菌技术，例如辐照杀菌、脉冲电场杀菌技术等等，取代了传统的杀菌工艺，进一步提高了我国罐头食品的安全性。

1. 热杀菌技术

我国当前的热杀菌技术研究主要是优化杀菌条件和设备，而热杀菌条件的最理想状

态就是有效协调杀菌过程中的温度，使热杀菌技术应用过程中不但能够达到杀菌的效果，还能够尽量避免影响罐头食品成分和味道。另外，在优化热杀菌设备中，主要也是利用蒸汽杀菌设备，以及微波杀菌技术等。

2. 冷杀菌技术

冷杀菌技术的特点主要是在进行食品杀菌环节中，不需要利用温度的改变进行杀菌。这种方式在保证杀菌效果的同时，不但能够保留食品本身的营养成分，也能避免食品风味的破坏。最近几年，我国冷杀菌技术的应用极为广泛，在现代科技水平的支持下，引出了广泛的冷杀菌技术，比如超高压杀菌技术、辐射杀菌技术、脉冲杀菌技术、紫外线杀菌技术等等，这些技术的应用都在不同的食品结构中达到了良好的应用效果。其中应用最广泛的就是超高压杀菌技术，该技术在果汁类罐头食品杀菌汇总中展现出了良好的应用优势，但是其他的冷高压杀菌技术仍然处于研究的初级阶段，并没有进行大范围的推广与应用。

3. 栅栏杀菌技术

冷杀菌技术虽然能够有效抑制罐头食品中的腐败微生物，但是对于细菌孢子或者特殊酶的处理并不能达到良好的效果，所以冷杀菌技术的应用比较有限。因此，人们研发出了全新的杀菌技术——栅栏杀菌技术，它能够在低强度的环节下起到良好的杀菌效果。在罐头食品保存过程中，由于食品中包括多个栅栏因子，这些栅栏因子能够有效地防止罐头食品变质腐烂，罐头食品内部的微生物不能跨越这些栅栏，这也就引出了栅栏效应，从而起到良好的杀菌作用，提高罐头食品的品质。目前，栅栏杀菌技术在我国已经实现了全面研究和运用。

项目小结

本项目主要学习罐头生产的基本原理和国家标准，掌握罐头生产的基本工艺和操作要点，熟悉常用生产设备的使用及维护方法。

复习思考题

(1)简述黄桃罐头生产工艺流程。

(2)罐头杀菌设备有哪些种类？

(3)设备使用与维护有哪些注意要点？

项目七 果蔬干制品加工

项目引入

  联合国宣布 2021 年为"国际果蔬年(IYFV)",旨在强化消费者果蔬营养和健康意识,引导多样化、均衡/健康膳食和生活方式。果蔬富含酚类、类胡萝卜素、生物碱、含氮物质、有机硫化合物、植物甾醇等成分,具有较高的营养价值和保健功能。但是,果蔬含水率高,呼吸旺盛,质脆易腐,且果蔬具有明显的地域性和季节性,易出现时间和空间上的相对过剩,导致滞销跌价、采后损耗率高及丰产不丰收等现象。这不仅造成果蔬采后巨大的经济损失,而且严重制约了果蔬产业的可持续发展。因此,大力发展果蔬精深加工是解决采后损耗高等问题,实现果蔬产业可持续、健康发展的重要途径。

  我国是脱水果蔬生产和出口大国,出口总量约占世界脱水果蔬贸易总额的 50%。传统干燥方法主要包括日光干燥和热风干燥,但存在干燥效率低、能耗高、品质差等问题,导致产品的国际竞争力下降。因此,开发"优质、高效、低能耗"的干燥技术/工艺是未来食品干燥领域的发展趋势。近年来,随着科技创新,新型干燥技术层出不穷并展示出巨大潜力(例如热泵干燥、红外干燥、微波干燥、压差膨化干燥、泡沫干燥、折射窗干燥、射频干燥、气体射流冲击干燥等)。为了提高果蔬干燥效率,改善干制品品质,通常采用物理或者化学预处理,常采用的方法包括烫漂和化学试剂预处理,但存在营养素损失高、化学试剂残留等问题,因此,新型非热力预处理,如冻融、超声波、超高压、脉冲电场、等离子体、亲水胶体成膜等技术崭露头角,在果蔬干燥领域取得了显著效果。此外,单一干燥模式存在一定缺陷,因此,联合干燥(串联或并联)技术应运而生,例如,热泵流化床干燥、远红外辅助热泵干燥、微波真空冷冻干燥、太阳能辅助热泵干燥等。

  干燥是降低果蔬采后损耗、提高果蔬附加值的重要途径。随着消费者对健康、营养、方便食品需求的不断增加,干燥技术在食品工程领域将扮演更为重要的角色。目前,科技发展日新月异,果蔬干燥领域在保持传统优势的同时,也将注入"科技"元素,未来果蔬干燥领域应强化交叉学科如人工智能(AI)、计算机流体力学(CFU)在数学模型构建、干制品在线/无损监测、干燥系统自动化控制等方面的应用。

学习目标

知识目标

  了解不同果蔬干制品的分类、特征及其包装材料种类与特征;理解果蔬干制品的加工原理;掌握果蔬干制品的加工工艺流程,以及各工艺流程的操作要点;掌握果蔬干制品加工过程中常见问题的分析与控制。

技能目标

能制作罐头，对常见问题能进行分析和控制；能对上述加工品进行成本分析。

素质目标

牢固树立农产品安全与营养意识，即"坚持最严谨的标准、最严格的监管、最严厉的处罚、最严肃的问责"，通过本项目的学习，培养学生精益求精的工匠精神和一丝不苟的工作态度。

职业岗位

果蔬加工工、农产品与食品检验员。

任务一　果蔬干制品加工一般工艺

🖩 任务分析

果蔬干制又称果蔬脱水，是以新鲜果蔬为原料，利用自然或人工的方法，脱除果蔬中一定量的水分，将可溶性物质的浓度提高，降低产品的水分含量和水分活度到微生物难以利用的程度的一种果蔬加工方法。我国劳动人民在果蔬干制方面积累了丰富的经验，有很多传统的果蔬加工产品，如红枣、荔枝、蘑菇、银耳、无花果、甘蓝、辣椒干等。随着现代加工技术的发展，果蔬干制加工已经不仅限于果蔬的保藏，还有通过干制来获得独特口感的产品，比较典型的是果蔬脆片，例如香蕉脆片、菠萝蜜干等，这类产品以其自然的色泽、松脆的口感、天然的营养成分及宜人的口味，受到消费者欢迎。

目前，果蔬干制的方法比较多，有热风干燥、微波干燥、辐射干燥、油炸干燥、冷冻干燥等。其中以热风干燥最为常见，而油炸干燥配合减压条件的真空油炸干燥技术是生产果蔬脆片的最常见工艺，本部分主要介绍这两种技术。

一、热风干燥

（一）果蔬干制原理

1. 干燥过程

热风干燥是以热空气为干燥介质，将食品物料中的水分汽化带走的过程。热风干燥中物料的干燥是在物料表面进行的，表面水分含量随干燥的进行逐渐降低，而内部水分就随之向表面迁移。当干燥条件不变时，即热空气温度、相对湿度、气流速度、流过物料的方式恒定，物料的铺设厚度、存在状态不变，则物料的干燥分为恒速干燥阶段和降速干燥阶段两个过程。在干燥初始阶段，物料表面的水分含量较高，表面水分汽化的速率小于内部水分迁移到表面的速率，物料表面始终有充足的水分，这个阶段干燥速率恒定，称为恒速干燥阶段；当物料水分含量随干燥进一步降低，其内部水分迁移速率会逐渐降低，当其低于表面的汽化速率时，物料表面水分含量降低，干燥速率也会降低，这一阶段称为降速干燥阶段，恒速干燥和降速干燥的转折点称为临界点。

在恒速干燥阶段，应该想办法增大其表面汽化速率。而在降速干燥阶段，物料表面没有足够的水分，随干燥的进行逐渐形成干结区，物料表面有机物发生变性结壳，进一步阻断内部水分迁移的通道，影响干燥的顺利进行，这样的干燥产品有内部湿芯和表面干结的特点。所以，人们常常在食品物料干燥过程中采用分阶段干燥的方法，即在临界点时，将干燥强度降低，例如增大热空气相对湿度、降低干燥温度、降低气流速度等，又或者将物料移出干燥设备静置回潮，待其内部水分充分迁移到表面后再进行干燥。

2. 干制对果蔬产品的影响

果蔬产品中的水分是以游离水、结合水两种不同的状态存在于组织中。游离水是指以游离状态存在于食品组织中的水，在干燥时容易被蒸发排除。结合水是指与果蔬产品中的蛋白质、淀粉、果胶物质、纤维素等水性胶体物质通过氢键形式相结合的水，比较稳定，难以蒸发，干制过程中在自由水蒸发完后，结合水才能被部分排除。

(1)干制对产品中微生物的影响。随着干燥的进行，果蔬原料中的微生物受到温度、紫外线及红外线等的作用而死亡，但这些作用通常不能完全杀灭微生物，而是在果蔬脱水到一定程度后，微生物失去了其生长所必需的水分而使生长代谢受到抑制。水分对微生物生命活动的影响，取决于食品的水分活度(Aw)，水分活度和物料含水量呈正相关关系。水分活度的经典定义是溶液中水蒸气分压(ρ)与纯水蒸气压(ρ_0)之比，通常以 Aw 表示水分活度，即 Aw$=\rho/\rho_0$。食品中结合水含量越高，水分活度就越低，水分活度可用来表示食品中的水分可以被微生物利用的程度。

每种微生物的生长都有适应范围及最适宜的 Aw 值，微生物生长所要求的 Aw 值一般在 $0.66\sim0.99$，并且这个 Aw 值是相对恒定的，微生物生长的最低 Aw 范围见表 7-1。

表 7-1 微生物生长的最低 Aw 值范围

类群	最低 Aw 范围	类群	最低 Aw 范围
大多数细菌	0.94～0.99	耐盐性细菌	0.75
大多数酵母	0.88～0.94	耐渗透压酵母菌	0.66
大多数霉菌	0.73～0.94	干性霉菌	0.65

温度越高，其相对湿度越低，空气的干燥能力越强，干燥速度也越快。当果蔬中的水分活度低于微生物生长发育所必需的最低 Aw 值时，微生物的生长即受到抑制，果蔬就能够较长时期保藏，因此测定 Aw 值对于估计食品的货架期和腐败情况有着重要的作用。在室温条件下贮藏干制品，一般认为 Aw 值应低于 0.7，但还要根据果蔬种类、贮藏温度和湿度等因素而定。

(2)干制对果蔬产品中酶的影响。干制对果蔬中的各种酶有影响，当 Aw 值低于 0.8 时，大多数酶的活性就受到抑制，当 Aw 降低到 0.25～0.30 的范围，果蔬中的淀粉酶、多酚氧化酶和过氧化酶就会受到强烈的抑制甚至丧失活性。但在水分减少时，酶和反应基质浓度同时增加,使得它们之间的反应率加速。因此,在低水分干制品中,尤其是在干制品吸湿后,酶仍有一定活性,从而引起果蔬干制品变质。

3. 影响热风干燥速度的因素

干燥速度受许多因素的相互制约和影响,归纳起来可分为两方面:一是原料本身性质和状态,如原料种类、原料干燥时的状态等;二是干燥环境条件,如干燥介质的温度、相对湿度、空气流速等。

(1)原料的种类和状态。果蔬原料种类不同,其理化性质、组织结构亦不同,因此,在同样的干燥条件下,干燥情况也不一样,一般来说,果蔬的可溶性物质含量越高,水分蒸发的速度越慢。物料的表面积越大,干燥的速度就越快。物料切成片状或小颗粒后,可以加速干燥。

(2)热空气的温度。热空气是绝干空气和水蒸气的混合物,热空气温度越高,果蔬中的水分蒸发便越快,另外,对于含湿量固定的热空气,温度对于果蔬热风干燥来说,在干燥初期,不宜采用过高的温度,这是由于干燥初期果蔬含水量高,骤然与干燥热空气相遇,组织内汁液迅速膨胀,易使细胞壁破裂,导致果蔬内容物流失以及果蔬质构的破坏。

(3)热空气的相对湿度。热空气的相对湿度直接影响干燥速率,热空气温度越高,相对湿度越低,热空气吸收水分的能力也越强。但是随着干燥的进行,热空气中的绝对含湿量在逐渐增高,会引起相对湿度增大。因此,在恒速干燥阶段,为了保证表面汽化的速率,需要将湿空气不断地排出,以保证热空气较低的相对湿度。

(4)空气流速。为了降低湿度,常常增加空气的流速,流动的空气能及时将聚集在果蔬原料表面附近的饱和水蒸气空气层带走,避免阻滞物料内水分进一步外逸。因此,空气流速越快,果蔬等食品干燥速度也越快。

(5)大气压力。温度不变时,气压越低,水分蒸发越快,真空加热干燥就是利用这一原理,在较低的温度下,使果蔬内的水分以沸腾的形式蒸发。果蔬干制的速度取决于真空度和受热的强度。

(6)原料的装收数量。单位烤盘面积上装收原料越多,厚度越大,越不利于空气流动和水分蒸发,干燥速度减慢,因此干燥过程中可以随原料体积的变化改变其厚度,干燥初期应该薄些,干燥后期可以厚一些。

(二)工艺流程

原料→选择、分级→清洗→整理→护色→干制→筛选、分级→回软(防虫)→压块→包装→成品。

(三)果蔬干制的工艺要点

1. 原料选择

果蔬干制原料的选择首先应考虑的是其经济价值,其次应选择适合于干制的原料,对果品原料要求是:干物质含量高,风味、色泽好,肉质致密,果心小、果皮薄,肉质厚，粗纤维少，成熟度适宜。对蔬菜原料的要求是：干物质含量高，风味好，菜心及粗叶等废弃部分少，皮薄肉厚，组织致密，粗纤维少。对于蔬菜来说，大部分可干制，但黄瓜、莴笋干制后会失去其柔嫩松脆的质地，亦会失去食用价值，石刁柏干制后，质地粗糙，组织坚硬，不适合食用。

原料分级：按大小、成熟度进行分级，同时剔除腐烂果（植株）、病虫果（植株），以保证品质一致。

2. 清洗

原料干制前要进行洗涤，以除去表面污物。清洗的方法有人工清洗和机械清洗。洗涤原料最好使用软水。水温通常是常温，有时为增加洗涤效果，洗前可用水浸泡，有利于洗去污物，同时更有利于残留在果蔬表面的农药浸出。如果原料上残留的农药较多，还可以用化学药剂洗涤。

3. 整理

按产品要求去除根、老叶、蜡质、皮、壳、核等不可食用部分和伤、斑等不合格部分。有的原料须切成片、条、丝或颗粒状，以加快水分的蒸发。原料去蜡质可用碱液来处理，如葡萄可用 $1.5\% \sim 4\%$ 的氢氧化钠溶液处理 $1 \sim 5$ s，薄皮品种也可用 5% 的碳酸钠或碳酸钠与氢氧化钠混合液处理 $3 \sim 6$ s，然后立即用清水冲洗干净，去皮和去蜡质同样可加快干燥过程。

4. 护色

果蔬干制前的护色主要采用热烫和硫处理。蔬菜以热烫为主，水果以硫处理为主。

（1）热烫。对于果蔬干制，热烫还能使细胞透性增强，有利于水分蒸发，缩短干制所需时间。此外，热烫可排除组织中的空气，使干制品呈现透明状，外观品质得到提高。热烫可采用热水或蒸汽，热烫的温度和时间应根据原料种类、品种、成熟度及切分大小不同而异，一般情况下热烫水温为 $80 \sim 100$ ℃、时间为 $2 \sim 8$ min。

（2）硫处理。硫处理是许多果蔬干制的一种常见的预处理方法。如金针菜、竹笋、甘蓝、马铃薯、苹果、梨、杏等，经过切片热烫后，一般要进行硫处理。但有些蔬菜，如青豌豆，干制时则不需要硫处理，否则会破坏它所含的维生素。硫处理可采用熏硫法，也可采用浸硫法。

①熏硫法。熏硫处理时，可将装果蔬的果盘送入熏硫室中，燃烧硫黄粉进行熏蒸。二氧化硫的浓度一般为 $1.5\% \sim 2.0\%$，有的可达 3%。1 t 切分的原料，需硫黄粉 $2 \sim 4$ kg，残留量不超过 2%。

②浸硫法。常用亚硫酸进行处理，因为亚硫酸对果蔬干制品品质提高具有如下作用：它可防止酶促褐变，能消耗组织中的氧，能防止果蔬中维生素 C 的氧化破坏，能抑制好气性微生物和酶的活动，还具有促进水分蒸发及漂白的作用。此外，还有用 $1\% \sim 5\%$ 柠檬酸、$0.5\% \sim 1\%$ 抗坏血酸、$0.1\% \sim 0.3\%$ 的 L-半胱氨酸等酶褐变抑制剂浸泡的方法抑制褐变。

5. 干制

(1)干燥方法。

干燥方法分为自然干燥和人工干燥。

①自然干燥。自然干燥是指在自然条件下，利用太阳能、热风等使果蔬干燥的方法。自然干燥方法简便，设备简单，但自然干制受气候条件影响大，如在干制季节，阴雨连绵，会延长干制时间，降低制品品质，甚至会导致制品霉烂变质。自然干制方法有两种：一种是日光干制，即让原料直接接受阳光照射；另一种方法是阴干，即让原料在通风良好的室内或棚下以自然通风吹干。

②人工干燥。人工干燥是人为控制干燥条件和过程而进行干燥的方法，可大大缩短干燥时间，并获得高质量的干制产品。但人工干制设备费用高，操作复杂，因而成本较高。

(2)干燥设备。

①自然干燥。自然干燥的主要设备是晒场、晒盘或席箔、运输工具，以及必要的风干室(棚)、贮存室、包装室等。晒场宜设在向阳、通风、交通便利、周围环境清洁卫生的地方，晒具可用木制或竹制，底部留适当的缝隙，以利于空气穿透，加快干燥。

②人工干燥。人工干燥设备需具有良好的加热装置和保温设施，较高而均匀的温度，良好的通风排湿设备以及较好的卫生和操作条件。目前普遍采用的是常压热风干燥设备，如烘干室、隧道式干燥机、带式干燥机、滚筒式干燥器、喷雾式干燥器等。此外，还有真空干燥箱、远红外干燥器、微波干燥器、冷冻升华干燥器等。

(3)果蔬干制过程。

果蔬干制时，水分的蒸发是依赖水分的外扩散和内扩散作用完成的。水分由果蔬表面向大气中扩散的作用称外扩散作用。果蔬表面的水分不断蒸发而逐渐降低，造成果蔬表面和内部的水分含量的差异，即内部水分高于表面水分，从而使果蔬内部的水蒸气压大于表层，促使内部水分向表面移动。这种水分移动称为水分的内扩散作用。在干制过程中，水分的外护散和内扩散是同时进行的，只是扩散速度存在差异。若外扩散速度过快，原料内部水分补不上来，就会使表面干结而形成硬壳，称为结壳。结壳后因外层过分干燥而形成不透水的隔离层，若继续烘热干燥，表面没有足够的水分提供蒸发，会使结壳部位升温焦化，致使制品表面胀裂，影响外观，降低品质。因此，干制时应使水分内外扩散速度配合适当，这是干制技术的重要环节。

(4)影响干制速度的因素。

影响干制速度的因素包括温度、空气湿度、空气流速等。

①温度干制时温度越高，水分的蒸发也越快。但温度过高时，会造成有机物和维生素C的大量损失，降低产品品质，而且高温能使果蔬形成硬壳，阻碍内部水分蒸发。果蔬干制温度一般为40～90 ℃。富含维生素C、挥发油及糖分的原料宜用低温，以60～70 ℃较为适宜。如果干制时温度过低，就需延长干制时间，甚至会使原料变色、生酸、发霉等，降低产品的营养成分并影响产品风味。

②空气湿度以热空气为干燥介质时，在一定的温度下空气中的含湿量越低，果蔬干制速度越快。物料表面蒸汽压的较低时，有利于干制。

③空气流速增加空气流速，可以加快干制速度，缩短干制时间。但是空气流速过大，

会降低热的利用，同时增加动力消耗。

④原料的性质和状态一般含可溶性固形物较少、含水量较高的果蔬干制速度快，此外，原料切分的大小，以及去皮、脱蜡等预处理方法，对干制速度也有很大影响。原料切分越小，表面积越大，蒸发速度越快，因此，去皮、脱蜡后的原料，干制速度快。

⑤原料的装载量单位烤盘或晒盘面积上原料装载量越多，厚度越大，越不利于空气流动，干制速度就越慢；装载太少，干制速度虽然加快，但不够经济。装载厚度以不阻碍空气流动为原则。

(5)干燥过程中对温、湿度的控制。在干制过程中，可根据果蔬的特点控制好干燥条件(温度、湿度)，对干燥速度、产品质量及能源的利用等，均起到重要作用。

①温度的控制。通常采用以下三种方法。

a. 低温—较高温—低温的分段控温方法。即在整个干燥期间，烘干室的初始温度较低(55～60 ℃)、中期温度较高(68～70 ℃，不超过 75 ℃)，后期采用较低温度(50～55 ℃)直至干燥结束。这种控温方法操作较易掌握，耗煤量较低，制品品质好，成品率较高。主要适用于可溶性物质含量高或不切分的整个果蔬的干制，如红枣、柿饼等的干燥。

b. 高温—较高温—低温的控制方法。即先将烘干室温度急剧升高到 90～95 ℃，原料进入烘干室后吸收大量热量，使烘干室降温(一般降低 25～30 ℃)，继续增大火力使温度维持在 70 ℃左右，然后逐渐降温至干燥结束。采用这种控温方法，干燥时间较短，成品质量优良，但耗热量较高，技术较难掌握，主要适用于可溶性物质含量较低，或切成薄片、细丝的果蔬，如金针菜、辣椒、苹果、杏等。

c. 恒定较低温度的控制方法。即在整个过程中，温度始终维持在 55～60 ℃的恒定水平，直至干燥结束。这种控温方法适用于大多数果蔬的干制。其操作技术易于掌握，品质较好，但耗热量较高。封闭不太严密、升温设备差、升温较困难的烘干室可采用此方法。

②湿度的控制。果蔬干制时会蒸发大量水分，使烘干室内的湿度快速升高，甚至可以达到接近饱和的程度，因此必须注意进行通风排湿，以加速物料的干燥。一般当烘干室内的相对湿度达到 70%以上时，应打开进气窗和排风设备，通风排湿一段时间，然后继续干燥。

③倒换烘盘。即使是设计良好、建设合理的烘干室，其上部与下部、前部与后部也会有一定的温差，靠近主火道和炉膛部位处，温度较高，干燥较快，有时还易烘焦。由于热空气上升，烘干室上部温度也较高，而烘干室中部的温度则较低。因此，要特别注意烘盘位置的调换。在调换烘盘的同时还应翻动物料，使物料受热均匀，干燥程度一致。第一次调换烘盘的时间应在烘干室温度最高、物料的水分蒸发时进行，以后间隔一定时间进行调换，直至干燥结束。

(6)掌握干制时间。干制工作的结束时间，取决于不同果蔬所要求的干制程度。一般要产品达到它所要求的标准含水量，才能结束干制工作，进入产品的回软、分级、包装及贮藏工作。

(7)果蔬干制过程中的变化。果蔬在干制过程中，会发生一系列的物理化学变化。

①重量和体积的变化。果蔬干制后，体积变小，重量减轻，一般体积为原来的20％～30％，重量为原来的6％～20％。

②颜色的变化。果蔬在干制或贮藏过程中，容易因酶促褐变或美拉德反应而变色。此外，颜色与透明度也有变化，新鲜细胞间隙存在着空气，在干制时受热排除，使制品呈现半透明状，空气的减少使酶褐变减轻，干制前原料的热烫、熏硫处理都有利于减轻褐变。

③营养成分的变化。干制过程中营养成分的变化则因干制方式和各种处理不同而异。糖分的损失随干制时间延长而相应增加。维生素则因其种类不同，稳定性也不一样，维生素 B_1、维生素 B_2、烟酸和胡萝卜素比较稳定，维生素 C 既不耐高温又容易氧化，遇光和碱都容易破坏，如果在干制过程中高温和氧化同时作用，损失更大，但在加热而无氧的条件下，维生素 C 少量被保存，在酸性溶液或高浓度糖液中比较稳定。因此，干制前进行热烫、硫处理，都是减少维生素 C 损失的有效措施。矿物质和蛋白质在干制过程中比较稳定。

④风味的损失。新鲜果蔬加工成的干制品复水后与新鲜的原料在口感、组织结构、滋味上有不同程度的降低。在热风干燥过程中，水分蒸发的同时，一些低沸点的物质随之挥发而损失，如洋葱、大蒜、香葱、莴苣等风味浓郁的原料干制后或多或少在风味品质上有所降低。在正常情况下，果蔬原料切分处理得越细，挥发表面积越大，风味损失就越多。

6. 筛选、分级

为了使产品符合规定标准，便于包装，对干制后的产品要求进行筛选、分级。干制品常用振动筛等分级设备进行筛选分级，剔除块、片和颗粒大小不合标准的产品，以提高商品质量。筛下物另作他用。碎屑物多被列为损耗。大小合格的产品还需进一步进行人工挑选，剔除杂质、变色、残缺或不良成品，并用磁铁吸除金属杂质。

7. 回软

回软又称均湿、发汗或水分平衡，目的是通过干制品内部与外部水分转移，使各部分的含水量均衡，呈适宜的柔软状态，便于产品处理和包装运输。回软方法是待干燥后的产品稍微冷却，即可装入大塑料袋或桶中密封，一般菜干1～3 d，干果为2～5 d，待质地略软后便于后续操作。回软操作一般适宜叶菜类及丝、片状干制品，防止制品在除杂、分级包装过程中因过于干脆而碎裂，降低产品合格率。有的产品回软后还要复烘，达到干制要求。

8. 防虫

果蔬干制品常有虫卵混杂其中，特别是自然干制的产品最易发生。害虫在果蔬干制期间或干制品贮存期间侵入产卵，以后再发育为成虫，有时会造成大量损失。所以，防止干制品遭受虫害是不容忽视的重要问题。常见的害虫有：蛾类，如印度谷蛾和无花果螟蛾；甲类，如露尾虫、锯谷盗、米扁虫、菌甲等；壁虱类，如糖壁虱等。防治方法有以下三种。

(1)低温杀虫。采用低温杀虫最有效的温度必须在-15 ℃以下。

(2)热力杀虫。热力杀虫即在不损害成品品质的适宜高温下杀死干制品中隐藏的害虫。耐热性弱的叶菜类干制品可采用65 ℃热空气处理1 h，根菜类和果菜类干制品可用75~80 ℃热空气处理10~15 min。

(3)熏蒸剂杀虫。烟熏是控制干制品中昆虫和虫卵常用的方法，晒干的制品最好在离开晒场前进行烟熏。干制水果贮藏过程中还要定期烟熏以防止虫害发生。甲基溴是近年来使用较多的有效熏蒸剂，用量为16~24 g/m³，密闭处理时间24 h以上。此外，SO_2、CS_2也可用于熏蒸。

9. 压块

蔬菜干制后，体积蓬松，容积很大，不利于包装和运输，因此在包装前需要经过压缩机进行压块。用约70个大气压的压力，使脱水蔬菜的体积缩小到原来的1/7~1/3，其比例见表7-2。脱水蔬菜的压块必须同时使用水、热、压力，才能获得好的效果。

表7-2　几种脱水蔬菜的压缩比例

蔬菜名称	每千克的体积/L		压缩比例
	压缩以前	压缩以后	
小青菜	11.6	2.2	5.3
甘蓝	8.6	1.7	5.1
青辣椒	10.0	1.7	5.8
菠菜	8.9	1.5	5.9

一般脱水蔬菜在脱水的最后阶段，温度为60~65 ℃，若此时立即压块，可不再重新加温。否则，为了减少破碎，压块之前须加热蒸汽，但喷过之后，必须立即压块，若放置稍久，又将变脆而易碎。若压块后的脱水蔬菜水分含量在6%左右，可与等量的生石灰一起贮存，经过2~7 d，水分可降至5%以下。

10. 包装

常用的包装材料有木箱、纸箱、纸盒、无毒聚乙烯塑料袋、铝箔复合薄膜袋、马口铁罐等。包装的方法如下。

(1)普通包装。多采用纸箱、纸盒或普通塑料袋包装，先在容器内放置防潮纸，或涂防潮涂料，然后将制品按要求装入，上面盖上防潮纸，扎封。多用于自然干制和热风干制品的包装。

(2)不透气包装。采用不透气的铝箔复合薄膜袋包装，包装袋内部也可以放入脱氧剂，将脱氧剂小包与干制品同时密封于不透气袋内，提高贮藏性。适用于真空干制、真空油炸、真空冷冻干燥、喷雾干燥制品的包装。

(3)充气包装。采用聚乙烯塑料袋或铝箔复合薄膜袋包装，将干制品按要求装入容器后，充入CO_2、N_2等气体，抑制微生物和酶的活性，减少氧化，适用于真空干制、真空油炸、真空冷冻干燥制品的包装。

(4)真空包装。将制品装入容器后，用真空包装机的真空泵抽出容器内的空气，然后马上密封，使袋内形成真空环境，提高制品的耐贮性，多用于含水量较高的干制品的包装。

11. 贮藏

果蔬干制品贮藏效果首先取决于制品质量，优质果蔬制品贮藏性好，另一重要条件是制品含水量，含水量越低、贮藏性越好。

(1)干制品对贮藏环境的要求。低温有利于抑制害虫和微生物的活动，干制品适宜贮藏温度为 0～2 ℃，最好不超过 10～12 ℃。贮藏环境的相对湿度以不超过 65％ 为宜，湿度较大会使制品易吸湿返潮，尤其是含糖量高的制品，光照和 O_2 能促进色素分解，引起变色，破坏维生素，降低 SO_2 的保藏效果，因此，干制品宜避光和密闭保藏。

(2)贮藏期的管理。要做好贮藏库的清洁卫生和通风换气工作，做好防鼠、防潮工作，定期检查质量，发现问题，及时解决。

(四)质量控制点及预防措施

1. 制品干缩

(1)干缩的原因。果蔬在干制时，因水分被除去而体积缩小，细胞组织的弹性部分或全部丧失的现象称为干缩。干缩的程度与果蔬的种类、干制方法及条件等因素有关。一般情况下，含水量多、组织脆嫩者干缩程度大；含水量少、纤维多的果蔬干缩程度轻。果蔬干缩严重会出现干裂或破碎等现象。干缩有两种情形，即均匀干缩和非均匀干缩。有弹性的细胞组织在均匀而缓慢地失水时，就产生了均匀干缩，否则，会发生非均匀干缩。非均匀干缩还会给制品造成奇形怪状的翘曲，进而影响产品的外观。

(2)干缩预防措施。适当降低干制温度，缓慢干制；采用真空冷冻干燥可减轻制品干缩现象。

2. 制品表面硬化(结壳)

(1)硬化原因。表面硬化是指干制品外表干燥而内部仍然软湿的现象。有两种原因造成表面硬化：其一是果蔬干制时，内部的溶质随水分不断向表面迁移和积累而在表面形成结晶；其二是果蔬干燥过于强烈，内部水分向表面迁移的速度滞后于表面水分汽化速度，从而使表面形成一层干硬膜。

(2)表面硬化预防措施。采用真空干燥、真空油炸、冷冻干燥等方法来降低干燥温度、提高相对湿度或减少风速，可以减轻表面硬化现象。

3. 制品褐变

(1)褐变原因。果蔬在干制过程中或干制后的贮藏中，类胡萝卜素、花青素、叶绿素等均受影响或流失，造成品质下降。酶促褐变和非酶褐变反应是促使干制品褐变的原因。

(2)预防措施。干制前，进行热烫处理、硫处理、酸处理等，对抑制酶褐变有一定的作用；避免高温干燥可防止糖的焦糖化变色；用一定浓度的碳酸氢钠浸泡原料有一定的护色作用。

4. 营养损失

果蔬中的营养成分有糖类、维生素、矿物质、蛋白质等，在干制过程中会发生不同程度的损失，主要是糖类、维生素的损失。缩短干制时间、降低干制温度和空气压力有利于减少营养成分的损失。

5. 风味变化

失去挥发性风味成分是干制时常见的一种化学变化。要完全阻止风味物质损失几乎不可能，为防止风味损失，常将干燥设备中回收或冷凝外逸的蒸汽再加回到干制品中，以便尽可能保存它的原有风味。

6. 干制品保质期短

(1)保质期短的原因。主要是微生物侵染和害虫危害，使产品食用价值降低甚至不能食用。

(2)预防措施。干制品的水分含量要低，密闭保藏防止吸潮；低温杀虫，热力杀虫，熏蒸剂杀虫；避光、隔氧防止品质劣变。

7. 干燥率低

(1)干燥率低的原因。原料固形物含量低、干制过程中呼吸消耗、原料成熟度不够。

(2)预防措施。选择固形物含量较高的原料；干制前进行烫漂处理；选择成熟度适宜的原料。

二、真空油炸干制

果蔬脆片是利用真空低温油炸技术加工而成的一种脱水产品，在加工过程中，先把果蔬切成一定厚度的薄片，然后在真空低温的条件下将其油炸脱水，产生酥脆性的一种片状食品。果蔬脆片以其松脆的口感、天然的成分、宜人的口味，融合纯天然、高营养、低热量的优点，受到消费者的欢迎。

(一)工艺流程

原料→选择→预处理→热烫→浸渍→沥干→冷冻→低温真空油炸→脱油→调味→包装→成品

(二)工艺要点

1. 原料选择

果蔬脆片要求原料有较完整的细胞结构，组织较致密，新鲜，无虫蛀、病害、霉烂及机械伤。适合加工果蔬脆片的原料十分广泛：水果主要有苹果、柿、枣、哈密瓜、山楂、香蕉、菠萝、芒果、番木瓜、杨桃等；蔬菜主要有胡萝卜、马铃薯、甘薯、山药、芋头、洋葱、南瓜、莲藕、马蹄、黄豆、蚕豆、豌豆等。

2. 预处理

(1)挑选。先将原料进行初选，剔除有病、虫、机械伤及霉烂变质的果蔬，按成熟度及等级分开，便于加工和保证产品的质量。

(2)洗涤。洗去果蔬表面的尘土、泥沙及部分微生物、残留农药等。对严重污染农药的原材料应先用 0.5%～1.0% 的盐酸浸泡 5 min 后，再用冷水冲洗干净。

（3）整理、切片。有的果蔬应先去皮、去核后再行切片，而有的可以直接切片，一般片厚为 2～4 mm。

3. 热烫

主要作用是防止酶褐变，根据不同的原料采取不同的烫漂工艺，一般为温度 100 ℃、时间 15 min。

4. 浸渍

沥干浸渍在果蔬脆片生产中又称前调味，通常用 30%～40% 的葡萄糖溶液浸渍已热烫的物料。浸渍后沥干时，一般采用振荡沥干或抽真空预冷来除去一些多余的水分。

5. 预冻结

油炸前进行冷冻处理有利于油炸，相同的原料在相同的加工条件下，冷冻处理的脆片较易膨大酥松、变形小及脆片表面无起泡现象等，可增加产品的酥脆性。而原料经冷冻后，对油炸的温度、时间有较高的要求，要注意与油炸条件配合好。一般原料冻结速率越高，油炸脱水效果越好，脆片的感官质量也越理想。

6. 真空低温油炸

在放入原料前，油锅（油脂）须先预热至 100～120 ℃，然后迅速装入已冻结好的物料，关闭仓门，随即启动真空系统，动作要快，以防物料在油炸前融化，当真空度达到要求时，启动油炸开关，在液压推杆作用下，物料被慢速浸入油脂中油炸，到达底点时，被相同的速度缓慢提起，升至最高点又缓慢下降，如此反复，直至油炸完毕，整个过程已冻结的物料耗时约 15 min、未冻结的物料耗时约 20 min。不同的原料采用的真空度、油温和时间是不同的。

7. 脱油

油炸后的物料表面仍沾有一定量的油脂，需要进行脱油处理。

8. 后处理

后处理包括后调味、冷却、半成品分拣、包装等工序。对果蔬脆片后处理的场地环境要求与冻干食品后处理要求相同。

（1）后调味。在油炸果蔬脆片脱油后，及时趁热喷以不同风味的调味料，可简化处理工艺，也可避免在油炸前所调的料在油炸时被冲淡，使产品具有更宜人的风味，以适应众多消费者的口味要求。

（2）冷却。通常采用冷风机，使产品迅速冷却下来，以便进行半成品分拣，按客户要求的规格分拣，重点是剔除夹杂物、焦黑或外观不合格的产品。

（3）包装。包装可分为销售小包装及运输大包装，小包装一般直接面对消费者，大都选用彩印铝箔复合袋，每袋 20～50 g，采用抽真空充氮包装（注意防止假封），并添加小包防潮剂及吸氧剂；运输大包装通常用双层聚乙烯塑料袋做内包装、瓦楞牛皮纸板箱做外包装。

(三)质量控制点及预防措施

果蔬脆片生产技术结合了真空干燥技术、真空冷冻干燥技术而成为一门综合技术，生产的时间很短，在生产中的应用也十分复杂，目前还处于不断完善与发展的阶段。果蔬脆片生产的关键还是主机的选择，真空油炸主机是否有真空脱油的功能，这对产品含油量、口感和保质期有决定性的影响，国内外机械企业均在加大技术开发力度。

根据果蔬脆片生产的工艺流程，从物理、化学、生物方面对其中所有可能产生危害的步骤进行分析，控制这些危害的预防措施有以下七种。

1. 原料选择

对原料进行严格的质量控制，必须符合食品国家标准及相关的行业标准。应加强对原料产地、农药使用情况及周围生态环境的了解和督察，加强对原料的检查、验收和保管工作，不能使用霉变、有农药残留及有毒重金属超标的原料。

2. 护色硬化

护色硬化主要是为了防止原料产生褐变进而影响产品的色泽，由技术人员根据工艺要求配制护色硬化液，将切片后的原料迅速投入护色液中浸泡。操作人员随时监控并做好记录。

3. 烫漂

烫漂是为了钝化组织中酶的活性且同时杀死部分微生物，排除组织中的部分气体和水分。在烫漂时应根据不同的原料采取不同的烫漂工艺，一般为温度 100 ℃、时间 15 min。将烫漂后的物料立即进行分段冷却，避免物料长时间受热而引起某些物质变化，影响产品质量。

4. 浸糖

浸糖处理是为了提高产品的固形物含量，让葡萄糖渗入物料内部，达到改善产品的外观和滋味的目的，同时可以控制最终产品的颜色(金黄色)。亦可真空浸渍，可缩短浸渍时间，提高工效，减少葡萄糖的浪费。但糖液浓度太高或者浸糖时间太长都会影响产品的口感。根据不同的物料和加工季节，糖液浓度配比有所不同，一般糖液浓度应保持在 30%～42%，浸糖时间为 0.5～10 h，操作过程中注意观察和检测糖液，要定时更换糖液以保证产品质量。

5. 冷冻

冷冻可以改善产品的品质，提高产品的酥脆度，物料冷冻方式的选择对产品松脆度有很大影响。冷冻必须以物料中心形成冰晶体为标准。

6. 真空油炸、脱油

真空油炸是整个工艺流程的关键，尤其是起始油炸真空度、油炸温度、油炸时间、脱油时间直接影响产品的感官品质和营养品质，起始油炸真空度越高，产品的酥脆度越好；油炸温度太高会使产品色泽发暗、不鲜艳，而油炸温度太低会使油炸时间延长，较理想的工艺为起始油炸真空度为 0.092～0.094 MPa，油炸温度 85～88 ℃，油炸时间

30～50 min。同时，要定期对油进行清洗、检测，对于不符合标准的应及时更换，油的过氧化值（以脂肪计，meq/kg）≤20。

一般选用离心甩油方法脱油，离心脱油又有常压脱油和真空脱油两种方法。常压脱油是油炸破除真空后，将物料取出，在常压下将物料置于三足式离心机内脱油，由于破除真空时，空气将进入物料内部，会将部分油脂带进物料内部，增加脱油的难度，脱油时间 4～5 min，脱油后产品含油率将高达 15%～20%。真空脱油是在油炸腔中未破除真空前，直接在真空状态下离心脱油，在 120～130 r/min 大约 1 min 条件下可完成理想脱油过程，产品的含油率能降至 12% 以下，不过此时对设备的要求更高。不管采用何种脱油方法，因脱油时物料太脆，稍有不慎，将造成太多的碎片，应增加防止脱油时产生碎片的装置。

7. 包装

包装车间要定期消毒，工作人员严格执行岗位卫生制度，操作人员的工作服、口罩、帽子必须清洁消毒。进入车间前必须消毒双手。包装最好采用抽真空充氮包装，并确保封口严密。

任务二　苹果干的加工

任务分析

目前市场上非油炸苹果干加工主要采用热风干燥技术、变温压差膨化技术及真空冷冻干燥技术等，其中热风干燥技术是传统的简单易行的果干制作方法，通过热风对流快速脱水从而达到干燥目的。虽然热风干燥会流失一部分营养如维生素等，但热风干燥设备投入成本低且易于操作，适合观光采摘果园、家庭农场及果业合作社就地取材、简易加工，生产独家特色或乡土特色的农产品。通过本任务学习，掌握苹果干的生产标准，掌握苹果干生产工艺流程及技术要点，掌握苹果干加工过程中常见问题的分析与控制方法。

参考标准：中华人民共和国国家标准《苹果干技术规格和试验》（GB/T 23352—2009）；团体标准《苹果干加工技术规程》（T/QGcmL 423—2022）。

一、目的与要求

苹果是蔷薇科苹果属植物的果实，富含糖类、有机酸、膳食纤维、矿物元素、维生素及多酚等营养物质，脂肪和蛋白质含量较少，对控制体重及预防脑血管、肝、肺等疾病有一定作用，而且含有利于儿童生长发育的细纤维和能增强儿童记忆力的锌。此外，苹果中的纤维可以促进肠胃蠕动，协助机体顺利排出废物。我国是世界上最大的苹果生产国和消费国，近年来，我国的苹果加工业发展迅速，苹果加工品已成为我国水果出口的主要种类。据调查，苹果干制品在国际市场具有较大的潜力，但苹果干制品如果想在国际市场上占有一席之地，不仅对内在质量及感官品质有一定的要求，更重要的是其安全性及质量审定标准应与国际标准接轨。

二、任务原理

(1)苹果质量应符合《鲜苹果》(GB/T 10651—2008)、《加工用苹果分级》(GB/T 23616—2009)的规定。

(2)加工过程的水应干净、无污染，并符合《生活饮用水卫生标准》(GB 5749—2022)的要求。

(3)加工场地 500 m 内无垃圾场、畜牧场等污染源。

(4)苹果干加工车间设计严格按照《洁净厂房设计规范》(GB 50073—2013)进行，食品卫生部分设计施工应符合《食品安全国家标准 食品生产通用卫生规范》(GB 14881—2013)的规定。

三、材料及用具

1. 材料

苹果。

2. 用具

高锰酸钾、清洗工具、漂烫工具、干燥箱、烘箱等。

四、任务步骤

1. 苹果选择

选择色泽红润、发育正常饱满、果实大、无损伤、无腐败的果实。采收果实应在天气晴好时进行，采收后将苹果装入耐压容器中，低温预冷 12 h 或常温 3 h 内运送到加工车间。

2. 清洗

去除叶子及表面污渍。先用清水清洗 1~2 遍，然后将苹果放入 0.05％~0.10％的高锰酸钾溶液或者 1.0％的氯化钠溶液中浸泡 10~15 min，沥干后再以清水进行冲洗，除去苹果表面污垢和大部分微生物。清洗的过程中用流动水空气鼓泡翻滚，防止苹果挤压破损。

3. 漂烫

将果实在蒸锅上用蒸汽蒸 5~15 min。以苹果蒸后个体饱满、有光泽、没有表皮塌陷的情况出现为宜，避免苹果中的营养成分流失，同时也能达到杀菌的目的。

4. 干燥

(1)日晒法。选择干净的场地，在天气晴朗时将苹果切段薄摊在匾内晾晒，1~2 d 后翻动一次苹果干，使粘连在匾上的苹果干均匀干燥。为防止苍蝇等昆虫叮咬，最好在匾上方盖一层纱布，直至苹果干水分含量在 25% 以下。

（2）烘干法。以木柴和煤产生的热量作为热源，烟气在几个串联的管道内循环后通过烟囱排出室外。烟气管道产生的热风通过风机从烤房底部通道鼓进烤房对苹果进行烘烤。烘烤温度保持在 55～65 ℃，干燥过程中翻动 2～3 次，防止粘连托盘，苹果果干水分含量降低到 25% 以下时停止干燥。冷却后待包装。

5. 回软

将干燥后的苹果果干放回库房降温后装入洁净的塑料袋或容器中，回软 12 h 左右。

6. 筛选

挑出颜色偏生、不完整的苹果干。

7. 检验

产品检验应符合《干果食品卫生标准》（GB 16325—2005）、《苹果干 技术规格和试验方法》（GB/T 23352—2009）的规定，绿色食品按照《绿色食品 干果》（NY/T 1041—2018）执行。

8. 标签

应根据《食品安全国家标准 预包装食品标签通则》（GB 7718—2011）的要求标示标签，下列各项应直接标示在每一个包装或标签上。

（1）产品名称和商标名。

（2）制造商或包装地址、商标。

（3）批次和代号。

（4）净重。

（5）其他信息，如包装时间等。

9. 包装

包装材料应符合食品卫生要求，回软后的苹果干包装在干净、完好和干燥的容器内，包装材料不得影响其质量，包装应能防止外来污染、阻断水分增减等。包装也要符合国家有关环保法规要求。

任务三　干黄花菜的加工

🖮 任务分析

黄花又叫萱草，供食用的花蕾称为黄花菜，也叫金针菜，系百合科萱草属的多年生蔬菜植物。黄花菜干制后营养丰富，具有药用功能和营养保健功能，深受消费者喜爱。山西省大同市云州区及毗邻的阳高县是华北地区的黄花菜生产基地，其干制品是山西省名优特产品。近年来，随着黄花栽培面积的逐年扩大，加工黄花菜已成为当地农民增收致富的重要渠道。通过本任务学习，掌握干黄花菜的加工工艺。

一、采摘

黄花采收期较长，必须按照"早熟先采，迟熟后采，每天按时采"的原则进行。成熟的花蕾呈黄绿色，形态饱满，花瓣上纵沟明显。本地黄花品种宜在清晨 5 点到 7 点采摘，四月花品种宜在上午 10 点～下午 2 点采摘，茶子花和荆州花品种宜在下午 1 点～6 点采摘。晴天，花蕾开放时间晚，采摘可稍迟一点；阴雨天，花蕾开放早，应适当提前。采下的花蕾要按不同品种分装，若不能及时蒸制，则应将花蕾摊放于阴凉干燥的地方，避免阳光直射。

二、蒸制

黄花采回后，当天须及时蒸制，切不可拖延至第 2 天。常用的蒸制方法有：①单锅独筛蒸制法。其特点是每次蒸量少、费工多、成本高。该法适宜于产量少的种植户采用。②木质蒸笼蒸制法。其特点是工效高。该法适宜于大批量生产时采用。木质蒸笼蒸制法的具体步骤如下。

1. 装笼加温

蒸笼灶由一口大锅和一套蒸笼组成。灶身长 2 m，蒸笼的底座嵌在灶上，四周密封，在一方侧面开门，内分 4 层，每层可摆 4 个筛，一次可蒸 16 筛。蒸制前，先在铁锅中加入 10 cm 高的水，然后将花蕾轻轻装入直径为 59 cm、高为 15 cm 的筛内，每筛装黄花约 25 cm 厚，装量约 6 kg 左右，中间略高，四周低，呈馒头状。装筛时，不可过量，也不可紧压。花蕾装好后，分层置于蒸笼内，最下层筛距水面为 10 cm，然后关闭蒸笼侧门，加火蒸制。除第 1 次蒸 40～50 min 外，以后因水已烧热，每次只需 20～30 min 即可。

2. 出笼

在蒸制过程中，应注意检查蒸制程度，以决定是否出锅。黄花蒸制适度的标准是装花高度下降 1/2，花蕾上密布细小水珠，颜色由原来的黄绿色变为淡黄色，用拇指与食指轻轻握搓花蕾，发出声响。蒸制适度的花蕾出干花率高，晴天采摘的 1 kg 鲜黄花可出 0.2 kg 干黄花。若筛内容量大减，花蕾深黄色，形状扁平，则是蒸制过度。若筛装量下降很少，花蕾仍带黄绿色，则说明蒸制不足，需立即加火再蒸，直到适度时方能出锅。

三、干燥

蒸制后的花蕾，不要立即出筛干燥，而应一筛一筛地置于清洁通风的地方摊晾一个晚上。这样，可使黄花产生一系列生物化学变化，熟度更加均匀，颜色转变得更为美观。一般下午蒸好的花蕾，摊晾到第 2 天早晨再行干燥。

1. 阳光干燥

一般需要 2.5～3 d 时间。阳光干燥成本低，色泽美观，品质好。

(1)竹帘干燥。黄花蕾放在竹帘上晒干比放在晒簟上晒干的出花率高 2%～3%，且干燥时间略短，具体操作是先备宽约 0.8 m、长 1.3 m 的竹帘若干块，再在阳光下设立

1.3 m 高的木架若干处。将经过摊晾一晚的黄花蕾均匀地摊于竹帘上，再把竹帘铺放在木架上，让阳光暴晒。每天下午 7 点左右搬回室内，第 2 天清早又置于木架上。前两天每天下午 1 点左右，用一个空竹帘盖住放有花蕾的竹帘，夹住翻转 1 次。这样，既翻得快，又保持花蕾干燥后体态紧直不弯曲。第 3 天则可将数块竹帘上的黄花收集一起，摊于晒簟里，晒至全干后贮藏。

（2）晒簟干燥。这一步骤是把晒簟铺于晒谷坪里，将花蕾薄摊于晒簟上，翻花时用竹耙耙拢或转起晒簟使花蕾集中，再用手撒开，暴晒 3 d 至干。

2. 火温干燥

遇雨天可采用火温快速干燥法。过去，常用篾制焙笼，下面烧木炭或用煤烘烤，直接烘焙 6～8 h，即可全干。直接火温干燥出来的黄花呈黑黄色，品质较差。现多采用间接火温，砌一个像蒸气室一样的小房子，火口铺一口铁锅，散发热量，烟道接出室外。这样，一次可干燥数百 kg，工效高，质量较好。

任务四　菌干的加工

任务分析

食用菌是指子实体硕大、可供食用的大型真菌，通称为蘑菇，富含植物蛋白、维生素和矿物质，热量和脂肪含量低，食药兼用，被联合国粮农组织推荐为健康食品。干燥是食用菌常用的加工方式，能将食用菌含水率和水分活度降低到一定程度，有效解决其货架期短的问题，降低贮运成本，且食用菌在干燥过程中，可以生成新的挥发性物质，提高其特征性风味。干燥方法直接影响食用菌干制后的外观（色泽、形态）、味道（香气、风味）和营养成分，因此，选择适宜的干燥方法降低食用菌水分含量和水分活度，对提高其特征性风味，延长其货架期尤为重要。

食用菌的干制加工有自然干制和机械干制两种方法。

一、自然干制

自然干制是以太阳光为热源，以自然风为辅助进行干燥的方法，适于竹荪、银耳、木耳、金针菇、灵芝等品种，此法简单、古老、投入少。加工时将菌体相互不挤压地平铺在竹帘上晒干，翻晒时要轻，以防破损，一般 2～3 d 即可晒干，此法适于小规模加工厂。也有的加工厂为节约费用，晒至半干时再进行烘烤，但这需根据天气、菌体含水量等情况灵活掌握，防止菇体变形、变色，甚至腐烂。

二、机械干制

（一）烘干

烘干是用烘箱、烘笼、烘干室，或炭火热风、电热、红外线等热源进行烘烤而使菌体脱水干燥的方法，目前大量使用的是直线升温式烘干室、回火烘干室及热风脱水烘干机、蒸气脱水烘干机、红外线脱水烘干机等。食用菌脱水干燥的工艺多种多样，以香菇为例，为使菇型圆整、菌盖卷边厚实、菇背色泽鲜黄、香味浓郁、含水量达到12%的出口标准，必须把握好以下环节。

1. 采摘、装运

要在八成熟、未开伞时采摘，这时孢子还未散发，干制后香味浓郁，质量上乘。挑选除去有霉变或腐败的子实体，便于存放或加工。采前禁止喷水，采后放竹篮内。

2. 摊晾、剪柄

鲜菇采后要及时摊放在通风干燥场地的竹帘上，以加快菇体表层水分的蒸发。摊晾后，按市场要求，一般按菇柄不剪、菇柄剪半、菇柄全剪三种方式分别进行处理，同时清除木屑等杂物及碎菇。

3. 分级、装机、烘烤

要求当日采收，当日烘烤。将鲜菇按大小、厚薄、朵形等整理分级。质量好的香菇，菇柄朝上均匀排放于上层烘架，质量稍差的下层排放。为防止在烘烤过程中香菇细胞新陈代谢加剧，造成菇盖伸展开伞，色泽变白，降低品质，在鲜菇烘烤前，可先将烘烤室（机）温度调到38～40 ℃，再排菇上架。

4. 掌握火候

采后鲜菇含水量高达90%，此时切不可高温急烘，操作务求规范。在升温的同时，启动排风扇，使热源均匀输入烘干室。待温度升到35～38 ℃时，将摆好鲜菇的烘帘分层放入烘干室，促使菇体收缩，增加卷边程度及菇肉厚度，提高香菇品质。烘干室温度第1～第4小时保持在38～40 ℃，第4～第8小时保持40～45 ℃，第8～第12小时保持在45～50 ℃，第12～第16小时保持在50～53 ℃，第17小时保持在55 ℃，第18小时至烘干保持在60 ℃。

5. 注意排湿、通风

随着菇体内水分的蒸发，烘干室内如通风不畅会造成湿度升高，导致色泽灰褐，品质下降。操作要求：第1～第8小时打开全部排湿窗，第8～第12小时通风量保持50%左右，第12～第15小时通风量保持30%，第16小时后，菇体已基本干燥，可关闭排湿窗。

用指甲顶压菇盖感觉坚硬且稍有指甲痕迹，翻动时"哗哗"有声，表明香菇已干，可出房、冷却、包装、贮运。

(二)羊肚菌冷冻干燥

1. 工艺流程
羊肚菌鲜品分拣、修整、除杂→预冻→装盘→冻干处理→羊肚菌干制品→分级包装。

2. 操作要点
(1)分拣、修整、除杂。羊肚菌在进行干制加工前，必须先进行分拣工序，挑选出有霉变或腐败的子实体，便于存放或加工。将分拣后的羊肚菌进行修整，将菌柄长度修整为 2 cm 长，除去菌褶里的沙土或虫子。

（2）预冻。羊肚菌预冻温度应在 −30 ℃以下，使其能达到速冻目的，以减少冷冻过程中较大冰晶对细胞的损伤，以免汁液流失，颜色变黑。

（3）装盘。将羊肚菌均匀摆放在冻干设备干制盘上。

（4）冻干。预冻温度：−30 ℃；冻干仓真空压力：40～60 Pa；冷冻温度：低于 −25 ℃。

（5）包装保藏。达到干制技术指标的产品在烘箱内冷却至常温后，应立即进行密封包装处理，放置阴凉干燥处储藏。

综合比较两种干制方法对于羊肚菌的感观性、复水性、风味物质的影响，可以看出，冻干羊肚菌明显优于烘干羊肚菌。但在实际生产中还应综合考虑干制设备运行成本、产品定位、市场销售等因素，需要精准核算后再确定合适的干制方法及工艺，以获得羊肚菌科学干制加工工艺，最大程度保留羊肚菌活性物质。

 **项目小结**

本项目对接果蔬企业生产岗位实际和国家标准要求，介绍了常见果蔬干如苹果干、干黄花菜、菌干等的生产工艺，分析了生产过程中常见的问题，介绍了产品质量控制方法，为以后生产实践打好基础。

复习思考题

（1）简述果蔬干的生产原理、生产工艺及操作要点。

（2）简述干黄花菜的生产工艺。

（3）简述菌干的生产工艺要点。

（4）简述干制对保藏的作用。

项目八 果汁、果酒及果醋制品加工

 **项目引入**

葡萄酒产业进入高质量发展快车道

2021年，烟台市级财政正式设立葡萄酒产业发展专项资金，并制定了《实施细则》，从基地建设与配套、产业聚集与壮大、产区推广与营销、科教支撑与保障四大领域13个方面进行支持。2022年，我市分批兑现2021年度项目扶持资金1 152.89万元，覆盖蓬莱、芝罘、莱山、开发区等6个区市。2022年度申报项目正在分批评审，奖补资金力争6月份兑现。2023年市级财政预留专项资金3 000万元。为充分发挥政策资金扶持作用，我市葡萄与葡萄酒产业发展服务中心主任姜英松在发布会上透露，拟修订的《实施细则》支持重点基地建设与配套，将继续对新建改建的种植基地给予补贴，鼓励扩大标准化种植规模。支持开展老藤保护，对依托老藤进行改造的基地给予补贴。进一步降低政策性保险企业保费承担比例。重点支持酿酒葡萄种质资源研究、抗性优良特色品种选育、全产业链智慧化信息化技术研究等科研攻关等等。

（节选自烟台日报/2023年4月26日/第002版）

学习目标

知识目标

了解不同果酒、果醋制品的分类、特征及其包装材料种类与特征；理解果酒、果醋制品的加工原理；掌握果酒、果醋制品的加工工艺流程，以及各工艺流程的操作要点；掌握果酒、果醋制品加工过程中常见问题的分析与控制。

技能目标

能制作罐头，对常见问题能进行分析和控制；能对上述加工品进行成本分析。

素质目标

认真贯彻落实习近平总书记对食品安全工作作出的重要指示，即"坚持最严谨的标准、最严格的监管、最严厉的处罚、最严肃的问责"，通过本项目的学习，培养学生精益求精的工匠精神和一丝不苟的工作态度。

职业岗位

果酒加工员、食品检验员。

任务一　橙汁生产工艺

任务分析

　　果蔬汁是优质新鲜的果蔬经挑选、清洗后，通过压榨或浸提制得的汁液，含有新鲜果蔬中最有价值的成分，是一种易被人体吸收的果蔬饮料。果蔬汁产业虽然发展历史较短，但发展非常迅速。世界各国生产的果蔬汁以柑橘汁、菠萝汁、苹果汁、葡萄汁、胡萝卜汁、番茄汁及浆果汁为多，国内主要是柑橘汁、菠萝汁、苹果汁、葡萄汁、胡萝卜汁、番茄汁和番石榴汁等。橙汁是采用物理方法以橙果实为原料制成的汁液，可以使用少量食糖或酸味剂调整风味。通过本任务学习，掌握橙汁的生产工艺和质量控制方法。

　　参考标准：《橙汁及橙汁饮料》(GB/T 21731—2008)。

一、汁制品的分类及特点

　　果蔬汁制品的分类及特点见表 8-1。

表 8-1　果蔬汁制品的分类及特点

分类标准	分类		特点
状态	澄清汁		不含悬浮物，澄清透明
	混浊汁		悬浮小颗粒，橙黄色果实榨取，丰富胡萝卜素
	浓缩汁		新鲜果蔬汁浓缩液
成分	原汁	澄清原汁	未经发酵、稀释、浓缩，果蔬果肉直接榨汁，100%原果蔬汁
		混合原汁	
	鲜汁		原汁或浓缩果汁经过稀释调配而成，含原汁>40%
	饮料果蔬汁		原果蔬汁含量为 10%～39%
	浓缩果蔬汁		原果蔬汁按重量计浓缩 1～6 倍
	果蔬汁糖浆		调配(糖、柠檬酸)果蔬汁，含糖量达 40%～65%，柠檬酸含量达 0.9%～2.5%，含原果蔬汁不低于 30%
	果蔬浆		含果肉，原果浆含量 40%～45%，糖度 13%
	复合果蔬汁		由两种或两种以上果蔬榨汁复合而成
原料类型	蔬菜汁	蔬菜单汁	按加工情况分：由正常含酸蔬菜制成者，添加高酸度产品者，添加有机酸或无机酸者，发酵蔬菜汁，未加酸者或调配成非酸性者
		蔬菜复合汁	
	果汁		按国家标准，可分为十类：原果汁、浓缩汁、原果浆、浓缩果浆、水果汁、果肉果汁饮料、高糖果汁饮料、果粒果汁饮料、果汁饮料、果汁水
原料名称			如苹果汁、荔枝汁、番茄汁
其他			根据果汁成品浓度分为原汁、浓缩汁、果汁粉及加水复原果汁；根据保藏条件分为巴氏杀菌果汁、高温灭菌果汁等

二、工艺流程

原料选择→预处理→破碎(或榨汁)→澄清或筛滤→调配→脱气、均质→糖酸调整→罐装→杀菌、冷却→成品

三、关键控制点及预防措施

1. 原料选择

榨汁果蔬原料要求优质、新鲜，并有良好的风味和芳香、色泽稳定、酸度适中，另外要求汁液丰富，取汁容易，出汁率较高。常用果蔬菜原料有：柑橘类中的甜橙、柑橘、葡萄柚等，核果类有桃、杏、乌梅、李、梨、杨梅、樱桃、草莓、荔枝、猕猴桃、山楂等，蔬菜类有番茄、胡萝卜、冬瓜、芦笋、黄瓜等。

2. 原料预处理

鲜果榨汁前，要用流动水洗涤，除去沾附在表面的农药、尘土等，可用 0.03% 的高锰酸钾溶液或 0.01%～0.05% ClO_2 溶液洗涤，后者可不用水再冲洗。

3. 原料破碎或打浆

不同种类的原料可选择不同的设备和工艺。要求破碎粒度适当：粒度过大，出汁率低，榨汁不完全；粒度过小，外层果汁迅速流出，内层果汁反而降低滤出速度。破碎程度视果实品种而定，大小可通过调节机器来控制。如用辊压机破碎，苹果、梨破碎后大小以 3～4 mm、草莓和葡萄等以 2～3 mm、樱桃以 5 mm 为宜。同时要注意不要压破种子，否则会使果汁有苦味。常用破碎机械有粉碎机和打浆机。桃、杏、山楂等破碎后要预煮，使果肉软化，果胶物质降低，以降低黏度，利于后期榨汁工序。

4. 榨汁或浸提

为了提高出汁率，榨汁前通常要对果实进行预处理，如红色葡萄、红色西洋樱桃、李、山楂等水果，在破碎后，须进行加热处理或加果胶酶制剂处理，目的是使细胞原生质中的蛋白质凝固，改变细胞通透性，使果肉软化、果胶质水解，降低汁液黏度，同时有利于色素和风味物质的渗出，并能抑制酶的活性。榨汁机主要有螺旋榨汁机、带式榨汁机、轧辊式压榨机、离心分离式压榨机等。一般原料经破碎后就可以直接压榨取汁。

对于汁液含量少的果实采用加水浸提法，如山楂片提汁，将山楂片剔除霉烂果片，用清水洗净后加水加热至 85～95 ℃后，浸泡 24 h，滤出浸提液。

对有很厚外皮的果实如柑橘类和石榴类，不宜采用破碎压榨取汁，因为其外皮中有不良风味和色泽的可溶性物质，同时柑橘类果实外皮中存在精油，果皮、果肉皮和种子中存在柚皮苷和柠檬碱等导致苦味的化合物，所以此类果实宜去皮后逐个榨汁。

5. 过滤

过滤一般包括粗滤和精滤两个环节。对于混浊果汁，是在保存色粒以获得色泽、风味和香味特性的前提下，去除果蔬汁中粗大果肉颗粒及其他悬浮物，筛板孔径为

0.8 mm 和 0.4 mm；对于透明汁，粗滤之后还需精滤或先行澄清后过滤，务必除尽全部悬浮粒。澄清的方法有自然澄清法、明胶单宁法、加酶澄清法、加热凝聚澄清法、冷冻澄清法。常用过滤设备有袋滤器、纤维过滤器、板框压滤机、离心分离机、真空过滤器等。滤材有帆布、不锈钢丝布、纤维、硅藻土等。

6. 脱气

脱气也称去氧或脱氧，即在果汁加工中除去存在于果实细胞间隙中的氧、氮和呼吸作用的产物 CO_2 等气体，防止或减轻果汁中色素、维生素 C、香气成分和其他物质的氧化，防止品质降低，去除附着于悬浮微粒上的气体，减少或避免微粒上浮，以保持良好外观，防止或减少装罐和杀菌时产生泡沫，减少马口铁罐内壁的腐蚀。但脱气会造成挥发性芳香物质的损失，为减少这种损失，可进行芳香物质回收，加入果汁中。

果汁的脱气方法有真空脱气法、N_2 交换法、酶法脱气法和抗氧化剂法等。一般果蔬脱气采用真空脱气罐进行脱气，要求真空度 90.7～93.3 kPa 以上。

7. 均质

均质是使果蔬汁中不同粒子通过均质设备，使其中的悬浮粒进一步破碎，使粒子大小均一，促进果胶渗出，使果胶和果汁亲和，保持一定的混浊度，获得不易分离和沉淀的果汁。均质设备主要有高压均质机，操作压力为 9.8～78.6MPa。

8. 糖酸调整

糖酸调整是为使果汁适合消费者口味，符合产品规格要求和改进风味，保持果蔬汁原有风味，在鲜果蔬汁中加入适量的砂糖和食用酸（柠檬酸或苹果酸）或不同品种的原料混合制汁调配。一般成品果汁糖酸比以（13～18）：1 为宜。

9. 装罐

果蔬汁一般采用装汁机热装罐，装罐后立即密封，封口中心温度应在 75 ℃以上，真空度在 5.32 kPa 条件下抽气密封。

10. 杀菌

果蔬汁中会存在大量微生物和各种酶，存放过程中会影响果蔬汁的保藏性和品质。杀菌的目的就是杀死其中的微生物、钝化酶，使果蔬汁尽可能在保证品质不变基础上延长保藏期。果蔬汁热敏性较强，为了保持新鲜果汁的风味，部分采用了非加热钝化微生物的方法，但大多数还是用加热杀菌，其中最常用的是高温瞬时杀菌，即（92±2）℃保持15～30 s 或 120 ℃以上保持 3～10 s。常用瞬时杀菌设备主要有片式热交换器、多管式热交换器和圆筒式热交换器等。杀菌后的果蔬汁要迅速冷却，防止余温对制品的不良影响。

冷却后即时擦干送检，有条件者先自检，然后送中心化验室检测。检验合格者可进行贴标和装箱，然后将成品入库。

11. 品质检验

(1)感官检验。橙汁感官指标应符合表 8-2 中的要求。

表 8 - 2　感官要求

项目	特性
状态	呈均匀液状，允许有果肉或囊胞沉淀
色泽	具有橙汁应有之色泽，允许有轻微褐变
气味与滋味	具有橙汁应有的香气及滋味，无异味
杂质	无可见外来杂质

(2)理化指标。橙汁理化指标应符合表 8 - 3 中的要求。

表 8 - 3　理化指标

项目	非复原橙汁	复原橙汁	橙汁饮料
可溶性固形物/% ≥	10.0	11.2	—
蔗糖/(g·kg^{-1})≤	50.0		—
葡萄糖/(g·kg^{-1})	20.0～35.0		—
果糖/(g·kg^{-1})	20.0～35.0		—
葡萄糖/果糖≤	1.0		—
果汁含量	100		≥10%

任务二　葡萄酒生产工艺

任务分析

近年来，我国葡萄酒产业进入快速发展期，葡萄酒市场整体向好。在规范葡萄酒生产和流通方面，我国均制定了相应的法规和标准，促进了产业标准化和品质化的提升，推动了我国葡萄酒事业的蓬勃发展。葡萄酒产业作为山东、新疆、宁夏等地区的特色产业，是能够实现一、二、三产业联动、融合的典范。葡萄酒产业的更新迭代也在考验着当地农业、工业及服务业的综合水平，在乡村振兴和社会发展中具有举足轻重的地位。通过本任务学习，掌握葡萄酒生产的基本工艺和操作要点。

一、葡萄的破碎、除梗及压榨

只有被破碎，使果汁与果皮上的酵母或外加酵母接触后，葡萄才能发酵。这一过程与操作，因酒的类型不同而有所不同。红葡萄酒酿造只要除梗后将果实压破，使之成为葡糖浆(皮醪)即可，而白葡萄酒酿造，还需进行皮汁的分离。

(一)除梗

除梗是将葡萄果粒或果浆与果梗分离并将果梗除去的操作。除梗对于酿造葡萄酒有以下好处。

(1)减少发酵醪液体积,从而减少发酵容器的用量。

(2)便于输送。

(3)改良葡萄酒的味感。防止了果梗中青梗味和苦涩物质的溶出,使葡萄酒更为柔和。

(4)防止因果梗固定色素所造成的色素损失。

但除梗与不除梗相比也有一些不利因素。

第一,升温快和溶氧少会使除梗葡萄醪比未除梗葡萄醪发酵困难些。

第二,造成皮渣分离或糟酒分离时压榨较困难。

因此,可根据情况进行除梗或部分除梗。如以幼年葡萄株的果实制取葡萄汁或以霉变率达30%以上的葡萄果实压取葡萄汁时就可不除梗直接压榨取汁。

(二)果粒破碎

要求做到每颗葡萄粒都要破碎,但尽量避免撕碎果皮或压破葡萄籽,并要防止碾碎葡萄梗。在酿造白葡萄酒时,应避免果汁与皮渣过长时间接触。破碎以后进行发酵有以下优点。

(1)果皮与设备上的酵母比较容易进入果汁,加快发酵起始速度。

(2)果皮内外部都与果汁接触,便于色素物质及芳香物质的溶解。

(3)使物料便于输送。

(4)便于SO_2均匀使用。

(5)便于O_2的溶入。

但破碎也会产生如下缺点。

第一,霉变的葡萄能引起过度氧化。

第二,破碎过度,会提高悬浮物和酒渣的含量,也会提高苦涩物质的溶解量。

实际生产过程中采用的方法是只将原料进行轻微的破碎,如果需要加强浸渍作用,一般通过延长浸渍时间来达到目的,而不是提高破碎强度。

(三)压榨和渣汁分离

该操作一般用于白葡萄酒的生产。在破碎过程中自流出来的葡萄汁叫自流汁,加压之后流出来的葡萄汁叫压榨汁。为了增加出汁率,压榨时一般采用2～3次压榨。葡萄浆果的不同部位所含成分有差别,自流汁和压榨汁来源于果实的不同部分,所以自流汁和压榨汁成分略有区别。压榨达到一定程度后,继续榨取的汁,成分会有较大的变化。当发现压榨汁的口味明显变劣时,即为压榨终点。

用自流汁酿制的葡萄酒,酒体柔和、口味圆润、爽口,一次压榨汁酿制的葡萄酒也爽口,但酒体已较厚实,一般可以将这两种汁分开发酵用于不同用途,有时也可合并发酵。二次压榨汁酿制的酒酒体粗糙,一般不用于酿造白葡萄酒,可用于白兰地的生产。

二、发酵醪的改良

优良的葡萄品种，若在栽培季里一切条件合适，常常可以得到满意的发酵醪。但由于气候条件、栽培管理等因素，会影响葡萄的成熟度、糖度、酸度等，遇到这种情况就要对发酵醪的成分进行调整，然后再发酵。发酵醪的改良常指糖度、酸度的调整。

(一)糖分的调整

理论上 1 000 mL 发酵醪中，每 17 g 糖(以葡萄糖计)可生成 1% 的乙醇。发酵醪的含糖量低于生成目标乙醇含量所需的糖度时，必须提高糖度，可添加浓缩葡萄汁或蔗糖来提高发酵醪的含糖量。

1. 添加白砂糖

常用纯度为 98.0%～99.5% 的结晶白砂糖。调整糖分要以发酵后的乙醇含量作为主要依据。例如：某批葡萄除梗破碎入罐后约 5 000 L，发酵醪糖度（以葡萄糖计）为 180 g/L，目标发酵酒度为 12%，则需加糖 5 000×(17×12－180)＝120 000(g)＝120 (kg)。在实际操作过程中还要考虑酵母对糖的利用率、白砂糖溶解后对整体体积的影响等因素综合调整。一般 1 kg 白砂糖溶解后所占体积为 0.625 L；实际糖度与乙醇度的对应关系为：1 000 mL 发酵醪中，每 17.7 g 糖(以葡萄糖计)生成 1% 酒度，有些酿酒师常用 18 g 糖对应 1% 酒度计算加糖量。

世界上很多葡萄酒生产国家，不允许加糖发酵，或限制加糖量。葡萄含糖量低时，只添加浓缩葡萄汁。

2. 添加浓缩葡萄汁

添加浓缩葡萄汁，首先要对浓缩汁的含量进行分析，然后计算出浓缩汁的添加量。添加时要注意浓缩汁的酸度，若酸度太高，需在浓缩汁中加入适量碳酸钙进行降酸处理后使用。

不管采用加白砂糖还是加浓缩葡萄汁的方式进行糖分调整，一定要准确计量发酵醪的体积。除此之外，因为高含糖量会抑制酵母菌的正常发酵，所以一般糖分调整都是分批次添加白砂糖或浓缩葡萄汁。

(二)酸度的调整

为了抑制细菌繁殖，保证酵母菌数量的绝对优势和发酵的正常进行，以及酿造后葡萄酒的品质，要求发酵醪要有适宜的酸度。一般发酵前调整发酵醪的酸度到 6 g/L，pH 为 3.3～3.5。

1. 提高酸度的方法

可添加成熟度差、酸度高的葡萄汁，或直接添加酒石酸、柠檬酸等酸味剂，酸味剂的添加要符合相关标准的规定。因为酿酒酵母的优化提纯，和葡萄栽培管理的控制，葡萄本身具有的酸度适合酿酒酵母的生长，所以一般无需进行加酸处理。

2. 降低酸度的方法

一般情况下不需要降低酸度，因为酸度稍高对发酵有好处，而且在储存过程中，酸度会自然降低 $30\% \sim 40\%$，主要以酒石酸盐析出。但若酸度过高，则必须降酸，方法有物理法(冷冻促进酒石酸盐沉淀降酸)、生物法(苹果酸-乳酸发酵和采用裂殖酵母将苹果酸分解成乙醇和 CO_2)和化学法(添加碳酸钙、碳酸氢钠和酒石酸钾来降酸)。

三、主发酵

(一)温度的控制

为调整好的发酵醪接种酵母菌，进行发酵。传统多使用无封口的橡木酒槽，现多使用自动控温不锈钢发酵罐。发酵会产生热量，使发酵醪温度升高，而温度过高会抑制酵母菌正常生长繁殖，甚至会杀死酵母菌并使葡萄酒丧失新鲜果香，所以温度的控制必须适度。常采用的降温方式有喷淋冷却，板式换热器、双管换热器冷却或用冰冷却等，还可通过推迟发酵或抑制酵母活性减缓发酵速度来间接降温，如高浓度 SO_2 处理、加入乙醇，以及对葡萄汁进行离心处理等，但这些方式较难掌握，使用不当会带来严重后果。

温度过低同样会对发酵产生较大的影响。在一些地区或较冷的年份，葡萄原料的品温只有 $10 \sim 12\ ℃$，在这种条件下，酵母菌的活动受到抑制，必须进行升温处理才能使乙醇发酵触发。常采用的升温手段有喷淋热水升温，板式换热器、双管换热器升温或提高发酵车间的温度，也可将少部分发酵基质加热(低于 $75\ ℃$)后再倒回发酵罐内，使罐内发酵基质温度升高以利于酵母菌的活动。除此之外，也可通过减少 SO_2 用量，并加大活力旺盛的酵母菌的用量的方式快速启动发酵。

(二)倒罐与浸皮

发酵时产生的大量 CO_2 在逸出时会将葡萄皮推到发酵罐顶端，无法达到浸皮效果，会导致产品颜色浅。这时就需要进行倒罐操作。倒罐就是将发酵罐底部的葡萄汁泵送至发酵罐上部。也可通过喷淋、压帽、搅拌等方式，将葡萄皮与汁液混合均匀，进行充分浸皮。倒罐的作用有如下几个。

(1)使发酵基质混合均匀。

(2)压帽，防止皮渣干燥，促进液相和固相之间的物质交换，浸皮的时间越长，释入酒中的酚类物质、香味物质、矿物质等越多。

(3)使发酵基质通风，提供氧，有利于酵母菌的活动，并可避免 SO_2 还原为 H_2S。

一般情况下，在发酵过程进行 $3 \sim 4$ 次倒罐就行。倒罐的时机和倒罐量，需根据实际发酵情况合理调整。

(三)乙醇发酵的中止

发酵过程中，若 $24 \sim 28\ h$ 发酵汁的密度(或糖度)不再下降，则表示有发酵中止的危险，会严重影响葡萄酒的质量，必须采取适当的措施。

（1）环境、设备应保持良好的卫生状况，并及时对葡萄原料进行 SO_2 处理，防止致病性微生物的活动。

（2）入罐时，适量加入 NH_4HSO_3，不仅可产生 SO_2，还可为酵母菌提供可同化氮。

（3）生产白葡萄酒时，葡萄汁的澄清处理不能过度。若澄清过度，加入适量的纤维素，有利于葡萄汁的发酵。

（4）防止野生酵母的活动，须及时添加酵母：白葡萄酒应在澄清后立即添加；红葡萄酒在 SO_2 处理 12 h 后添加。

（5）若缺氮原料，氮素的补充在发酵开始时作为有效。可结合开放式倒罐和加糖（按需要）添加。

（6）发酵过程中，每天适当倒罐可增加 O_2 的溶入，有利于酵母菌的活动。

当发酵到所需酒度，或浸皮达到需要的程度后，即可把发酵罐中的液体通过自流方式（自流汁）分流到其他酒罐，此部分葡萄酒称为初酒。

当自流汁不再流出时，将发酵的皮渣进行压榨处理，此时所得的液体比初酒浓厚得多，单宁、色度含量都很高，此为压榨汁，可根据压榨汁的品质、特点选择性地与自流汁进行混合或不混合。

四、后发酵

葡萄酒的后发酵即苹果酸-乳酸发酵，是在乙醇发酵结束后，在乳酸菌的作用下，将 L-苹果酸分解成 L-乳酸和 CO_2 的过程。这种转变是 L-苹果酸在苹果酸脱羧酶催化下，直接转变成 L-乳酸和 CO_2 的过程，该脱羧酶为诱导酶，只有当苹果酸和可发酵糖存在时，细菌才能在胞内合成该酶。葡萄酒中的有机酸对细菌的抑制作用比对苹果酸-乳酸酶更为强烈。因此，有机酸不仅通过决定基质的 pH，还通过对苹果酸-乳酸酶的特异性抑制来影响苹果酸-乳酸发酵。

（一）苹果酸-乳酸发酵对葡萄酒质量的影响

1. 降酸作用

在较寒冷地区，葡萄酒的总酸尤其是苹果酸的含量可能很高，苹果酸-乳酸发酵就成为理想的降酸方法。L-苹果酸转变为酸味柔和的 L-乳酸，二元酸向一元酸的转化使葡萄酒总酸下降，酸涩感降低。酸降幅度取决于葡萄酒中苹果酸含量及其与酒石酸的比例。通常，苹果酸-乳酸发酵可使总酸下降 $1\sim3$ g/L。

2. 增加细菌学稳定性

苹果酸和酒石酸是葡萄酒中两大固定酸，与酒石酸相比，苹果酸为生理代谢活跃物质，易被微生物分解利用。而葡萄酒进行苹果酸-乳酸发酵可使苹果酸分解，不仅能适度降酸，而且苹果酸-乳酸发酵完成后，经抑菌、除菌处理，使葡萄酒细菌学稳定性增加，从而可以避免在储存过程和装瓶后可能发生的细菌发酵。

3. 风味修饰

苹果酸-乳酸发酵的另一个重要作用是通过颜色、口感、香气等变化来影响葡萄酒风味。

(1)颜色。苹果酸乳酸发酵后，葡萄酒的色度有所下降，这是因为乳酸菌利用了与SO_2结合的物质如丙酮酸、α-酮戊二酸等，释放出SO_2，游离的SO_2会与花色苷结合而降低酒的色度。

(2)味道。苹果酸-乳酸发酵除了能降低葡萄酒的酸度，还能降低葡萄酒的生涩味。在大罐中进行苹果酸-乳酸发酵时，总酚量有所降低；在木桶中进行苹果酸-乳酸发酵能引起柔化单宁的作用，降低总酚量；另外，苹果酸-乳酸发酵能加大单宁聚合程度和增加单宁胶体层。这些变化会使酒的口感变得柔和。

(3)香气。在苹果酸-乳酸发酵中，葡萄酒的果香味没有被破坏，反而会增加，这是因为发酵过程中植物性草本风味(生青味)减少，使水果风味更好展现出来。乳酸菌还会产生强烈的像奶油、坚果、橡木等香味物质，这些香气能很好地与葡萄酒中的水果风味相融合，增加了葡萄酒的香气复杂性。

4. 乳酸菌可能引发的病害

在不含糖的干红和一些干白葡萄酒中，苹果酸是最易被乳酸菌降解的物质，尤其是在 pH 较高、温度较高、SO_2浓度过低时或苹果酸-乳酸发酵完成后不及时采取终止措施的情况下，几乎所有的乳酸菌都可变为病原菌，引起葡萄酒病害，伴随着苹果酸-乳酸发酵而发生酒石酸发酵病(或称泛浑病)、甘油发酵病(或称苦败病)、乳酸性酸败病、油脂病、甘露醇病、微量糖和戊糖的乳酸发酵引起的发黏等病害。因此，必须严格控制苹果酸-乳酸发酵。

(二)苹果酸-乳酸发酵的必要性

是否有必要进行苹果酸-乳酸发酵要视当地葡萄的情况、葡萄酒的类型，以及对酒质的要求等几方面来决定。

1. 葡萄酒的类型

对于所有红葡萄酒来说，为提高感官品质和稳定性，可进行苹果酸-乳酸发酵加速酒的成熟。对于白葡萄酒，苹果酸-乳酸发酵难免会损害香味的洁净优雅，大多数产品则以不进行为好；对于桃红葡萄酒则要看其偏向，一般认为偏向于白葡萄酒的类型，例如淡红葡萄酒以不经过这一发酵为有利；对于起泡酒一般要完成这一发酵，才有益于进行二次乙醇发酵。总之，如果希望获得醇美、丰满、适于储藏的葡萄酒，应该完成苹果酸-乳酸发酵；如果想获得香浓、口味爽、尽早上市的葡萄酒，则应防止这一发酵进行。

2. 葡萄酒的含酸量

某些地区或某些年份，因葡萄未能正常成熟而导致葡萄酒太酸，则可利用苹果酸-乳酸发酵降低酸度而提高酒质，即使对于如法国波尔多地区的高酸度白葡萄酒质量的提高也是非常有益的；但对于含酸量低的葡萄，则苹果酸-乳酸发酵会使葡萄酒口味乏力且无清爽感，葡萄酒酸度太低时，无论什么酒都要慎重对待，谨慎选择是否进行这一发酵。

3. 葡萄品种

有些品种的葡萄酿造葡萄酒时，如果进行苹果酸-乳酸发酵，会使其典型的果香味消失，因而不能进行这一发酵；但也有一些品种的葡萄，其天然果香太浓，会使葡萄酒不协调，而苹果酸-乳酸发酵可以使其得到改善，使葡萄酒的香气更加完满。

(三)苹果酸-乳酸发酵的控制

苹果酸-乳酸发酵可自然诱发，也可人工诱发。苹果酸-乳酸发酵的自然发生开始时间并不一致，有时是在乙醇发酵结束时延长酒在发酵罐内的滞留时间开始的，有时是在第一次倒罐之后发生的，也有时发生得很晚，甚至在第二年春季或夏初发生。因此，应尽量提供良好的条件，如稳定的温度、适宜的 pH、适当的通风、恰当的乙醇度和 SO_2 含量等促使苹果酸-乳酸发酵尽早进行，以缩短从乙醇发酵结束到苹果酸-乳酸发酵触发这一危险期所持续的时间。

添加人工培养的乳酸菌种到发酵醪和葡萄酒中，人为地使之发生苹果酸-乳酸发酵，可以克服自然乳酸菌存在状况差别大、不稳定、诱发及质量难控制等问题，有利于提高苹果酸-乳酸发酵的成功率，便于控制苹果酸-乳酸发酵的速度、时间和质量。为了满足这一需求，现在市场上有很多工业化生产的活性干乳酸菌，可根据需要，在不同的条件下进行苹果酸-乳酸发酵。

苹果酸-乳酸发酵的结束，并不导致活乳酸菌群体数量的下降。在适宜的条件下，它们可以以平衡状态较长期地存在于葡萄酒中。在此期间，乳酸菌的活动可作用于残糖、柠檬酸、酒石酸、甘油等葡萄酒成分，引起多种病害和挥发酸含量的升高。因此，在所有苹果酸消失后，应立即分离出葡萄酒，并同时加入一定量的 SO_2 以杀死乳酸菌。用于抑制苹果酸-乳酸发酵的其他方法也可用于终止该发酵，如降低储酒温度、添加化学抑制剂、添加细菌素、添加溶菌酶等。

五、陈酿

新鲜葡萄汁(浆)经发酵而得的葡萄酒称为原酒。原酒不具备商品酒的质量水平，还需要经过一定时间的陈酿和适当的工艺处理，使酒质逐渐完善，最后达到商品葡萄酒应有的品质。

(一)陈酿的目的

陈酿实际就是原酒储存的过程。该操作主要有以下作用。

1. 促进酒液的澄清和提高酒的稳定性

在发酵结束后，酒中尚存在一些不稳定的物质，如过剩的酒石酸盐、单宁、蛋白质和一些胶体物质，还有少量的酵母及其他微生物，影响葡萄酒的澄清，并危害葡萄酒的稳定性。在储存过程中，葡萄原酒中的物理化学及生物学的特性均发生变化，蛋白质、单宁、酒石酸、酵母等沉淀析出，结合添桶、换桶、下胶、过滤等工艺操作达到澄清。

2. 促进酒的成熟

新葡萄酒由于各种变化尚未达到平衡、协调，酒体显得单调、生硬、粗糙、淡薄，经过一段时间的储存，使幼龄酒中的各种风味物质(特别是单宁)之间达到和谐平衡，酒体变得和谐、柔顺、细腻、醇厚，并表现出各种酒的典型风格，这就是葡萄酒的成熟。

(二)储存条件

贮酒一般需在低温下进行，老式葡萄酒厂储存过程是在传统的地下酒窖中进行，随着近代冷却技术的发展，葡萄酒厂的储存已向半地上、地上和露天储存方式发展。储存容器通常有三种形式，即橡木桶、水泥池和金属罐，当今除高档红葡萄酒及某些特种酒外，不锈钢罐及露天大罐正在取代其他两种容器(优质白葡萄酒用不锈钢罐最佳)。储存温度通常在 15 ℃左右，因酒而异。一般干白葡萄酒的酒窖温度为 8～11 ℃，干红葡萄酒的酒窖温度为 12～15 ℃，新干白葡萄酒及酒龄在 2 年以上的老干红葡萄酒的酒窖温度为 10～15 ℃，浓甜葡萄酒的酒窖温度为 16～18 ℃。储存湿度，以相对湿度 85％为宜。储存环境应空气清新，不积存 CO_2，故须经常通风，通风操作宜在清晨进行。

合理的葡萄酒储存期：一般白葡萄酒为 1～3 年，干白葡萄酒则较短，为 6～10 个月。红葡萄酒由于乙醇含量较高，同时单宁和色素物质含量也较多，色泽较深，适合较长时间的储存，一般为 2～4 年。其他生产工艺不同的特色酒，更适宜长期储存，一般为 5～10 年。

(三)储存中的管理

1. 隔绝空气、防止氧化

(1)罐内充惰性气体。在酒进入贮罐前，先在罐内充 CO_2 或 N_2，将罐中空气赶走；进酒结束后，用 CO_2 或 N_2 封罐，使罐压保持在 10～20kPa。

CO_2 能较久地留于酒中，含量 0.2～0.3 g/L 就足以防止酒氧化，对酒具有独特的保护作用。N_2 因不溶于水，不影响酒的口味，可起到良好的隔氧作用。若在葡萄酒进行巴氏灭菌和灌瓶时充 N_2，则更为合适。也可将 15％的 CO_2 与 85％的 N_2 混合用于葡萄酒的隔氧。

(2)补加 SO_2。发酵结束后葡萄酒进行储存时，原来添加的 SO_2 大多已呈结合状态，而只有游离的 SO_2 才能起到应有的各种作用，故应适量补加，以达到防止氧化、防腐和保持葡萄酒香味的目的。

2. 换桶

换桶是将酒从一个容器换入另一个容器，同时采取各种措施以保证酒液以最佳方式与沉淀物质分离的操作。换桶绝非简单的转移，而是一种沉析过程，分离出来的沉渣称为酒泥(或酒脚)。换桶的目的如下。

①调整酒内溶解氧含量，逸出饱和的 CO_2。

②分离酒脚，使桶(池)中澄清的酒和底部酵母、酒石等沉淀物质分离。

③调整 SO_2 的含量。SO_2 的补加量，视酒龄、成分、氧化程度、病害状况等因素而定，但一般不超过 100 mg/L。

换桶的次数，因酒的质量和酒龄及品种等因素而异。酒质粗糙、浸出物含量高、澄清状况差的酒，倒桶次数可多些。储存前期倒桶次数多些，随着储存期的延长而次数逐渐减少。一般干红葡萄酒在发酵结束后 8～10 d，进行第 1 次倒桶，去除大部分酒脚。再经 1～2 个月，即当年的 11～12 月，进行第 2 次开放式倒桶，使酒接触空气，以利于成熟。再过约 3 个月，即翌年春天，进行第 3 次密闭式的倒桶，以免氧化过度。干白葡萄酒的倒桶，必须采用密闭的方式，以防止氧化、保持酒的原有果香。

3. 满桶

为了防止葡萄酒氧化和被外界的细菌污染，必须随时保持贮酒桶内的葡萄酒装满。而由于气温、蒸发、CO_2 逃逸等原因，桶中会出现酒液不满或溢出的现象，故须添加同质同量的酒液或排出少量酒液，这一操作称为满桶，也称添桶。

添桶的时间及次数，取决于空隙形成的速度，而后者又取决于温度、容器的材料和大小，以及密封性等因素，故应以实际情况和效果而定。一般情况下，橡木桶储存的葡萄酒每周添两次，金属罐储存则每周添一次。乙醇体积分数在 16% 以上的甜葡萄酒，可抵御杂菌在酒液表面生长，不必添酒，而且能使酒中某些成分氧化，以形成特有的风味。用大型不锈钢罐贮酒，可在空隙部分充入惰性气体，保压储存。

添酒时要用同龄、同种、同质量的原酒，若无同质量的酒添酒，只能用老酒添往新酒。添酒后调整 SO_2，然后用高度白兰地或食用乙醇轻轻添在液面上层，以防止液面的杂菌繁殖。

4. 葡萄酒的瓶贮

瓶贮是指酒装瓶后至出厂前的一段过程。它能使葡萄酒在瓶内进行继续陈化，达到最佳的风味。使葡萄酒香味协调、怡人的某些成分只能在无氧条件下形成，而瓶贮则是较理想的方式。对葡萄酒而言，桶贮和瓶贮是两个不能相互替代或缺少的阶段。

装瓶时的软木塞必须紧密，不得有渗漏现象。瓶颈空间应较小，使酒中残存的 O_2 很快消耗殆尽。酒瓶应卧放，使木塞浸入酒中，以免木塞干燥而使酒液挥发或进入空气。瓶贮期因酒种和酒质而异，但至少半年左右。一些名贵葡萄酒，则瓶贮期至少 1～2 年。若在装瓶前采取的净化和防氧化措施较充分，则瓶贮期可相应缩短。总之，瓶贮时间的选择，应使每一种葡萄酒供应消费者时，正好达到最高品质或最佳状态。

5. 快速老熟

采用传统老熟方法，特别是需 4 年瓶贮的酒，葡萄酒厂家常常在经济上不能承受。厂家会选择不进行老熟或短时间老熟，采用某些特殊的可控制的技术，以较短的时间和低廉的成本来获得传统老熟方法可得到的结果。可以考虑采用的快速老熟和陈酿的新技术，主要有以下方面。

①将橡木片浸泡在不锈钢贮罐中，使有效成分浸出。

②采用有控制地限量氧化的方法来加速陈酿。

③在厌氧条件下，通过加热来提供瓶贮香气。

④采用科学的、合理的后修饰（勾兑）技术等，例如将第一种具果香的酒与第二种具木桶老熟特征的酒和第三种具瓶贮风格的酒合理勾兑，其质量有可能好于单独采用传统陈酿方法的任何一种。

六、葡萄酒的澄清与稳定性处理

(一)下胶澄清

下胶澄清就是在葡萄酒内添加一种有机或无机的不溶性成分，使它在酒液中产生胶体的沉淀物，将悬浮在葡萄酒中的大部分浮游物，包括有害微生物在内一起固定在胶体沉淀上，下沉到容器底部，使酒液澄清透明。下胶的材料主要如下。

1. 明胶

明胶可吸附葡萄酒中的单宁、色素，因而能减少葡萄酒的粗糙感。明胶不仅可用于葡萄酒的下胶，还可用于葡萄酒的脱色。下胶时，先将明胶用软化水浸泡 24 h，使其吸水膨胀变软，再在 45~50 ℃下补水加热搅拌，直到完全化开，趁热加少量葡萄酒冲稀，再加入酒中，搅拌，静止澄清。明胶用量因酒而异，应做小试验确定，以防过量。下胶过量常出现在白葡萄酒中，而红葡萄酒则含有足够量的单宁将胶液絮凝、沉淀。为了避免下胶过量，可使用硅藻土明胶结合下胶的方法，这种方法在德国使用较为广泛。

2. 鱼胶

鱼胶是用某些鱼的鱼鳔制成，在冷水中可膨胀，并且变得不透明，可溶于热水，但有 3% 左右的杂质。在使用时，只能用冷水进行膨胀，而不能加热。鱼胶是白葡萄酒的高级澄清剂。在处理白葡萄酒时，鱼胶较明胶有以下优点。

①用量少，澄清效果好，且葡萄酒具光泽。

②它的沉淀作用所需单宁量少。

③不会造成下胶过量。

由于价格昂贵，鱼胶一般用于高级葡萄酒及特殊加工酒的澄清。鱼胶的絮块比重小，在使用后形成的酒脚体积大，下沉速度慢并可结于容器内壁，其絮块还会堵塞过滤机，因此，下胶后必须进行两次分离。

鱼胶的用量为 20~50 mg/L。最好的使用方法为：先制备 100 L 含有 100 g 酒石酸和 20 g SO_2 的水，将 1 000 g 鱼胶倒入该溶液中，并进行搅拌。几天后，将颗粒用钢刷搅烂，并过筛，然后加进待处理的葡萄酒中；或用胶体磨将泡好的鱼胶打磨均匀后加入待处理的葡萄酒中。

3. 蛋白

蛋白是用鲜鸡蛋清经干燥获得的，呈白色细末状，在水中溶解不完全，但溶于碱液。它具有除单宁和色素的性能。它的澄清作用快，适于优质红葡萄酒的下胶，不能用于白葡萄酒。

使用时，先将蛋白调成浆状，再用稀碳酸钠水进行稀释，然后注入葡萄酒中。蛋白用量为 100 mg/L。除蛋白外，也可使用鲜蛋清，其效果与蛋白相同。在使用蛋清时，先将鸡蛋清调匀，并逐渐加水，加水量为每 10 个鸡蛋清加 1 L 水，最好在每个蛋清中加入 1 g NaCl。用量为每 1 000 L 葡萄酒 20 个蛋清。

国内有些厂家经反复试验和生产性探索，获得蛋清与小比例的皂土配合下胶的新技术，使葡萄酒的澄清与稳定性有较大提高。这种技术一方面增加下胶的强度和速度，另一方面不会引起红葡萄酒明显的颜色损失，而且避免了下胶过量的危险，并使红葡萄酒快速达到稳定的状态。

4. 酪蛋白

酪蛋白是牛奶的提取物，不溶于水而溶于碱液，在酸性溶液中能去酒中不稳定的色素物质而产生沉淀。1 L 鲜牛奶中含有 30 g 左右的酪蛋白和 10～15 g 的蛋白，因此，鲜牛奶可使葡萄酒澄清、脱色、脱味。但欧盟禁止用牛奶对葡萄酒下胶。

使用酪蛋白时，先将 1 kg 酪蛋白在含有 50 g 碳酸钠的 10 L 水中用水浴加热溶解，再用水稀释至 2%～3%，并立即使用。如果仅仅用于葡萄酒的澄清，酪蛋白的用量为 150～300 mg/L。如果使用浓度较高（500～1 000 mg/L）还可使变黄或氧化白葡萄酒或用红色品种酿造的白葡萄酒脱色，除去异味并增加清爽感，沉淀部分铁。此外，因为酪蛋白的沉淀是酸度的作用，所以不会下胶过量。因此，酪蛋白是白葡萄酒最好的下胶材料之一，尤其适用于处理铁浑浊的白葡萄酒。

5. 皂土（又称膨润土）

皂土是一种胶质粒子，可固定水而明显增加自身体积，在电解质溶液中可吸附蛋白质和色素而产生胶体的凝聚作用，可用于葡萄酒的稳定和澄清处理，一般用于澄清蛋白质浑浊或下胶过量的葡萄酒效果很好，对于因金属离子引起的混浊（特别是铜的沉淀）也有很好作用。但对于因带有负电荷的胶粒而浑浊的葡萄酒，其作用效果就差，这种情况下，以皂土与明胶一起用的方法为好。

皂土的用量：一般为 400～1 000 mg/L。在使用时，应先用少量热水（50 ℃）使皂土膨胀，在这一过程中，应逐渐将皂土加入水中并搅拌，使之呈奶状，然后加进葡萄酒中。另外，还可添加硅藻土、聚乙烯吡咯烷酮（PVPP）、亚铁氰化钾、果胶酶、橡木锯屑等。

（二）离心

当处理浑浊的葡萄酒时，离心机可使杂质或微生物细胞在几分钟内沉降下来。有些设备能在操作的同时，把沉渣分离出来。在实践中，离心机多用于对新葡萄酒的澄清，因新酒含大量杂质，若用过滤很快会堵塞孔眼。此外，在发酵后短时间内进行新酒的澄清是为了除去酵母细胞，经过这样的处理之后，酒在储存中败坏的可能性就较小。离心机有多种类型，大致可分为鼓式、自动出渣式和全封闭式。

（三）稳定性处理方法

澄清的葡萄酒有时也会浑浊，产生沉淀。例如，如果葡萄酒中金属物质或仅仅是酒石酸氢钾含量过高，虽然经过下胶等澄清处理，但仍然会产生沉淀，影响葡萄酒的销售。澄清葡萄酒的变浑主要有三方面的原因：氧化性浑浊、微生物性浑浊和化学性浑浊，由化学沉淀引起的浑浊通常称为"破败"。

1. 热处理

葡萄酒的热处理效应不仅可以起到杀菌作用，还可改善葡萄酒的品质，加速葡萄酒的成熟，增加葡萄酒的稳定性(包括：蛋白质絮凝沉淀、去除铜离子、形成保护性胶体、防止结晶沉淀、杀菌和破坏氧化酶)。

根据热处理的目的不同，热处理的温度和时间也不相同。常用的方法有巴氏杀菌、超高温瞬时杀菌、热灌装等。

热处理能够加快酒的老熟，但使酒的果香和新鲜感变弱，这种质量已不适应现代葡萄酒的质量要求。因此，高档葡萄酒一般是不宜使用热处理的，只采用冷处理，以除去冷混浊物，并注意减少酒与氧的接触。

2. 冷处理

低温是葡萄酒稳定和改良质量的重要因素，已成为葡萄酒生产极其重要的工艺条件。低温不仅能促进酒石酸盐沉淀、铁和磷化物沉淀、胶体沉淀(果胶类、蛋白质和单宁色素等)和活细胞沉淀，还能对葡萄酒加速陈酿、改善感官质量。

冷处理的方法有自然冷冻和人工冷冻两种。自然冷冻，是利用冬季的低温冷冻葡萄酒，适于当年发酵的新酒。人工冷冻有直接冷冻和间接冷冻两种形式。直接冷冻就是在冷冻罐内安装冷却蛇管和搅拌设备，对酒直接降温。间接冷冻则是把酒罐置于冷库内。直接冷冻效率高，为大多数葡萄酒厂采用。

冷处理的温度以高于其冰点 0.5～1.0 ℃为宜。葡萄酒的冰点与酒度和浸出物含量等有关，可根据经验数据查找出相对应的冰点。通常乙醇体积分数在 13％以下的酒，其冰点温度值约为酒度值的 1/2。如酒度为 12％，则假定其冰点为－6 ℃，则冷处理温度应为－5 ℃。冷处理时间通常在－7～－4 ℃下冷处理 5～6 d 为宜。

结合冷处理和晶核效应的方法，处理时间短，还不需将葡萄酒的温度降至 0 ℃以下，可节省能源。此方法要求迅速强烈降温，使酒很快(5～6 h)达到需求温度(0 ℃)。然后添加晶种，搅拌，加速结晶析出，有利于酒的澄清和酒石分离。此处所加入的酒石晶种可重复使用，一般红葡萄酒可使用 2～3 次，白葡萄酒可使用 5～8 次。

3. 偏酒石酸处理

偏酒石酸是目前稳定酒石比较有效的添加剂，由酒石酸脱水而得，对酒石酸氢钾和酒石酸钙都有良好的稳定效果。其作用原理是偏酒石酸由于吸附作用而布满在酒石酸盐的晶体表面，从而包被酒石酸盐晶体，阻止那些微小的盐晶体相互结合变成更大的晶体沉淀。在葡萄酒中，偏酒石酸缓慢水解，重新形成酒石酸，从而逐渐失去其保护作用。偏酒石酸的有效期限主要取决于葡萄酒的储藏温度：温度越低，其作用期限越长。如在 0 ℃下，其作用可持续几年，而在 25 ℃下，其作用只能持续 1～2 个月。因此，如果葡萄酒在夏天前处理装瓶，则在冬天时，就可能不再受偏酒石酸的保护。所以，偏酒石酸处理只能用于那些很快将被消费的葡萄酒。在使用前，先用冷水溶解偏酒石酸，然后立即加入葡萄酒中，其用量应按相关标准的规定添加。加入的时间应在下胶以后，过滤以前。

4. 阿拉伯胶处理

阿拉伯胶也称阿拉伯树胶，可形成保护性胶体，本身很稳定，可阻止非稳定胶体的凝结。因此，阿拉伯胶可防止澄清葡萄酒的胶体性浑浊和沉淀，但它也可通过同样的作用稳定胶体性浑浊。

阿拉伯胶的使用量根据不同情况而有所差异。如果为了防止白葡萄酒的铜破败，其用量为 $100\sim150$ mg/L；为了防止铁破败或用于红葡萄酒的色素稳定，则可用 $200\sim250$ mg/L。阿拉伯胶一般在装瓶过滤前使用。阿拉伯胶绝对不能用于储藏时间长的葡萄酒，因为它阻止陈葡萄酒沉淀的自然形成，可使葡萄酒呈乳状，颜色浑暗。

5. 活性炭处理

活性炭只许用于白葡萄酒的脱色，如由于色素的溶解、氧化等原因而引起颜色过深的葡萄酒。其用量一般为 $100\sim500$ mg/L，最大用量不得大于 $1\ 000$ mg/L。

6. 离子交换

葡萄酒在酿造过程中，有些金属离子如 Fe^{3+}、Cu^{2+}、Ca^{2+}、Mg^{2+}、Pb^{2+}、K^+ 等含量较高，导致酒的混浊和沉淀，如酒石酸氢钾沉淀析出。葡萄酒经过离子交换树脂处理，可以去掉过多的金属离子和酒石酸盐类，并能吸附细菌，抵抗微生物活动，提高酒的稳定性。当然，如果处理不当，会影响葡萄酒的质量。因此，该法只适用于处理一般品质的葡萄酒。

(四) 过滤

除了下胶等处理工艺，过滤是一项获得清亮透明葡萄酒必不可少的技术手段。葡萄酒工业中常用的过滤机有棉饼过滤机、硅藻土过滤机、板框过滤机、微孔膜过滤机等。具体应用如下。

葡萄酒的过滤有粗滤和精滤之分，通常须在不同阶段进行三次过滤。第 1 次过滤，在下胶澄清或调配后，采用硅藻土过滤机进行粗滤，以排除悬浮在葡萄酒中的细小颗粒和澄清剂颗粒。第 2 次过滤，葡萄酒经冷处理后，在低温下趁冷利用棉饼过滤机或硅藻土过滤机过滤，以分离悬浮状的微结晶体和胶体。第 3 次过滤，采用板框过滤机或微孔膜过滤机进行精滤，可除去微生物并进一步提高透明度，防止发生生物性浑浊，通常在葡萄酒装瓶前进行。为了达到理想的过滤效果，得到清澈透明的葡萄酒，一般需要多次过滤。

七、葡萄酒的调配

调配是葡萄酒酿造中的一个重要环节，它可以在发酵前，也可以在装瓶前。对于成熟期比较接近的葡萄品种，会在发酵前将不同的葡萄品种按比例混合发酵。对于成熟期相差较大或风格差别较大的葡萄品种，一般采用单独发酵，在装瓶前调配的方法。后一种调配方法与前一种相比，更容易控制，也是酿酒师采用较多的一种方法。

当然调配不只是单纯的混合，调配是为了达到更好的口感效果，尤其是达到 $1+1>2$ 的目的。这正是考验酿酒师功底的地方，可以这么说，不懂调配的酿酒师一定不是好的酿酒师。

（一）葡萄酒调配的作用

1. 调配可以使葡萄酒达到更好的品质

调配的基本原理是扬长避短，调配前的葡萄酒口感可能比较单一，甚至带点瑕疵，而且有的刚出厂的原酒在一定程度上来说是不宜饮用的，需要酿酒师进行调制，这样葡萄酒的品质也会随之提升。

2. 调配葡萄酒更复杂

当一款葡萄酒有多个基酒来源的时候，它很有可能比只有一个来源的时候更加复杂，无论是口感还是风味都不例外。因为调配可以使不同品种、年份、产区、葡萄园、批次甚至不同橡木桶的葡萄或葡萄酒混合在一起，这是增加复杂度最常见的手法。

3. 调配葡萄酒更加稳定

调配前不同批次的酒质难免有差异，甚至出现不稳定的情况。调配后，同一系列葡萄酒的产品质量可以更加稳定。

4. 调配葡萄酒更显和谐平衡

有时候，新酿造好的葡萄酒口感尚未达到完美状态，这时候酿酒师可以通过微调使葡萄酒更好地展现平衡和谐之美，毕竟调配本身也是一门艺术。

5. 调配可以使葡萄酒风格多样化

世界上的葡萄品种虽然种类多，但常见的不外乎那么几种。如果不进行调配，几乎很难采用相同的原料酿成不同风格的葡萄酒；如果没有调配，酿酒师就难以进行创新。

6. 调配也可以使葡萄酒风格更统一

通过调配酿酒师可以更好地把控葡萄酒的风味，这样才可以保证不同批次生产的葡萄酒拥有统一的风格，有时候一些大型酒厂使用调配法也是为了去除年份的差异。

（二）调配的方法

调配前的酒液可以称为基酒，而基酒可以有多种不同来源。按照基酒的来源不同，主要有以下几种调配方法。

1. 不同品种的调配

品种间的互补非常常见，例如经典的波尔多混酿。不同品种都有其独特之处，调配有时候可以达到取长补短甚至锦上添花的效果。此外，在天气多变的产区过于依赖一个品种风险较大，而不同品种的采收期不尽相同，这样可以规避天气因素带来的风险。

2. 不同产区的调配

不同产区风土不同，即使是同一品种，在风味上也会有一定的差异，而混合不同产区的基酒可以形成这一个大产区特定的风格。例如，法国大区级 AOC 葡萄酒都是不同子产区的葡萄酒调配而来。

3. 不同年份的调配

在不少产区，气候是一个非常不稳定的因素，这导致年份对葡萄酒的影响非常大。

为了统一风格，不少生产商会选择对不同年份的葡萄酒进行调配，以充分利用不同年份的优势，同时也是为了去除年份差异，经典的例子有无年份香槟和雪利酒(Sherry)等。

4. 不同类型的调配

同一葡萄品种生产出的葡萄酒可能有干型、半干型、甜型、半甜型之分。由于干酒含糖量低，储存稳定性高，一般以干酒形式储存，在装瓶前根据需要进行加糖调配处理。

5. 其他

除了上述这些调配方法，有时候同一品种不同采收期的调配也可以达到更好的效果。同样，不同葡萄园、同一葡萄园不同地块、不同批次和不同酿造工艺(是否进行苹果酸-乳酸发酵)的调配也可以带来口感上的创新。此外，经过橡木桶陈酿的葡萄酒也可以适当和未经过橡木桶陈酿的葡萄酒进行调配，法国橡木桶可以和美国橡木桶陈酿的葡萄酒进行调配，不同材质、不同烘烤程度甚至橡木桶不同的新旧程度都会带来影响。

除此之外，还有不同品质葡萄酒之间的调配，这通常是一些企业为了更加稳定大规模地生产风格一致的葡萄酒。甚至还有不同酒厂的原酒进行调配，例如法国勃艮第(Bour-gogne)产区包括罗曼尼·康帝酒庄(Domaine de la Romanee Conti)在内的 6 大顶级酒庄就决定共同生产 2016 年蒙哈榭特级园(Montrachet Grand Cru)干白葡萄酒。

八、葡萄酒的包装

葡萄酒常见的是瓶装酒(玻璃瓶装、塑料瓶装、水晶瓶装)，国外还有采用复合膜袋装干葡萄酒、半干葡萄酒。瓶塞有软木塞(一般用于高级葡萄酒和高级起泡葡萄酒)、蘑菇塞(一般用于白兰地等酒的封口，用塑料或软木制成)和塑料塞(一般用于起泡葡萄酒的封口)三类。软木塞又分为天然塞、聚合塞、1＋1 塞、合成塞等，具体使用应根据具体需求合理选择。

灌装要求在标准容积的瓶内注入准确体积的酒体，留下一定的顶空以备加塞和防备膨胀。根据灌装时的酒液温度又可分为常温装瓶、热装瓶和冷装瓶。冷装瓶是近年来的新灌装方法，对保持酒的新鲜果香非常有利。再辅以隔氧灌装这一新技术，即空瓶灌装时，首先充入 CO_2 或 N_2，赶走瓶中的空气，然后装入葡萄酒；尽量地减小液面与木塞间的空隙，这就有效地控制了灌装时瓶中溶解氧的含量，防止酒的氧化。

任务三　龙眼果醋生产工艺

任务分析

龙眼，又称桂圆，为无患子科龙眼属植物。龙眼树为常绿乔木，食用部分是假种皮，乳白或淡白色，肉质脆，清甜。其果肉含有多种营养物质，有补血安神、健脑益智、补养心脾的功效，是健脾长智的传统食物，对失眠、心悸、神经衰弱、记忆力减退、贫血及抗衰老等有益。龙眼果醋是以新鲜龙眼为原料，经剥壳、去核、榨汁、酶解、乙醇发酵、醋酸发酵、陈酿、调配等工艺加工酿制而成的原醋产品。果醋发酵原理：当 O_2、糖源充足时，醋酸菌将果汁中的糖分解成醋酸；当缺少糖源时，醋酸菌将乙醇变为乙醛，再将乙醛变为醋酸。通过本任务学习，掌握果醋的生产工艺。

参考标准：地方标准《龙眼果醋生产技术规程》(DB45/T 2195—2020)。

一、原辅料要求

龙眼应符合《龙眼》(GB/T 31735—2015)、《食品安全国家标准 食品中污染物限量》(GB 2762—2022)、《食品安全国家标准食品中农药最大残留限量》(GB2763—2021)的规定，果实新鲜、外观良好、风味正常、无病虫害及腐烂果。生产用水应符合《生活饮用水卫生标准》(GB 5749—2022)的规定。酒用酵母应符合《食品安全国家标准 食品加工用酵母》(GB 31639—2016)的规定。醋酸菌种应符合《食品安全国家标准 食醋生产卫生规范》(GB8954—2016)的规定，生产过程中应定期进行纯化和再鉴定。选用白砂糖，应符合《白砂糖》(GB/T 317—2018)的规定。

二、工艺流程

选果→清洗→剥壳、去核→打浆→酶解→糖度调整→杀菌→乙醇发酵→调整乙醇度→醋酸发酵→粗滤→陈酿、后熟→静置澄清→精滤→调配、灌装→杀菌→成品。

三、生产操作要点

1. 选果

选取新鲜、外观良好、风味正常、无病虫害及腐烂，且成熟度达 8 成以上的果实。

2. 清洗

用水冲洗 1～2 次，清洗后达到生产卫生要求。

3. 剥壳、去核

采用人工剥壳和去核，或者采用剥壳、去核设备进行剥壳去核，得到龙眼果肉。

4. 打浆

采用打浆设备对龙眼果肉进行匀浆，得到龙眼原浆。

5. 酶解

添加酶制剂(0.06％～1.20％质量体积比的果胶酶)进行酶解处理，在 40～45 ℃保持 1 h，处理后得到黏度较低的龙眼果浆。

6. 糖度调整

酶解后的果浆根据成分及成品要求调整糖度为 14％～22％(Brix)。

7. 杀菌

使用杀菌设备对龙眼果浆在 65～75 ℃下杀菌 30 min。

8. 乙醇发酵

灭菌后的龙眼汁液注入洁净的发酵设备中，冷却至 30～38 ℃后加入已活化的酵母（宜选用 0.05％～0.10％质量体积比的活性干酵母），搅拌均匀，封罐发酵，在适宜温度（25～30 ℃）下发酵，发酵醪液乙醇含量为 5％（vol）以上。

9. 调整

当发酵醪液乙醇浓度在 5％～7％（vol）时，进行下一步醋酸发酵处理，当乙醇浓度＞7％（vol）时，需要用洁净水稀释调配至乙醇浓度 5％～7％（vol）。

10. 醋酸发酵

在发酵设备中注入已调配好的乙醇发酵醪液，在适宜温度（32～35 ℃）下发酵，待酸度≥3.5 g/100 mL。宜用固体化载体（玉米棒）洗净后高温灭菌 15～20 min，置于发酵设备，用发酵醪液将载体浸泡湿润，利用固定化细胞技术在载体中加入活性干醋酸菌（0.1％～0.5％质量体积比）进行固定化活化 24～36 h，注入乙醇发酵醪液，进行补料分批发酵。

11. 粗滤

采用滤径为 150～300 μm（100～150 目）的过滤设备进行过滤，去除酵母、醋酸菌等沉淀物。

12. 陈酿、后熟

将过滤后的醋液移入陈酿设备，在常温下陈酿 100 d 以上。

13. 静置澄清

根据醋液生产情况添加澄清剂（包括但不限于蛋清、明胶、单宁等），搅拌均匀后进行静置澄清。

14. 精滤

采用滤径为 0.45～0.65 μm 的过滤设备进行精滤，得到龙眼原醋。

15. 调配、灌装

根据产品要求添加相关辅料及食品添加剂进行调配，并进行灌装。

16. 灭菌、成品

采用巴氏灭菌 60～80 ℃保持 30 min，冷却后包装。

17. 品质检验

根据 GB 2719—2018《食品安全国家标准　食醋》，对复合龙眼果醋的感官、理化及微生物指标进行评价。

📖 知识拓展

果酒发酵过程影响甲醇含量的因素分析

果酒是水果所含的糖分被酵母菌发酵而制成的酒，乙醇度一般为 5％～15％ vol。其不仅保留了水果中的营养，还随着发酵的进行生成更丰富的功能性成分。果酒中含有丰富的矿物质、抗氧化剂、植物营养素、酚类化合物、可溶性多糖、氨基酸等。随着人民消费水平的提高及对健康、营养问题的重视，我国果酒产业发展迅猛。《2014—2018年中国果酒研究报告》显示，我国果酒产业销售额每年呈现15％～20％的增长，2018年我国果酒行业总规模超过2 000亿元，发展潜力巨大。甲醇是乙醇饮料中主要的有毒挥发性化合物，是影响果酒品质的重要质量指标之一。我国对红葡萄酒中甲醇的限定标准为400 mg/L。近年来，国内外生产者、研究者都在积极寻找水果发酵过程中甲醇的产生原因及调控方法。

1. 酵母种类对甲醇产生的影响

酵母生长繁殖和自身代谢可能导致甲醇的含量不同。蒋成等发现不同酵母发酵的无花果酒中甲醇含量存在显著差异，是影响无花果酒甲醇含量的因素之一。不同酵母的生长代谢存在差异，导致生成甲醇的含量有所不同。此外，当发酵液中含有果胶时，不同酵母分泌果胶酶能力及产出的果胶酶活力不同，也能够导致甲醇生成量的差异。

2. 无机磷元素含量对甲醇产生的影响

磷元素是酵母生长繁殖所需要的基本营养元素之一。磷元素不足或过量可能影响酵母生长繁殖与发酵速率，导致发酵产物含量变化。这可能是由于磷元素是构成菌体细胞的成分之一，是微生物酶的组成部分，对酶有激活和抑制作用，同时调节发酵液渗透压、pH、氧化还原电位等，影响菌体生长繁殖速率及代谢产物含量，从而导致发酵液中甲醇生成量差异显著。

3. pH对甲醇产生的影响

酵母菌能够在pH为2.5～7.5的范围内生长，其中生长繁殖的最适pH范围为5.0～6.0。国内外学者研究发现，从不同水果酵素中筛选的酵母菌在pH为2.5、3.0、3.5的培养基上均可生长。发酵环境的pH对酿酒酵母产生甲醇有影响，不同pH甲醇含量差异达显著水平；随着pH的升高，甲醇含量呈现先降低后升高再降低的趋势，当pH达到8时，发酵液中甲醇含量最高。在酿酒酵母生长pH范围内，酸性条件下，酵母菌最适宜生长代谢，甲醇生成量少，且在pH为5时，甲醇产生最少；碱性条件下酵母菌生长受到胁迫，可能导致甲醇产生增多。

4. 亚酸盐对甲醇产生的影响

亚硝酸盐对酵母菌的生长有胁迫作用，在极微量的条件下酵母可以正常生长繁殖。亚硝酸盐不断增加，使酵母不能正常生长繁殖，可能影响甲醇的生成。对于发酵果酒而言，目前只有葡萄酒产业化标准较为完善，其他如枣酒、山楂酒等果酒产业，生产标准不一致，每批次的原料新鲜程度等品质条件难以控制，有可能出现某一批次果酒的甲醇含量异常高。这可能是由于原料霉变腐烂，导致原料中产生亚硝酸盐，在发酵过程中，酵母菌受到亚硝酸盐条件胁迫。

任务四 现代果蔬加工新技术

📖 任务分析

果蔬产品含水量高，易腐败变质，而且传统的腌制、干制、罐装等加工方式易造成营养物质及活性成分的损失，已经不能满足人们对果蔬加工品品质的要求。利用高新技术改造传统产业并实现产业升级，使果蔬加工技术水平更上一层楼，是我国果蔬加工发展的必由之路。高新技术在果蔬加工业中的应用已相当广泛，如超临界流体萃取、超微粉碎技术、分子蒸馏技术及酶工程技术等。通过本任务学习，熟悉现代果蔬生产加工的新技术。

一、超临界流体萃取

超临界流体萃取（SFE）是指利用超临界流体作为溶剂来萃取（提取）混合物中可溶性组分的一种萃取分离技术。

（一）基本原理

1. 超临界流体的性质

在分子物理学上，物质存在着气体和液体不能共存的固有状态，此态称为临界态。在临界态，气体能被液化的最高温度称为临界温度（Tc），在临界温度下被液化的最低压力称为临界压力（Pc），临界温度和临界压力统称为临界点。在临界点附近，压力和温度的微小变化都会引起气体密度的很大变化。随着向超临界气体加压，气体密度增大到液态性质，这种状态的流体称为超临界流体（SCF），其性质介于气体和液体之间。超临界流体的密度为气体的数百倍，并且接近液体，而其流动性和黏度仍接近气体，扩散系数大约为气体的 1 倍，而较液体大数百倍。因此，物质移动或分配时，均比其在液体溶剂中进行要快。将温度或压力适当变化时，可使其溶解度在 $100 \sim 1\,000$ 倍的范围内变化。一般 SCF 中物质的溶解度在恒温下随压力 P（$P > Pc$ 时）升高而增大，而在恒压下，其溶解度随温度 T（$T > T_c$）时增高而下降。这一特性有利于从物质中萃取某些易溶解的成分，SCF 的高流动性和扩散能力，有助于所溶解的各成分之间的分离，并能加速溶解平衡，提高萃取效率。

适用于超临界萃取的溶剂有 CO_2、乙烷、丙烷、甲苯等，目前应用得最广的是 CO_2。

2. CO_2 的超临界特性

超临界萃取应用 CO_2 作为溶剂，具有以下优点。

（1）超临界萃取可以在接近室温（$35 \sim 40\ ℃$）及 CO_2 气体笼罩的情况下进行提取，有效地防止了热敏性物质的氧化和逸散，在萃取物中不仅保留了有效成分，而且能把高沸点、低挥发性、易热解的物质在远低于其沸点的温度下萃取出来。

（2）由于全过程不用有机溶剂，萃取物绝无残留的溶剂物质，从而防止了提取过程中对人体有害物的存在和对环境的污染。

（3）萃取和分离合二为一，当饱和的溶解物的 CO_2 流体进入分离器时，由于压力的下降或温度的变化，CO_2 与萃取物迅速成为两相（气液分离）而立即分开，不仅萃取的效率高，而且能耗较少，提高了生产效率也降低了费用成本。

（4）CO_2 是一种不活泼的气体，萃取过程中不发生化学反应，且属于不燃性气体，无味、无臭、无毒、安全性非常好。

（5）CO_2 气体价格便宜，纯度高，容易制取，且在生产中可以循环使用，从而有效降低了成本。

（6）压力和温度都可以成为调节萃取过程的参数，通过改变温度和压力达到萃取的目的，压力固定通过改变温度可以将物质分离开来，反之，将温度固定，通过降低压力也可以使萃取物分离，因此工艺简单，容易掌握，而且萃取速度快。

（二）超临界流体萃取的特点

同普通的液体提取和溶剂提取法相比，在提取速度和分离范围方面，超临界流体萃取更为理想。其特点如下。

（1）操作控制参数主要是压力和温度，且容易控制，萃取后的溶质和溶剂分离彻底。

（2）选用适宜的溶剂，可以在较低温度下操作，可用于一些热敏性物质的萃取、精制。

（3）超临界流体具有良好的渗透性能和溶解性能，能从固体或黏稠的原料中快速萃取有效成分，选定适宜的萃取溶剂及工作条件，可选择性地分离出高纯度的溶质，从而提高产品品质。

（4）溶剂能从产品中清除，无溶剂污染问题，而且溶剂经加压后可循环使用。

（5）超临界萃取过程要求在高压下进行，设备及工艺技术要求高，故设备投资费用高。

（三）超临界流体萃取的应用

欧美国家已将超临界流体萃取技术应用于啤酒花的风味成分回收、咖啡中脱咖啡因等生产中。在食品工业中的应用有柑橘汁脱苦、钝化果胶酶活性、精油提取和有效成分的分离等。以香精与芳香成分的萃取为例，可在 30 MPa 和 40 ℃ 条件下，对柠檬果皮进行萃取，得到 0.9% 的香精油，大大降低了常规提取中的挥发损失。在 40～70 ℃、8.3～12.4 MPa 范围内对柑橘香精油进行萃取分离，可去除大部分产生苦味的萜烯化合物。在 70 ℃、8.3 MPa 下，可得到柑橘风味浓厚的橘香精油。超临界 CO_2 萃取柑橘香精油的设备流程如图 8-1 所示。

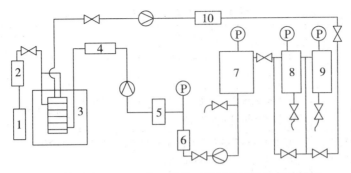

图 8 - 1　超临界 CO_2 萃取柑橘香精油的设备流程示意图

1—CO_2 储罐；2—高压泵；3—萃取釜；4、5、6—阀门；7、8、9—分离釜；10—回流阀

超临界流体萃取技术也可用来萃取籽油或汁油，如在葡萄籽粉碎度 40 目、水分含量 4.52%、湿蒸处理、萃取压力 28 MPa、温度 35 ℃、CO_2 流容比 8～9、萃取 80 min 的条件下，葡萄籽油的萃取率可达 90% 以上。在 22～23 MPa、50 ℃条件下，萃取 3 h，可以从姜汁中萃取姜汁油，萃取率达 5%。此外，超临界萃取还应用在色素萃取上。

二、超微粉碎技术

(一)超微粉碎技术概述

超微粉碎一般是指将 3 mm 以上的物料颗粒粉碎至 10～25 μm 以下的程度。由于颗粒的微细化导致表面积和孔隙率的增加，超微粉体具有独特的化学性能，例如良好的分散性、吸附性、溶解性、化学活性等。食品超微粉碎作为一种新型的食品加工方法，已在许多食品加工中得到应用。许多可食动植物，包括微生物等原料都可用超微粉碎技术加工成超微粉，甚至动植物的不可食部分也可通过超微化而被人体吸收。加工果蔬超微粉可以大大提高果蔬内营养成分的利用程度，增加利用率。果蔬在低温下磨成微膏粉，既保存了全部的营养素，纤维质也因微细化而增加了水溶性，口感更佳。灵芝、花粉等材料需破壁之后才可有效地利用，是理想的制作超微粉的原料。日本、美国市售的果味凉茶、冻干水果、超低温速冻龟鳖粉等都是应用超微粉碎技术加工而成的。

(二)超微粉碎技术原理及分类

目前微粒化技术有化学法和机械法两种。化学合成法能够制得微米级、亚微米级甚至纳米级的粉体，但产量低、加工成本高、应用范围窄。机械粉碎法成本低、产量大，是制备超微粉体的主要手段，现已大规模应用于工业生产。超微粉碎可分为干法粉碎和湿法粉碎；根据粉碎过程中产生粉碎力的原理不同，干法粉碎有气流式、高频振动式、旋转球(棒)磨式、锤击式和自磨式等几种形式；湿法粉碎主要是胶体磨合均质机。超微粉碎技术分类及原理详见表 8 - 4。

表 8-4 超微粉碎技术分类

类型	级别	基本原理	典型设备举例
气流式	超微粉碎	利用气体通过压力喷嘴的喷射产生剧烈的冲击、碰撞和摩擦等作用力实现对物料的粉碎	环形喷射式、圆盘式、对喷式、超音速式和叶轮式气流粉碎机
高频振动式	超微粉碎	利用球或棒形磨介高频振动产生冲击、摩擦和剪切等作用力实现对物料的粉碎	间歇式和连续式振动磨
旋转球（棒）磨式	超微粉碎或微粉碎	利用球或棒形磨介水平回转时产生冲击和摩擦等作用力实现对物料的粉碎	球磨机、棒磨机、管磨机和球棒磨机
转辊式	超微粉碎或微粉碎	利用磨辊的旋转产生摩擦、挤压和剪切等作用力粉碎物料	悬辊式盘磨机、弹簧辊式盘磨机、辊磨机、精磨机
锤（盘）击式	微粉碎	利用高速旋转的锤头产生冲击、摩擦和剪切等作用力粉碎物料	锤击式和盘击式粉碎机
自磨式	微粉碎	利用物料间的相互作用产生冲击或摩擦力粉碎物料	一段自磨机、砾磨机和半自磨机

(三)超微粉碎技术的应用

目前该技术在食品工业的应用主要表现在以下方面。

1. 贝壳类产品

钙在人体中作用的重要性使得补钙问题成了人体健康的热门话题，人类食用钙源的开发，成了食品工业和医药工业急需解决的课题。贝壳中含有极其丰富的钙，在牡蛎的贝壳中，含钙量超过 90%，利用超微粉碎技术，将牡蛎壳粉碎至很细小的粉粒，用物理方法促使粉粒的表面性质发生变化，可以达到牡蛎壳更好地被人体吸收利用的目的。

2. 食品加工下脚料

花生壳等食品加工下脚料经过处理加工成膳食纤维以后，可以用于蜜糖的载体，加工特效食品等，最常见的是用于制作膳食纤维饼干、加工高纤维低热量面包和加工韧性良好的面制品等。

3. 巧克力生产

巧克力一个重要的质构特征是口感特别细腻滑润，尽管巧克力细腻滑润的口感特性是由多种因素造成的，但其中最主要并起决定性作用的因素是巧克力配料的粒度。分析表明，配料的平均粒度在 25 μm 左右，且其中大部分质粒的粒径在 15～20 μm 之间，吃起来就有很好的细腻滑润的口感特性。当平均粒度超过 40 μm 时，就可明显感到粗糙，这样巧克力的品质就明显变差。因此，超微粉碎技术在保证巧克力质构品质上发挥着重要的作用。

4. 畜骨粉加工

畜骨作为钙磷营养要素的丰富源泉，还含有蛋白质、脂肪、维生素及其他营养物质。为了更有效地吸收这些营养成分，就需要采取一定的措施使之更利于人体吸收，超微粉碎技术就是解决吸收问题的有效方法之一。由超微粉碎制得的骨粉与其他方法生产出的骨粉相比，蛋白质含量明显高于其他几种，而脂肪含量也很低，另一个特点是灰分含量显著提高，这是超微粉碎骨粉的优势所在。

5. 在保健食品中的应用

在保健食品生产当中，一些微量活性物质（硒等）的添加量很小，若颗粒稍大，就会带来毒副作用，这就需要非常有效的超微粉碎手段将其粉碎至足够细小的粒度，并加上有效的混合操作，才能保证在食品中的均匀分布且有利于人体的吸收。因此，超微粉碎已成为现代保健食品加工的重要技术之一。

6. 粉茶加工

速溶茶生产中，传统的方法是通过萃取将茶叶中的有效成分提取出来，然后浓缩、干燥制成粉状速溶茶。现在采用超微粉碎技术，将茶叶粉碎成 300 目以下，约 $60\mu m$ 的微细粉末，仅需一步工序便可得到粉茶产品，大大简化了生产工序。超微粉茶因为粒度很细，添加于食品中，吃在口中不会有任何粒度的感觉，故可使食品中既富含茶叶的营养和保健成分，又使原来舍弃的纤维素等得以利用，同时还赋予了食品天然绿色，形成具有特殊风格的茶叶食品。

三、酶工程技术

（一）酶与酶制剂

酶是活细胞产生的一类具有生物催化活性的蛋白质，是一类生物催化剂。酶具有高效性、专一性、多样性和温和性的特点，遍存在于生物界，可以采取适当的理化方法将酶从生物组织或细胞以及发酵液中提取出来，加工成具有一定纯度和酶的特性的生化制品，这就是酶制剂，专用于食品加工的酶制剂被称为食品酶制剂。

目前，已被发现的酶有近 4 000 种，有 200 多种酶已制成结晶，但真正获得工业应用的仅 50 多种，已形成工业规模生产的只有 10 多种。近年来，世界酶制剂的销售量每年在以 20% 的速度递增，国内酶制剂已有 20 多种投产，但由于起步较晚，与国际水平尚有较大差距，许多酶制剂仍需进口。

（二）果蔬加工用酶

我国批准使用于食品工业的酶制剂有淀粉酶、糖化酶、固定化葡萄糖异构酶、木瓜蛋白酶、果胶酶、β葡聚糖酶、乙酰乳酸脱羧酶等，主要被应用于果蔬加工、酿造、焙烤、肉禽加工等方面，应用于果蔬加工中的酶类主要有以下三种。

1. 果胶酶

果蔬加工中应用的最主要的酶是果胶酶，商品果胶酶制剂都是复合酶，它除了含有数量不同的各种果胶分解酶，还有少量的纤维素酶、半纤维素酶、淀粉酶、蛋白酶和阿拉伯聚糖酶等。果胶酶可分为两类，一类能催化果胶解聚，另一类能催化果胶分子中的酯水解。

果胶酶制剂分固体和液体两种，主要用各种曲霉属霉菌制成，霉菌用固体或液体培养基培养，其种类和性能主要取决于霉菌种类、培养方法和培养基成分。

2. 非果胶酶

随果胶酶外，还有其他非果胶酶酶制剂已经或正在被成功地引入果蔬食品加工中，应用于果蔬加工中的非果胶酶酶制剂见表8-5。

表8-5 非果胶酶制剂在果蔬汁加工中的应用

酶制剂	应用
淀粉酶	除去或防止苹果、梨等澄清汁或浓缩汁中的淀粉混浊
阿拉伯聚糖酶	防止苹果、梨等浓缩汁长期贮存后阿拉伯聚糖引起的后混浊
蛋白酶	防止啤酒及葡萄汁的冷藏混浊
葡萄糖氧化酶	防止葡萄酒、啤酒、果汁及软饮料中存在过多的O_2
柚皮苷酶	葡萄柚及苦脱制品的脱苦
多酚氧化酶	与超滤结合，改善超滤操作，加工澄清稳定的果汁，不需要使用澄清剂
芳香物酶	鼠李糖苷酶、阿拉伯呋喃糖苷酶、芹菜糖苷酶，用于改善果汁的香气结构，增进潜在的活性香味

3. 粥化酶

粥化酶又称软化酶，是一种由黑曲霉经过发酵而获得的复合酶，主要有果胶酶、半纤维素酶(包括木聚糖酶、阿拉伯聚糖酶、甘露聚糖酶)、纤维素酶及蛋白酶、淀粉酶等。它作用于溃碎果实可以破碎植物细胞，使果蔬原料产生粥样软化，从而促进过滤，提高出汁率、澄清度及降低果汁黏度，提高果蔬饮料的产量。应用于果蔬加工的粥化酶酶系有两种，即粥化酶Ⅰ和粥化酶Ⅱ，其功能不同、作用各有侧重。

(三)酶在果蔬加工中的应用

1. 果汁处理

(1)果汁澄清。水果中含有大量的果胶，为了达到利于压榨，提高出汁率，使果汁澄清的目的，在果汁的生产过程中广泛使用果胶酶。果胶酶是催化果胶质分解的一类酶的总称，主要包括：①原果胶酶，它可使未成熟果实中不溶性的果胶变成可溶性果胶；②果胶脂酶，它是水解果胶甲脂生成果胶酸和甲醇的一种果胶水解酶；③聚半乳糖醛酸酶，它是催化聚半乳糖醛酸水解的一种果胶酶。经过果胶酶处理的果汁稳定性好，可以防止在存放过程中产生浑浊。果胶酶已经广泛应用于苹果汁、葡萄汁和柑橘汁等果汁的生产。

(2)增香、除异味。通过添加β葡萄糖苷酶可释放果蔬汁中的萜烯醇，增加香气。酶制剂在柑橘果汁中可除去由柚皮苷和柠檬苦素类似物而引起的苦味。加入柠檬苷素脱氢酶可把柠檬酸苦素氧化成柠檬苦素环内酯，从而达到脱苦的目的。

2. 提高果浆出汁率

果胶酶、粥化酶能提高果蔬出汁率，其次是纤维素酶。果浆榨汁前添加一定量果胶酶、纤维素酶可以有效地分解果肉组织中的果胶物质，使纤维素降解，使果汁黏度降低，易榨汁、过滤，从而提高出汁率，并提高可溶性固形物含量，减少加工过程中的营养成分损失，增加产品的稳定性，使过滤或超滤的速度大大加快，提高生产效益。

(四)酶在其他方面的应用

1. 淀粉类原料

淀粉类原料的加工中，应用较多的酶是淀粉酶、糖化酶和葡萄糖异构酶等。在啤酒、白酒、黄酒、乙醇及谷氨酸等有机酸的生产中，酶主要用来处理发酵原料，使淀粉降解。

2. 蛋品工业

用葡萄糖氧化酶去除禽蛋中含有的微量葡萄糖，是酶在蛋品加工中的一项重要用途。用葡萄糖氧化酶处理蛋品，除糖效率高，周期短，产品质量好，还可改善环境卫生。

3. 乳品工业

在乳品工业中，凝乳酶可用于制造干酪，过氧化氢酶可用于牛奶消毒，溶菌酶可用于生产婴儿奶粉。将溶菌酶添加到牛乳及其制品中，可提高牛乳的营养价值，使牛乳人乳化。在干酪生产中添加溶菌酶，可代替硝酸盐等来抑制丁酸菌的污染，防止干酪产气，并对干酪的感官质量有明显的改善作用。牛乳中含有 5% 的乳糖，有些人饮用牛奶后常发生腹泻、腹痛等症状，为了解决以上问题，采用聚丙烯酰胺包埋法，将乳糖酶固定后再与牛乳作用，就可以制造不含乳糖的牛奶。

4. 面包焙烤

为了保证面团的质量，可以通过添加酶来对面粉进行强化。在面粉中添加 α-淀粉酶，可调节麦芽糖生成量，使 CO_2 产生的量和面团气体保持力相平衡。添加蛋白酶可促进面筋软化，增加伸延性，减少揉面时间，改善面包发酵效果。

5. 肉类加工

用酶嫩化牛肉，过去使用木瓜酶和菠萝蛋白酶，现在美国批准使用米曲霉等微生物蛋白酶，并将嫩化肉类品种扩大到家禽肉与猪肉。利用蛋白酶可生产可溶性的鱼蛋白粉和鱼露等，用三甲基胺氧化酶可使得鱼制品脱除腥味，从而使口味易于接受。

四、超高压杀菌技术

习惯上把压力大于 100 MPa 的压力称为超高压，超高压杀菌技术是近年来备受各国重视的一项食品高新技术。

(一)基本原理

超高压杀菌的原理就是压力对微生物的致死作用，高压导致微生物的形态结构、生物化学反应、基因机制及细胞壁膜发生多方面的变化，从而影响微生物原有的生理活动机能，甚至使原有功能破坏或发生不可逆变化。常用的压力范围是 100～1 000 MPa。一般来说细菌、霉菌、酵母在 300 MPa 压力下可被杀死；钝化酶需要 400 MPa 以上的压力，600 MPa 以上的压力可使带芽孢的细菌死亡。

(二)超高压技术在食品加工中的应用

1. 肉制品加工

经高压处理后的肉制品在嫩度、风味、色泽等方面均得到改善，同时也增加了保藏性。

2. 果酱加工

生产果酱时采用高压杀菌，不仅能杀死果酱中的微生物，还可简化生产工艺，提高产品品质。例如，某食品公司在室温下，以 $400 \sim 600$ MPa 的压力对软包装密封果酱处理 $10 \sim 30$ min，所得产品保持了新鲜水果的口味、颜色和风味。

3. 其他方面

由于腌菜向低盐化发展，化学防腐剂的使用也越来越不受欢迎，因此，对低盐、无防腐剂的腌菜制品，高压杀菌更显示出其优越性。高压处理时，可杀灭酵母或霉菌，既提高了腌菜的保存期，又保持了原有的生鲜特色。

五、膜分离技术

膜分离技术被认为是 21 世纪最有发展前途的高新技术之一，膜分离技术可简化生产工艺，减少废水污染，降低成本，提高生产效率。同时，膜分离技术在常温下操作，营养成分损失少，操作方便，不产生化学变化，因而具有显著的经济效益和社会效益。

(一)膜分离技术简介

膜分离技术是指借助一定孔径的高分子薄膜，以外界能量或化学位差为推动力，对多组分的溶质或溶剂进行分离、分级、提纯和浓缩的技术。用于制膜的材料主要有聚丙烯腈、聚砜、醋酸纤维素、聚偏氟乙烯等，有时也可以采用动物膜。膜分离技术在工业中应用的主要装置是膜组件，膜组件主要有管式或卷式、板框式、螺旋盘绕式、中空纤维式等四种。

膜分离技术根据过程推动力的不同，大体可分为两类。一类是以压力为推动力的膜过程，如微滤(孔径为 $0.1 \sim 10\ \mu m$)、超滤(孔径为 $0.001 \sim 0.1\ \mu m$)和反渗透(孔径为 $0.000\ 1 \sim 0.001\ \mu m$)分别需要 $0.05 \sim 0.5$ MPa、$0.1 \sim 1.0$ MPa、$1.0 \sim 10$ MPa 的操作压力(压差)；另一类是以电化学相互作用为推动力的膜过程，如电渗析、离子交换、透析。

(二)膜分离技术应用

1. 果蔬产品

在果蔬汁的生产过程中，微滤、超滤技术用于澄清过滤，纳滤、反渗透技术用于浓缩。用超滤法澄清果汁时，细菌将与滤渣一起被膜截留，不用加热就可除去混入果汁中的细菌。利用反渗透技术浓缩果蔬汁，可以提高果汁成分的稳定性、减少体积以便运输，并能除去不良物质，改善果蔬汁风味。如果蔬汁中的芳香成分在蒸发浓缩过程中几乎全部失去，冷冻脱水法也只能保留大约 8%，而用反渗透技术则能保留 30%～60%。膜分离在果蔬加工中的主要应用见表 8-6。

表 8-6　膜分离技术在果蔬产品加工中的应用

操作单元	工业	应用范围
微滤(MF)	饮料	果蔬汁饮料冷除菌消毒
超滤(UF)	水果、蔬菜	果蔬汁的澄清、浓缩，马铃薯淀粉加工中回收蛋白质
	饮料	果酒的澄清、提纯
	添加剂	天然色素和食品添加剂的分离和浓缩，甜菜汁的脱色和纯化
反渗透(RO)	水果、蔬菜、糖、甜味剂	果蔬汁的浓缩、糖的浓缩、洗涤用水的处理和再生糖的浓缩、水的回收和处理、糖浆液的预浓缩
电渗析(ED)	糖、甜味剂	糖液除盐，从发酵液中提取柠檬酸

2. 其他方面的应用

(1)乳品工业。将反渗透技术用于稀牛奶的浓缩，可生产出品质令人满意的奶酪及甜酸奶。用反渗透技术除去牛乳清中的微量青霉素，大大延长了乳制品的保质期。当采用超滤法浓缩乳清蛋白时，还可同时除去乳糖、灰分等。

(2)酒类生产。超滤技术可以除去酒及乙醇饮料中残存的酵母菌、杂菌及胶体物质等，改善酒的澄清度，延长保存期，还能使生酒具有熟成味，缩短老熟期。生啤酒的口味虽优于熟啤酒，但不能长期保存，给运输及销售等带来一定的困难，采用超滤技术进行啤酒的精滤和无菌过滤，可以使生啤酒不经低温加热灭菌而能长期保存。

(3)豆制品工业。膜技术在豆制品工业中的主要应用是分离和回收蛋白质，如生产豆乳时产生的大豆乳清，通常方法只能从中提取 60% 的蛋白质，利用超滤法浓缩残留蛋白质，能够增加 20%～30% 的豆腐收得率。利用膜技术还可以获得大豆异黄酮、大豆寡糖、大豆分离蛋白、寡肽、免疫球蛋白、竹叶黄酮等功能食品的功能配料。

任务五　果蔬加工副产物的综合利用

任务分析

　　果蔬加工副产物是指在果蔬加工过程中产生的如果皮、果核、果渣、种子、叶、茎、花、根等副产物。近年来我国果蔬生产和加工业发展迅速，是农村经济的支柱产业。据中国统计年鉴记录，2013 年全国蔬菜种植面积为 2 020 万 hm^2，同比增长 1.1%；产量达到 7.06 亿 t，同比增长 1.2%；2013 年全国果园面积为 1 280 万 hm^2，同比增长 4.1%，产量为 1.50 亿 t，同比增长 3.7%。果蔬加工中会产生很多副产物，果蔬产量的庞大也就决定了加工副产物的增多。据统计，中国每年果蔬加工产生的废弃物高达 1 亿 t，并且持续增多，绝大部分没有得到资源化利用而直接丢弃或者填埋，对人们的生活环境造成污染的同时也造成了资源的浪费，果蔬加工副产物的利用率不高是全球问题，在欧洲，每年的果蔬加工副产物多达几百万 t，主要通过填埋来处理，浪费严重。

果蔬加工副产物的综合利用是通过一系列的加工工艺，对果蔬的果、皮、汁、肉、种子、根、茎、叶、花和落地果、野生果等进行全面而有效的利用，变废为宝、变无用为有用、变一用为多用，提高原料的利用率，降低生产成本。下面举典型案例加以说明。通过本任务学习，掌握果蔬加工副产物的综合利用方法。

一、果胶的提取

含果胶物质最丰富的果蔬是柑橘类、苹果、山楂等，其次是杏、李、桃等。果胶物质以原果胶、果胶、果胶酸三种状态存在于果实组织内，一般在接近果皮的组织中含量最多。果胶物质存在的形态不同，会影响果实的食用品质和加工性能，原果胶及果胶酸不溶于水，只有果胶可溶于水。果胶呈溶液状态时，加入乙醇或某些盐类(如硫酸铝、氯化铝、硫酸镁)能凝结沉淀，使它从溶液中分离出来。生产上就是利用果胶这一特性来提取果胶的。

果胶的结构是多个半乳糖醛酸的长链，其中有部分的半乳糖醛酸的羧基被甲醇酯化而生成甲氧基($-OCH_3$)，因此果胶是含有甲氧基的多半乳糖醛酸甲酯。甲氧基含量高于 7% 的果胶称为高甲氧基果胶，甲氧基含量越高，其凝冻能力越大。甲氧基含量低于 7% 的果胶称为低甲氧基果胶，其凝冻能力虽差，但凝冻的性质却因有多价离子的盐类存在而有所改变，在一般低甲氧基果胶溶液中只要加入钙或镁离子，仍能凝结成凝胶。

(一)高甲氧基果胶的提取

用压榨法提取香精油的橘皮渣及加工橘子罐头后的橘皮、囊衣、果园里的落果和残次果等都是良好的原料。提取果胶的操作步骤如下。

1. 原料处理

提取果胶的原料要新鲜，如不能及时加工，原料应迅速进行热处理钝化果胶酶活性，通常是将原料加热至 95 ℃以上，保持 5~7 min 即可达到要求。

2. 抽提

按原料的质量，加入 4~5 倍的 0.15% 盐酸溶液，以原料全部浸没为度，并将 pH 调整至 2~3，加热至 85~90 ℃，保持 1~1.5 h，不断搅拌，后期温度可适当降低。

3. 压滤与脱色

抽提液约含果胶 1% 左右，先用压滤机过滤，除去其中的杂质碎屑。再加入活性炭 1%~2%，保温 60~80 ℃，经 20~30 min 后压滤以除去颜色。如果抽提液的黏度高，可加入硅藻土 2%~4% 助滤。

4. 浓缩

将滤清的果胶液送入真空浓缩锅中，保持真空度为 88.93 kPa 以上，温度 40~

50 ℃，浓缩至总固形物达 7%～9%。如在食品中直接应用果胶浓缩液，则应在抽提时添加柠檬酸为宜。如需保存，可用碳酸钠将其 pH 调至 3.5，然后装瓶密封，在 70 ℃热水中杀菌 30 min，迅速冷却；或将果胶液装入大桶中，加 0.2%亚硫酸氢钠搅匀、密封。也可将果胶浓缩液喷雾干燥成粉末，即得果胶粉。

(二)低甲氧基果胶的提取

一般是利用酸、碱和酶等作用以促进甲氧基的水解，或与氨作用使酰胺基取代甲氧基。其中以酸化法和碱化法比较容易，操作步骤如下。

1. 酸化法

在果胶溶液中，用盐酸将其 pH 调整为 3.0，然后 50 ℃保温约 10 h，直至甲氧基减少到所要求的程度为止。接着加入乙醇将果胶沉淀，过滤出其中液体，用清水洗涤余留的酸液，并用稀碱液中和溶解，再用乙醇沉淀、烘干。

2. 碱化法

果胶液经真空浓缩至 4%，置于夹层锅中，加入氢氧化铵调节 pH 为 10.5，35 ℃保温 3 h，后加入等容积的 95%乙醇和适量盐酸，使 pH 降至 5.0，搅拌混合物，静置 1 h，捞出沉淀果胶，压干乙醇，打碎块状果胶，置于 pH 为 5.2 的 50%乙醇中，除去氯化铵。后即沥干、压榨、破碎并将其置于 95%乙醇中 1 h。压干后，在 65 ℃真空烘箱中烘 20 h，过 100 目筛后立即包装。

二、香精油的提取

在果蔬中能提取香精油的原料主要是柑橘类果实，其香精油存在于橘皮、花、叶之中，以橘皮外层(即油胞层)的油胞中含量最高，可达 2 %～3 %。香精油的提取方法有如下六种。

1. 蒸馏法

香精油的沸点较低，可随水蒸气挥发，在冷却时与水蒸气同时冷凝下来，由于香精油密度比水轻，因而较易分离而取得。蒸馏所得香精油称热油，一般含水量较高，又经加热氧化，所得品质较差。用橘皮蒸馏香精油的得率为 2%～3%。

2. 浸提法

应用乙醇(或石油醚、乙醚)等有机溶剂，把香精油从组织中浸提出来。先将原料破碎(花瓣则不需要破碎)，再用有机溶剂在密封容器中浸渍 3～12 h。然后放出浸提液，同时轻轻压出原料中所含的浸液，这些浸液可再浸渍新的原料，如此反复进行 3 次，得到较浓的带有原料色素的乙醇浸提液，过滤后可作为带乙醇的香精油保存。

3. 压榨法

将新鲜的柑橘类果皮以白色皮层朝上晾晒 1 d，使果皮的水分减少到 15%～18%，然后破碎至 3 mm 大小再进行压榨。为提高出油率，在压榨前干橘皮浸在饱和的石灰水溶液中 6～8 h，使橘皮变脆变硬、油胞易破，以利于压榨。压榨出的油液流入沉淀池，然后用压力泵打入高速离心机中，分离出香精油。

4. 擦皮离心法

利用整个完好的橘果（多半为圆形的甜橙类果实），通过磨油机把果实外果皮擦破，让油胞里的香精油射出，用高压水冲洗，再将油水分离得到香精油。

三、天然色素的提取

食用色素按其性质和来源分为食用合成色素和食用天然色素两大类。随着人们对健康的日益关注，合成色素的安全性越来越引起人们的重视。天然色素的提取方法有如下六种。

1. 溶剂提取

据被提取物中含有的色素成分在溶剂中的溶解作用，选用对有效成分溶解度大，对不需要的成分溶解度小的溶剂，而将色素成分提取出来。

2. 微波萃取

微波萃取的本质是微波对萃取溶剂和物料的加热作用。微波萃取具有加热均匀、热效率高、加热时间短等优点。

3. 超声提取

超声提取法是利用超声波具有的机械振动和空化作用，对植物细胞进行破坏，植物细胞内的有效成分得以释放，而进入溶剂中与溶剂充分混合。这种方法具有操作简便、无须加热、提取率高、速度快等优点。

4. 超临界流体萃取

孙君社等用超临界流体萃取技术提取辣椒色素，得到的色素产品均超过国标并达到FAO/WHO 的要求。孙庆杰等用超临界流体萃取技术得到的番茄红素，其溶解性和色价都有很大的提高，且产品无异味、无溶剂残留。

5. 生物技术法生产

用生物技术选取含有植物色素的细胞，在人工精制的条件下，进行培养、增殖、可在短期内培养出大量的色素细胞，然后用通常方法提取。这种方法不受原料所处的自然条件的限制，能在短期内生产大量的色素，而且用此法可得到较安全的色素产品。目前已报道的能用植物细胞培养生产出的色素有胡萝卜素、叶黄素、单宁等。

6. 酶解法

利用番茄皮自身所含的果胶酶和纤维素酶，分解番茄果实中所含的果胶和纤维素，从而使得番茄红素的蛋白质复合物从细胞中溶出，此过程中所得的水分散性色素即为番茄红素。

四、有机酸的提取

果实中的有机酸主要有柠檬酸、苹果酸、酒石酸。现将柑橘残次落果提取柠檬酸及葡萄皮渣、酒脚提取酒石酸的方法分述如下。

(一)柠檬酸的提取

1. 柑橘类果实提取柠檬酸的原理

用石灰中和柠檬酸生成柠檬酸钙，然后用硫酸将柠檬酸钙重新分解，硫酸取代柠檬酸生成硫酸钙，而将柠檬酸重新析出。其化学反应式如下：

$$2C_6H_8O_7 + 3Ca(OH)_2 \rightarrow Ca_3(C_6H_5O_7)_2 + 6H_2O$$
$$Ca_3(C_6H_5O_7)_2 + 3H_2SO_4 \rightarrow 2C_6H_8O_7 + 3CaSO_4\downarrow$$

因为果汁中的糖类、胶体、无机盐等均有碍柠檬酸结晶的形成，所以在生产过程中，要用酸解交互进行的方法，将柠檬酸分离出来，获得比较纯净的晶体。

2. 柠檬酸的提取过程

（1）榨汁。将原料捣碎后榨取橘汁。

（2）发酵。榨出的富含蛋白质、果胶、糖等的果汁经发酵，有利于澄清、过滤、提取柠檬酸。方法是将混浊橘汁加酵母液1%，经4～5 d发酵，使溶液变清，再加适量单宁，并搅拌均匀加热，促使胶体物质沉淀，再经过滤得澄清液。

（3）中和。先将澄清橘汁加热煮沸，然后用石灰、氢氧化钙或碳酸钙中和，其用量以质量比计算：柠檬酸10份，石灰4份，或氢氧化钙5.3份或碳酸钙7.1份。检验柠檬酸钙是否完全沉淀，可再加入少许碳酸钙，如不再起泡沫说明反应完全。将沉淀的柠檬酸钙分离出来，用清水反复洗涤，过滤后再次洗涤。

（4）酸解、晶析。将洗涤后的柠檬酸钙放在有搅拌器及蒸气管的木桶中，加入清水煮沸，同时不断搅拌，再缓缓加入1.262 5 kg/L硫酸，每50 kg柠檬酸钙干品用40～43 kg。继续煮沸，搅拌30 min以加速分解，使之生成硫酸钙沉淀。检验硫酸用量是否恰当的方法是：取溶液5 mL，加5 mL 45%氯化钙液，若仅有很少硫酸钙沉淀，说明加入的硫酸已够。然后用压滤法将硫酸钙沉淀分离，洗涤沉淀并将洗液加入溶液中。滤清的柠檬酸溶液用真空浓缩法浓缩至相对密度为1.26，冷却结晶析出。

（5）离心、干燥。上述柠檬酸结晶用离心机进行脱水，然后在70 ℃的条件下干燥至含水量达到10%以下时为止。最后将成品过筛、分级、包装。

(二)酒石酸的提取

提取酒石酸的原料，在植物中以葡萄含量最丰富，同时它又是酿造葡萄酒后的下脚料。利用葡萄的皮渣、酒脚、桶壁的结垢及白兰地蒸馏后的废水提取粗酒石，然后从粗酒石中提取纯酒石。

1. 粗酒石的提取

（1）从葡萄皮渣中提取粗酒石。当葡萄皮渣蒸馏白兰地后，放入热水，水没过皮渣，然后将甑锅密闭，开始放气，煮沸15～20 min。将煮沸的水放入开口的木质结晶槽。木质槽内应悬吊许多条麻绳。当水冷却以后(24～28 h)，这些粗酒石便在桶壁、桶底、绳上结晶。这种粗酒石含80%～90%纯度的酒石酸。

（2）从葡萄酒酒脚提取粗酒石。葡萄酒酒脚是葡萄酒发酵后贮藏换桶时桶底的沉淀物。这些沉淀物应先用布袋将酒滤出，用其蒸馏白兰地。每 100 kg 酒脚可出 2～3 L 纯白兰地、30～40 g 水芹醚。酒脚的处理：将酒脚投入甑锅中，每 100 kg 酒脚用 200 L 水稀释，然后用蒸汽煮沸。将煮沸过的酒脚过滤，滤出水冷却后的沉淀即为粗酒石。每 100 kg 酒脚可得粗酒石 15～20 kg，含纯酒石 50% 左右，干燥后备用。

(3)从桶壁提取粗酒石。在贮藏时，葡萄酒中不稳定的酒石酸盐在冷却的作用下析出沉淀于桶壁与桶底，结晶形成粗酒石。由于葡萄品种不同，粗酒石的色泽不一样，红葡萄酒为红色，白葡萄酒为黄色。它的晶体形状为三角形，在容器的上部大而多、下部小而少。它含纯酒石酸 70%～80%。

2. 从粗酒石中提取纯酒石

纯酒石即酒石酸氢钾，分子式为 $KHC_4H_4O_6$，相对分子质量是 188，白色晶体。其特点是，温度越高溶解就越多，温度越低溶解就越少，提炼纯酒石就是利用这一特点来进行的。其工艺流程如下：

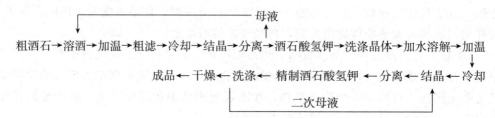

具体操作是：将粗酒石倒入珐琅瓷面盆中或带有蒸汽加热管的大木桶中，1 kg 粗酒石加 20 L 水。充分浸泡后进行搅拌，去除浮于液面的杂物。加温到 100 ℃，保温 30～40 min，使粗酒石充分溶解。为加速酒石酸氢钾溶解，可在 100 L 溶解液中加入盐酸 1～1.5 L。当粗酒石充分溶解后，去除液面浮起的一些杂物如葡萄碎核、葡萄皮渣等。静置 24 h 后，溶解液已完全冷却，结晶已全部完成。将上面的水抽出，这些水叫作母水，可在第二次结晶时使用。取出的晶体再按照前法加蒸馏水溶解结晶一次，但不再用盐酸。这第二次结晶出的晶体用蒸馏水清洗一次，便称为精制的酒石酸氢钾。洗过乙醇的蒸馏水倒入母水中作再结晶用。精制的酒石酸氢钾经及时烘干便得到成品。

3. 酒石酸的提取

酒石酸又名二羟基丁二酚，分子式是 $[CH(OH)COOH]_2$，相对分子质量是 150.10，是无色、无味、结晶、透明或白色的粉末。它具有令人爽快的酸味，可溶于水及乙醇，不溶于醚。提取过程如下。

(1)溶解。取经一次结晶的酒石酸氢钾 100 kg，加入 500 L 水，加热到 100 ℃，并保持 30～40 min，为使酒石酸氢钾彻底溶解，可于每 100 L 溶液中加入 1.5 L 盐酸。

(2)中和。缓慢加入碳酸钙，或加入能通过 100 目的石灰粉，使溶液达到中性或微酸性，用石蕊试纸测定，pH 等于 7 时为好。中和后静置 24～30 h，这时溶液中沉淀的是酒石酸钙，溶液中含有酒石酸钾。

(3)沉淀。将静置后的清液放出，下部沉淀的酒石酸钙仍放于原容器中。放出的清液加入氯化钙。其加入量是按碳酸钙或石灰加入量来计算的。加入的氯化钙必须是含2分子结晶水的工业纯，其比例是：碳酸钙：氯化钙＝1：1.1，石灰：氯化钙＝1：2.1。加氯化钙的目的是将存在于溶液中的酒石酸钾变成酒石酸钙沉淀出来。将这次沉淀的酒石酸钙与原存容器中的酒石酸钙合并。

（4）洗涤。将合并后的酒石酸钙用大于体积4倍的水加以洗涤，先搅拌10 min，然后静置20 min，待酒石酸钙沉淀后，抽出上层清液，再加大于4倍的水进行搅拌。这样反复洗涤4次，最后将酒石酸钙盛在布袋中，将残水压榨出，迅速烘干备用。

（5）酸化。取干燥后的酒石酸钙，按1 kg酒石酸钙加入水4 L的比例加入，并在加水后进行搅拌。这时应加入硫酸，硫酸加入量应按下式计算：

硫酸加入的反应式：$C_4H_4O_6Ca + H_2SO_4 \rightarrow C_4H_4O_6H_2 + CaSO_4$

　　　　　　　　酒石酸钙　　　　　　酒石酸

加入硫酸时应注意，加入量可按照计算出的数量先加入4/5，其余的要慢慢地加。硫酸加入量宁可稍少一些，也不要过量，如果加入过多，还要加入酒石酸钙来加以调整。溶液中加入硫酸后即生成白色的硫酸钙，静置2～3 h后进行过滤，过滤后的沉淀用清水洗涤2～3次，并将洗过沉淀的水合并于滤液中。

（6）过滤。在滤液中加入1%的活性炭，并使滤液保持在80 ℃的温度下30～60 min，然后趁热过滤，其沉淀用水洗1～2次，洗过的沉淀水与滤液合并。洗过后的活性炭可以活化再用。

（7）浓缩。滤液最好用真空减压蒸发器来浓缩，也可在常压下直接加热浓缩，温度保持在80 ℃。滤液浓缩到相对密度1.71～1.94时，冷却后即可得结晶体。将其在珐琅瓷的容器中再溶解结晶3～5次便成为精制品，然后进行干燥、称量、封装，即为成品酒石酸。

⌨ 知识拓展

猕猴桃果醋酿造工艺研究进展

猕猴桃果醋是以猕猴桃果实为原料，经过筛选、清洗、破碎(榨汁)、酶解、调节糖度、乙醇发酵、醋酸发酵、过滤灭菌、陈酿等工艺制备而成。猕猴桃果醋酿造分为乙醇发酵和醋酸发酵两个阶段，即酵母先将糖厌氧转化为乙醇，然后由醋酸菌将乙醇氧化为醋酸。乙醇发酵阶段，即在无氧条件下，酵母菌经糖酵解途径将葡萄糖分解为丙酮酸，经丙酮酸脱羧酶脱羧生成乙醛和CO_2，然后乙醛在乙醇脱氢酶作用下生成乙醇。在乙醇发酵过程中，伴有高级醇、乙酸和乳酸等产物的生成。醋酸发酵阶段，乙醇在乙醇脱氢酶及烟酰胺腺嘌呤二核苷酸磷酸(辅酶)的催化下氧化生成乙醛，乙醛在乙醛脱氢酶的作用下氧化生成乙酸。同时，酵母菌、醋酸菌、乳酸菌等微生物利用原料中的部分糖和有机酸代谢生成新的有机酸和其他风味物质。与粮食醋的发酵方式不同，猕猴桃果醋依照发酵原料状态的不同，发酵方式可分为全固态发酵、全液态发酵，每种发酵方式的工艺特点与优缺点见表8-7。

表 8 - 7　猕猴桃果醋的发酵工艺特点及优缺点

发酵工艺		特点	优点	缺点
全固态发酵		以猕猴桃果肉、果渣为原料，添加麸皮、谷糠等辅料，发酵过程中发酵基质以气体为连续相的发酵方式	操作简单、成本低；发酵醪营养物质丰富，有利于微生物的生长繁殖，代谢产物丰富；猕猴桃果香突出、酸味柔和	发酵过程不均匀、难控制、周期长，废渣多、原料利用率低
全液态发酵	液态静置发酵	以猕猴桃果汁为原料，醋酸菌在发酵液表面形成以纤维素为主的醋膜，与空气接触，使空气中的氧溶解于发酵液内。醋膜的完整度是决定发酵成败和影响发酵周期的关键点，发酵时间一般长达 6 个月	操作简单，成本低，发酵过程易控制，发酵设备简单；风味物质丰富、气味浓郁、口味醇厚	发酵液与空气接触面积有限，溶氧量不足，发酵周期长，原料利用率低，设备占地面积大
全液态发酵	液态深层发酵	以猕猴桃果汁为原料，发酵过程中通入空气，借助气流使醋酸菌与底物充分搅拌，促使乙醇转化成醋酸，发酵过程中应注意控制通氧量、温度、发酵终点判定及气泡的去除	生产效率和原料使用率高，生产成本低、安全卫生，可实现机械化和规模化生产	微生物种类少，酶系不丰富，果醋风味单一

目前，猕猴桃果醋尚无专用酵母，大部分采用葡萄酒酵母，由于猕猴桃的酸度与含糖量较葡萄更高，葡萄酒酵母不适宜猕猴桃果醋的发酵。为了获得适宜猕猴桃发酵的酵母菌，可从猕猴桃果实、自然发酵液中分离筛选出发酵性能较好的酵母。

项目小结

本项目对接企业生产岗位实际要求和国家标准，介绍了果酒、果蔬汁、果醋的生产工艺，分析了生产过程中常见的问题，介绍了产品质量控制方法，为以后的生产岗位实践打好基础。同时还介绍了果蔬副产物的综合利用技术。

复习思考题

(1)简述葡萄酒的生产工艺及操作要点。
(2)简述果醋的生产工艺。
(3)简述橙汁的生产工艺要点。
(4)简述果蔬汁深加工的意义。

参考文献

[1] 赵晨霞. 果蔬贮藏加工技术[M]. 北京：科学出版社，2004.

[2] 赵丽芹. 园艺产品贮藏加工学[M]. 北京：中国轻工业出版社，2001.

[3] 郭衍银，王相友. 园艺产品保鲜与包装[M]. 北京：中国环境出版社，2004.

[4] 罗云波，蔡同一. 园艺产品贮藏加工学（贮藏篇）[M]. 北京：中国农业大学出版社，2001.

[5] 刘升，冯双庆. 果蔬预冷贮藏保鲜技术[M]. 北京：科学技术文献出版社，2001.

[6] 胡安生，王少峰. 水果保鲜及商品化处理[M]. 北京：中国农业出版社，1998.

[7] 刘兴华，陈维信. 果品蔬菜贮藏运销学[M]. 北京：中国农业出版社，2002.

[8] 李家庆. 果蔬保鲜手册[M]. 北京：中国轻工业出版社，2003.

[9] 张子德. 果蔬贮运学[M]. 北京：中国轻工业出版社，2002.

[10] 张平真. 蔬菜贮运保鲜及加工[M]. 北京：中国农业出版社，2002.

[11] 赵晨霞. 果蔬贮运与加工[M]. 北京：中国农业出版社，2002.

[12] 周山涛. 果蔬贮运学[M]. 北京：化学工业出版社，1998.

[13] 赵晨霞. 果蔬贮藏加工[M]. 北京：中国农业出版社，2000.

[14] 朱维军，陈月英. 果蔬贮藏保鲜与加工[M]. 北京：高等教育出版社，1999.

[15] 张维一，毕阳. 果蔬采后病害与控制[M]. 北京：中国农业出版社，1996.

[16] 胡小松，张彤. 水果贮藏保鲜实用技术[M]. 北京：科学普及出版社，1992.

[17] 刘国芬. 果蔬贮藏保鲜技术[M]. 北京：金盾出版社，2001.

[18] 陈锦屏. 果品蔬菜加工学[M]. 西安：陕西科学技术出版社，1990.

[19] 张建新. 无公害农产品标准化生产技术概论[M]. 西安：西北农林科技大学出版社，2002.

[20] 陈天佑. 绿色食品[M]. 杨凌：西北农林科技大学出版社，2002.

[21] 聂继云. 果品标准化生产手册[M]. 北京：中国标准出版社，2003.

[22] 应铁进. 果蔬贮运学[M]. 杭州：浙江大学出版社，2001.

[23] 叶兴乾. 果品蔬菜加工工艺学[M].2版. 北京：中国农业出版社，2002.

[24] 邓伯勋. 园艺产品贮藏运销学[M]. 北京：中国农业出版社，2002.

[25] 刘北林. 食品保鲜与冷藏链[M]. 北京：化学工业出版社，2004.

[26] 潘瑞炽. 植物生理学[M].5版. 北京：高等教育出版社，2004.

[27] 李富军，张新华. 果蔬采后生理与衰老控制[M]. 北京：中国环境科学出版社，2004.

[28] 赵晨霞. 果蔬贮藏与加工[M]. 北京：高等教育出版社，2005.

[29] 吕劳富，何勇. 果品蔬菜保鲜技术和设备[M]. 北京：中国环境科学出版社，2003.

[30] 赵晨霞. 园艺产品贮藏与加工[M]. 北京：中国农业出版社，2005.

[31] 陆兆新. 果蔬贮藏加工及质量管理技术[M]. 北京：中国轻工业出版社，2004.

[32] 徐照师. 果品蔬菜贮藏加工实用技术[M]. 延吉：延边人民出版社，2003.

[33] 王文辉，徐步前. 果品采后处理及贮运保鲜[M]. 北京：金盾出版社，2003.

[34] 秦文，吴卫国，翟爱华. 农产品贮藏与加工学[M]. 北京：中国计量出版社，2007.

[35] 罗学刚. 农产品加工[M]. 北京：经济科学出版社，1997.

[36] 罗云波，蔡同一. 园艺产品贮藏加工学（加工篇）[M]. 北京：中国农业大学出版社，2001.

[37] 杨士章，徐春仲. 果蔬贮藏保鲜加工大全[M]. 北京：中国农业出版社，1996.

[38] 张晓光. 林果产品贮藏与加工[M]. 北京：中国林业出版社，2003.

[39] 邓桂森，周山涛. 果品贮藏与加工[M]. 上海：上海科学技术出版社，1985.

[40] 陈学平. 果蔬产品加工工艺学[M]. 北京：中国农业出版社，1995.

[41] 华南农学院. 果品贮藏加工学[M]. 北京：农业出版社，1981.

[42] 天津轻工业学院，江南大学. 食品工艺学（中册）[M]. 北京：轻工业出版社，1983.

[43] 龙燊. 果蔬糖渍工艺学[M]. 北京：中国轻工业出版社，1987.

[44] 杨巨斌，朱慧芬. 果脯蜜饯加工技术手册[M]. 北京：科学出版社，1988.

[45] 赵晨霞，祝战斌. 果蔬贮藏加工实验实训教程[M]. 北京：科学出版社，2006.

[46] 何国庆. 食品发酵与酿造工艺学[M]. 北京：中国农业出版社，2001.

[47] 顾国贤. 酿造酒工艺学[M]. 2版. 北京：中国轻工业出版社，1996.

[48] 张宝善，王军. 果品加工技术[M]. 北京：中国轻工业出版社，2000.

[49] 孟宪军. 食品工艺学概论[M]. 北京：中国农业出版社，2006.

[50] 武杰. 脱水食品加工工艺与配方[M]. 北京：科学技术文献出版社，2002.

[51] 曾庆孝. 食品加工与保藏原理[M]. 2版. 北京：化学工业出版社，2007.

[52] 潘静娴. 园艺产品贮藏加工学[M]. 北京：中国农业大学出版社，2007.

[53] 禹邦超，胡耀星. 酶工程[M]. 武汉：华中师范大学出版社，2005.

[54] 廖传华，黄振仁. 超临界流体与食品深加工[M]. 北京：中国石化出版社，2007.

[55] 张峻，齐崴，韩志慧，等. 食品微胶囊、超微粉碎加工技术[M]. 北京：化学工业出版社，2005.

[56] 李冬生，曾凡坤. 食品高新技术[M]. 北京：中国计量出版社，2007.

[57] 张德权，胡晓丹. 食品超临界 CO_2 流体加工技术[M]. 北京：化学工业出版社，2005.

[58] 袁勤生，赵健. 酶与酶工程[M]. 上海：华东理工大学出版社，2005.

[59] 陈功. 净菜加工技术[M]. 北京：中国轻工业出版社，2005.

[60] 张德权，艾启俊. 蔬菜深加工新技术[M]. 北京：化学工业出版社，2003.

[61] 陈月英. 果蔬贮藏技术[M]. 北京：化学工业出版社，2008.

[62] 王丽琼. 果蔬贮藏与加工[M]. 北京：中国农业大学出版社，2008.

[63] 张怀珠. 农产品贮藏加工技术[M]. 北京：化学工业出版社，2009.

[64] 杨文晶，许泰百，冯叙桥，等. 果蔬加工副产物的利用现状及发展趋势研究进展[J]. 食品工业科技，2015，36(14)：379 - 383.

[65] 张东亚，谢玲，陈晨，等. 猕猴桃果醋的研究进展[J]. 中国酿造，2022，41(9)：13 - 17.